PUTONG
HUAXUE

普通化学

盛恩宏/主编

安徽师范大学出版社
ANHUI NORMAL UNIVERSITY PRESS
·芜湖·

图书在版编目(CIP)数据

普通化学 / 盛恩宏主编 .— 芜湖：安徽师范大学出版社，2020.10
ISBN 978-7-5676-4538-7

Ⅰ.①普… Ⅱ.①盛… Ⅲ.①普通化学－高等学校－教材 Ⅳ.①O6

中国版本图书馆CIP数据核字(2020)第178820号

普通化学　　盛恩宏◎主编

责任编辑：盛　夏　　责任校对：李　玲
装帧设计：丁奕奕　　责任印制：桑国磊
出版发行：安徽师范大学出版社
芜湖市九华南路189号安徽师范大学花津校区
网　　址：http://www.ahnupress.com/
发 行 部：0553-3883578　5910327　5910310(传真)
印　　刷：江苏凤凰数码印务有限公司
版　　次：2020年10月第1版
印　　次：2020年10月第1次印刷
规　　格：787 mm×1092 mm　1/16
印　　张：21.25
字　　数：385千字
书　　号：ISBN 978-7-5676-4538-7
定　　价：58.70元

前　言

大学培养"厚基础、宽口径、强能力、高素质"全面发展的综合型人才，是关系到一个国家和民族未来的大计。化学科学是一门重要的基础学科，随着时代的发展，化学科学的中心地位越来越突出，它与信息、生命、材料、环境、地球、空间技术和核科学等朝阳科学息息相关，这些科学与化学科学的结合、渗透也产生了许多交叉学科。化学科学也日渐成为现代化科学文明和人类生活不可缺少的基石。

本书编写过程中紧密围绕21世纪化学科学的发展前沿和传统化学科学的内容，本着精讲经典、简介前沿、重基础理论、强调实际应用的原则，以现有高中化学内容为起点，依据现代化学科学研究内容框架体系，融合了传统化学科学的各个分支，展现了全新的内容体系结构，集科学性、知识性、通俗性、趣味性和艺术性于一体。全书分成六大部分及附录：第一部分为绪论，重点介绍了化学与国民经济密不可分的关系，化学学科特点、研究内容及其发展和前沿展望；第二部分为化学基础理论，包括化学热力学、化学反应速率、化学平衡、氧化还原反应，以及这些理论在解决化学问题中的应用，同时内容还涵盖了原子和分子结构的初步知识；第三部分为元素及其化合物，依据化学结构理论主线，重点介绍了与人类密切相关的重要金属元素和非金属元素及其化合物的存在、结构、性质、应用；第四部分是有机化学，重点介绍了重要有机物结构、性能以及常见的重要有机合成原理，同时简单介绍了有机化合物在人类生活中的应用；第五部分是分析化学原理，涵盖了分析化学的基本常识、重要的化学分析原理和方法、现代仪器分析原理和方法；第六部分是化学与社会，介绍了环境、材料、能源和生命等当下热门话题与化学的关系；附录部分给出了一些化学研究中常用的数据，如热力学数据、离解常数、溶度积常数等。

本书在汲取了20世纪90年代以来国内出版的同类教材优点的同时，还具有以下特色：

(1)知识内容上与目前中学化学、生活中的化学以及后续课程的衔接较好；

(2)提高教材的可读性和可讲授性，内容由浅入深，循序渐进，高中毕业生能够读懂，适合他们自学，满足有高中化学基础的学生深入学习化学的需求；稍高层次的化学理论需要教师点拨，让教师体会到教材的可讲授性，适用于课堂教学。

(3)围绕教学的基本要求，一方面用较少的教学课时满足读者对化学理论的需求，帮助读者学会分析解决常见的化学问题；另一方面，密切关注与化学相关的社会热点问题。

本书的适用范围较广，如：

(1)大学本、专科非化学类专业学生的化学通识教育；

(2)大学本、专科近化学类(物理、生物、环境、地理等科学类)专业少课时公共基础课教学；

(3)各类高职高专化学类、近化学类专业基础课教学；

(4)高中生参加各类化学竞赛指导、自学用书；

(5)高中毕业生进入大学化学类、近化学类专业学习前的自学教材。

本书的编写人员全部具有高级职称，多年来他们一直工作在大学本科基础课教学第一线，具有丰富的本科教学经验。书中绝大多数材料已经多年锤炼，内容丰富，编排合理，注重理论联系实际，注重基础知识与现代化学进展的融合。

参加本书编写工作的有盛恩宏(第一、二章及附录)，翟慕衡(第三、六章)，商永嘉(第四章)，高峰、阚显文(第五章)。全书由盛恩宏统稿。

本书的编写、出版得到了安徽师范大学化学与材料科学学院的关心、支持和资助，安徽师范大学出版社盛夏同志付出了辛勤劳动，在此一并致以诚挚的感谢。

编　者

2020.1 于芜湖

目　录

第一章　绪　论

第一节　化学概述

一、化学及其研究的意义

化学是在原子、分子层次上研究物质的组成、结构、性质及其变化规律的一门科学。研究对象涉及存在于自然界中的物质，以及由化学家创造的新物质；研究涉及自然界中的变化，以及由化学家发明创造的变化。有关物质的研究离不开化学，化学在解决目前人类最关心的环境监测与治理、能源开发与利用、材料设计与合成、医药保健与人类健康、农药及化肥合成与粮食增产等问题中起着主导作用，可以说化学科学在各学科中都占有重要地位。

化学不能代替一切，但没有化学肯定没有一切；化学就是未来，没有化学就没有未来。——怀特塞德

化学是不断发明和制造对人类更有用的新物质的科学。化学科学是现代科学技术发展的重要基础学科。——徐光宪

化学是一门发现的科学、创造的科学，也是支撑国家安全和国民经济发展的科学，化学在解决粮食问题、战胜疾病、解决能源问题、改善环境问题、发展国家防御与安全所用的新材料和新技术等方面起着不可或缺的关键作用。——白春礼

化学是变化多端的，它有巨大的挑战性，化学对改造人类客观世界可以发挥很大作用，但作为个人来讲最吸引我的就是它变化多端。当你感觉到它变化多端的话，就具有一种挑战性，如果你对发生的事情无法做出非常具体判断的时候，就会产生巨大的好奇心。——杨玉良

化学与化工是上下游，化学是创造新物质，化工是把化学家的发明在工业上实

现。化学可以为改造人类的生活做出最重要的贡献。——李静海

化学为什么有这么大的魅力呢？有两方面，第一，从理论上来讲它可以直接触及原子分子层次，就是现在科学最前沿的层次来做研究；第二，从它的实用性来讲，它可以解决人类经济社会发展方方面面的问题，为物质文明的发展做出直接的贡献，两个方面既有科学性又有应用性。——李灿

化学这个领域顶天立地，一方面理论上要解决这个问题需要很多的知识，特别是物理化学的知识，同时它的问题非常具体，问题都是日常生活提出来的问题，感觉解决这些问题很有成就感。——侯建国

化学是一门最有用的实用的科学，能够为人类做好的事情的一门科学。从上天到航空，到生活方方面面，只有靠它解决，所以同学们一定要立志学化学。——赵玉芬

学习无限大，世界无限大，宇宙无限大，太大了研究不了，然后就无限小，研究分子和原子，化学是认识世界很重要的手段。——张玉奎

能源化工主要的能源来自碳，能源主要就靠一个化学元素，碳能源就是来自碳氧化成二氧化碳一个很简单的化学反应。无论是天然气、煤、石油，都是来自碳的资源，简称为化学能源，所以碳变成二氧化碳后，二氧化碳可以进一步来利用，从自然界的循环再变成化学循环，充分利用碳的资源，这就是我们要学习化学化工的原因。——何鸣元

化学有非常多的奥妙，有非常多的实验证明。你一旦进入高层化学领域的话，你会对它非常感兴趣，你深入到化学里面有无限多的妙趣。化学离我们比较近，我们经常接触奥秘，然后又知道奥秘里是什么东西，所以是非常令人感兴趣的。——程津培

化学的魅力主要还是能够创造新物质，认识新物质，这些物质不但非常有用，本身也非常美妙。——郑兰荪

…………

院士们所说的话告诉了我们化学的研究对象，为什么要学习化学，以及学习化学的目的。

简单来说，研究化学的目的就是通过认识、掌握物质化学变化的规律，并应用这些规律去指导化学工业的生产，以便从有限的自然资源中提取或合成出对人类有用的物质产品，造福人类，推动社会前行。

可以想象，化学对人类的生存和社会的发展有多么重大的作用和意义。如果不对自然水加以纯化，如果不施用化肥、农药以增加粮食产量，如果不冶炼矿石以获

得大量金属，如果不从自然资源中提取千万种纯物质，如果不合成出许许多多自然界中没有的新物质……那么，人类社会的发展将不堪设想。相反，正是有了化学的发展，人类社会才会发展。我们不妨从一些报道来感受一下现代化学的发展和作用：

（1）当今世界上有1/3的粮食产量直接来源于施用化肥后的增产。

（2）2010年南京大学邹志刚课题组利用人工光化学合成反应，将CO_2转化为碳氢化合物燃料，这在利用光催化反应实现碳的循环利用方面具有积极的意义。

（3）叠氮化钠（NaN_3）因其在电火花引发的条件下能发生分解产生无毒、不可燃的N_2，被用在汽车的安全气囊上挽救了无数的生命！

（4）小小的NO分子虽然是造成光化学烟雾的祸首，但它具有治疗哮喘和关节炎，抑制肿瘤，杀死细菌、真菌和寄生虫的能力！

（5）把一种硅胶抽去水分后注入CO_2等气体，则制成了气凝胶（被称为“冻结的烟雾”）。它是世界上最轻的固体之一，不但能承受1 000 kg炸药的爆炸冲击波，还能隔绝1 300 ℃以上的高温，进而成为未来世界最好的保温、防爆材料！

（6）将纳米Fe单晶放入一个空的纳米管的内部，它就能承担起数据位的作用——作为对电流的响应，它能从纳米管的一端滑到另一端，同时在这一过程中，在计算机的二进制语言中寄存一个“1”或一个“0”，结果是“十亿年硬盘端倪初现”，“有望永久保留那些包含有人类思想和信息的全部数据档案”！

（7）2010年度诺贝尔物理学奖授予了英国曼切斯特大学科学家安德烈·海姆和康斯坦丁·诺沃肖诺夫。评审委员会发布的新闻稿称石墨烯为“完美原子晶体”，作为二维结构单层碳原子材料，它的强度相当于钢的100倍，导电性能好，导热性能强！

（8）美国亚利桑那大学的科学家首次成功将金属原子插入甲烷气体分子中，使得甲烷分子更活跃，使其更容易和其他物质发生化学反应，比如利用被激活的甲烷分子制备乙醇！

…………

二、化学变化的特征

物质的变化有物理变化和化学变化之分。化学家在原子、分子层次上兼顾物理变化的同时，从事化学变化的研究。概括起来，化学变化大致有以下三个方面的基本特征。

（一）化学变化是质变

化学变化是旧的化学键断裂和新的化学键形成的过程。例如，甲烷（CH_4）的燃烧是一个简单的化学变化过程，燃烧过程中CH_4分子的C—H键断裂，同时形成H—O键（H_2O分子）和C═O键（CO_2分子）。这一化学变化过程中物质发生了质变，反应前的CH_4和反应后的H_2O、CO_2是三种性质完全不同的物质。因此，有关化学键、原子结构和分子结构的知识都是化学学科的基础内容。

（二）化学变化是定量的变化

化学变化涉及的是化学键。在化学变化过程中，原子核不发生变化，电子、原子总数也不改变。因此，在化学反应前后，反应体系中原子总数、物质的总质量不会改变，即遵循守恒定律。例如，电解H_2O的反应可用下列方程式表示：

$$2H_2O \xlongequal{\text{电解}} 2H_2\uparrow + O_2\uparrow$$

若电解（2 × 18）kg的水生成H_2和O_2，理论上会得到（2 × 2）kg H_2和（1 × 32）kg的O_2，反应前后原子个数和质量都守恒。守恒定律是书写化学反应方程式和进行化学计算的依据。

（三）化学变化伴随着能量变化

在化学反应中，断裂化学键需要吸收能量，形成化学键则放出能量，由于各种化学键的键能、数量不同，所以化学反应前后化学键改变时，必然伴随着能量变化。在化学反应中，如果形成化学键放出的能量大于断裂化学键吸收的能量，则此反应为放热反应，反之为吸热反应。当今人们关心的能源问题都与化学变化有关。

三、化学的分支学科

化学研究的范围极其广泛。按研究对象或研究目的的不同，可将化学分为无机化学、有机化学、高分子化学、分析化学和物理化学等五大分支学科（即现行的化学二级学科）。

（一）无机化学

无机化学的形成常以1870年前后元素周期律的发现和元素周期表的公布为标

志。在此之前，人们虽已积累了60多种元素及其多种化合物的化学及物理性质的丰富资料，但这些资料比较零散，不同元素之间存在何种内在联系是化学家十分关心的问题。自19世纪开始，多国科学家先后做了许多元素的分类研究工作，到1871年，门捷列夫发表了《化学元素的周期性依赖关系》一文并公布了与现行周期表形式相似的化学元素列表。周期表的发现奠定了现代无机化学的基础。正确的理论用于实践会显示出其科学预见性。依据周期表理论，化学家随后修正了包括原子量在内的错误。至1961年，原子序数为1至103的元素全部被发现，尔后人们又发现了104(1969年)、105(1970年)、106(1974年)、107(1981年)、108(1986年)与109(1982年)号元素。人类究竟还能发现多少种元素？依理论预计，175号元素可以“稳定”存在，这一预计是否正确有待于实践的检验。现今，从耕耘周期系来发现和合成新化合物仍是无机化学的传统工作。

20世纪40年代末，由于原子能工业和半导体材料工业的兴起，无机化学又取得了新的进展。70年代以来，随着宇航、能源、催化及生化等研究领域的出现和发展，无机化学不论在实践还是在理论方面又有了许多新的突破。当今在无机化学中最活跃的领域主要有：

1. 无机材料化学(又称固体无机化学)

现代科学技术发展需要各种各样的具有特殊性能的材料。从头发粗细的可供25 000人同时通话而互不干扰的光导纤维、解决氢能源储运的储氢材料、储电材料、快离子导体、信息储存的磁记录材料到高效专一的化工催化剂材料以及高临界温度的超导材料的研究，已经引起广大化学家的关注。无机化学与固体物理的结合逐渐形成了无机材料化学这个新领域。

2. 生物无机化学

生物无机化学是在无机化学、有机化学与生物化学的交叉点上发展起来的边缘科学，是一门年轻而又活跃的新学科，它研究各种常量及微量元素在生物体内的行为和作用，也研究生物活性化合物的结构、理化性质与生物活性的相互关系。无机药物也是生物无机化学研究的一个重要方面。

3. 有机金属化学

含有金属碳键(M—C)的一类化合物叫有机金属化合物。近几十年，化学家陆续合成出的新的有机金属化合物总数已超过百万种，它们分别在催化剂、半导体、药物、能源等方面有重要用途，也极大地促进了化学键理论和结构理论的发展。

（二）有机化学

有机化学是研究碳氢化合物及其衍生物的化学分支，也有人认为有机化学就是“碳的化学”。1861年凯库勒提出的碳的四价概念和1874年霍夫曼与莱贝尔提出的四面体学说，至今仍是有机化学最基本的概念，世界有机化学权威杂志之一就是用“Tetrahedron（四面体）”命名的。该杂志还颁发“四面体奖”，表彰在有机化学方面做出杰出贡献的科学家。有机化合物都含C和H元素，有些还含有O、Cl、S、P、N等非金属元素或Fe、Zn、Cu等金属元素。现在已知的有机化合物已达千万余种，而周期表内100多种元素形成的无机化合物却只有数十万种。在化学文摘（***Chemical Abstracts***）的化学式索引栏目内，有机物所占篇幅要比无机物大得多。有机化学是化学研究中最庞大的领域，它与医药、农药、染料、日用化工等方面的关系特别密切。自然界的动物、植物、微生物体内含有多种有机物，研究这类有机物的结构性能，并进行人工合成，这就是天然有机化学。维生素B_{12}的分子式是$C_{63}H_{88}CoN_{14}O_{14}P$，它的人工合成开创了天然产物合成的新局面。1965年，我国用人工合成法得到了具有生理活性的牛胰岛素，其结晶形状、生物活力都与天然牛胰岛素相近。其他诸如抗癌药物、高效低毒农药、香料、有机导体的合成和性质，也都是有机化学家关注的课题。

（三）高分子化学

高分子化合物的分子量很大，一般可达几万到几十万。它们由成千上万个小分子单体聚合成链并卷曲交织在一起，组成橡胶、纤维或塑料等高分子材料。这些高分子材料具有弹性好、强度高、耐腐蚀以及容易加工成型等特性，已被广泛用于工农业生产及日常生活中。目前高分子材料的年产量已超过上亿吨，已超过各种金属总产量之和。理论和实验研究都表明，若能使聚乙烯分子排列更为有序，其强度可望超过钢材。单体的定向聚合、配位聚合、模板聚合等新聚合方法的出现，不断制造出各种特殊性能的高分子材料，如新型的半导体高分子材料、光敏高分子材料、液晶高分子材料、吸水性纤维、耐热性橡胶、耐高温高强度的塑料等。生物高分子材料也正在迅速发展，假牙、人造肾、人造血管等都已用于临床。合成高分子药物的特点是可停留在人体特定部位，控制排放而延长药性。

（四）分析化学

化学是一门定量的科学。对每一种化合物的研究都需要定量地分析其组成和结构,因此,有人称分析化学是化学工作者的眼睛。分析化学包括成分分析和结构分析两个方面。结构分析更多地涉及物理化学和结构化学的内容。成分分析中分析有机物与分析无机物的要求和方法不甚相同。一般而言,化学容量分析、原子发射光谱、原子吸收光谱、可见分光光度以及电化学分析等分析方法都比较适用于无机物的分析。而色谱、红外光谱、核磁共振等方法则比较适用于有机物的分析。以化学反应为基础的分析方法称为化学分析法,该法已有100多年历史,是分析化学的基础。借助特定仪器并以物质的物理、化学性质为基础的分析方法称为仪器分析法。化学分析法与仪器分析法相辅相成。现代分析化学正向快速、准确、微量、微区、表面、自动化等方向发展。

分析化学应用甚广,工厂不仅原料和产品要分析监测,生产过程也要监控。进出口商品要检验,医院病人的血样、尿样也需要检验,就连运动员尿检中某些药物浓度即使低到 $10^{-3}\ g\cdot L^{-1}$,也难逃分析化学家的锐利眼睛。

(五)物理化学

物理化学是从化学变化和物理变化的联系入手,研究化学反应的方向和限度(化学热力学)、化学反应速率和机理(化学动力学)以及物质的微观结构和宏观性质间的关系(结构化学)等问题,它是化学学科的理论核心。随着电子技术、计算机技术、微波技术等的发展,化学研究如虎添翼。空间分辨率已达 10^{-10} m,这是原子半径的数量级。时间分辨率已达到飞秒(10^{-15} s)级。20世纪50年代要花费2~3年时间方能测定的一个晶体结构,现在只需数小时就能完成。肉眼看不见的原子、分子,借助于仪器已经变成可以看得见的实物,微观世界的原子和分子不再那么神秘莫测了。

在研究各类物质的性质和变化规律的过程中,化学逐渐发展出若干分支学科,但在探索和处理具体课题时,这些分支学科又相互联系、相互渗透。例如,物理化学的研究常以某些无机或有机化合物的合成作为起点,而在进行这些工作时又必须借助分析化学的准确测定结果,来显示合成工作中原料、中间体、产物的组成和结构,这一切当然也不能离开物理化学的理论指导。

化学学科在其发展过程中还与其他学科交叉结合形成多种边缘学科,如生物化学、环境化学、农业化学、医药化学、材料化学、地球化学、放射化学、激光化学、计算化学、星际化学等。

第二节　化学与国民经济

化学的主要任务之一是创造新物质，因此化学在改善人类生活方面是最有成效、最实用的学科之一。利用化学反应和过程来制造产品的化学过程工业（包括化学工业、精细化工、石油化工、制药工业、日用化工、橡胶工业、造纸工业、玻璃和建材工业、钢铁工业、纺织工业、皮革工业、饮食工业等）在发达国家中占有最大的份额。这个数字在美国超过30%，而且还不包括诸如电子、汽车、农业等要用到化工产品的相关工业。发达国家从事研究与开发的科技人员中，化学、化工专家占一半左右。世界专利发明中约20%与化学有关。

人类的衣、食、住、行等各方面无不与化学中的上百种化学元素及其所组成的万千种化合物和无数的制剂、材料有关。房子是用水泥、玻璃、油漆、密封胶等化学建材产品建造的；肥皂和牙膏是日用化学品；衣服是用合成纤维制成并由合成染料上色的；饮用水必须经过化学检验以保证安全；粮食是用化肥和农药增产的；维生素和药物也是由化学家合成的；汽车的金属部件和油漆显然是化学品，车厢内的装潢材料通常是特种塑料或经化学制剂处理过的皮革制品，汽车的轮胎多由合成橡胶制成，燃油和润滑油是含化学添加剂的石油化工产品，蓄电池是化学电源，尾气排放系统中用来降低污染的催化转化器装有用铂、铑和其他一些化学物质组成的催化剂，它可将汽车尾气中的氮氧化物、一氧化碳和未燃尽的碳氢化合物转化成低毒害的或无毒的物质；飞机需要用质量轻的合金材料来制造，而且需要特种塑料和特种燃油；书刊、报纸是用化学家所发明的油墨和经化学过程生产出的纸张印制而成的；摄影胶片是涂有感光化学品的塑料片，它们能被光敏化，所以在曝光时和在用显影药剂冲洗时，会发生特定的化学反应；彩色电视机和电脑显示器的显像管是由玻璃和荧光材料制成的，这些材料在电子束轰击时可发出不同颜色的光；计算机用的U盘、录音录像磁带和VCD光盘都是由特殊的信息存储材料制成的；甚至参加体育活动时穿的跑步鞋、溜冰鞋、运动服及乒乓球拍、羽毛球拍等用品也都离不开化学。

人类文明的进步都与材料相联系，材料科学是一门综合性的科学，化学则是它的重要基础学科之一。用焦炭作为还原剂的炼铁技术的发明宣告了石器时代的结束、铁器时代的开始。目前，人类正向高分子时代迈进，高分子制品应用广泛，特别是各种工程塑料，它们具有重量轻、强度大、耐腐蚀等特点，大有取代钢铁的潜力。随着电子、航天、高速运输、快速通信等领域对诸如高纯单晶硅、光导纤维、信息储存材料、能量转化材料、敏感材料、超导材料等功能材料需求的日益增加，化学家以结构—功能关系为主线，设计、合成了许多具有特殊功能的分子，如今它们已成为制造新材料的基本原料。凡此种种都离不开化学家的创造性劳动。

探索生命现象的奥秘是当今受到普遍关注的尖端科学领域之一，现代生命科学就是“分子水平”的生物学。生命现象涉及大量复杂的化学反应。20世纪生命科学的崛起给古老的生物学注入了新的活力，人们在分子水平上为破解生命的奥秘打开了一个又一个通道。从20世纪初开始的生物小分子（如糖、叶绿素、维生素等）到后来的生物大分子（如碳水化合物、蛋白质等）的化学研究，先后有28项成果获得诺贝尔化学奖。特别是1953年，沃森和克里克提出的DNA分子双螺旋结构模型，对于生命科学具有划时代的意义，它为分子生物学和生物工程的发展奠定了基础，为整个生命科学带来了一场深刻的革命，使生物学从描述性科学发展到20世纪的前沿科学。在研究生命现象的领域里，化学不仅提供了技术和方法，而且还提供了理论。

利用药物治疗疾病是人类文明的重要标志之一。1909年，德国化学家艾里希合成出了治疗梅毒的特效药物胂凡纳明。20世纪30年代以来，化学家先后创造出了抗生素、抗病毒药物、抗肿瘤药物等各种类型临床有效的化学药物数千种，它使许多长期危害人类健康和生命的疾病得到控制，拯救了无数的生命。20世纪初，由于对分子结构和药理作用的深入研究，药物化学迅速发展，并成为化学学科的一个重要领域，为人类的健康做出了巨大贡献。

20世纪是人类社会高速发展的100年。在这100年间，科技进步为人类带来了巨大的物质和精神财富，但同时在环境和资源方面也为人类留下了一系列巨大的难题：由于工业发展太快而导致资源特别是不可再生资源趋于枯竭，陆地可用淡水急剧减少，大量河流、湖泊、近海海域以及大气被污染，二氧化碳的排放造成全球气温变暖，导致全球性干旱、大量生物种类灭绝、水土流失、臭氧层被破坏，等等。过去人类过于相信自己的创造力一定能够无限地战胜自然，但是，正如恩格斯所说：“对于每一次这样的胜利，自然界都报复了我们。”人类面临着既要保持自身进步与生活质量的提高，又要保证生存安全、保护环境的严峻课题。作为化学工作者，一方面要用化学的技术和方法研究环境中物质间的相互作用，并以此研究控制污染的化学原理和方法；另一方面，还要利用化学原理从源头上消除污染。前者的研究领域目前已经发展成为一门新兴的交叉学科，称为环境化学，后者则是一个新兴的化学分支，称为绿色化学。

能源、材料与信息被称为现代社会繁荣和发展的三大支柱，已成为人类文明进步的先决条件。从人类利用能源的历史中可以清楚地看到，每一种能源的发现和利用，化学都扮演着重要的角色，离不开化学的参与。化学家在过去的100年中，不仅在常规能源的开发和利用上做出了重要贡献，而且在和平利用核能，开发氢能源、生物质能源、化学电源以及太阳能等方面做出了不懈的努力，并取得了重大进展。

20世纪六大技术发明是：(1)无线电、半导体、计算机、芯片和网络等信息技术；(2)基因重组、克隆和生物芯片等生物技术；(3)核科学和核武器技术；(4)航空航天技术；(5)激光技术；(6)纳米技术。事实上，上述六大技术发明如果缺少一两个，人类照样生存，但如没有发明合成氨和合成尿素以及合成第一代、第二代、第三代新农药的技术，全世界的粮食产量至少要减半；如果没有发明合成各种抗生素和新药物的技术，人类平均寿命会大大缩短；如果没有发明合成纤维、合成橡胶、合成塑料的技术，人类生活将会受到很大影响。如果没有合成技术来合成大量的新分子、新材料，上述六大技术发明根本无法实现。

总之，化学与国民经济各部门、尖端科学技术各领域以及人民生活各方面都有着密切联系。它是一门重要的基础学科。它在整个自然科学中的关系和地位，正如美国伯克利加州大学皮门特尔在《化学中的机会——今天和明天》一书中指出的"化学是一门中心科学，它与社会发展各方面的需要都有密切关系"。化学不仅是化学工作者的专业知识，也是广大人民科学知识的组成部分，化学教育的普及是社会发展的需要，是提高整个民族文化素质的需要。

第三节　化学的发展和前沿展望

化学真正被确立成为一门科学大约在18世纪后期。工业革命推动社会生产空前发展，给化学研究提供了必要的实验设备和研究课题。燃烧在生产中的普遍应用，促使人们开始研究燃烧反应的实质。最初，人们认为一切与燃烧有关的化学变化都可以归结为物质吸收或释放一种"燃素物质"的过程，因而命名为燃素学说。它对当时已知的许多化学现象做出了定性的解释，但也还存在着许多不可调和的矛盾，如不能解释金属煅烧时，燃素从中逸出后，质量反而增加的事实。18世纪后期，当发现氧气之后，法国科学家拉瓦锡在实验的基础上，证实燃烧的实质是物质和空气中的氧气发生的化学反应。氧化燃烧理论代替了燃素学说。拉瓦锡提出了化学元素的概念，并揭示了众所周知的质量守恒定律，因此他被公认为"化学之父"和化学科学奠基人。

19世纪初，由于化学知识的积累和化学实验从定性研究到定量研究的发展，关于化合物的组成也初步形成了一些规律，如化合物定组成定律以及化合量定律。在这些实验的基础上，英国科学家道尔顿提出了一种关于“原子”的新思想，他认为物质是由不能再分割的原子所组成，原子不能创造也不能消灭，一种元素与其他元素化合时都是以原子为最小单位进行的。道尔顿的原子论合理地解释了当时已知的一些化学定律。同时，他开始了原子量的测定工作，并得到了第一张原子量表，为化学的发展奠立了重要的基础。化学由此进入了以原子论为主线的新时期。

道尔顿的原子论对化学发展虽有重大贡献，但由于受当时科学技术发展水平的限制和机械论、形而上学自然观的影响，它仍存在着一些缺点和错误。尤其是在揭示了原子内部结构之后，原子不可分割的论点明显需要修正和补充。另外，他未能区分原子和分子，因此，道尔顿原子论与有些实验事实存在着一些矛盾。

1808年，盖·吕萨克通过气体反应实验提出了气体化合体积定律：“在同温同压下，气体反应中各气体体积互成简单的整数比。”并且利用刚刚诞生的原子论加以解释，很自然地得出这样的结论：“同温同压下的各种气体，相同体积内含有相同的原子数。”根据这个观点就会得出“半个原子”的结论，例如由一体积氯气和一体积氢气生成了两体积氯化氢，每个氯化氢都只能是由半个氯原子和半个氢原子组成，这与原子不可分割的观点直接对立，此问题成为盖·吕萨克与道尔顿争论的焦点。为了解决这个矛盾，1811年，意大利科学家阿伏加德罗提出了分子的概念，认为气体分子可以由几个原子构成，例如H_2、O_2、Cl_2都是双原子分子，并且指出：“同温同压下，同体积气体所含分子数目相等。”这样就将原子学说和气体化合体积定律统一起来了。但是，阿伏加德罗的分子学说直到半个世纪以后才被公认。在1860年国际化学会议上关于原子量问题激烈争论之际，坎尼扎罗在他的论文中指出，只要接受50年前阿伏加德罗提出的分子假说，测定原子量、确定化学式的困难就可以迎刃而解，半个世纪以来化学领域中的混乱都可以一扫而清。他的论点条理清楚，论据充分，迅速得到各国化学家的赞同，原子分子论从此得以确立。它奠立了近代化学总体的理论基础。原子分子论指明：不同元素代表不同原子，原子按一定方式结合成分子，分子的结构直接决定其性能，分子进一步组成物质。这个理论基础在化学的发展进程中不断深化和扩展。元素、原子、分子和原子量，是现代化学科学中最基本的几个概念。

到1869年已有63种元素为科学家所认识，测定原子量的工作也有了很大的进展，原子价的概念已得到明确，对各种元素的物理及化学性质的研究成果也越来越丰富。在此基础上，门捷列夫和梅耶深入研究了元素的物理和化学性能随原子量递变的关系，发现了元素性质按原子量从小到大的顺序周而复始地递变的周期关系，并把它表达成元素周期表的形式。元素周期律的发现对化学的发展，特别是对无机化学的系统化，起了决定性作用。至于元素的发现及原子量的准确测定，则归功于经典化学分析的建立和完善，也可以说它们是发现周期律的实验基础。18世纪末到19世纪中叶，随着采矿、冶金工业的发展，定性化学分析的系统化、重量分析法、滴定分析法等逐步完善。分析化学家贝采尼乌斯的名著《化学教程》(1841年)记载着当时所用实验仪器设备和分离测定方法，已初具今日分析化学的端倪。尤其是滴定分析法(如银量法、碘量法、高锰酸钾法等)至今仍有重要的实用价值。现代的仪器分析法虽具有快速、灵敏等优点，但试样的预处理及测定结果的相对标准等仍与经典化学分析法相辅相成。

1858年，凯库勒总结出碳原子是四价的。这时关于有机化合物分子中价键的饱和性已经比较清楚了。不久，碳原子的四面体共价键的方向性也被揭示出来。价键的饱和性和方向性的发现，为有机立体化学奠定了基础。这样，有机合成就可以做到按图索骥而用不着单凭经验摸索了。这对有机化学的发展非常重要，至今它仍然是有机化学最基本的概念之一。

19世纪前期，化学研究与物理学、数学的发展存在一定的差距，阻碍了化学前进的步伐。而自19世纪中叶开始，运用物理学的定律研究化学体系，阐明化学反应进行的方向、程度和速率等基本问题，取得了可喜的成效，使人们看到了物理和化学结合的重要意义，逐步形成了物理化学分支学科。到20世纪初，化学家对物质的认识虽已达到分子和原子的层次，同时总结出元素周期律，创立了研究分子立体构型的立体化学，但是，要进一步深入发展，认识化学键、元素周期律以及价键饱和性和方向性等本质问题，则有待于揭开原子结构的奥秘。19世纪末20世纪初，物理学有了一系列重大发现(如电子、放射性和X射线等)，揭示了原子的内部结构和微观世界波粒二象性的普遍性，使经典力学上升为量子力学。量子力学为化学提供了分析原子和分子的电子结构的理论方法。1927年，海特勒和伦敦开创性地把量子力学处理原子结构的方法应用于解决氢分子的结构问题，阐明了共价键以及它的饱和性和方向性的本质。量子力学在化学键理论研究上的应用，使人们逐步认识了化学键的本质，对原子形成分子的方式、依据和规律方面的研究日趋深入和系统。近代物理学对化学的发展在理论上和实验上都提供了巨大的支持。在实验上，各种衍射和光谱等研究原子、分子和晶体结构的新方法层出不穷，为化学家认识原子、分子结构和性能积累了大量的实验资料及一系列有指导意义的原则。因此，化学学科进入了一个全新的发展阶段。

借助于近代物理学的进展，化学得到了迅速发展，不仅自然界中存在的“未知元素”逐一被发展，而且还人工合成了自然界尚不存在的元素。在有机化学领域，在实验室中不仅分离和提取了一系列天然有机产物，而且还合成了大量自然界未曾发现的化合物，并逐步兴起了有机合成化学工业，尤其以染料和制药工业最为突出，煤焦油和石油等各种天然资源的开发和综合利用也相继得到发展。到了20世纪30年代，随着有机化学和有机合成工业的发展，人类进入了人工合成高分子材料的新时代，合成橡胶、合成纤维和合成塑料的批量生产，都是化学家的卓越贡献。

化学学科长久的任务是整理天然产物和耕耘周期系，不断发展和合成新的化合物，并弄清它们的结构和性能的关系，深入研究化学反应理论和寻找反应的最佳过程。这个化学学科的传统特色，肯定还要继续发展下去。当今化学学科发展的一个特点是积极向一些与国民经济和人类生活关系密切的学科渗透，最突出的是与能源科学、环境科学、生命科学和材料科学的相互渗透。化学面临着新的需求和挑战，同时随着结构理论以及计算机、激光、磁共振和重组DNA技术等的发展，化学对分子水平的掌握日益得心应手。“剪裁分子”之说应运而生，即按照某种特定需要，在分子水平上设计结构并进行合成。化学的研究对象也不局限于单个化合物，而把重点放在一些复杂的体系上，这样必然会促使化学更重视贯通性能、结构和制备三者之间关系的理论，增加功能意识。这就形成了化学发展的一个新方向——分子工程学。

作为自然科学中的一门中心基础学科，化学是当代科学技术和人类物质文明迅猛发展的基础和动力，是一门中心的、实用的和创造性的科学。化学的中心地位在于它的核心知识已经应用于自然科学的方方面面，与其他学科相结合，构成了人类认识和改造自然的强大力量。化学与生物学结合产生了生物化学、分子生物学、化学生物学等一系列新的交叉学科。药学学科的药物化学就是从有机化学中独立出来的。材料化学、能源化学、食品化学等都是与化学密切相关的新兴交叉学科。

化学的重要地位还体现在当代人类所面临的一系列重大挑战中，如食品安全问题、健康与人口控制问题、环境与资源问题的解决都离不开化学。化学家要创造新的化肥、杀虫剂和除草剂以使粮食增产，要研究新的药物来对付各种疾病，等等。化学过程工业曾经对环境和生态造成了破坏，但要从根本上解决环境问题和生态问题还不得不依靠一个新的化学学科——绿色化学。

化学是一门古老而又生机勃勃的科学。化学元素和化学物种是人类赖以生存的物质宝库。人类对物质的需求，不论在质量上还是在数量上，总是在不断发展的，而满足其需求的核心基础学科不仅现在是化学，而且将来仍然是化学。

第二章　化学基础理论

化学基础理论是研究化学的基础，它涉及反应动力学、反应热力学、化学平衡、氧化还原反应以及原子、分子结构知识。一个化学反应在特定的条件下能否自发进行、反应的热效应大小、反应速率快慢、到达平衡时的状态以及决定物质性质的原子、分子和晶体结构等都是化学工作者所关心的具体问题。

第一节　化学热力学基础

化学热力学主要从能量变化的角度解决一定条件下化学反应中的两个基本问题：(1)化学反应中能量是如何转化的；(2)化学反应朝着什么方向自发进行。

一、热力学第一定律

(一)常用术语

1.体系和环境

被划作研究对象的这一部分物体称为体系；而体系以外，与其密切相关的部分称为环境。依照体系和环境之间有无物质和能量交换，通常将体系分为敞开、封闭和孤立三类。

2.状态和状态函数

一个体系的状态是由一系列物理量所确定的。如决定气体状态的物理量有：气体的物质的量、质量、压强、体积、温度等。当这些物理量都有确定值时，我们就说该气体体系处于一定的状态。如果其中一个物理量发生改变，则体系的状态随之而变。我们把这些决定体系状态的物理量称为状态函数。

3. 过程和途径

当体系状态发生变化时，我们把这种变化称为过程。完成这个过程的具体步骤则称为途径。常见的化学热力学过程有等压、等容和等温过程。

4. 热和功

由于温度差而引起传递的能量称为热，符号为 Q。在热力学中，除热以外其他各种被传递的能量都叫做功，符号为 W。热和功都不是状态函数，本节讨论的功仅限于体积功。

5. 热力学能（内能）

体系所储有的总能量叫作体系的热力学能，又叫内能，符号为 U。热力学能是状态函数，但其绝对值大小我们无法计算和测定，仅能测定或计算其变化值。

（二）热力学第一定律——能量守恒定律

若体系吸热，Q 为正值；体系放热，Q 为负值。体系对环境做功，W 为正值；环境对体系做功，W 为负值。ΔU 为体系的热力学能改变值。则热力学第一定律可表示为：

$$\Delta U = Q - W$$

若 $\Delta U > 0$，则表示这一过程体系的热力学能增加，反之表示体系热力学能减少。

例 2-1　计算下列体系的热力学能改变值：

（1）体系吸收了 200 J 热量，并且体系对环境做了 500 J 功；

（2）体系放出了 200 J 热量，并且环境对体系做了 500 J 功。

解：（1）$Q = 200$ J　$W = 500$ J　$\Delta U = 200 - 500 = -300$（J）

表明体系热力学能减小 300 J。

（2）$Q = -200$ J　$W = -500$ J　$\Delta U = (-200) - (-500) = 300$（J）

表明体系热力学能增加 300 J。

二、热化学

（一）焓的概念

等温条件下，一个化学反应放出或吸收的热量，我们称之为反应热。

1. 等容反应热（Q_V）

反应前后体系始、终态的体积相等（$\Delta V = 0$），体系不做体积功，即 $W = 0$，由热力学第一定律知：

$$\Delta U = Q_V$$

即等容反应热全部用于体系热力学能的改变。

2. 等压反应热(Q_p)

反应前后体系始、终态的压强相等($\Delta p = 0$)，由热力学第一定律知：

$$\begin{aligned} Q_p &= \Delta U + W \\ &= \Delta U + p\Delta V \\ &= U_2 - U_1 + p(V_2 - V_1) \\ &= (U_2 + pV_2) - (U_1 + pV_1) \end{aligned}$$

U、p、V都是状态函数，它们的组合($U + pV$)也是状态函数。为方便起见，我们把新的状态函数叫作焓，符号为H，即

$$H = U + pV$$

所以 $Q_p = H_2 - H_1 = \Delta H$

即等压反应热全部用于体系焓的改变。

（二）热化学方程式

表示化学反应与其热效应关系的化学方程式叫作热化学方程式。例如：

$$C(s, 石墨) + \frac{1}{2}O_2(g) \longrightarrow CO(g) \qquad \Delta_r H_m^\ominus(298.15\ K) = -110.5\ kJ \cdot mol^{-1}$$

说明：(1)符号 $\Delta_r H_m^\ominus(298.15\ K)$ 中，“r”表示化学反应(reaction)，“$\Delta_r H$”表示化学反应的焓变；“m”表示每摩尔(mol)反应；“298.15 K”表示在温度为298.15 K时等温反应。$\Delta_r H_m^\ominus(298.15\ K)$常简写为$\Delta_r H$。

(2)符号 $\Delta_r H^\ominus$ 中，“$\ominus$”表示该反应在标准态下进行。热力学中标准态是指：反应中气体分压为标准压力(100 kPa)，记为$p^\ominus$；溶液中溶质浓度为
1 $mol \cdot L^{-1}$，记为$c^\ominus$；固体和液体是指标准压力下的该纯物质。

(3) $\Delta_r H^\ominus > 0$ 表示反应吸热，$\Delta_r H^\ominus < 0$ 表示反应吸热。

(4)方程中必须注明每种物质的状态和晶体类型。

(5)焓变随温度变化较小，在一般化学计算中可近似地认为：

$$\Delta_r H_m^\ominus(T) \approx \Delta_r H_m^\ominus(298.15\ K)$$

（三）盖斯定律

对多步完成的反应，其总反应的热效应等于各分步反应热效应之和。利用盖斯

定律可以计算一些实验难以测定的未知反应的反应热。

例2-2 已知：(1) $C(s) + O_2(g) = CO_2(g)$ $\Delta_r H_1^\ominus = -393.5\ kJ \cdot mol^{-1}$

(2) $CO(g) + \frac{1}{2}O_2(g) = CO_2(g)$ $\Delta_r H_2^\ominus = -283.0\ kJ \cdot mol^{-1}$

计算反应： (3) $2C(s) + O_2(g) = 2CO(g)$ 的 $\Delta_r H_3^\ominus$。

解：反应(3) = 2 × (1) − 2 × (2)

$\Delta_r H_3^\ominus = 2 \times (\Delta_r H_1^\ominus) - 2 \times (\Delta_r H_2^\ominus)$

$= 2 \times (-393.5) - 2 \times (-283.0)$

$= -221.0 (kJ \cdot mol^{-1})$

（四）标准摩尔生成焓（$\Delta_f H_m^\ominus$）

298.15 K标准态下，由元素指定的单质生成1 mol纯物质时的等压热效应叫作该物质的标准摩尔生成焓，简称为“生成焓”，符号为 $\Delta_f H_m^\ominus$。依定义，指定单质的 $\Delta_f H_m^\ominus = 0$，一些常见物质在298.15 K时的 $\Delta_f H_m^\ominus$ 值列于附录一（溶液中水合离子标准摩尔生成焓是相对于 $\Delta_f H_m^\ominus[H^+(aq)] = 0$ 测定的）。

对于一般反应：

$$aA + bB = dD + eE$$

很容易证明，其反应焓变 $\Delta_r H_m^\ominus$ 可由下式计算：

$$\Delta_r H_m^\ominus = [d \times \Delta_f H_m^\ominus(D) + e \times \Delta_f H_m^\ominus(E)] - [a \times \Delta_f H_m^\ominus(A) + b \times \Delta_f H_m^\ominus(B)]$$

例2-3 计算下列反应的焓变：

$$4NH_3(g) + 5O_2(g) = 4NO(g) + 6H_2O(g)$$

解：查附录一得到各物质标准摩尔生成焓：

物质	$NH_3(g)$	$O_2(g)$	$NO(g)$	$H_2O(g)$
$\Delta_f H_m^\ominus/kJ \cdot mol^{-1}$	−46.1	0	90.4	−241.8

$\Delta_r H_m^\ominus = [4 \times 90.4 + 6 \times (-241.8)] - [4 \times (-46.1) + 0]$

$= -904.8 (kJ \cdot mol^{-1})$

三、化学反应自发进行方向

我们知道，水会自发地从高处流向低处，H_2 和 O_2 点燃后会自发地燃烧生成水等，因为这些过程会放出能量。但 $KNO_3(s)$ 等固体溶于水吸热，两种气体等温下混合几乎无热效应，这些过程尽管是吸热或无热效应，但也是自发的。这表明等温等压条件下化学反应自发进行的方向除了与焓有关外，还与体系的混乱度有关，后者自发进行的原因不是热效应而是体系的混乱度增加。

（一）熵（S）

熵是表示体系混乱度大小的一个热力学状态函数，符号为S。混乱度越大，熵值越大。由热力学第三定律可以求得标准态下1 mol纯物质的熵值，称为该物质的标准摩尔熵（简称“摩尔熵”），符号为$S_m^\ominus$。附录一中列出了一些常见物质在298.15 K时的$S_m^\ominus$，单位是$J \cdot mol^{-1} \cdot K^{-1}$（溶液中水合离子标准熵是相对于$S_m^\ominus[H^+(aq)]=0$测定的）。明显地，同一物质气态$S_m^\ominus$总是大于固态或液态的$S_m^\ominus$。

对于一般化学反应：

$$aA + bB = dD + eE$$

反应熵变$\Delta_r S_m^\ominus$可由下式计算得到：

$$\Delta_r S_m^\ominus = [d \times S_m^\ominus(D) + e \times S_m^\ominus(E)] - [a \times S_m^\ominus(A) + b \times S_m^\ominus(B)]$$

$\Delta_r S_m^\ominus > 0$表明是熵增的反应，有利于反应自发正向进行。尽管温度升高各物质熵均增加，但$\Delta_r S_m^\ominus$变化不显著，在一般计算中可近似认为：

$$\Delta_r S_m^\ominus(T) \approx \Delta_r S_m^\ominus(298.15\ K)$$

（二）吉布斯自由能（G）及其应用

反应的焓变和熵变是一定条件下反应能否自发进行的两个因素，若反应放热（$\Delta_r H_m^\ominus < 0$），同时熵增（$\Delta_r S_m^\ominus > 0$），则反应总是自发进行的。但当$\Delta_r H_m^\ominus$和$\Delta_r S_m^\ominus$均为正值或负值时则难以直接判断。要讨论反应的自发性，就需要一个新的函数，它既能综合体系的焓和熵两个状态函数，又能作为反应自发性的判据。美国物理学家吉布斯（J.W.Gibbs）于1876年提出用自由能来综合焓和熵，其定义为：

$$G = H - TS$$

由定义可知，吉布斯自由能与热力学能及焓一样是状态函数，其绝对值无法确定，只能得到其变化值ΔG。

经热力学推导，在等温等压且不做非体积功的条件下，反应的吉布斯自由能变$\Delta_r G$是判断反应自发性的判据：

$\Delta_r G < 0$，反应正向自发进行；

$\Delta_r G > 0$，反应不能正向自发进行；

$\Delta_r G = 0$,反应处于平衡状态。

如果体系处于标准态,则可用标准摩尔吉布斯自由能$\Delta_r G_m^\ominus$来判断标准态下反应自发进行的方向。

1.标准摩尔生成吉布斯自由能

标准态和指定温度(298.15 K)下,由元素指定的单质生成1 mol该物质时的吉布斯自由能变,称为该物质的标准摩尔生成吉布斯自由能,符号为$\Delta_f G_m^\ominus$(298.15 K),单位为$kJ \cdot mol^{-1}$。依定义和热力学规定,元素指定的单质和H^+(aq)的$\Delta_f G_m^\ominus$(298.15 K)=0。298.15 K时一些常见物质的$\Delta_f G_m^\ominus$值见附录一。在计算过程中如不指明温度,均指298.15 K。

利用物质的标准摩尔生成吉布斯自由能计算$\Delta_r G_m^\ominus$与计算焓变有相同形式的公式,即

$$\Delta_r G_m^\ominus(298.15\ K) = [d \times \Delta_f G_m^\ominus(D) + e \times \Delta_f G_m^\ominus(E)] - [a \times \Delta_f G_m^\ominus(A) + b \times \Delta_f G_m^\ominus(B)]$$

2.标准吉布斯自由能与温度的关系及应用

反应焓变和熵变在一般的计算中,都可以忽略它们随温度的变化,但$\Delta_f G_m^\ominus$的值与温度有关。热力学证明,在等温、等压条件下:

$$\Delta_r G_m^\ominus = \Delta_r H_m^\ominus - T\Delta_r S_m^\ominus$$

由此可以计算任意温度下$\Delta_r G_m^\ominus$,从而判断该温度下反应自发进行的方向。计算时要注意单位的统一。

例2-4　已知标准态下反应:$2SO_2(g) + O_2(g) = 2SO_3(g)$,计算:

(1)298.15 K下$\Delta_r G_m^\ominus$;(2)700 K下$\Delta_r G_m^\ominus$;(3)上述反应正向自发进行的温度范围。

解:查附录一得到:

物质	$SO_2(g)$	$O_2(g)$	$SO_3(g)$
$\Delta_f H_m^\ominus/kJ \cdot mol^{-1}$	−296.8	0	−395.7
$S_m^\ominus/J \cdot mol^{-1} \cdot K^{-1}$	248	205.0	256.6
$\Delta_f G_m^\ominus/kJ \cdot mol^{-1}$	−300.2	0	−371.1

(1)$\Delta_r G_m^\ominus = 2 \times (-371.1) - 0 - 2 \times (-300.2) = -141.8(kJ \cdot mol^{-1})$

$\Delta_r G_m^\ominus$也可以用以下方法计算:

$\Delta_r H_m^\ominus = 2 \times (-395.7) - 0 - 2 \times (-296.8) = -197.8(kJ \cdot mol^{-1})$

$\Delta_r S_m^\ominus = 2 \times 256.6 - 1 \times 205.0 - 2 \times 248 = -187.8(J \cdot mol^{-1} \cdot K^{-1})$

$\Delta_r G_m^\ominus = \Delta_r H_m^\ominus - 298.15 \times \Delta_r S_m^\ominus$

$\quad = (-197.8) - 298.15 \times (-187.8) \times 10^{-3}$

$= -141.8(kJ \cdot mol^{-1})$

(2)$\Delta_r G_m^\ominus = \Delta_r H_m^\ominus - 700 \times \Delta_r S_m^\ominus$

$= (-197.8) - 700 \times (-187.8) \times 10^{-3}$

$= -66.3(kJ \cdot mol^{-1})$

(3)标准态下，欲使反应正向自发进行：

$\Delta_r G_m^\ominus < 0$，即$\Delta_r H_m^\ominus - T \times \Delta_r S_m^\ominus < 0$

$-197.8 - T \times (-187.8) \times 10^{-3} < 0$

$T < 1\,053.2(K)$

所以温度低于1 053.2 K时，反应在标准态下正向自发进行。

值得注意的是，自发进行的反应其反应速度并不一定很快，同时，大多数实际反应并不处于标准态。这些问题是下节将要讨论的内容。

第二节　化学反应速率和化学平衡

一、化学反应速率

自然界中化学反应种类繁多，化学反应速率快慢不一。有时，我们常常因为一个化学反应速率太慢而不能加以利用。如理论计算表明，298.15 K标准态下$H_2(g)$和$O_2(g)$化合生成$H_2O(l)$的反应是自发的，但实际上其反应速率太慢，以至于我们认为不发生反应。对一些危害比较大的反应，如金属腐蚀、食物变质、橡胶老化等，我们总是希望反应尽可能慢些以减少损失。研究化学反应速率的科学叫化学动力学。

（一）化学反应速率的表示

化学反应速率是指单位时间内物质的量浓度的改变值。时间的单位可以是s（秒）、min（分）、h（小时）、d（天）等。例如：

某条件下，合成氨反应各物质浓度随时间变化情况如下：

	$N_2(g)$ +	$3H_2(g)$ ==	$2NH_3(g)$
起始浓度/$mol \cdot L^{-1}$	1.0	3.0	0
2 s时浓度/$mol \cdot L^{-1}$	0.8	2.4	0.4

则0~2 s时间内其平均反应速率分别用NH_3、N_2、H_2浓度变化表示依次是：

$$\bar{v}_{NH_3} = \frac{\Delta c_{NH_3}}{\Delta t} = \frac{0.4 - 0}{2} = 0.2(\text{mol} \cdot \text{L}^{-1} \cdot \text{s}^{-1})$$

$$\bar{v}_{N_2} = -\frac{\Delta c_{N_2}}{\Delta t} = -\frac{0.8 - 1.0}{2} = 0.1(\text{mol} \cdot \text{L}^{-1} \cdot \text{s}^{-1})$$

$$\bar{v}_{H_2} = -\frac{\Delta c_{H_2}}{\Delta t} = -\frac{2.4 - 3.0}{2} = 0.3(\text{mol} \cdot \text{L}^{-1} \cdot \text{s}^{-1})$$

在表示化学反应速率时，必须注意：

(1)如果用反应物浓度的减少来表示化学反应速率，为了避免出现无意义的负号，式中人为地加入一个负号。

(2)由于反应式中各物质计量系数不同，因此，用不同的物质浓度变化计算所得的反应速率数值不同。为避免出现这种混乱，现行的国际单位制规定将所得的反应速率除以各物质在反应式中的计量系数，因此，上述合成氨反应在0~2 s内的速率为：

$$\bar{v} = \frac{\bar{v}_{N_2}}{1} = \frac{\bar{v}_{H_2}}{3} = \frac{\bar{v}_{NH_3}}{2} = 0.1(\text{mol} \cdot \text{L}^{-1} \cdot \text{s}^{-1})$$

(3)以上所得的反应速率只是反应在0~2 s内的平均速率$\bar{v}$。但实际应用中，需要知道更有实际意义的瞬时速率(某时刻的反应速率)，即Δt无限小时的反应速率：

$$v = \lim_{\Delta t \to 0} \frac{\Delta c_{H_2}}{3\Delta t} = -\frac{1}{3} \cdot \frac{\mathrm{d}c_{H_2}}{\mathrm{d}t}$$

对于一般的化学反应：

$$a\text{A} + b\text{B} \longrightarrow d\text{D} + e\text{E}$$

反应的平均速率：

$$\bar{v} = -\frac{1}{a}\frac{\Delta c_A}{\Delta t} = -\frac{1}{b}\frac{\Delta c_B}{\Delta t} = \frac{1}{d}\frac{\Delta c_D}{\Delta t} = \frac{1}{e}\frac{\Delta c_E}{\Delta t}$$

反应的瞬时速率：

$$v = -\frac{1}{a}\frac{\mathrm{d}c_A}{\mathrm{d}t} = -\frac{1}{b}\frac{\mathrm{d}c_B}{\mathrm{d}t} = \frac{1}{d}\frac{\mathrm{d}c_D}{\mathrm{d}t} = \frac{1}{e}\frac{\mathrm{d}c_E}{\mathrm{d}t}$$

用作图法可求得瞬时反应速率：以纵坐标表示反应物浓度，横坐标表示反应时间，画出反应物浓度随时间变化的曲线，取曲线上一点(即某一时刻)作该曲线的切线，切线的斜率即为该点对应时刻的反应瞬时速率。

（二）化学反应速率理论——碰撞理论简介

研究化学反应速率的理论较多，比较重要的有碰撞理论，其基本要点如下：

(1)反应物分子间的相互碰撞是反应发生的先决条件。显然，碰撞频率（单位时间内碰撞次数）越高，反应速率越快。因此，不难理解，增加反应物浓度或升高温度，会加快反应速率。

(2)不是分子的任意一次碰撞都可以发生反应，只有能量相对较高的分子间碰撞才可能发生反应，这些能量较高的分子称为活化分子。活化分子平均能量与整个体系分子平均能量的差值称为反应的活化能，符号为E_a。显然，E_a越大，活化分子占整个体系的比例越小，活化分子碰撞频率越小，反应速率越慢。不难理解，升高反应温度，许多分子吸收能量后成为活化分子，活化分子百分数增加，同时分子的运动速度加快，活化分子间碰撞频率增加，反应速率加快。

(3)不是所有的活化分子间碰撞都会引起化学反应发生，分子碰撞还必须在适当的方位上才能发生反应，即发生有效碰撞。如反应：$CO(g)+NO_2(g) = CO_2(g)+NO(g)$，只有当CO分子中碳原子和$NO_2$分子中氧原子碰撞时，才有可能发生氧原子转移，导致化学反应的发生，如图2-1所示。

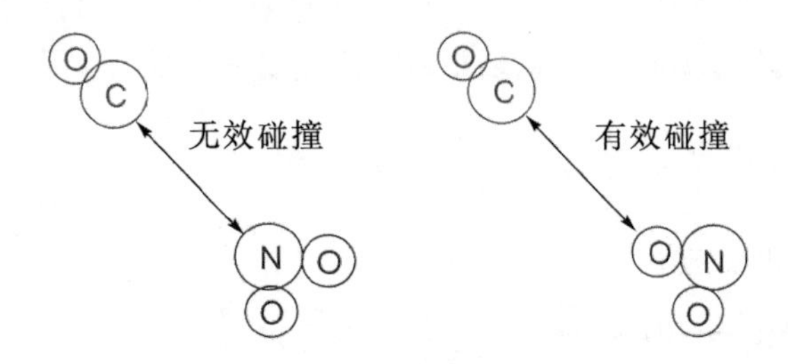

图2-1　分子碰撞的不同取向

（三）影响化学反应速率的因素

毫无疑问，反应物本身结构和性质是影响反应速率的首要因素。对于指定的化学反应，反应物浓度、温度、催化剂等对反应速率也有较大影响。

1. 浓度对化学反应速率的影响

大量的实验事实表明，一定温度下增加反应物浓度可以加快反应速率，这是因为在一定温度下，对某一化学反应而言，反应物浓度增加，单位体积内活化分子数目增加，从而增加了活化分子间的碰撞频率，因而反应速率加快。

(1)基元反应的速率方程——质量作用定律

所谓基元反应,是指反应物分子经过有效碰撞一步直接转化为产物的反应,也称为简单反应。

当温度一定时,基元反应的反应速率与反应物浓度的幂指数的乘积成正比,浓度幂指数就是基元反应式中各反应物的化学计量系数,这一规律称为质量作用定律。对于一般的基元反应:

$$aA + bB = dD + eE$$

其速率方程可表示为:

$$v = kc^{a}(A)c^{b}(B)$$

式中,k为速率常数,k不随反应物浓度的改变而改变,它仅取决于反应本性和温度。$(a+b)$称为该反应的总反应级数,反应中的纯固体或纯液体的浓度不写入速率方程中。

此外,总反应级数决定着速率常数k的量纲,也即k的单位体现了总反应级数。若时间单位统一用min表示,则:

$$k = \frac{v}{c^{(a+b)}}$$

可见,k的单位为$\frac{mol \cdot L^{-1} \cdot min^{-1}}{(mol \cdot L^{-1})^{(a+b)}}$,当总反应级数即$(a+b)$分别为0,1,2,3时,$k$的单位依次是$mol \cdot L^{-1} \cdot min^{-1}$、$min^{-1}$、$L \cdot mol^{-1} \cdot min^{-1}$和$L^{2} \cdot mol^{-2} \cdot min^{-1}$。

(2)非基元反应的速率方程

大多数反应都属于非基元反应,反应物分子要经历多步基元反应才能转化为产物,这类反应称为非基元反应或复杂反应。例如反应:

$$H_2(g) + I_2(g) = 2HI(g)$$

是由下面两个基元反应组成的:

①$I_2(g) = I(g) + I(g)$

②$H_2(g) + 2I(g) = 2HI(g)$

非基元反应的速率方程往往由实验结果或理论推导来确定,不能根据总反应式直接写出。

例2-5　在298 K时,对于反应:

$$S_2O_8^{2-}(aq) + 2I^-(aq) = 2SO_4^{2-}(aq) + I_2(aq)$$

实验测得的数据如下:

序号	$c_{S_2O_8^{2-}}$/mol·L^{-1}	c_{I^-}/mol·L^{-1}	v/mol·L^{-1}·min^{-1}
1	1.0×10^{-4}	1.0×10^{-2}	0.65×10^{-6}
2	2.0×10^{-4}	1.0×10^{-2}	1.30×10^{-6}
3	2.0×10^{-4}	0.5×10^{-2}	0.65×10^{-6}

试求总反应级数和反应速率常数k。

解：设反应速率方程为$v = kc^m_{S_2O_8^{2-}}c^n_{I^-}$

代入三组实验测定值得到：

$0.65\times10^{-6} = k(1.0\times10^{-4})^m(1.0\times10^{-2})^n$

$1.30\times10^{-6} = k(2.0\times10^{-4})^m(1.0\times10^{-2})^n$

$0.65\times10^{-6} = k(2.0\times10^{-4})^m(0.5\times10^{-2})^n$

可求得：$k = 0.65$(L·mol^{-1}·min^{-1})；$m = 1$，$n = 1$，总反应级数为2级。

2. 温度对化学反应速率的影响

温度影响反应速率常数k，二者关系遵循阿累尼乌斯(S.Arrhenius)公式：

$$k = A\cdot e^{-E_a/RT} \text{或} \ln k = \ln A - \frac{E_a}{RT}$$

容易证明，不同温度下速率常数的关系为：

$$\ln\frac{k_2}{k_1} = \frac{E_a}{R}\left(\frac{T_2 - T_1}{T_1T_2}\right)$$

式中：E_a为反应的活化能，A为指前因子，二者不受温度和浓度的影响，仅取决于反应物本性常数；R为气体常数，其值为8.31×10^{-3}(kJ·mol^{-1}·K^{-1})；k_1、k_2为绝对温度T_1、T_2时的速率常数。

利用阿累尼乌斯公式可以计算反应的活化能E_a和不同温度下的速率常数k。

例2-6 实验测得不同温度下$S_2O_8^{2-}+3I^- = 2SO_4^{2-}+I_3^-$的反应速率常数如下表。试求该反应的活化能$E_a$和298 K时的速率常数$k$。

T/K	273	283	293	303
k/L·mol^{-1}·s^{-1}	8.2×10^{-4}	2.0×10^{-3}	4.1×10^{-3}	8.3×10^{-3}

解法一：作图法。由公式$\ln k = \ln A - \dfrac{E_a}{RT}$知：

以$\dfrac{1}{T}$对$\ln k$作图，得一直线，直线斜率为$-\dfrac{E_a}{R}$，可计算反应的$E_a = 53.3$ kJ·mol^{-1}。在直线上找出$T = 298$ K时的$k = 5.8\times10^{-3}$ L·mol^{-1}·s^{-1}。

解法二：将已知的任意两温度的k值代入公式：

$$\ln\frac{k_2}{k_1}=\frac{E_a}{R}\left(\frac{T_2-T_1}{T_1T_2}\right)$$可求得E_a。

例如：代入$T_1 = 273$ K，$T_2 = 293$ K时的$k_1 = 8.2\times10^{-4}$ L·mol^{-1}·s^{-1}，

$k_2 = 4.1\times10^{-3}$ L·mol^{-1}·s^{-1}得到：

$$\ln\frac{4.1\times10^{-3}}{8.2\times10^{-4}}=\frac{E_a}{8.31\times10^{-3}}\left(\frac{293-273}{273\times293}\right)$$

$E_a = 53.3$ kJ·mol^{-1}

再令$T_2 = 298$ K，任一点已知温度为T_1（如$T_1 = 273$ K），可求得298 K下的k_2。

$$\ln\frac{k_2}{8.2\times10^{-4}}=\frac{53.4}{8.31\times10^{-3}}\left(\frac{298-273}{273\times298}\right)$$

$k_2 = 5.8\times10^{-3}$ L·mol^{-1}·s^{-1}

3.催化剂对化学反应速率的影响

催化剂能改变反应的途径，从而改变反应的活化能E_a。能降低反应活化能，使反应速率增加的称为正催化剂，反之称为负催化剂或阻化剂。催化剂对反应速率的影响的定量关系也可以通过阿累尼乌斯公式体现。催化剂对反应速率的影响是惊人的，在工业生产上，通常采用催化剂来加速反应进行。但催化剂只能加快反应的速率，不能改变反应自发进行的方向。催化剂同等程度地改变正、逆反应速率，但不影响反应物和生成物的状态，只是在时间上加速了平衡的到达。

二、化学平衡

在研究化学反应时，人们除了注意反应自发进行的方向和反应速率外，还非常关心化学反应的完成程度，即在一定条件下，化学反应进行的最大限度（反应物的最大转化率）及反应达到最大限度时各物质之间量的关系，这便是化学平衡需要解决的问题。

等温、等压条件下，$\Delta_r G<0$的反应，正反应速率大于逆反应速率，反应正向自发进行，但随着反应的进行，正反应速率逐渐减小，逆反应速率逐渐增大，$\Delta_r G$不断增大，当$\Delta_r G=0$时，正逆反应速率相等，此时反应达到了最大限度，即在此条件下反应达到平衡状态。

（一）标准平衡常数（$K^{\ominus}$）

反应达到平衡后，反应物和产物的浓度（或气体分压）不再随时间而变化，这时体系内物质浓度（或气体分压）的定量关系符合标准平衡常数（$K^{\ominus}$）表达式，标准平衡常数又称为热力学平衡常数。

1.标准平衡常数表达式

对于可逆反应：

$$aA(g)+bB(aq)\rightleftharpoons dD(g)+eE(aq)$$

达平衡后：

$$K^{\ominus}=\frac{[p(D)/p^{\ominus}]^{d}[[E]/c^{\ominus}]^{e}}{[p(A)/p^{\ominus}]^{a}[[B]/c^{\ominus}]^{b}}$$

式中：$K^{\ominus}$为反应的标准平衡常数，其量纲为1；$p(A)$、$p(D)$为平衡时气体物质A、D的分压，单位为kPa；[B]、[E]为达平衡时物质B、E的浓度，单位为$mol\cdot L^{-1}$；$p^{\ominus}$为标准压力，即100 kPa；$c^{\ominus}$为标准浓度，即1 $mol\cdot L^{-1}$。因此，在书写和计算时通常省略$c^{\ominus}$，而不影响$K^{\ominus}$值大小。

说明：

（1）表达式中的浓度或分压是指反应到达平衡状态时各物质的浓度或分压；

（2）表达式中不含有纯固体或纯液体的浓度，例如：

$$BaCO_3(s)\rightleftharpoons BaO(s)+CO_2(g)\qquad K^{\ominus}=p(CO_2)/p^{\ominus}$$

$$Fe^{3+}(aq)+3H_2O(l)\rightleftharpoons Fe(OH)_3(s)+3H^+(aq)\qquad K^{\ominus}=[H^+]^3/[Fe^{3+}]$$

（已略去$c^{\ominus}$）

（3）$K^{\ominus}$值大小除了受反应本性影响外，还与反应温度有关，因此，$K^{\ominus}$必须指明反应温度；

（4）$K^{\ominus}$值大小反映了反应完成程度，$K^{\ominus}$值越大，说明达平衡时正反应进行得越彻底；

（5）$K^{\ominus}$值大小以及表达式的书写与反应式写法有关，如同一温度下反应：

①$N_2O_4(g)\rightleftharpoons 2NO_2(g)$ $\qquad K_1^{\ominus}=\frac{[p(NO_2)/p^{\ominus}]^2}{[p(N_2O_4)/p^{\ominus}]}$

②$2NO_2(g)\rightleftharpoons N_2O_4(g)$ $\qquad K_2^{\ominus}=\frac{[p(N_2O_4)/p^{\ominus}]}{[p(NO_2)/p^{\ominus}]^2}$

$$③\frac{1}{2}N_2O_4(g) \rightleftharpoons NO_2(g) \qquad K_3^{\ominus}=\frac{\left[p\left(NO_2\right)/p^{\ominus}\right]}{\left[p\left(N_2O_4\right)/p^{\ominus}\right]^{\frac{1}{2}}}$$

显然,三者之间的关系为:

$$K_2^{\ominus}=\frac{1}{K_1^{\ominus}}, K_1^{\ominus}=\left(K_3^{\ominus}\right)^2$$

2. 反应商(Q)

即任意浓度或压强下,依照平衡常数的计算方式得到的比值为反应商 Q,即

$$Q=\frac{\left[p(D)/p^{\ominus}\right]^d\left[c(E)/c^{\ominus}\right]^e}{\left[p(A)/p^{\ominus}\right]^a\left[c(B)/c^{\ominus}\right]^b}$$

显然有如下结论:

$Q=K^{\ominus}$,反应达平衡状态;

$Q<K^{\ominus}$,反应正向自发进行(即平衡正向移动);

$Q>K^{\ominus}$,反应逆向自发进行(即平衡逆向移动)。

(二)范特荷甫等温方程式

在上节中我们知道一个处于标准态下的反应,可以根据 $\Delta_r G_m^{\ominus}$ 来判断反应自发进行的方向。但实际的化学反应不可能总处于标准态,非标准态下的反应自发进行方向,可以用上述结论或用非标准的摩尔自由能变,即 $\Delta_r G_m$ 来判断。经热力学推证,等温等压下,同一反应的 $\Delta_r G_m$ 与 $\Delta_r G_m^{\ominus}$ 及反应商之间的关系遵循范特荷甫(Van-tHoff)方程,即

$$\Delta_r G_m=\Delta_r G_m^{\ominus}+RT\ln Q$$

显然,当反应处于平衡状态时,$\Delta_r G_m=0$,$Q=K^{\ominus}$,所以有:

$$\Delta_r G_m^{\ominus}=-RT\ln K^{\ominus}$$

代入上式得到:

$$\Delta_r G_m=RT\ln\frac{Q}{K^{\ominus}}$$

所以:

$\Delta_r G_m<0$ 时,$Q<K^{\ominus}$,反应自发正向进行;

$\Delta_r G_m=0$ 时,$Q=K^{\ominus}$,反应处于平衡状态;

$\Delta_r G_m>0$ 时,$Q>K^{\ominus}$,反应正向不自发进行。

例2-7 试由热力学数据计算下列反应：

$$CaCO_3(s) \rightleftharpoons CaO(s) + CO_2(g)$$

（1）473 K时平衡常数$K^\ominus$；（2）当$p(CO_2)$=1.0 kPa时，反应自发进行的方向。

解：（1）查热力学数据：

物质	$CaCO_3(s)$	$CaO(s)$	$CO_2(g)$
$\Delta_f H_m^\ominus/kJ\cdot mol^{-1}$	−1 206.9	−635.1	−393.5
$S_m^\ominus/J\cdot mol^{-1}\cdot K^{-1}$	92.9	39.7	213.6

$$\Delta_r H_m^\ominus = (-393.5)+(-635.1)-(-1\ 206.9)$$
$$= 178.3(kJ\cdot mol^{-1})$$

$$\Delta_r S_m^\ominus = 213.6 + 39.7 - 92.9$$
$$= 160.4(J\cdot mol^{-1}\cdot K^{-1})$$

$$\Delta_r G_m^\ominus = \Delta_r H_m^\ominus - 473 \times \Delta_r S_m^\ominus$$
$$= 178.3 - 473 \times 160.4 \times 10^{-3}$$
$$= 102.4(kJ\cdot mol^{-1})$$

由$\Delta_r G_m^\ominus = -RT\ln K^\ominus$得：

$$102.4 = -8.31 \times 10^{-3} \times 473\ln K^\ominus$$

$$K^\ominus = 4.7 \times 10^{-12}$$

（2）$Q = p(CO_2)\ /\ p^\ominus = 1.0/100 = 0.01 > K^\ominus$

或：$\Delta_r G_m(473\ K) = \Delta_r G_m^\ominus(473\ K) + RT\ln Q$

$$= 102.4 + 8.31 \times 10^{-3} \times 473\ln\frac{1.0}{100}$$
$$= 84.5(kJ\cdot mol^{-1}) > 0$$

即该条件下反应正向不自发进行。

（三）多重平衡

通常遇到的化学平衡体系中，往往同时存在多个化学平衡，并且反应相互关联，有的物质同时参加多个化学反应，这种一个系统中，同时存在几个相互联系平衡的现象称为多重平衡。例如同温下：

$$①S(s) + O_2(g) \rightleftharpoons SO_2(g) \qquad K_1^\ominus$$

$$②SO_2(g) + \frac{1}{2}O_2(g) \rightleftharpoons SO_3(g) \qquad K_2^\ominus$$

$$③S(s)+\frac{3}{2}O_2(g) \rightleftharpoons SO_3(g) \qquad K_3^\ominus$$

三个平衡之间的关系为：反应③=反应①+反应②

三个平衡常数之间的关系可以从热力学角度来证明：

$$\Delta_r G_3^\ominus = \Delta_r G_1^\ominus + \Delta_r G_2^\ominus$$

$$-RT\ln K_3^\ominus = -RT\ln K_1^\ominus - RT\ln K_2^\ominus$$

所以有：$K_3^\ominus = K_1^\ominus \times K_2^\ominus$。

例2-8　在1 120 ℃时：

$①CO_2(g)+H_2(g) \rightleftharpoons CO(g)+H_2O(g) \qquad K_1^\ominus = 2.0$

$②2CO_2(g) \rightleftharpoons 2CO(g)+O_2(g) \qquad K_2^\ominus = 1.0\times10^{-12}$

计算相同温度下反应：

$③H_2(g)+\frac{1}{2}O_2(g) \rightleftharpoons H_2O(g)$的$K_3^\ominus$。

解：反应③ = 反应① $-\frac{1}{2}\times$ 反应②

所以，

$$K_3^\ominus = \frac{K_1^\ominus}{(K_2^\ominus)^{\frac{1}{2}}}$$

$$= 2.0 / (1.0\times10^{-12})^{\frac{1}{2}}$$

$$= 2.0\times10^6$$

（四）化学平衡的移动

化学平衡是在一定条件下正逆反应速率相等时的一种动态平衡，一旦维持平衡的外界条件改变，反应将向新条件下的另一平衡状态转化，这种反应从一种平衡状态转化到另一种平衡状态的过程称为化学平衡的移动。

1.浓度对化学平衡的影响

对一般反应$aA+bB \rightleftharpoons dD+eE$，当反应处于平衡状态时，$Q=K_1^\ominus$。若改变反应物或产物浓度，$K^\ominus$值不变，但$Q$值发生改变。由$Q$的计算式可以看出，若增加反应物浓度或减少产物浓度，Q值减小，$Q<K^\ominus$，平衡右移；若减少反应物浓度或增加产物浓度，Q值增大，$Q>K^\ominus$，平衡左移。

2.压强对化学平衡的影响

压强的改变对没有气体参加的反应几乎没有影响。同样地，改变压强，$K^\ominus$值不

变,Q 值可能发生改变,平衡移动。假定上述反应中 A、B、D、E 四种物质均为气体。反应达到平衡状态时:

$$Q_1 = K^\ominus = \frac{[p(\mathrm{D})/p^\ominus]^d[p(\mathrm{E})/p^\ominus]^e}{[p(\mathrm{A})/p^\ominus]^a[p(\mathrm{B})/p^\ominus]^b}$$

现将压强增至原来的 n 倍,此时每种物质分压为原分压的 n 倍,Q 值可能发生改变,则有:

$$Q_2 = \frac{[np(\mathrm{D})/p^\ominus]^d[np(\mathrm{E})/p^\ominus]^e}{[np(\mathrm{A})/p^\ominus]^a[np(\mathrm{B})/p^\ominus]^b} = n^{[(d+e)-(a+b)]}K^\ominus$$

由上式可以分析得到:增大体系的压强,平衡向气体分子数减少的方向移动;减小体系的压强,平衡向气体分子数增加的方向移动;对反应前后气体分子数相等的反应,压强改变不能使平衡发生移动。

3. 温度对化学平衡的影响

与改变浓度或压强不同,温度改变,Q 值不变,但 $K^\ominus$ 值发生改变,$Q \neq K^\ominus$,使得平衡移动。

由 $\Delta_r G_m^\ominus = -RT\ln K^\ominus = \Delta_r H_m^\ominus - T \times \Delta_r S_m^\ominus$ 可以得到:

$$\ln K^\ominus = -\frac{\Delta_r H_m^\ominus}{RT} + \frac{\Delta_r S_m^\ominus}{R}$$

温度由 T_1 变为 T_2,平衡常数由 $K_1^\ominus$ 变为 $K_2^\ominus$,但 $\Delta_r H_m^\ominus$ 和 $\Delta_r S_m^\ominus$ 不改变,所以有:

$$\ln K_1^\ominus = -\frac{\Delta_r H_m^\ominus}{RT_1} + \frac{\Delta_r S_m^\ominus}{R}$$

$$\ln K_2^\ominus = -\frac{\Delta_r H_m^\ominus}{RT_2} + \frac{\Delta_r S_m^\ominus}{R}$$

合并两式得:

$$\ln\frac{K_2^\ominus}{K_1^\ominus} = \frac{\Delta_r H_m^\ominus}{R}\left(\frac{T_2 - T_1}{T_1 T_2}\right)$$

由此可看出,温度对化学平衡的影响为:升高温度,平衡向吸热方向(平衡常数增大方向)移动。

浓度、压强、温度对化学平衡的影响均有特点,勒夏特列(Le Chatelier)把外界条件对化学平衡的影响概括为一条普遍的规律,即勒夏特列原理:如果改变影响平衡的某一因素,平衡将沿着减弱这种改变的方向移动。

催化剂因为同等倍数加快正、逆反应速率,所以不会引起平衡移动,仅能缩短到达平衡所需时间。平衡移动原理在实际生产中有着重要的指导意义。如在合成氨工业中，因为该反应是气体分子数减少的放热反应，所以工业上采用高压条件以提高平衡时 NH_3 的含量，同时加快了反应速率；增大 N_2（廉价）的浓度以提高 H_2 的平衡转化率；低温尽管可以提高平衡时 NH_3 的含量，但低温时反应速率慢，到达平衡时间长，单位时间产量低，且低温不利于催化剂发挥催化作用。所以合成氨工业上采用一定的高温。此外，在生产过程中不断分离出生成的 NH_3，平衡不断右移，这些都是依据平衡移动的原理采取的措施。

三、解离平衡

解离平衡是利用化学平衡移动原理解决电解质在溶液中解离的化学问题。

（一）弱电解质的解离平衡

弱电解质在水溶液中不能完全解离，通常用解离度（α）来表示它们解离的程度。

$$\alpha = \frac{\text{已解离的分子数}}{\text{原有的分子数}}$$

α 越大，表示该电解质在水溶液中越易解离。理论上，强电解质在水中完全解离，$\alpha=1$；而弱电解质则部分解离，$\alpha<<1$。

1. 弱电解质的解离

一元弱酸 HB 在水溶液中的解离平衡为

$$HB \rightleftharpoons H^+ + B^-$$

其平衡常数称为酸解离常数 $K_a^\ominus$，常用 K_a 表示，则由化学平衡常数得：

$$K_a = \frac{[H^+][B^-]}{[HB]}$$

K_a 是不随酸起始浓度变化而改变的常数，K_a 越大，表明弱酸解离倾向越大，所以 K_a 是衡量酸强弱的标准。常见弱酸在水中的 K_a 值见附录二。

设酸的起始浓度为 $c\ \mathrm{mol \cdot L^{-1}}$，我们可以计算出平衡时溶液中 $[H^+]$ 和酸的解离度 α。

	HB	$\rightleftharpoons$	H^+ +	B^-
起始浓度/$\mathrm{mol \cdot L^{-1}}$	c		0	0
平衡浓度/$\mathrm{mol \cdot L^{-1}}$	$c-[H^+]$		$[H^+]$	$[B^-]=[H^+]$
	或 $c-c\alpha$		或 $c\alpha$	或 $c\alpha$

$$K_a = \frac{[H^+]^2}{c - [H^+]} \text{或} K_a = \frac{(c\alpha)^2}{c - c\alpha} = \frac{c\alpha^2}{1 - \alpha}$$

当酸的起始浓度不太小，酸不太强时，即

$c / K_a > 380$或$\alpha < 5\%$时，可近似处理为：$c - [H^+] \approx c$，$1 - \alpha \approx 1$。由此得到：

$$[H^+] = \sqrt{K_a c} \text{或} \alpha = \sqrt{K_a / c}$$

同样的方法，一元弱碱MOH溶液中：

$$K_b = \frac{[OH^-]^2}{c}, [OH^-] = \sqrt{K_b c}, \alpha = \sqrt{K_b / c}$$

从上式可以看出，同一弱酸（或弱碱）的浓度越小，平衡时溶液中$[H^+]$（或$[OH^-]$）越小，但其解离度α越大。

例2-9 计算0.10 mol·L^{-1}醋酸（HAc）中的$[H^+]$和HAc的解离度α。

解：$c / K_a > 380$，可近似计算得到：

$[H^+] = \sqrt{K_a c} = \sqrt{1.76 \times 10^{-5} \times 0.10} = 1.3 \times 10^{-3}$（mol·L^{-1}）

$\alpha = \sqrt{K_a / c} = \sqrt{1.76 \times 10^{-5} / 0.10} = 0.013$

2. 多元弱酸的解离平衡

多元弱酸的解离是分步进行的，每一步解离都有一个解离常数，以H_2S酸的解离为例。解离分两步：

$$H_2S \rightleftharpoons H^+ + HS^- \qquad K_{a_1} = \frac{[H^+][HS^-]}{[H_2S]}$$

$$HS^- \rightleftharpoons H^+ + S^{2-} \qquad K_{a_2} = \frac{[H^+][S^{2-}]}{[HS^-]}$$

一般而言，多元弱酸$K_{a_1} >> K_{a_2}$，所以溶液中H^+主要来自第一步电离，计算时通常忽略第二步解离产生的H^+。所以$[H^+]$依一元弱酸的方法计算。

例2-10 计算室温常压下H_2S饱和水溶液（即H_2S浓度为0.10 mol·L^{-1}）中的$[H^+]$，$[HS^-]$，$[S^{2-}]$和$[H_2S]$。

解：	$H_2S \rightleftharpoons$	H^+ +	HS^-
起始浓度/mol·L^{-1}	0.10	0	0
平衡浓度/mol·L^{-1}	$0.10-x$	x	x

因为$c / K_{a_1} > 380$，可近似计算得到：

$$K_{a_1} = \frac{x^2}{0.10}$$

$x = [H^+] = [HS^-] = 1.14 \times 10^{-4}$（mol·L^{-1}）

H_2S的二级解离为$HS^- \rightleftharpoons H^+ + S^{2-}$

$K_{a_2} = \frac{[H^+][S^{2-}]}{[HS^-]} = [S^{2-}]$,(因为$[H^+] = [HS^-]$)

$[S^{2-}] = 7.1 \times 10^{-15}(mol \cdot L^{-1})$

计算结果表明,对于二元弱酸而言,其酸根离子浓度在数值上近似等于K_{a_2},与弱酸的起始浓度无关,而$[H^+]$和$[HS^-]$与弱酸的起始浓度有关。

那么,溶液中$[H^+]$和$[S^{2-}]$存在怎样的关系?

将H_2S两步电离方程式相加得:

$$H_2S \rightleftharpoons 2H^+ + S^{2-}$$

由多重平衡规则知:

该反应平衡常数为:$K = K_{a_1} \times K_{a_2} = \frac{[H^+]^2[S^{2-}]}{[H_2S]}$

室温常压下饱和H_2S水溶液浓度为0.10 $mol \cdot L^{-1}$。所以:

$[H^+]^2[S^{2-}] = K_{a_1} \times K_{a_2} \times [H_2S] = 1.3 \times 10^{-7} \times 7.1 \times 10^{-15} \times 0.10 = 9.23 \times 10^{-23}$

由此可以看出,溶液中$[H^+]$大小直接影响着$[S^{2-}]$,换言之,可以通过调节溶液中$[H^+]$,即pH来调节饱和H_2S溶液中$[S^{2-}]$大小,这对难溶金属硫化物沉淀和溶解有很重要的意义。

3. 同离子效应和缓冲溶液

(1)同离子效应

若在HAc溶液中加入少量NaAc固体,由于NaAc属于强电解质,在溶液中完全解离为Na^+和Ac^-,增大了溶液中Ac^-浓度,由化学平衡移动原理可知,HAc的解离平衡将左移,HAc的解离度要减小。同样地,在HAc溶液中加入少量浓的强酸,H^+浓度增大,也会使HAc的解离度减小。这种由于在弱电解质溶液中加入一种与其含相同离子(阳离子或阴离子)的强电解质后,使弱电解质解离平衡发生移动,降低了弱电解质解离度的作用,称为同离子效应。

例2-11 计算在1.0 L 0.1 $mol \cdot L^{-1}$ HAc溶液中加入0.10 mol NaAc(s)后,溶液中的$[H^+]$和HAc的解离度α,并与例2-9的结果比较。

解:	$HAc \rightleftharpoons$	H^+ +	Ac^-
起始浓度/$mol \cdot L^{-1}$	0.10	0	0.10
平衡浓度/$mol \cdot L^{-1}$	$0.10 - x$	x	$0.10 + x$

因为x很小,$0.10 - x \approx 0.10$,$0.10 + x \approx 0.10$

$$K_a = \frac{0.10x}{0.10}$$

$$x = [H^+] = K_a = 1.76 \times 10^{-5}(mol \cdot L^{-1})$$

$$\alpha = \frac{[H^+]}{0.10} = \frac{1.76 \times 10^{-5}}{0.10} = 1.76 \times 10^{-4}$$

对比例2-9结果可以看出，加入NaAc(s)后，$[H^+]$和HAc的解离度α均大约降低74倍。

(2)缓冲溶液

以HAc-NaAc组成的缓冲溶液为例，由于在溶液中存在较为大量的HAc和Ac^-，当向此溶液中加入少量强酸时，由于溶液中存在大量Ac^-，它能和加入的酸中的H^+结合成HAc，使溶液中$[H^+]$几乎不变；当向此溶液中加入少量强碱时，溶液中的H^+与OH^-结合成H_2O，由于溶液中存在大量HAc，其解离平衡会向着解离方向移动生成H^+，使溶液中$[H^+]$几乎不变；当向溶液中加入少量水稀释时，解离平衡右移，解离度增加，$[H^+]$几乎不变。

溶液的这种能抵抗外加少量强酸或强碱或稍加稀释，溶液pH几乎不变的作用，称为缓冲作用。具有缓冲作用的溶液称为缓冲溶液。

缓冲溶液通常是由弱酸和其对应盐或弱碱和其对应盐所组成，如HAc-NaAc、$NH_3 \cdot H_2O-NH_4Cl$等。

缓冲溶液pH计算公式推导如下：

以HAc-NaAc缓冲体系为例，设起始时HAc浓度为$c_{酸}$，NaAc浓度(即Ac^-浓度)为$c_{盐}$，则有：

	HAc	⇌	H^+	+	Ac^-
起始浓度/$mol \cdot L^{-1}$	$c_{酸}$		0		$c_{盐}$
平衡浓度/$mol \cdot L^{-1}$	$c_{酸}-x \approx c_{酸}$		x		$c_{盐}+x \approx c_{盐}$

$$K_a = \frac{xc_{盐}}{c_{酸}}$$

$$x = [H^+] = K_a \times \frac{c_{酸}}{c_{盐}}$$

$$pH = pK_a - \lg\frac{c_{酸}}{c_{盐}}$$

同理，对于$NH_3 \cdot H_2O-NH_4Cl$缓冲溶液有：

$$[OH^-] = K_b \times \frac{c_{碱}}{c_{盐}}$$

$$pOH = pK_b - \lg \frac{c_{碱}}{c_{盐}}$$

在配制缓冲溶液时，尽量选择 pK_a（弱酸）或 pK_b（弱碱）接近或等于所需 pH 或 pOH 的弱酸或弱碱。这样的缓冲溶液缓冲能力最强。如：配制 pH = 9.0 的缓冲溶液，可以选择硼酸–氢氧化钠缓冲溶液，因为硼酸的 $pK_a = 9.2$，接近 9.0。

例 2–12　欲配制 1.0 L pH = 5.00，[HAc] = 0.20 $mol \cdot L^{-1}$ 的缓冲溶液，计算需用多少克 $NaAc \cdot 3H_2O(s)$ 和多少升 2.0 $mol \cdot L^{-1}$ 的 HAc？

解：

$$pH = pK_a - \lg \frac{[HAc]}{[Ac^-]}$$

$$5.00 = 4.75 - \lg \frac{0.20}{[Ac^-]}$$

$$[Ac^-] = 0.35(mol \cdot L^{-1})$$

$$m[NaAc \cdot 3H_2O(s)] = 136.1 \times 0.35 \times 1.0 = 48(g)$$

$$V(HAc) = \frac{0.20 \times 1.0}{2.0} = 0.10(L)$$

配制方法：将 48 g $NaAc \cdot 3H_2O(s)$ 加入少量水溶解后，再加入 0.10 L 2.0 $mol \cdot L^{-1}$ HAc 溶液，最后用水稀释至 1.0 L 即可。

缓冲溶液在工农业生产方面都有非常重要的意义。土壤和人体血液都是非常好的缓冲体系，土壤适宜作物的生长，人体血液适宜细胞代谢及整个机体的生存。

（二）盐类水解

强酸弱碱盐、强碱弱酸盐及弱酸弱碱盐在溶液中都会发生水解。

纯水解离出来的 $[H^+]=[OH^-]$，溶液呈中性，但加入易水解的盐后，盐中的阳离子（或阴离子）与水解离出的 OH^-（或 H^+）结合生成弱电解质，水的解离平衡移动，溶液中 $[H^+] \neq [OH^-]$，使溶液呈现酸性（或碱性），这一过程称为盐的水解。

1. 一元强碱弱酸盐的水解

以 NaAc 溶液为例，设其浓度为 c，即 $[Ac^-] = c$，存在两个解离平衡：

①$H_2O \rightleftharpoons H^+ + OH^-$　　　K_W

②$HAc \rightleftharpoons H^+ + Ac^-$　　　K_a

① – ②得水解平衡：$Ac^- + H_2O \rightleftharpoons HAc + OH^-$

平衡常数记为 K_h，称为水解常数。表达式为：

$$K_h = \frac{K_W}{K_a} = \frac{[OH^-][HAc]}{[Ac^-]}$$

又因为$[OH^-] = [HAc]$,

所以,

$$[OH^-] = \sqrt{K_h \cdot c} = \sqrt{\frac{K_W}{K_a}c}$$

上式说明,一定温度下,弱酸的K_a越小(即酸越弱),c越大(盐的浓度越大),溶液中$[OH^-]$越大。

例2-13 计算0.10 mol·L⁻¹ NaAc溶液中$[Ac^-]$和溶液pH。

解:因为水解常数较小,水解微弱,所以近似计算:

$[Ac^-] = 0.10-[OH^-] \approx 0.10(mol \cdot L^{-1})$

$$[OH^-]=\sqrt{\frac{K_W}{K_a} \cdot c} = \sqrt{\frac{1.0 \times 10^{-14}}{1.76 \times 10^{-5}} \times 0.10}$$

$$= 7.5 \times 10^{-6}(mol \cdot L^{-1})$$

$pOH = -lg[OH^-] = lg7.5 \times 10^{-6} = 5.13$

$pH = 14 - pOH = 14 - 5.13 = 8.87$

2.一元强酸弱碱盐的水解

以NH_4Cl溶液为例,设其浓度为c,即$[NH_4^+] = c$。

	$NH_4^+ + H_2O \rightleftharpoons$	$NH_3 \cdot H_2O$	$+ H^+$
起始浓度/mol·L⁻¹	c	0	0
平衡浓度/mol·L⁻¹	$c-[H^+]\approx c$	$[H^+]$	$[H^+]$

$$K_h = \frac{K_W}{K_b} = \frac{[H^+]^2}{c}$$

$$[H^+] = \sqrt{K_h \cdot c} = \sqrt{\frac{K_w}{K_b} \cdot c}$$

上式说明,在一定温度下,弱碱的K_b越小(即碱越弱),c越大(盐的浓度越大),溶液中$[H^+]$越大。

例2-14 计算0.10 mol·L⁻¹ NH_4Cl溶液的pH。

解:

$$[H^+] = \sqrt{\frac{K_W}{K_b} \cdot c} = \sqrt{\frac{1.0 \times 10^{-14}}{1.76 \times 10^{-5}} \times 0.10}$$

$$= 7.5 \times 10^{-6}(mol \cdot L^{-1})$$

pH = 5.13

3.一元弱酸弱碱盐的水解

以 NH_4Ac 溶液为例。

$$NH_4^+ + Ac^- + H_2O \rightleftharpoons NH_3 \cdot H_2O + HAc$$

可以证明得到：

$$[H^+] = \sqrt{K_W \cdot \frac{K_a}{K_b}}$$

上式说明，在一定温度下，弱酸弱碱盐溶液的pH近似仅取决于 K_a 和 K_b 相对大小，即酸和碱的相对强弱，若 $K_a > K_b$，溶液呈酸性。

例2-15　计算0.10 mol·L⁻¹ NH_4F 溶液的pH。

解：

$$[H^+] = \sqrt{K_W \cdot \frac{K_a(HF)}{K_b(NH_3 \cdot H_2O)}} = \sqrt{1.0 \times 10^{-14} \times \frac{6.6 \times 10^{-4}}{1.8 \times 10^{-5}}}$$

$$= 6.06 \times 10^{-7}(mol \cdot L^{-1})$$

pH = 6.22

4.多元弱酸强碱盐的水解

多元弱酸强碱盐的水解是分步进行的。以 Na_2CO_3 溶液为例：

$$CO_3^{2-} + H_2O \rightleftharpoons HCO_3^- + OH^- \qquad K_{h_1} = \frac{K_W}{K_{a_2}}$$

$$HCO_3^- + H_2O \rightleftharpoons H_2CO_3 + OH^- \qquad K_{h_2} = \frac{K_W}{K_{a_1}}$$

由于 $K_{a_1} >> K_{a_2}$，则 $K_{h_1} >> K_{h_2}$，所以溶液中 $[OH^-]$ 的计算。一般只需考虑第一步水解，第二步水解产生的 OH^- 浓度非常小，可以忽略。所以：

$$[OH^-] = \sqrt{K_{h_1} \cdot c(CO_3^{2-})} = \sqrt{\frac{K_W}{K_{a_2}} \cdot c(CO_3^{2-})}$$

例2-16　计算0.10 mol·L⁻¹ Na_2CO_3 溶液的pH。

解：

$$[OH^-] = \sqrt{K_{h_1} \cdot c(CO_3^{2-})} = \sqrt{\frac{K_W}{K_{a_2}} \cdot c(CO_3^{2-})}$$

$$= \sqrt{\frac{1.0 \times 10^{-14}}{5.6 \times 10^{-11}} \times 0.10}$$

$= 4.2\times10^{-3}(mol\cdot L^{-1})$

$pOH = 2.37$　　　$pH = 14 - 2.37 = 11.63$

5.弱酸酸式盐溶液的pH计算

以$NaHCO_3$溶液为例，HCO_3^-既解离，又水解。

$$HCO_3^- \rightleftharpoons H^+ + CO_3^{2-} \qquad K_{a_2}$$

$$HCO_3^- + H_2O \rightleftharpoons H_2CO_3 + OH^- \qquad K_{h_2} = \frac{K_w}{K_{a_1}}$$

溶液酸碱性取决于其解离和水解的相对强弱。可以证明，溶液中[H^+]近似可由下式计算：

$$[H^+] = \sqrt{K_{a_1}\cdot K_{a_2}}$$

6.影响盐类水解的因素

（1）盐的本性。形成盐的酸或碱越弱，水解程度越大。如相同条件下，Na_2S的水解程度大于NaAc。

（2）盐的浓度。盐的浓度越小，水解程度往往越大。

（3）温度。水解反应是中和反应（放热反应）的逆反应，是吸热反应，因此升高温度，促进水解。如利用Na_2CO_3水解呈碱性作去污剂时，用热水比用冷水的去污能力强。

（4）同离子效应。盐的水解会产生H^+或OH^-，若在其溶液中加入少量强酸或强碱，产生同离子效应，可降低盐的水解程度。如配制$FeCl_3$溶液时，Fe^{3+}水解：

$$Fe^{3+} + 3H_2O \rightleftharpoons Fe(OH)_3 + 3H^+$$

可加入少量盐酸，使溶液中[H^+]增加，产生同离子效应，$FeCl_3$水解被抑制。

（三）沉淀溶解平衡

1.溶度积常数和溶解度

将AgCl(s)放入水中，微量的AgCl(s)溶于水解离成Ag^+和Cl^-，当达到沉淀溶解平衡时：

$$AgCl(s) \rightleftharpoons Ag^+(aq) + Cl^-(aq)$$

其平衡常数称为溶度积常数，符号为K_{sp}（常见难溶电解质的K_{sp}见附录三）。

$$K_{sp} = [Ag^+][Cl^-]$$

对组成为A_mB_n型的难溶电解质来说，达平衡时：

$$A_mB_n(s) \rightleftharpoons mA^{n+}(aq) + nB^{m-}(aq)$$

$$K_{sp} = [A^{n+}]^m[B^{m-}]^n$$

溶度积常数具有一般平衡常数的物理意义，它与物质的性质和温度有关，反映难溶电解质的溶解程度。同样可由标准吉布斯自由能变$\Delta_r G_m^\ominus$来计算难溶电解质的K_{sp}。例如查热力学数据得到：

$$AgCl(s) \rightleftharpoons Ag^+(aq) + Cl^-(aq)$$

$\Delta_f G_m^\ominus/kJ \cdot mol^{-1}$　　−109.80　　77.12　　−131.26

$\Delta_r G_m^\ominus = 77.12 + (-131.26) - (-109.80)$

$= 55.66(kJ \cdot mol^{-1})$

$$\ln K_{sp} = \frac{-\Delta_r G_m^\ominus}{RT} = \frac{-55.66}{8.314 \times 10^{-3} \times 298.15}$$

$K_{sp} = 1.56 \times 10^{-10}$

溶度积常数和溶解度，都可反映难溶电解质的溶解能力，二者可以相互换算。

设难溶电解质A_mB_n在水中的溶解度为$S/mol \cdot L^{-1}$，达平衡时：

$$A_mB_n(s) \rightleftharpoons mA^{n+}(aq) + nB^{m-}(aq)$$

平衡浓度/$mol \cdot L^{-1}$　　mS　　nS

$$K_{sp} = (mS)^m \cdot (nS)^n = m^m \cdot n^n \cdot S^{(m+n)}$$

例 2-17　298 K时AgCl(s)在水中的溶解度为1.79×10^{-3} $g \cdot L^{-1}$，求$K_{sp}(AgCl)$。

解：$S = \dfrac{1.79 \times 10^{-3}}{143.4} = 1.24 \times 10^{-5}(mol \cdot L^{-1})$

$K_{sp}(AgCl) = S^2 = (1.24 \times 10^{-5})^2 = 1.56 \times 10^{-10}$

例 2-18　已知Ag_2CrO_4在298 K时的$K_{sp} = 9.0 \times 10^{-12}$，求其溶解度$S$。

解：$K_{sp}(Ag_2CrO_4) = 4S^3 = 9.0 \times 10^{-12}$

$S = 1.3 \times 10^{-4}(mol \cdot L^{-1})$

毫无疑问，同离子效应会对难溶电解质的溶解度产生影响。

例 2-19　298 K时$K_{sp}(BaSO_4) = 1.1 \times 10^{-10}$，比较$BaSO_4$在纯水和在0.10 $mol \cdot L^{-1}$的Na_2SO_4溶液中的溶解度。

解：在纯水中：

$S = \sqrt{K_{sp}(BaSO_4)} = \sqrt{1.1 \times 10^{-10}}$

$= 1.05 \times 10^{-5}(mol \cdot L^{-1})$

设在0.10 $mol \cdot L^{-1}$ Na_2SO_4溶液中$BaSO_4$的溶解度为$S' mol \cdot L^{-1}$，则平衡时：

$[Ba^{2+}] = S'$，$[SO_4^{2-}] = S' + 0.10 \approx 0.10$

$S' \times 0.10 = 1.1 \times 10^{-10}$

$S' = 1.1 \times 10^{-9}$(mol·L^{-1})

可见,同离子效应会使难溶电解质的溶解度减小。

2. 沉淀生成

根据化学平衡移动原理,要使沉淀生成,即平衡左移,也即 $Q > K_{sp}$。

例2-20 通过计算说明下列溶液中有无 $CaSO_4$ 沉淀生成。[已知 $K_{sp}(CaSO_4) = 2.45 \times 10^{-5}$]

(1)1.0 mol·L^{-1} Na_2SO_4 溶液与1.0 mol·L^{-1} $CaCl_2$ 溶液等体积混合。

(2)0.002 0 mol·L^{-1} Na_2SO_4 溶液与0.002 0 mol·L^{-1} $CaCl_2$ 溶液等体积混合。

解:溶液等体积混合,体积加倍,离子浓度减半,则:

(1)$Q = c(Ca^{2+}) \cdot c(SO_4^{2-}) = 0.25 > K_{sp}(CaSO_4)$,有 $CaSO_4$ 沉淀生成。

(2)$Q = c(Ca^{2+}) \cdot c(SO_4^{2-}) = 0.001\,0 \times 0.001\,0 = 1.0 \times 10^{-6} < K_{sp}(CaSO_4)$,没有 $CaSO_4$ 沉淀生成。

例2-21 假定溶液中 Fe^{3+} 浓度为0.10 mol·L^{-1},已知 $K_{sp}[Fe(OH)_3] = 1.1 \times 10^{-36}$。

(1)Fe^{3+} 开始生成 $Fe(OH)_3$ 沉淀时溶液的pH是多少?

(2)Fe^{3+} 被 OH^- 沉淀完全(即残留在溶液中 Fe^{3+} 浓度小于 1.0×10^{-5} mol·L^{-1})时溶液的pH是多少?

解:(1)$K_{sp} = [Fe^{3+}][OH^-]^3$

$$[OH^-] = \sqrt[3]{\frac{K_{sp}}{[Fe^{3+}]}} = \sqrt[3]{\frac{1.1 \times 10^{-36}}{0.10}}$$

$$= 2.2 \times 10^{-12} (mol \cdot L^{-1})$$

pOH = 11.66　　pH = 2.34

(2)Fe^{3+} 完全沉淀,$[Fe^{3+}] = 1.0 \times 10^{-5}$ mol·L^{-1}

$$[OH^-] = \sqrt[3]{\frac{K_{sp}}{[Fe^{3+}]}} = \sqrt[3]{\frac{1.1 \times 10^{-36}}{1.0 \times 10^{-5}}}$$

$$= 4.79 \times 10^{-11} (mol \cdot L^{-1})$$

pOH = 10.32　　pH = 3.68

例2-22 在0.10 mol·L^{-1}的 $ZnCl_2$ 溶液中通入 H_2S 气体至饱和($[H_2S] = 0.10$ mol·L^{-1}),控制pH在什么范围:(1)使 Zn^{2+} 不沉淀,(2)使 Zn^{2+} 沉淀完全。

解:在解离平衡中我们已经知道,对于饱和 H_2S 溶液:

$$[H^+]^2[S^{2-}] = K_{a_1} \times K_{a_2} \times [H_2S] = 1.3 \times 10^{-7} \times 7.1 \times 10^{-15} \times 0.10 = 9.23 \times 10^{-23}$$

pH越小,即 $[H^+]$ 越大,$[S^{2-}]$ 越小,所以pH可调节 $[S^{2-}]$ 大小。

(1)欲使用Zn^{2+}不沉淀：

$$[S^{2-}] \leqslant \frac{K_{sp}}{[Zn^{2+}]} = \frac{1.2 \times 10^{-23}}{0.10} = 1.2 \times 10^{-22}(mol \cdot L^{-1})$$

$$[H^+] \geqslant \sqrt{\frac{9.23 \times 10^{-23}}{1.2 \times 10^{-22}}} = 0.88(mol \cdot L^{-1})$$

即 $pH \leqslant 0.056$。

(2)使Zn^{2+}沉淀完全，即$[Zn^{2+}] \leqslant 1.0 \times 10^{-5}\ mol \cdot L^{-1}$：

$$[S^{2-}] \geqslant \frac{K_{sp}}{[Zn^{2+}]} = \frac{1.2 \times 10^{-23}}{1.0 \times 10^{-5}} = 1.2 \times 10^{-18}(mol \cdot L^{-1})$$

$$[H^+] \leqslant \sqrt{\frac{9.23 \times 10^{-23}}{1.2 \times 10^{-18}}} = 8.77 \times 10^{-3}(mol \cdot L^{-1})$$

$pH \geqslant 2.06$。

3. 分步沉淀

在生产和实践中常常会遇到溶液中含多种离子，需要控制条件，使这几种离子逐一沉淀出来，从而达到分离离子的目的。

例2-23 某溶液中$[Cl^-] = [CrO_4^{2-}] = 0.010\ mol \cdot L^{-1}$，慢慢向溶液中滴加$AgNO_3$溶液，通过计算说明，AgCl和$Ag_2CrO_4$哪个先沉淀？当$Ag_2CrO_4$开始沉淀时，溶液中$[Cl^-]$为多少？

解：AgCl开始沉淀时：

$$[Ag^+] = \frac{K_{sp}(AgCl)}{[Cl^-]} = \frac{1.56 \times 10^{-10}}{0.010} = 1.56 \times 10^{-8}(mol \cdot L^{-1})$$

Ag_2CrO_4开始沉淀时：

$$[Ag^+] = \sqrt{\frac{K_{sp}(Ag_2CrO_4)}{[CrO_4^{2-}]}} = \sqrt{\frac{9.0 \times 10^{-12}}{0.010}} = 3.0 \times 10^{-5}(mol \cdot L^{-1})$$

AgCl沉淀时的$[Ag^+]$小，故AgCl先沉淀出来。

当Ag_2CrO_4开始沉淀时$[Ag^+] = 3.0 \times 10^{-5}\ mol \cdot L^{-1}$，此时残留在溶液中的$[Cl^-]$为：

$$[Cl^-] = \frac{K_{sp}(AgCl)}{[Ag^+]} = \frac{1.56 \times 10^{-10}}{3.0 \times 10^{-5}} = 5.2 \times 10^{-6}(mol \cdot L^{-1})$$

此时可以认为Cl^-已沉淀完全。

例2-24 在浓度均为$0.10\ mol \cdot L^{-1}$的Zn^{2+}、Mn^{2+}混合溶液中，通入H_2S气体至饱和，溶液pH控制在什么范围可使这两种离子完全分离？

解：$K_{sp}(ZnS) = 1.2 \times 10^{-23}$，$K_{sp}(MnS) = 1.4 \times 10^{-15}$

两者均属于AB型难溶电解质，由K_{sp}可知ZnS更难溶，沉淀所需的S^{2-}浓度更小，即通入H_2S气体，ZnS首先沉淀出来。

由例2-22知，当Zn^{2+}沉淀完全时pH ≥ 2.06。

而Mn^{2+}开始沉淀所需pH同样可计算如下：

$$[S^{2-}] \geq \frac{K_{sp}(MnS)}{[Mn^{2+}]} = \frac{1.4\times10^{-15}}{0.10} = 1.4\times10^{-14}(mol\cdot L^{-1})$$

$$[H^+] \leq \sqrt{\frac{9.23\times10^{-23}}{1.4\times10^{-14}}} = 8.1\times10^{-5}(mol\cdot L^{-1})$$

pH ≥ 4.09

即Mn^{2+}开始沉淀时最小pH为4.09，所以只需控制溶液pH为2.06 ~ 4.09即可使Zn^{2+}沉淀完全而Mn^{2+}不会生成MnS沉淀，从而使两种离子完全分离。

4.沉淀溶解

根据化学平衡移动原理，沉淀溶解的必要条件是：$Q < K_{sp}$。通常采用一定方法来降低电解质溶液中阴离子或阳离子的浓度。常见的方法有：

(1)酸溶解法。对氢氧化物和弱酸形成的盐(硫化物、碳酸盐等)，若加入强酸，使H^+和溶液中的OH^-或弱酸根离子如S^{2-}、CO_3^{2-}结合生成弱电解质，从而减小了OH^-、S^{2-}、CO_3^{2-}的浓度，使氢氧化物、硫化物、碳酸盐等溶解平衡向着溶解的方向移动，从而实现难溶电解质的溶解。

(2)通过发生氧化还原反应使沉淀溶解。如CuS、Ag_2S溶于HNO_3中，是利用HNO_3的氧化性，将溶液中的S^{2-}氧化为单质S或SO_4^{2-}，S^{2-}浓度降低，沉淀溶解。

(3)通过生成配合物使沉淀溶解。如用NH_3溶解AgCl是利用NH_3能跟Ag^+结合生成$[Ag(NH_3)_2]^+$配离子，使Ag^+浓度降低，AgCl溶解。

例2-25 计算欲溶解0.010 mol的MnS、ZnS、CuS，分别需要1.0 L多大浓度的HCl？

解：ZnS沉淀溶解平衡：

$$ZnS(s) \rightleftharpoons Zn^{2+}(aq) + S^{2-}(aq)$$

$$[S^{2-}] = \frac{K_{sp}(ZnS)}{[Zn^{2+}]}$$

而$[S^{2-}]$受溶液中$[H^+]$控制，即

$$[H^+]^2[S^{2-}] = K_{a_1}\times K_{a_2}\times[H_2S] = 1.3\times10^{-7}\times7.1\times10^{-15}\times0.10 = 9.23\times10^{-23}$$

$$[H^+] = \sqrt{\frac{9.23\times10^{-23}}{[S^{2-}]}} = \sqrt{\frac{9.23\times10^{-23}\times c[Zn^{2+}]}{K_{sp}(ZnS)}}$$

欲在1 L溶液中溶解ZnS 0.010 mol，将$[Zn^{2+}] = 0.010\ mol \cdot L^{-1}$，$[H_2S] = 0.010\ mol \cdot L^{-1}$代入上式，可计算出溶解达平衡时的$[H^+]$，即$[HCl]$：

$$[H^+] = \sqrt{\frac{9.23 \times 10^{-23} \times 0.010}{1.2 \times 10^{-23}}} = 0.088(mol \cdot L^{-1})$$

则溶解需HCl的浓度：$0.01 \times 2 + 0.088 = 0.108(mol \cdot L^{-1})$

同理可计算出溶解0.010 mol的MnS和CuS所需HCl最低浓度依次为$0.020\ mol \cdot L^{-1}$和$2.7 \times 10^5\ mol \cdot L^{-1}$。

计算结果表明，由于ZnS、MnS的K_{sp}较大，能溶于较稀的HCl，而CuS的K_{sp}非常小，用HCl来溶解是不可能的。

四、配位平衡

配位化合物简称配合物，旧称络合物，是配位化学研究的对象。$[Ag(NH_3)_2]^+$是我们熟悉的经典配合物。历史上最早发现的真正意义上的配合物是“普鲁士蓝”，它是1704年普鲁士人在染料作坊中为寻找蓝色染料，将兽皮、兽血同碳酸钠在铁锅中强烈煮沸得到的。目前配位化学已成为化学研究中的主要课题之一，并形成了一门独立的分支学科。它是化学学科中最活跃，具有很多生长点的前沿学科。配位化合物的种类繁多，应用范围极广。

（一）配合物的组成和命名

配合物的组成一般分为内界和外界两部分（有些配合物没有外界），内界又称为配位单元，通常用方括号括起来，其中包括中心离子（或原子）和一定数目的配位体（简称配体），它是配合物的特征部分，其余的部分是外界。例如：

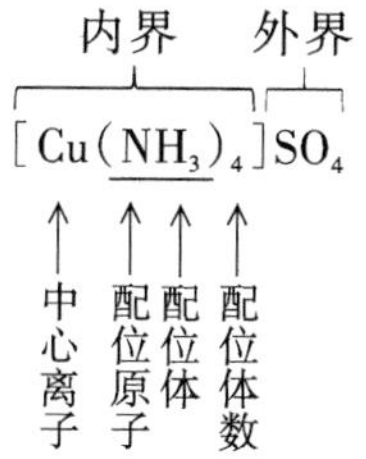

内界 外界

$[Cu(NH_3)_4]SO_4$

中心离子 配位原子 配位体 配位体数

配合物的命名遵循无机化合物命名的一般原则，称“某化某”或“某酸某”等。配离子的命名顺序为：

配体数（用二、三、四……）—配体名称—“合”—中心离子（原子）名称—中心离子价态（用Ⅰ、Ⅱ、Ⅲ……）

不同配体间用“·”隔开,各配体命名次序按以下规则:

(1)先无机配体,后有机配体;

(2)先阴离子配体,后中性配体。

例如:

$[Cu(NH_3)_4]SO_4$	硫酸四氨合铜(Ⅱ)
$[CoCl_2(H_2O)_4]Cl$	氯化二氯·四水合钴(Ⅲ)
$H_2[PtCl_6]$	六氯合铂(Ⅳ)酸
$[Ag(NH_3)_2]OH$	氢氧化二氨合银(Ⅰ)
$[Fe(CO)_5]$	五羰基合铁(0)
$Na[Mn(CO)_5]$	五羰基合锰(-Ⅰ)酸钠

此外,一些常见的配合物通常也用习惯上的简单叫法。如$[Ag(NH_3)_2]^+$称银氨配离子,$K_3[Fe(CN)_6]$称铁氰化钾(赤血盐),H_2SiF_6称氟硅酸等。

(二)配位平衡

配合物的内界和外界多数是以离子键或强极性共价键结合,在水溶液中很容易解离,类似于强电解质在水中的完全解离,而配位单元中的中心离子和配位体之间是以特殊共价键(配位键)结合,类似于弱电解质,在水溶液中不能完全解离成中心离子和配位体,存在一个配位平衡。

如$[Cu(NH_3)_4]^{2+}$的配位平衡可表示为:

$$Cu^{2+}(aq) + 4NH_3(aq) \rightleftharpoons [Cu(NH_3)_4]^{2+}(aq)$$

其平衡常数记为$K_{稳}$,与其他平衡常数物理意义类似,它反映了配合物在水溶液中解离成中心离子和配体的难易。常见配合物的$K_{稳}$列于附录四。其表达式书写遵循一般的平衡常数书写规则。如$[Cu(NH_3)_4]^{2+}$:

$$K_{稳} = \frac{\left[Cu\left(NH_3\right)_4^{2+}\right]}{\left(Cu^{2+}\right)\left(NH_3\right)^4}$$

根据$K_{稳}$可以计算溶液中各离子浓度大小。

例 2-26 将$c(Ag^+) = 0.040\ mol \cdot L^{-1}$的$AgNO_3$溶液与$c(NH_3) = 2.0\ mol \cdot L^{-1}$的氨水等体积混合,计算溶液中$[Ag^+]$。已知$K_{稳}[Ag(NH_3)_2^+] = 1.62 \times 10^7$。

解:因NH_3过量,为方便求解,假定Ag^+先全部转化为$[Ag(NH_3)_2]^+$离子,然后解离。设解离出的Ag^+浓度为$x\ mol \cdot L^{-1}$

$$Ag^+ + 2NH_3 \rightleftharpoons [Ag(NH_3)_2]^+$$

起始浓度/mol·L⁻¹　　0　　$1.0 - 2 \times 0.020 = 0.96$　　0.020

平衡浓度/mol·L⁻¹　　x　　$0.96 + 2x$　　$0.020 - x$

因为$K_{稳}$很大,所以x值很小,可近似处理:

$0.96 + 2x \approx 0.96, 0.020 - x \approx 0.020$

$$K_{稳} = \frac{0.020}{x \cdot (0.96)^2} = 1.62 \times 10^7$$

$$x = [Ag^+] = 1.34 \times 10^{-9} (mol \cdot L^{-1})$$

(三)配位平衡移动

改变配位平衡中任一种离子的浓度,都会引起平衡移动。

1. 配位平衡与酸碱平衡

配合物中许多配体是弱酸根离子,如F^-、CN^-、SCN^-、$C_2O_4^{2-}$等和NH_3,它们都能跟H^+结合生成弱电解质。因此,加入强酸会引起这些配体浓度的改变,从而使平衡发生移动。例如:

$$Fe^{3+}(aq) + 6F^-(aq) \rightleftharpoons [FeF_6]^{3-}(aq)$$

在$[FeF_6]^{3-}$溶液中加入强酸,H^+会跟F^-结合成难解离的HF,使溶液中F^-浓度降低:

$$H^+(aq) + F^-(aq) \rightleftharpoons HF(aq)$$

配位平衡向着解离的方向移动。

另一方面,配合物中的中心离子多数能跟OH^-结合成难溶的氢氧化物沉淀。因此,加入强碱会使中心离子浓度减小,引起配位平衡移动。如在$[FeF_6]^{3-}$溶液中加入强碱,OH^-会跟Fe^{3+}结合生成难溶的$Fe(OH)_3$沉淀,使Fe^{3+}浓度减小,配位平衡向着解离的方向移动。

2. 配位平衡与沉淀溶解平衡

向配合物的溶液中加入能与中心离子生成沉淀的沉淀剂,可使配位平衡向着解离的方向移动;相反地,向某一沉淀中加入一种能与金属离子形成配合物的配体,可使沉淀溶解平衡向着溶解的方向移动。

例如,向$AgNO_3$溶液中加入少许NaCl溶液,会产生白色的AgCl沉淀;再向沉淀中加入氨水,沉淀会溶解,生成无色的$[Ag(NH_3)_2]^+$;再加入KBr溶液,有淡黄色AgBr沉淀生成;继续加入$Na_2S_2O_3$溶液,AgBr溶解生成无色的$[Ag(S_2O_3)_2]^{3-}$;再加入

KI溶液，又有黄色的AgI沉淀生成；再加入KCN溶液，AgI沉淀又溶解生成无色的$[Ag(CN)_2]^-$；最后加入Na_2S溶液，又得到黑色的Ag_2S沉淀。以上过程如下：

$$Ag^+(aq) \xrightarrow{Cl^-} AgCl\downarrow \xrightarrow{NH_3} [Ag(NH_3)_2]^+(aq) \xrightarrow{Br^-} AgBr\downarrow \xrightarrow{S_2O_3^{2-}}$$

$$[Ag(S_2O_3)_2]^{3-}(aq) \xrightarrow{I^-} AgI\downarrow \xrightarrow{CN^-} [Ag(CN)_2]^-(aq) \xrightarrow{S^{2-}} Ag_2S\downarrow$$

决定上述各反应方向的是$K_{稳}$和K_{sp}以及配体与沉淀剂的浓度大小，配合物的$K_{稳}$越大，沉淀的K_{sp}越大，则沉淀越易被配体所溶解；相反，配合物的$K_{稳}$越小，沉淀的K_{sp}越小，则配离子越容易被沉淀剂所沉淀。正是由于Ag_2S的K_{sp}极小（约为10^{-49}），目前还没有合适的配体能使其溶解。

例2-27 计算：(1)欲使0.10 mol的AgCl(s)完全溶解，生成$[Ag(NH_3)_2]^+$，需要1.0 L多大浓度的氨水？(2)欲使0.10 mol的AgI(s)完全溶解，需要1.0 L多大浓度的氨水？(3)欲使0.10 mol的AgI(s)完全溶解，需要1.0 L多大浓度的KCN溶液？

解：(1)0.10 mol的AgCl(s)完全溶解，$[Ag(NH_3)_2]^+$和Cl^-的浓度都是0.10 mol·L⁻¹，设此时氨水浓度为x mol·L⁻¹，则：

$$AgCl(s) + 2NH_3(aq) \rightleftharpoons [Ag(NH_3)_2]^+(aq) + Cl^-(aq)$$

平衡浓度/mol·L⁻¹　　x　　0.10　　0.10

$$K = K_{稳} \times K_{sp} = 1.62 \times 10^7 \times 1.56 \times 10^{-10} = \frac{0.10 \times 0.10}{x^2}$$

$x = 1.98(mol \cdot L^{-1})$

需氨的浓度：$1.98 + 0.10 \times 2 = 2.18(mol \cdot L^{-1})$

结果也表明，AgCl(s)可溶于氨水中。

(2)同样可计算出溶解0.10 mol AgI(s)所需氨水浓度约是2.2×10^3 mol·L⁻¹，实际上氨水不可能达到此浓度，所以，AgI(s)沉淀不能溶于氨水中。

(3)若改用KCN溶液，同样可计算出溶解AgI(s)所需最低KCN浓度：

$$AgI(s) + 2CN^-(aq) \rightleftharpoons [Ag(CN)_2]^-(aq) + I^-(aq)$$

平衡浓度/mol·L⁻¹　　y　　0.10　　0.10

同理可计算出：

$y = 3.0 \times 10^{-4}(mol \cdot L^{-1})$

共需KCN的浓度为：$3.0 \times 10^{-4} + 0.20 \approx 0.20(mol \cdot L^{-1})$。显然，AgI(s)易溶于KCN生成$[Ag(CN)_2]^-$。

3. 配位平衡与氧化还原平衡

配位平衡与氧化还原平衡也是相互影响和相互制约的。例如，在含$[Fe(SCN)_6]^{3-}$

的溶液中加入$SnCl_2$后，溶液的血红色消失，这是因为Sn^{2+}将溶液中的Fe^{3+}还原：

$$Sn^{2+} + 2Fe^{3+} \rightleftharpoons Sn^{4+} + 2Fe^{2+}$$

降低了Fe^{3+}的浓度，从而使配位平衡向解离方向移动，破坏了$[Fe(SCN)_6]^{3-}$，血红色消失。

同样地，配位反应也可以影响氧化还原反应的方向。如Fe^{3+}可以氧化I^-生成Fe^{2+}和单质I_2：

$$2Fe^{3+} + 2I^- \rightleftharpoons 2Fe^{2+} + I_2$$

若在上述溶液中加入F^-，由于F^-能与Fe^{3+}生成稳定的$[FeF_6]^{3-}$，Fe^{3+}浓度减小，上述平衡左移，即总反应为：

$$I_2 + 2Fe^{2+} + 12F^- \rightleftharpoons 2[FeF_6]^{3-} + 2I^-$$

所以，配合物的形成改变了氧化还原反应的方向，这在氧化还原反应中将详细讨论。

4.配合物间的相互转化平衡

当在一种配合物的溶液中加一种新的配体，若新的配体能与原配合物中的中心离子形成比原配合物更稳定的配合物时，原配合物将会转化为更稳定的新的配合物。

例如，由$K_{稳}[Ag(NH_3)_2^+] = 1.62 \times 10^7$，$K_{稳}[Ag(CN)_2^-] = 1.3 \times 10^{21}$知，$[Ag(CN)_2]^-$是比$[Ag(NH_3)_2]^+$更稳定的配离子，若在$[Ag(NH_3)_2]^+$配离子溶液中加入KCN(s)，则$[Ag(NH_3)_2]^+$会转化为$[Ag(CN)_2]^-$配离子。其转化反应的平衡常数可由多重平衡规则求出：

$$[Ag(NH_3)_2]^+ + 2CN^- \rightleftharpoons [Ag(CN)_2]^- + 2NH_3$$

$$K = K_{稳}[Ag(CN)_2^-] / K_{稳}[Ag(NH_3)_2^+] = \frac{1.3 \times 10^{21}}{1.62 \times 10^7} = 8.0 \times 10^{13}$$

K值很大，说明反应正向进行非常彻底，$[Ag(NH_3)_2]^+$配离子几乎完全转化为$[Ag(CN)_2]^-$配离子。

自然界中大多数化合物是以配合物的形式存在，配位化学研究涉及的范围广、应用多。高分子材料、染料、电镀、医药、金属的分离和提取、分析技术、化工合成的催化等都与配合物有密切的关系。与配合物相关的学科也很多，如药物学、分析技术、生物化学等。配位化学的研究促进了这些学科的发展，反之，这些学科的发展为深入研究配位化学提供了有利的条件。

五、氧化还原反应

氧化还原反应是指反应过程中有电子转移或偏离(或氧化值改变)的反应,是一类比较重要的反应,与人类的生活、生产以及生命活动密切相关,人的一切生命活动如肌肉收缩、神经传导、物质代谢等均需要能量,这些能量主要是食物中糖类、脂肪和蛋白质等营养物质在体内被氧化时释放出的能量。

(一)基本概念

1. 氧化值和化合价

氧化值又称为氧化数,是某元素的一个原子的形式电荷数,其计算方法和结果等同于中学化学教材中的化合价。事实上,氧化值与化合价是两个不同的概念,氧化值有人为的因素,如规定单质为零价,正常氧化物中氧为-2价,氧在过氧化物中通常为-1价,等等。并且氧化值有正负之分,可以是整数、分数,如Fe_3O_4中Fe的平均氧化值为$+\frac{8}{3}$,$Na_2S_2O_3$中S的平均氧化值为+2等。而化合价(又称为原子价)无正负之分,在共价化合物中是指形成共价化合物时一个原子所形成的共价键数目。如在H_2O_2中H—O—O—H两个氧原子化合价均为2(而其氧化值为-1,且是人为规定的)。由此可以看出,化合价必须要依据物质的结构来确定。

2. 氧化还原电对

在氧化还原反应中,氧化剂的氧化值降低,发生还原反应,生成了还原产物;还原剂的氧化值升高,发生氧化反应,生成了氧化产物。所以氧化还原反应构成了两个氧化还原电对。

例如,下列氧化还原反应:

$$Fe + 2H^+ = H_2\uparrow + Fe^{2+}$$

氧化剂H^+和其还原产物H_2构成了一个电对(记为H^+/H_2),还原剂Fe和氧化产物Fe^{2+}构成了另一个电对(记为Fe^{2+}/Fe)。

一个完整的氧化还原反应中至少有两个氧化还原电对。在氧化还原电对中,高氧化值的物质称氧化态,如上述电对中的H^+、Fe^{2+},而对应的低氧化值的物质称为还原态,如上述电对中H_2、Fe,其书写通常将氧化态写在斜线左边,即“氧化态/还原态”。

值得注意的是,有些中间氧化值的物质在不同的反应中,表现出不同的作用。

如Fe^{2+}在上述电对中是氧化态，而在下列反应中：

$$2Fe^{2+} + Cl_2 = 2Fe^{3+} + 2Cl^-$$

Fe^{2+}作为还原态，其电对为Fe^{3+}/Fe^{2+}。

（二）氧化还原反应方程式的配平

氧化还原反应方程式的配平方法有多种，常见的有电子得失法、化合价升降法、歧化反应倒配法、零价法、代数法等，但基本的出发点均是氧化值的升降值相等。

1. 氧化值法

例2-28 配平下列反应方程式：

$$HClO + Br_2 \longrightarrow HBrO_3 + HCl$$

解：先标出反应前后氧化值发生改变的元素的氧化值，计算出升高或降低的数值。

$$H\overset{+1}{Cl}O + \overset{0}{Br_2} \longrightarrow H\overset{+5}{Br}O_3 + H\overset{-1}{Cl}$$

↓ ↑

降低2 升高5×2

根据氧化值的升降值相等的原则，先确定氧化剂、还原剂前系数，上述反应HClO前系数为5，Br_2前系数为1。再配平氧化产物和还原产物前系数，最后确定未参与氧化还原反应的物质前系数。配平后的反应方程式为：

$$5HClO + Br_2 + H_2O = 2HBrO_3 + 5HCl$$

2. 离子电子法

离子在溶液中发生的氧化还原反应，可以先将一个完整的氧化还原反应拆成两个半反应，即氧化剂和还原产物的反应、还原剂和氧化产物的反应。先配平两个半反应，再调整得失电子数相等将两个半反应合并为一个完整的氧化还原反应。

在配平半反应的过程中，涉及氧原子数的配平，可以根据反应的实际情况用H_2O、H^+、OH^-加以配平，见表2-1：

表2-1 配平半反应过程中氧原子数的配平

反应介质	酸性介质	碱性介质	中性介质
反应物氧原子多	$+2H^+ \xrightarrow{+O} H_2O$	$+H_2O \xrightarrow{+O} 2OH^-$	$+H_2O \xrightarrow{+O} 2OH^-$
反应物氧原子少	$+H_2O \xrightarrow{-O} 2H^+$	$+2OH^- \xrightarrow{-O} H_2O$	$+H_2O \xrightarrow{-O} 2H^+$

例 2-29 配平下列反应方程式：

(1) $MnO_4^- + C_2O_4^{2-} \longrightarrow Mn^{2+} + CO_2$(酸性介质中)

(2) $ClO^- + CrO_2^- \longrightarrow Cl^- + CrO_4^{2-}$(碱性介质中)

解：(1)两个半反应为：

① $MnO_4^- + 8H^+ + 5e^- \longrightarrow Mn^{2+} + 4H_2O$

② $C_2O_4^{2-} - 2e^- \longrightarrow 2CO_2$

①式×2+②式×5得到配平后的反应方程式：

$2MnO_4^- + 5C_2O_4^{2-} + 16H^+ = 2Mn^{2+} + 10CO_2\uparrow + 8H_2O$

(2)两个半反应为：

① $ClO^- + H_2O + 2e^- \longrightarrow Cl^- + 2OH^-$

② $CrO_2^- + 4OH^- - 3e^- \longrightarrow CrO_4^{2-} + 2H_2O$

①式×3+②式×2并消去重复项得到配平后的反应方程式：

$3ClO^- + 2CrO_2^- + 2OH^- = 3Cl^- + 2CrO_4^{2-} + H_2O$

(三)电极电势

1.原电池

图2-2为经典的Cu-Zn原电池(又称为丹聂尔电池)简图。Zn片和$ZnSO_4$溶液，Cu片和$CuSO_4$溶液构成了原电池的两电极，其中Cu片和$CuSO_4$溶液为原电池的正极，Zn片和$ZnSO_4$溶液为原电池的负极。两溶液以盐桥连接(盐桥：U形管中为饱和的KCl溶液，用琼胶封口，倒架在两电极中。因为随着反应进行，溶解下来的Zn^{2+}使$ZnSO_4$溶液带上正电；而$CuSO_4$溶液由于Cu的析出而带上负电，阻碍电子从Zn极传向Cu极。此时盐桥中的Cl^-移向Zn极，K^+移向Cu极，使两溶液一直保持电中性，使反应持续进行)，两金属用导线接通，并串联一个检流计，这时会看到检流计的指针偏转，说明导线上有电流通过。与其同时，还可看到Zn片慢慢溶解，Cu片上有金属铜析出。从检流计指针偏转的方向可判断电池的正负极和电子流向。在原电池中发生了下列反应：

电极反应：锌极(负极)	$Zn - 2e^- = Zn^{2+}$	氧化反应
铜极(正极)	$Cu^{2+} + 2e^- = Cu$	还原反应
电池反应(总反应)：	$Cu^{2+} + Zn = Cu + Zn^{2+}$	

我们把这种使化学能直接转变为电能的装置叫原电池。

通常我们采用下列符号表示Cu-Zn原电池(即原电池符号)：

$$(-)Zn(s)|Zn^{2+}(c_1) \parallel Cu^{2+}(c_2)|Cu(s)(+)$$

习惯上把负极写在左边，正极写在右边；用“‖”表示盐桥，也是正负极的分界线；“|”表示左右两边物质处于不同相，有一相界面，必要时注明溶质的浓度；对缺少连接导线材料的电极可增加惰性材料(通常为Pt)。

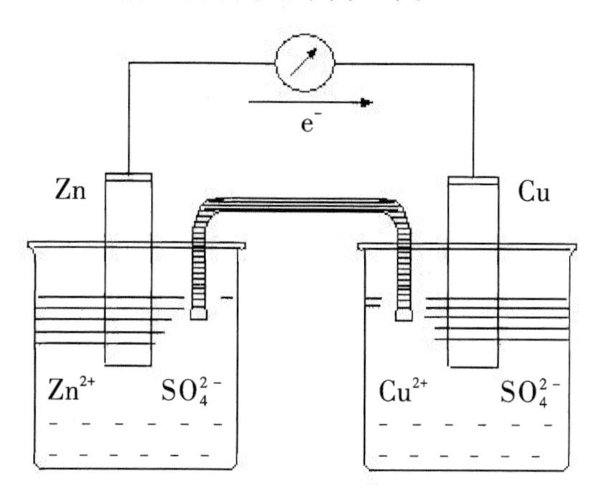

图2-2 Cu-Zn原电池示意图

例2-30 写出下列电池反应对应的电极反应和原电池符号。

$$5Fe^{2+} + MnO_4^- + 8H^+ = 5Fe^{3+} + Mn^{2+} + 4H_2O$$

解：电极反应：

正极：$MnO_4^- + 8H^+ + 5e^- = Mn^{2+} + 4H_2O$

负极：$5Fe^{2+} - 5e^- = 5Fe^{3+}$

电池符号：$(-)Pt(s)|Fe^{2+}(c_1),Fe^{3+}(c_2) \parallel MnO_4^-(c_3),Mn^{2+}(c_4),H^+(c_5)|Pt(s)(+)$

理论上说，任何一个氧化还原反应都可以设计成一个原电池，但实际应用有时会有很大困难，特别是一些复杂的反应。

2. 电极电势

原电池两电极间有电流产生，说明两电极之间有电势差，这电势差是怎样产生的呢？

金属晶体是由金属离子和一定数目的自由电子构成。当把金属M插入它的盐溶液中，金属表面的金属离子受到极性水分子的吸引，有溶解到溶液中形成水合离子的倾向。金属越活泼，盐溶液越稀，这种倾向越大。同时，溶液中的水合离子有从金属表面获得电子，沉积到金属上的倾向。金属越不活泼，溶液越浓，这种倾向越大。因此，在金属(M)及其盐溶液之间存在如下平衡：

$$M(s) \rightleftharpoons M^{n+}(aq) + ne^-$$

如果溶解倾向大于沉积倾向，金属表面带负电，溶液带正电（如图 2-3）；反之，金属表面带正电，溶液带负电。不论何种情况，金属与其盐溶液间都会形成电势差，这个电势差称为金属的电极电势，符号为 φ，单位为 V。

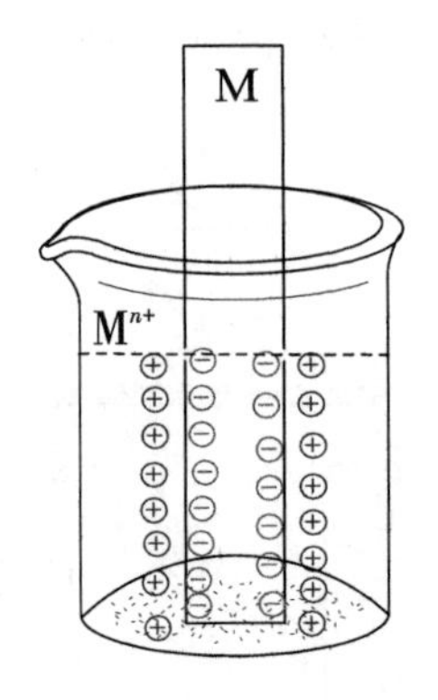

图 2-3 金属的电极电势（溶解倾向大于沉积倾向）

影响电极电势的因素很多，如电极本性、温度、介质、离子浓度等。当外界条件一定时，电极电势取决于电极本性。

如果参与电极反应的物质均处于热力学标准态，这时的电极称为标准电极，对应的电极电势称为标准电极电势，符号为 $\varphi^{\ominus}$。目前电极电势的绝对值还没有办法测定，只能使用相对值，相对标准是标准氢电极。

标准氢电极如图 2-4 所示。在铂表面上镀一层多孔的铂黑（它具很强的吸附 H_2 的能力），并插在［H^+］为 1.0 mol·L^{-1} 的 H_2SO_4 溶液中，在指定温度（通常为 298.15 K）下，不断通入压强为 100 kPa 的纯 H_2 流，使铂黑上吸附的 H_2 达到饱和。吸附在铂黑上的 H_2 和溶液中的 H^+ 建立如下平衡：

$$2H^+(aq) + 2e^- \rightleftharpoons H_2(g)$$

这也是标准氢电极的电极反应。国际上规定，标准氢电极的电极电势为零，即 $\varphi^{\ominus}(H^+/H_2) = 0.000$ V。

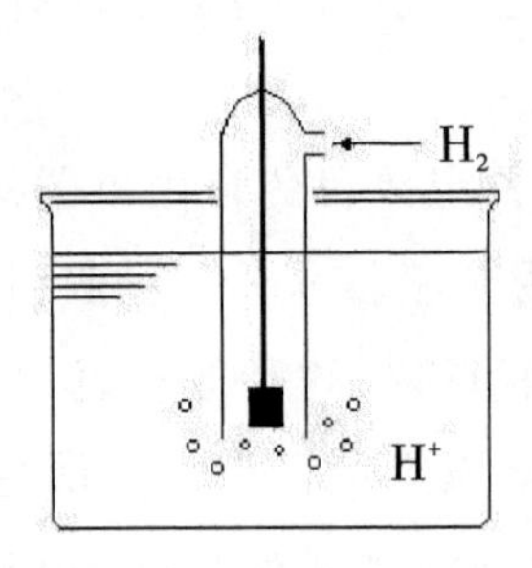

图 2-4 标准氢电极

有了标准氢电极作为相对标准，就可以测定其他电极的电极电势。

例如，欲测定标准锌电极的电极电势$\varphi^{\ominus}(Zn^{2+}/Zn)$，只要把Zn片插入1.0 mol·$L^{-1}$ $ZnSO_4$溶液中组成标准锌电极，再把它与标准氢电极用盐桥相连组成原电池，在298.15 K时用电位计测量电池中两电极的电势差（即电动势）$E^{\ominus}=0.762$ V。检流计指针偏转的方向表明氢电极为正极，锌电极为负极。

因为$E^{\ominus}=\varphi^{\ominus}(\text{正极})-\varphi^{\ominus}(\text{负极})$

$$=\varphi^{\ominus}(H^+/H_2)-\varphi^{\ominus}(Zn^{2+}/Zn)$$

所以$\varphi^{\ominus}(Zn^{2+}/Zn)=\varphi^{\ominus}(H^+/H_2)-E^{\ominus}=0.000-0.762=-0.762(\text{V})$

用类似的方法可以得到其他电对的标准电极电势。常见电对的标准电极电势见附录五。

在使用标准电极电势表时应注意：

（1）由于氧化还原反应常与介质有关，即同一电对在不同介质中$\varphi^{\ominus}$不同，故标准电极电势表又分为酸表和碱表，分别表示为$\varphi^{\ominus}(A)$和$\varphi^{\ominus}(B)$。酸表是指有H^+参与电极反应，且其浓度为1.0 mol·L^{-1}；碱表是指有OH^-参与电极反应，且其浓度为1.0 mol·L^{-1}。

（2）$\varphi^{\ominus}$值与电极反应的书写无关，如$\varphi^{\ominus}(Zn^{2+}/Zn)=-0.762$ V，电极反应可以写成：

$$Zn^{2+}+2e^- \rightleftharpoons Zn$$

$$Zn-2e^- \rightleftharpoons Zn^{2+}$$

$$2Zn^{2+}+4e^- \rightleftharpoons 2Zn$$

（3）$\varphi^{\ominus}$值反映了物质处于标准态时，得失电子趋势的大小，代数值越大，氧化态的氧化能力越强，对应还原态的还原能力越弱。

（四）影响电极电势的因素——能斯特（Nernst）方程

标准电极电势表中的$\varphi^{\ominus}$值是指在298.15 K，参与电极反应的各物质均处于热力学标准态时的电极电势值，它仅与参与电极反应的物质的本性有关。温度、浓度的改变会引起电极电势的改变。这里仅讨论在一定温度（298.15 K）下浓度变化对电极电势的影响。

对于一般的电极反应：

$$a\text{A}(\text{aq})+b\text{B}(\text{g})+ne^- \rightleftharpoons d\text{D}(\text{aq})+e\text{E}(\text{g})$$

反应中各物质处于非标准态时，该电极的电极电势值可由能斯特方程进行计算（298.15K下）：

$$\varphi=\varphi^{\ominus}+\frac{0.059\,2}{n}\lg\frac{c^{a}(\mathrm{A})\left(\frac{p_{\mathrm{B}}}{p^{\ominus}}\right)^{b}}{c^{d}(\mathrm{D})\left(\frac{p_{\mathrm{E}}}{p^{\ominus}}\right)^{e}}\text{（省略了}c^{\ominus}\text{）}$$

式中，φ 和 $\varphi^{\ominus}$ 分别为该电对的非标准电极电势和标准电极电势，n 为写出的电极反应中得失电子数。纯固体或液体的浓度视为1。

例2-31 写出非标准态时下列电极反应电极电势的计算式。

（1）$I_2(s)+2e^- \rightleftharpoons 2I^-(aq)$

（2）$Cr_2O_7^{2-}(aq)+14H^+(aq)+6e^- \rightleftharpoons 2Cr^{3+}(aq)+7H_2O$

（3）$PbCl_2(s)+2e^- \rightleftharpoons Pb(s)+2Cl^-(aq)$

（4）$O_2(g)+4H^+(aq)+4e^- \rightleftharpoons 2H_2O(l)$

解：

$$(1)\ \varphi\left(I_2/I^-\right)=\varphi^{\ominus}\left(I_2/I^-\right)+\frac{0.059\,2}{2}\lg\frac{1}{c^2(I^-)}$$

$$(2)\ \varphi\left(Cr_2O_7^{2-}/Cr^{3+}\right)=\varphi^{\ominus}\left(Cr_2O_7^{2-}/Cr^{3+}\right)+\frac{0.059\,2}{6}\lg\frac{c\left(Cr_2O_7^{2-}\right)c^{14}(H^+)}{c^2\left(Cr^{3+}\right)}$$

$$(3)\ \varphi\left(PbCl_2/Pb\right)=\varphi^{\ominus}\left(PbCl_2/Pb\right)+\frac{0.059\,2}{2}\lg\frac{1}{c^2(Cl^-)}$$

$$(4)\ \varphi\left(O_2/H_2O\right)=\varphi^{\ominus}\left(O_2/H_2O\right)+\frac{0.059\,2}{4}\lg\left(\frac{p\left(O_2\right)}{p^{\ominus}}\right)c^4(H^+)$$

这样，不同浓度下的电极电势，我们可以通过能斯特方程计算求得。

例2-32 已知电极反应：$NO_3^-+4H^++3e^- \rightleftharpoons NO\uparrow+2H_2O$ 的 $\varphi^{\ominus}(NO_3^-/NO)=0.96\ V$。计算当 $c(H^+)=1.0\times10^{-7}\ mol\cdot L^{-1}$，其他物质均为标准态，即 $c(NO_3^-)=1.0\ mol\cdot L^{-1}$，$p(NO)=100\ kPa$ 时的 $\varphi(NO_3^-/NO)$。

解：

$$\varphi\left(NO_3^-/NO\right)=\varphi^{\ominus}\left(NO_3^-/NO\right)+\frac{0.059\,2}{3}\lg\frac{c\left(NO_3^-\right)c^4(H^+)}{\frac{p(NO)}{p^{\ominus}}}$$

$$=0.96+\frac{0.059\,2}{3}\lg\frac{1.0\times\left(1.0\times10^{-7}\right)^4}{1.0}$$

$$=0.41(V)$$

结果表明，相同条件下酸性介质中 NO_3^- 的氧化能力更强。

（五）电极电势的应用

1.计算原电池的电动势

原电池的电动势（E）是电池正极与负极的电极电势差值，即

$$E=\varphi(+)-\varphi(-)$$

若两电极均处于标准态，则电动势为标准电池电动势（$E^\ominus$）：

$$E^\ominus=\varphi^\ominus(+)-\varphi^\ominus(-)$$

例2-33　计算下列原电池在298.15 K时的电动势。

（1）$(-)Pt(s)|Sn^{4+}(1.0\ mol\cdot L^{-1}),Sn^{2+}(1.0\ mol\cdot L^{-1})\parallel Fe^{3+}(1.0\ mol\cdot L^{-1}),$
$Fe^{2+}(1.0\ mol\cdot L^{-1})|Pt(s)(+)$

（2）$(-)Cd(s)|Cd^{2+}(0.10\ mol\cdot L^{-1})\parallel Sn^{4+}(0.10\ mol\cdot L^{-1}),$
$Sn^{2+}(0.001\,0\ mol\cdot L^{-1})|Pt(s)(+)$

解：（1）电池中参与电极反应的物质均处于标准态。

$\varphi^\ominus(+)=\varphi^\ominus(Fe^{3+}/Fe^{2+})=0.771\ V$，$\varphi^\ominus(-)=\varphi^\ominus(Sn^{4+}/Sn^{2+})=0.154\ V$，所以

$E^\ominus=0.771-0.154=0.617(V)$

（2）电极为非标准电极。

$$\begin{aligned}\varphi(+)=\varphi(Sn^{4+}/Sn^{2+})&=\varphi^\ominus(Sn^{4+}/Sn^{2+})+\frac{0.059\,2}{2}\lg\frac{c(Sn^{4+})}{c(Sn^{2+})}\\&=0.154+\frac{0.059\,2}{2}\lg\frac{0.10}{0.001\,0}\\&=0.213(V)\end{aligned}$$

$$\begin{aligned}\varphi(-)=\varphi(Cd^{2+}/Cd)&=\varphi^\ominus(Cd^{2+}/Cd)+\frac{0.059\,2}{2}\lg c(Cd^{2+})\\&=-0.403+\frac{0.059\,2}{2}\lg 0.10\\&=-0.433(V)\end{aligned}$$

$E=0.213-(-0.433)=0.646(V)$

2.计算Δ_rG

由热力学原理可知，恒温恒压过程中，体系吉布斯自由能的减少等于体系对环境所做的最大有用功。设原电池仅做电功（W），所能做的最大电功是：

$$\Delta_rG=-W=-QE=-nFE$$

式中，F为法拉第常数，$F=96.5\ kJ\cdot mol^{-1}\cdot V^{-1}$，$n$为电池反应转移电子物质的量，$E$为电池的电动势。

若电池两极均处于标准态，则有：

$$\Delta_r G^\ominus = -nFE^\ominus$$

例 2-34 将下列反应设计为原电池，写出电池符号，并计算电池的$E^\ominus$和电池反应的$\Delta_r G^\ominus$。

$$MnO_2 + 2Cl^- + 4H^+ = Mn^{2+} + Cl_2\uparrow + 2H_2O$$

解：正极反应：$MnO_2 + 4H^+ + 2e^- \rightleftharpoons Mn^{2+} + 2H_2O$　　$\varphi^\ominus(MnO_2/Mn^{2+}) = 1.22\ V$

负极反应：$2Cl^- - 2e^- \rightleftharpoons Cl_2$　　$\varphi^\ominus(Cl_2/Cl^-) = 1.36\ V$

电池符号：$(-)Pt(s)|Cl_2(g)|Cl^- \parallel Mn^{2+}, H^+|MnO_2(s)(+)$

$$E^\ominus = \varphi^\ominus(MnO_2/Mn^{2+}) - \varphi^\ominus(Cl_2/Cl^-)$$
$$= 1.22 - 1.36$$
$$= -0.14(V)$$

$$\Delta_r G^\ominus = -nFE^\ominus$$
$$= -2 \times 96.5 \times (-0.14)$$
$$= 27.02(kJ \cdot mol^{-1})$$

在热力学中，我们可以用$\Delta_r G$来判断一个化学反应自发进行的方向。由$\Delta_r G$与E的关系式可以看出，E也可以判断一个氧化还原反应自发进行的方向。因为n、F均为正值，所以有：

$\Delta_r G < 0, E > 0$，反应自发正向进行；

$\Delta_r G = 0, E = 0$，反应达到平衡状态；

$\Delta_r G > 0, E < 0$，反应正向不自发进行，逆向自发进行。

若物质均处于标准态，则$\Delta_r G^\ominus$和$E^\ominus$均可以用来判断氧化还原反应自发进行方向。例 2-34 的反应在标准态下不能自发正向进行，组成的原电池标准态下为非自发原电池。

若将上例电池中盐酸由原来的 $1.0\ mol \cdot L^{-1}$ 增大至 $10.0\ mol \cdot L^{-1}$，即H^+和Cl^-浓度均为 $10.0\ mol \cdot L^{-1}$，其他物质仍处于标准态，则E和$\Delta_r G$计算如下：

$$\varphi(+) = \varphi\left(MnO_2/Mn^{2+}\right) = \varphi^\ominus\left(MnO_2/Mn^{2+}\right) + \frac{0.059\,2}{2}\lg c^4(H^+)$$
$$= 1.22 + \frac{0.059\,2}{2}\lg(10.0)^4$$
$$= 1.34(V)$$

$$\varphi(-) = \varphi\left(Cl_2/Cl^-\right) = \varphi^\ominus\left(Cl_2/Cl^-\right) + \frac{0.059\,2}{2}\lg\frac{1}{c(Cl^-)^2}$$

$$= 1.36 + \frac{0.0592}{2}\lg\frac{1}{(10.0)^2}$$

$$= 1.30(V)$$

$E = 1.34 - 1.30 = 0.04(V)$

$\Delta_r G = -nFE = -2 \times 96.5 \times 0.04$

$= -7.72(kJ \cdot mol^{-1}) < 0$

则电池变为自发电池。

例2-35　利用热力学数据计算 $\varphi^\ominus(Zn^{2+}/Zn)$。

解:设计用标准锌电极和另一标准电极(最好为标准氢电极)组成标准原电池。电池反应为:

$$Zn + 2H^+ = Zn^{2+} + H_2\uparrow$$

查热力学数据得到:

物质	Zn(s)	H^+	Zn^{2+}	H_2
$\Delta_f G_m^\ominus / kJ \cdot mol^{-1}$	0	0	−147.0	0

$\Delta_r G^\ominus = -nFE^\ominus$

$-147.0 = -2 \times 96.5 \times E^\ominus$

$E^\ominus = 0.762(V)$

$E^\ominus = \varphi^\ominus(+) - \varphi^\ominus(-) = \varphi^\ominus(H^+/H_2) - \varphi^\ominus(Zn^{2+}/Zn)$

$\varphi^\ominus(Zn^{2+}/Zn) = 0.000 - 0.762$

$= -0.762(V)$

可见,标准电极电势还可利用热力学方法求得,并非一定要通过测量原电池电动势的方法得到。

3.判断氧化还原反应进行的方向

氧化还原反应自发进行的方向总是“两强生成两弱”:

强氧化剂+强还原剂→弱还原剂+弱氧化剂

若标准态下 $\varphi^\ominus(A/B) > \varphi^\ominus(D/E)$,则表明A的氧化性比D强,而B的还原性比E弱。

因此反应:$A + E = B + D$ 在标准态下能自发正向进行。即电极电势代数值大的氧化态可以氧化电极电势代数值小的还原态。

若参与反应的物质处于非标准态,则必须先由能斯特方程计算出非标准的 φ,再比较大小,判断反应的自发方向性。

例2-36 判断反应：$Pb^{2+} + Sn \rightleftharpoons Pb + Sn^{2+}$在下列条件下自发进行的方向。

(1)$c(Pb^{2+}) = c(Sn^{2+}) = 1.0\ mol \cdot L^{-1}$

(2)$c(Pb^{2+}) = 0.10\ mol \cdot L^{-1}, c(Sn^{2+}) = 2.0\ mol \cdot L^{-1}$

解：两电极反应

$Pb^{2+} + 2e^- \rightleftharpoons Pb \qquad \varphi^\ominus(Pb^{2+}/Pb) = -0.13\ V$

$Sn^{2+} + 2e^- \rightleftharpoons Sn \qquad \varphi^\ominus(Sn^{2+}/Sn) = -0.14\ V$

(1)$c(Pb^{2+}) = c(Sn^{2+}) = 1.0\ mol \cdot L^{-1}$，表明处于标准态，因为$\varphi^\ominus(Pb^{2+}/Pb) > \varphi^\ominus(Sn^{2+}/Sn)$，所以上述反应自发正向进行。

(2)处于非标准态：

$$\varphi(Pb^{2+}/Pb) = \varphi^\ominus(Pb^{2+}/Pb) + \frac{0.059\ 2}{2}\lg c(Pb^{2+})$$

$$= -0.13 + \frac{0.059\ 2}{2}\lg 0.10$$

$$= -0.16(V)$$

$$\varphi(Sn^{2+}/Sn) = \varphi^\ominus(Sn^{2+}/Sn) + \frac{0.059\ 2}{2}\lg c(Sn^{2+})$$

$$= -0.14 + \frac{0.059\ 2}{2}\lg 2.0$$

$$= -0.13(V)$$

因为$\varphi(Sn^{2+}/Sn) > \varphi(Pb^{2+}/Pb)$，所以上述反应正向不自发进行，逆向自发进行。

4.选择适当的氧化剂或还原剂

在实验室或工业上经常会遇到这样的情况：在一混合体系中，需要对其中某一组分进行选择性氧化或还原，而要求不氧化或还原其他组分。例如，混合体系中同时含有Cl^-、Br^-和I^-三种离子，选择何种氧化剂可以仅将I^-氧化为I_2，而不氧化Br^-和Cl^-？

查电极电势表可知：

$\varphi^\ominus(I_2/I^-) = 0.54\ V, \varphi^\ominus(Br_2/Br^-) = 1.087\ 3\ V, \varphi^\ominus(Cl_2/Cl^-) = 1.358\ V$

要将I^-氧化成为I_2，选择电对的$\varphi^\ominus > 0.54$；不氧化Br^-和Cl^-，电对的$\varphi^\ominus \leqslant 1.07\ V$。即电极电势在0.54 V至1.087 3 V之间。由标准电极电势表可查出：$\varphi^\ominus(Fe^{3+}/Fe^{2+}) = 0.771\ V$，所以$Fe^{3+}$、$Br_2$都满足要求。

5.求算反应平衡常数

化学反应完成程度可以用平衡常数$K^\ominus$来衡量，氧化还原反应完成程度还可以用两极标准电势差，即标准电动势来衡量。氧化还原反应的$E^\ominus$越大，反应进行得越彻底。所以,$K^{\ominus}$与$E^{\ominus}$有着必然的联系。

因为$\Delta_r G^{\ominus} = -RT\ln K^{\ominus} = -nFE^{\ominus}$

当$T = 298.15$ K时:

$$\lg K^{\ominus} = \frac{nE^{\ominus}}{0.059\ 2}$$

例2-37 已知$\varphi^{\ominus}(Zn^{2+}/Zn) = -0.76$ V,$\varphi^{\ominus}(Cu^{2+}/Cu) = 0.34$ V。在0.10 mol·L^{-1}的$CuSO_4$溶液中投入Zn粒,求反应达平衡后溶液中$[Cu^{2+}]$。

解:$Cu^{2+} + Zn \rightleftharpoons Zn^{2+} + Cu$

$$E^{\ominus} = \varphi^{\ominus}(Cu^{2+}/Cu) - \varphi^{\ominus}(Zn^{2+}/Zn) = 0.34 - (-0.76) = 1.10(V)$$

$$\lg K^{\ominus} = \frac{nE^{\ominus}}{0.059\ 2} = \frac{2 \times 1.10}{0.059\ 2} = 37.2$$

$K^{\ominus} = 1.6 \times 10^{37}$

因$K^{\ominus}$很大,正向反应非常彻底,平衡时$[Cu^{2+}]$会很小,为计算方便,先假设Cu^{2+}全部转化为Cu,再逆向反应。

	$Cu^{2+} + Zn \rightleftharpoons$	$Zn^{2+} + Cu$
起始浓度/mol·L^{-1}	0	0.10
平衡浓度/mol·L^{-1}	$[Cu^{2+}]$	$0.10-[Cu^{2+}]\approx 0.10$

$$K^{\ominus} = \frac{[Zn^{2+}]}{[Cu^{2+}]}$$

$$[Cu^{2+}] = \frac{[Zn^{2+}]}{K^{\ominus}} = \frac{0.10}{1.6 \times 10^{37}} = 6.3 \times 10^{-39}(mol \cdot L^{-1})$$

利用标准电极电势数据,还可以计算难溶电解质的溶度积常数K_{sp}。

例2-38 已知:$AgCl(s) + e^- \rightleftharpoons Ag^+ + Cl^-$ $\varphi^{\ominus}(AgCl/Ag) = 0.222\ 3$ V;

$Ag^+ + e^- \rightleftharpoons Ag$ $\varphi^{\ominus}(Ag^+/Ag) = 0.799$ V。

计算AgCl的K_{sp}。

解:把以上两电极反应组成原电池,AgCl/Ag为正极,Ag^+/Ag为负极,电池反应为:

$$AgCl + (Ag) \rightleftharpoons Ag^+ + Cl^- + (Ag)$$

该反应消去重复项(Ag)后,其反应平衡常数$K^{\ominus}$就是AgCl的K_{sp}。

$E^{\ominus} = 0.222\,3 - 0.799 = -0.576\,7(\text{V})$

$$\lg K^{\ominus} = \lg K_{sp}(\text{AgCl}) = \frac{nE^{\ominus}}{0.059\,2}$$

$$= \frac{1 \times (-0.576\,7)}{0.059\,2}$$

$$= -9.74$$

$K_{sp}(\text{AgCl}) = 1.8 \times 10^{-10}$。

（六）元素电势图及其应用

如果一种元素具有多种氧化态，就可形成多个氧化还原电对。例如，Fe有0，+2，+3等氧化值，因此，有下列一些电对及相应的标准电极电势：

$Fe^{3+} + e^- \rightleftharpoons Fe^{2+}$　　$\varphi^{\ominus}(Fe^{3+}/Fe^{2+}) = 0.771\ V$；

$Fe^{2+} + 2e^- \rightleftharpoons Fe$　　$\varphi^{\ominus}(Fe^{2+}/Fe) = -0.440\ V$；

$Fe^{3+} + 3e^- \rightleftharpoons Fe$　　$\varphi^{\ominus}(Fe^{3+}/Fe) = -0.036\,3\ V$

为了便于比较、使用，我们可以把它们的$\varphi^{\ominus}$从高氧化态到低氧化态以图解的方式表示出来：

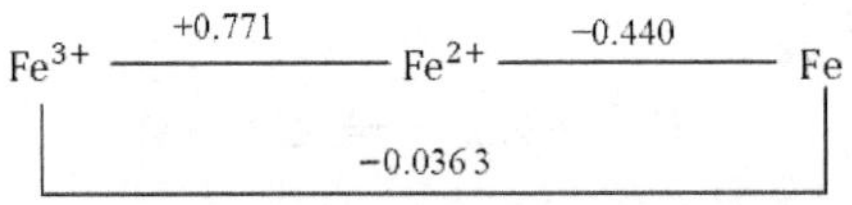

$$Fe^{3+} \xrightarrow{+0.771} Fe^{2+} \xrightarrow{-0.440} Fe \quad (Fe^{3+} \to Fe: -0.036\,3)$$

图2-5　铁元素电势图（单位：V）

横线上的数字是相应电对的$\varphi^{\ominus}$值，线左端为该电对的氧化态，右端是还原态。据此可写出对应$\varphi^{\ominus}$值的电极反应。这种表示同一元素不同氧化态间的标准电极电势值的图称为元素电势图。

图2-6是锰元素在酸性（$[H^+] = 1.0\ mol \cdot L^{-1}$）和碱性（$[OH^-] = 1.0\ mol \cdot L^{-1}$）介质中的电势图，分别用$\varphi^{\ominus}(A)$和$\varphi^{\ominus}(B)$表示。

酸性溶液$\varphi^{\ominus}(A)/V$：

$$MnO_4^- \xrightarrow{+0.56} MnO_4^{2-} \xrightarrow{+2.26} MnO_2 \xrightarrow{+0.95} Mn^{3+} \xrightarrow{+1.51} Mn^{2+} \xrightarrow{-1.18} Mn$$

碱性溶液$\varphi^{\ominus}(B)/V$：

$$MnO_4^- \xrightarrow{+0.56} MnO_4^{2-} \xrightarrow{+0.60} MnO_2 \xrightarrow{-0.2} Mn(OH)_3 \xrightarrow{+0.10} Mn(OH)_2 \xrightarrow{-1.55} Mn$$

图2-6　锰元素在酸性、碱性介质中的电势图（单位：V）

元素电势图非常直观、明了，它主要有以下用途：

(1)判断氧化剂和还原剂的强弱

除了元素的最低氧化态,其他氧化态都可以作为氧化剂,表现出氧化性;除了最高氧化态,其他氧化态都可以作为还原剂,表现出还原性。酸性溶液中,除 MnO_4^- 仅表现出氧化性,Mn 仅表现出还原性外,其他中间氧化态既表现出氧化性,又表现出还原性。元素电势图可以反映出这些氧化态氧化还原性强弱。

我们知道,$\varphi^\ominus$(氧化态/还原态)代数值越大,其氧化态的氧化能力越强,其还原态的还原能力越弱;由此可看出,酸性溶液中锰的各种氧化态的氧化能力大多数比碱性溶液中对应氧化态的氧化能力强,而还原能力恰相反。

(2)判断中间氧化态能否歧化

以酸性溶液中的 MnO_4^{2-} 为例:

$MnO_4^- + e^- \rightleftharpoons MnO_4^{2-}$　　　$\varphi^\ominus(MnO_4^- / MnO_4^{2-}) = 0.56\ V$;

$MnO_4^{2-} + 4H^+ + 2e^- \rightleftharpoons MnO_2 + 2H_2O$　　　$\varphi^\ominus(MnO_4^{2-} / MnO_2) = 2.26\ V$。

$\varphi^\ominus(MnO_4^{2-}/MnO_2) > \varphi^\ominus(MnO_4^-/MnO_4^{2-})$,电极电势大的氧化态可以氧化电极电势小的还原态。即下列反应可以自发正向进行:

$$MnO_4^{2-} + MnO_4^{2-} \longrightarrow MnO_4^- + MnO_2$$

也就是在酸性溶液中 MnO_4^{2-} 会歧化生成 MnO_4^- 和 MnO_2。此外,Mn^{3+}也可发生歧化:

$$Mn^{3+} \xrightarrow{H^+} MnO_2 + Mn^{2+}$$

所以,元素电势图中某一中间氧化态右边 $\varphi^\ominus$ 大于左边 $\varphi^\ominus$ 时,该氧化态可以发生歧化反应。反之,不相邻的两氧化态可以发生反歧化(归中)生成中间氧化态。

如锰元素在酸性溶液中能发生反歧化的有:

$$MnO_4^{2-} + Mn^{3+} \xrightarrow{H^+} MnO_2$$

$$Mn^{3+} + Mn \xrightarrow{H^+} Mn^{2+}$$

(3)计算不相邻电对的电极电势

由相邻电对的 $\varphi^\ominus$ 值可以计算出不相邻电对的 $\varphi^\ominus$ 值。如由 Fe 的元素电势图我们可以计算 $\varphi^\ominus(Fe^{3+} / Fe)$:

可以证明:

$$\varphi^\ominus(Fe^{3+}/Fe) = \frac{1 \times \varphi^\ominus(Fe^{3+}/Fe^{2+}) + 2 \times \varphi^\ominus(Fe^{2+}/Fe)}{1+2}$$

$$= \frac{1 \times 0.771 + 2 \times (-0.440)}{3}$$

$$= -0.036\,3(V)$$

推至一般计算不相邻电极电势的通式为：

$$\varphi^{\ominus} = \frac{n_1\varphi_1^{\ominus} + n_2\varphi_2^{\ominus} + n_3\varphi_3^{\ominus} + \cdots}{n_1 + n_2 + n_3 + \cdots}$$

式中，$\varphi_1^{\ominus}$、$\varphi_2^{\ominus}$、$\varphi_3^{\ominus}$……为相邻氧化态间的标准电极电势值。n_1为对应于$\varphi_1^{\ominus}$数值的两相邻氧化态间氧化值差。

例2-39 由锰的元素电势图计算酸性溶液中$\varphi^{\ominus}(MnO_4^- / Mn^{2+})$。

解：

$$\varphi^{\ominus}(MnO_4^- / Mn^{2+}) = \frac{1 \times 0.56 + 2 \times 2.26 + 1 \times 0.95 + 1 \times 1.51}{5}$$

$$= 1.51(V)$$

值得注意的是，以上元素电势图应用的结论均是在标准态下，因为所用电极电势数值均为标准电极电势数值。

第三节　原子和分子结构

一、原子结构和元素周期系

随着科学技术的飞速发展，当今世界正发生着日新月异的巨大变化，从利用原子核能的核电站，到利用计算机网络的信息高速公路，以及20世纪70年代“基因克隆”技术的兴起，等等。这些巨变都源于微观粒子——原子的发现。众所周知，世界是物质的，物质的性质是由构成物质的分子和原子的性质决定的。分子是由原子构成的，因此，要认识物质世界，研究物质的性质，首先必须了解原子的内部结构。

人们对原子、分子的认识要比对宏观物体的认识艰难得多。因为原子和分子过于微小，人们只能通过观察宏观实验现象，经过推理去认识它们，一般是根据实验事实提出原子和分子的理论模型，如果提出的理论模型不符合新的实验事实，就必须加以修正，甚至摒弃旧的模型，再创建新的模型。人们对原子、分子结构的认识过程实际上是根据科学实验不断创立、完善模型的过程，是实践—认识—再实践—再认识的过程。

（一）氢光谱和玻尔理论

氢原子同其他任何原子一样受高温火焰、电弧等激发时会发出特定波长的明线光谱，称为发射光谱，如图 2-7。

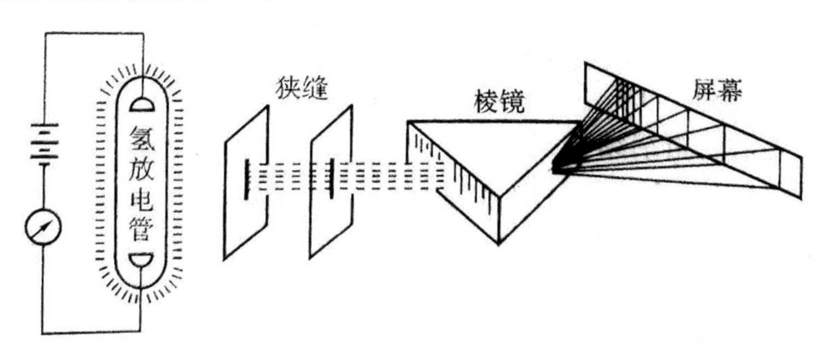

图 2-7 氢原子光谱实验示意图

氢原子光谱是所有原子光谱中最简单的，在可见光区有四条比较明显的谱线，标记为 H_α、H_β、H_γ、H_δ，它们的波长依次为 656.3 nm、486.1 nm、434.0 nm、410.2 nm。

根据经典力学，带电粒子绕核作圆周运动时，要连续发射电磁波，因此得到的原子光谱应该是连续的，并且随电磁波的发射，电子的能量将逐渐减小，电子运动的轨道半径也将逐渐变小，最后电子会坠入原子核，导致原子的毁灭。这些推测显然与事实不符。

氢原子光谱与经典力学的尖锐矛盾，直到 1913 年玻尔（N.Bobr）提出了原子结构理论才得到解释。玻尔理论是在普朗克（M.Plank）量子论和爱因斯坦（A.Einstein）光子学说基础上建立的。

玻尔理论认为：电子是微观粒子，其运动的轨道和能量是不连续的，称为量子化的。原子核外电子只能在特定的一些原子轨道上运动，这些轨道具有确定的能量（E）。电子运动的轨道半径（r）越大，离核越远，其能量越高。波尔还从理论上计算了氢原子的原子轨道的半径和能量，结果为：

$$r = 52.9 \times n^2 (\text{pm})$$

$$E = -13.6 \times \frac{1}{n^2} (\text{eV}) = -2.179 \times 10^{-18} \frac{1}{n^2} (\text{J})$$

式中，n 称为量子数，其值为 1，2，3……，eV 是微观领域常用的能量单位（1 eV= 1.602×10^{-19} J）。

由此可以得到氢原子核外各定态轨道半径 r 的能量 E：

$n = 1$ $r_1 = 52.9$ pm（称为玻尔半径） $E_1 = -2.179 \times 10^{-18}$ J

$n = 2$　　$r_2 = 52.9 \times 2^2$ pm　　$E_2 = -2.179 \times 10^{-18} \times \frac{1}{2^2}$ J

$n = 3$　　$r_3 = 52.9 \times 3^2$ pm　　$E_3 = -2.179 \times 10^{-18} \times \frac{1}{3^2}$ J

……　　……　　……

在一定轨道上运动的电子具有一定的能量,称为定态。其中能量最低的定态称为基态,其余称为激发态。处于定态的电子既不吸收能量,也不发射能量。电子从一个定态跳到另一个定态时,要以电磁波形式放出或吸收能量。电磁波的频率ν与两定态间能量差ΔE的关系为

$$\nu = \Delta E / h$$

式中,h为普朗克常数(6.626×10^{-34} J·s)。

当电子从$n = 3$的高能量轨道跃迁到$n = 2$的低能量轨道时,可以从理论上很容易计算出其辐射电磁波的频率(ν)和波长(λ)。

玻尔理论推导的结果与实验事实一致,成功地解释了氢原子光谱事实。但玻尔理论无法解释多电子原子光谱,甚至不能解释氢光谱的精细结构(氢光谱的每条谱线实际上是由若干条很靠近的谱线组成)。因为玻尔理论虽人为地引入了经典力学中所没有的普朗克量子论概念,但它的基础仍然建立在经典力学之上。微观粒子运动有其特殊性,其运动规律不服从经典力学,而只能用量子力学来描述。

(二)原子核外电子运动状态

微观粒子运动规律不同于宏观物体运动规律的根本原因在于微观粒子具有波粒二象性,只能用统计的规律来描述其运动状态。

电子属于微观粒子,也像光子一样具有明显的波粒二象性,其运动特点是遵循海森伯格(W.Heisenberg)提出的测不准关系(又称为不确定原理),即“不可能同时准确地测定其位置和动量(速度)”。

粒子位置测定得越准确,则相应的动量(速度)测定得越不准确,反之亦然。所以,电子运动规律不服从经典力学规律,而是遵循量子力学所描述的运动规律,用波函数“Ψ”来描述。

1.波函数

波函数可通过解量子力学的基本方程——薛定谔(E.Schrödinger)方程求得。该方程又称为微观粒子波动方程,是一个二阶偏微分方程,其数学形式为:

$$\frac{\partial^2 \Psi}{\partial x^2} + \frac{\partial^2 \Psi}{\partial y^2} + \frac{\partial^2 \Psi}{\partial z^2} + \frac{8\pi^2 m}{h^2}(E - V)\Psi = 0$$

式中，E是体系的总能量，V是体系的势能，m是微粒的质量，x,y,z是粒子的空间直角坐标，h是普朗克常量。

解薛定谔方程就是解出其中的波函数$\Psi(x,y,z)$和与波函数相对应的能量E，这样就可了解电子运动的状态和能量高低。由于解此方程是一个十分复杂而困难的数学过程，属于量子力学研究范围，在普通化学中只需要了解由求解方程所得的一些重要结论。

求解方程得出的Ψ不是一个具体数值，而是一个数学函数式，一个波函数就代表一种微观粒子的运动状态，并对应一定的能量值，以表示原子中电子运动状态，所以波函数也称为原子轨道。这里所说的轨道和经典力学中的轨道概念有着本质的区别，经典力学中的轨道是指具有某种速度，可以确定运动物体任意时刻所处位置的轨道。量子力学中的原子轨道不是经典的某种确定的轨道，而是原子中一个电子的可能空间运动状态，包含电子所具有的能量、离核的平均距离、几率密度分布等。

为方便求解，解方程时一般先将空间直角坐标(x,y,z)变换成球坐标(r,θ,φ)。两种坐标之间的关系见图2-8。

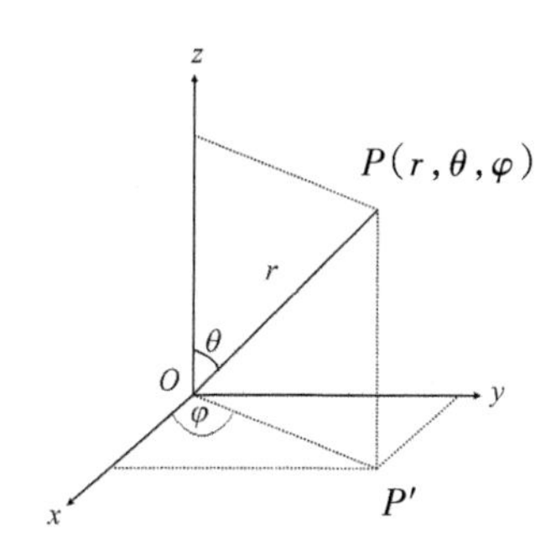

图2-8　球坐标与直角坐标的关系

同时，在求解过程中为了使得到的解合理，必须引入三个参数，即n,l,m加以限制。这样解得的Ψ是包含三个常数项(n,l,m)和三个变量(r,θ,φ)的函数式，其通式为：

$$\Psi_{n,l,m}(r,\theta,\varphi)=R_{n,l}(r)\cdot Y_{l,m}(\theta,\varphi)$$

其中，R是电子离核距离r的函数，与n,l有关，称为波函数的径向（远近）部分；Y是角θ,φ的函数，与l,m有关，称为波函数的角度部分。

n,l,m是为了使波函数合理而引入的三个参数，它们按一定的规则取值，称为量子数。一组n,l,m值就对应一个波函数（即一个原子轨道）。为了描述电子的空间运动状态，还需要引入另一个与轨道无关，但决定电子自旋状态的量子数即m_s，它不是解薛定谔方程直接得到的，而是根据后来的理论和实验要求引入的。

2. 描述电子运动状态的量子数

(1)主量子数(n)

决定电子在核外出现几率最大区域离核的平均距离；也是决定轨道能量的主要量子数，单电子原子轨道的能量完全由n决定。

n只能取1，2，3，4等正整数，n值越大，电子离核的平均距离越远，能量越高，一个n值表示一个电子层，n值与对应电子层符号如表2-2所示：

表2-2　主量子数(n)与对应电子层符号

n	1	2	3	4	5	6
电子层符号	K	L	M	N	O	P

(2)角量子数(l)

决定轨道角动量的量子数，或者说是决定轨道形状的量子数。

l值可以从0取到$(n-1)$的正整数。例如，当$n=1$(即第一电子层)时，l仅可取0一个值；当$n=4$(即第四电子层)时，l可取0，1，2，3四个值。每个l值表示一类轨道形状，其对应的光谱符号如表2-3所示：

表2-3　角量子数(l)与对应光谱符号

l值	0	1	2	3	4
光谱符号	s	p	d	f	g

$l=0$，即s轨道，轨道形状为球对称形；$l=1$，即p轨道，轨道形状为哑铃形；$l=2$，即d轨道，轨道形状为花瓣形，见图2-9。$l=3$，即f轨道，轨道形状更复杂。当n值相同，l值不同时，即同一电子层(n相同)中又形成若干个电子亚层(l值不同)，其中同一电子层中各亚层能量依l值由小到大依次升高。即在多电子原子中，原子轨道的能量是由n和l共同决定的。

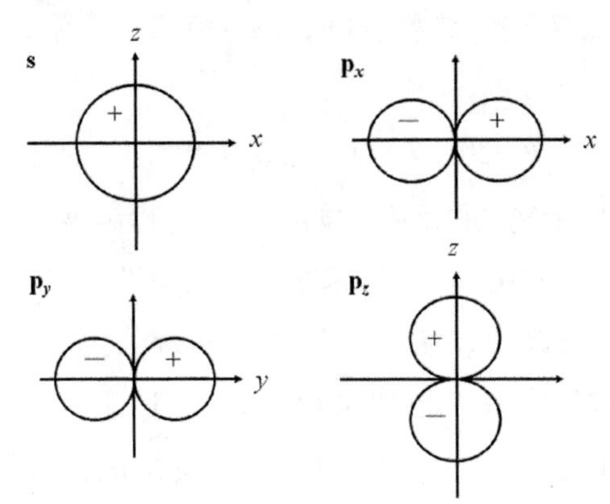

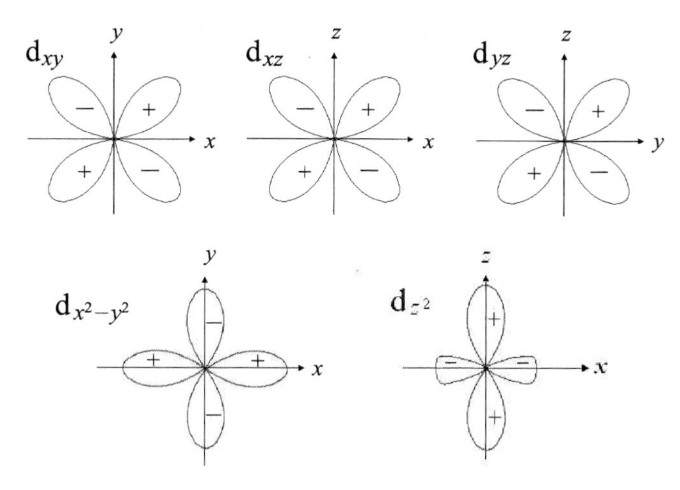

图 2-9 s,p,d原子轨道形状

上图中原子轨道是根据解得的波函数 Ψ 画出的图像,图像中的"+""-"是指 Ψ 的取值为正值或负值,这在讨论原子结合成为分子时尤为重要。

(3)磁量子数(m)

不同电子层中,只要角量子数相同,原子轨道形状就相同,但同一个角量子数的轨道在空间中有不同的伸展方向。磁量子数就是决定原子轨道在空间伸展方向的量子数。一个取值就是一种伸展方向,一种伸展方向就是一个轨道。

m 取值受 l 的限制,它可从 $-l$ 取到 $+l$ 包括0在内的整数值。所以共有($2l+1$)个值,即($2l+1$)个轨道。例如,$l=0$,m 只能取0一个值,即s轨道只有1种取向;$l=1$,m 可取-1,0,+1三个值,即p轨道有3种空间取向,分别用 p_x,p_y,p_z 表示;$l=2$,m 可取-2,-1,0,+1,+2共五个值(即五个轨道),分别用 d_{z^2},d_{xy},d_{xz},d_{yz},$d_{x^2-y^2}$ 表示(见图2-9)。

通常把 n,l,m 都确定的电子运动状态称为一个特定的原子轨道。因此,第一层($n=1$)只有一个s亚层($l=0$),也只有一种空间取向($m=0$),所以第一层仅有一个轨道,记为1s;第二层($n=2$)有s,p两个亚层($l=0,1$),其中 $l=0$(2s亚层)只有一种空间取向(即一个轨道),$l=1$(2p亚层)有三种空间取向(即三个轨道:$2p_x$,$2p_y$,$2p_z$,并且三个轨道的能量相同),所以第二层共有4个轨道。依次类推,各电子层的轨道数见表2-4。

表2-4 各电子层及轨道数

n	l	轨道	m	轨道数
1	0	1s	0	1
2	0	2s	0	1
	1	2p	+1,0,-1	3
3	0	3s	0	1
	1	3p	+1,0,-1	3
	2	3d	+2,+1,0,-1,-2	5
4	0	4s	0	1
	1	4p	+1,0,-1	3
	2	4d	+2,+1,0,-1,-2	5
	3	4f	+3,+2,+1,0,-1,-2,-3	7

磁量子数与轨道的能量无关,即n和l相同的几个原子轨道,如$3p_x$,$3p_y$和$3p_z$三个轨道能量是相同的,这样的轨道称为等价轨道或简并轨道。显然,各电子层所具有的轨道数为n^2。

(4)自旋量子数(m_s)

它不是解薛定谔方程得到的,与原子轨道无关。电子除绕核运动外,还绕本身轴作自旋运动,而且自旋运动也是量子化的。用自旋量子数(m_s)来描述电子的自旋运动,其取值只有两个($+\frac{1}{2}$和$-\frac{1}{2}$),书写时通常用"↑"和"↓"表示。

所以要描述一个电子在核外的运动状态必须同时用四个量子数。即需要指明在核外第几层的何种亚层及其伸展方向(即何种轨道)上运动,同时电子的自旋方向如何。

(三)原子核外电子排布

1.排布原则

根据实验结果和量子力学理论,核外电子排布遵循三个原则。

(1)泡利不相容原理

在同一个原子中不可能有四个量子数完全相同的电子,或表述为:同一原子轨道(即n,l,m取值相同)中最多可容纳两个自旋相反(m_s取值不同)的电子。由于各电子层的轨道总数为n^2,则每一电子层最多可容纳$2n^2$个电子。第一至四层最多可容纳的电子数依次为2,8,18,32个。每个亚层的轨道数不同,最多可容纳的电子数也不同,从s,p,d到f各亚层,最多容纳电子数依次为2,6,10,14个。

(2)能量最低原则

在不违背泡利不相容原理的前提下,核外电子在各原子轨道上的排布方式应使整个原子的能量处于最低状态。

理论计算和实验结果表明,原子核外电子排布次序为:

(1s),(2s,2p),(3s,3p),(4s,3d,4p),(5s,4d,5p),(6s,4f,5d,6p),(7s,5f,6d,7p)……

(3)洪特规则

电子在进入能量相同的轨道(简并轨道)时,总是尽可能分占不同轨道,并且自旋平行;当简并轨道上全空、半满、全满时较为稳定。

2.核外电子排布

通常有3种表示方法。

(1)电子排布式(又称为电子结构式或电子构型)

例如:氮原子(Z = 7)　N　$1s^2 2s^2 2p^3$

溴原子(Z = 35)　Br　$1s^2 2s^2 2p^6 3s^2 3p^6 3d^{10} 4s^2 4p^5$

为了书写方便,经常用“原子实”代替部分内层电子排布。如上述的氮原子核外电子排布式可以写成:N[He]$2s^2 2p^3$;溴原子核外电子排布式可以写成:Br[Ar]$3d^{10} 4s^2 4p^5$。

各元素基态原子核外电子排布即电子构型见表2-5。

表2-5 基态原子的电子构型

原子序数	元素符号	中文名称	英文名称	电子结构式
1	H	氢	Hydrogen	$1s^1$
2	He	氦	Helium	$1s^2$
3	Li	锂	Lithium	$1s^2 2s^1$
4	Be	铍	Beryllium	$1s^2 2s^2$
5	B	硼	Boron	$1s^2 2s^2 2p^1$
6	C	碳	Carbon	$1s^2 2s^2 2p^2$
7	N	氮	Nitrogen	$1s^2 2s^2 2p^3$
8	O	氧	Oxygen	$1s^2 2s^2 2p^4$
9	F	氟	Fluorine	$1s^2 2s^2 2p^5$
10	Ne	氖	Neon	$1s^2 2s^2 2p^6$

续 表

原子序数	元素符号	中文名称	英文名称	电子结构式
11	Na	钠	Sodium	$[Ne]3s^1$
12	Mg	镁	Magnesium	$[Ne]3s^2$
13	Al	铝	Aluminium	$[Ne]3s^23p^1$
14	Si	硅	Silicon	$[Ne]3s^23p^2$
15	P	磷	Phosphorus	$[Ne]3s^23p^3$
16	S	硫	Sulfur	$[Ne]3s^23p^4$
17	Cl	氯	Chlorine	$[Ne]3s^23p^5$
18	Ar	氩	Argon	$[Ne]3s^23p^6$
19	K	钾	Potassium	$[Ar]4s^1$
20	Ca	钙	Calcium	$[Ar]4s^2$
21	Sc	钪	Scandium	$[Ar]3d^14s^2$
22	Ti	钛	Titanium	$[Ar]3d^24s^2$
23	V	钒	Vanadium	$[Ar]3d^34s^2$
24	Cr	铬	Chromium	$[Ar]3d^54s^1$
25	Mn	锰	Manganese	$[Ar]3d^54s^2$
26	Fe	铁	Iron	$[Ar]3d^64s^2$
27	Co	钴	Cobalt	$[Ar]3d^74s^2$
28	Ni	镍	Nickel	$[Ar]3d^84s^2$
29	Cu	铜	Copper	$[Ar]3d^{10}4s^1$
30	Zn	锌	Zinc	$[Ar]3d^{10}4s^2$
31	Ga	镓	Gallium	$[Ar]3d^{10}4s^24p^1$
32	Ge	锗	Germanium	$[Ar]3d^{10}4s^24p^2$
33	As	砷	Arsenic	$[Ar]3d^{10}4s^24p^3$
34	Se	硒	Selenium	$[Ar]3d^{10}4s^24p^4$
35	Br	溴	Bromine	$[Ar]3d^{10}4s^24p^5$
36	Kr	氪	Krypton	$[Ar]3d^{10}4s^24p^6$
37	Rb	铷	Rubidium	$[Kr]5s^1$
38	Sr	锶	Strontium	$[Kr]5s^2$

续　表

原子序数	元素符号	中文名称	英文名称	电子结构式
39	Y	钇	Yttrium	$[Kr]4d^15s^2$
40	Zr	锆	Zirconium	$[Kr]4d^25s^2$
41	Nb	铌	Niobium	$[Kr]4d^45s^1$
42	Mo	钼	Molybdenum	$[Kr]4d^55s^1$
43	Tc	锝	Technetium	$[Kr]4d^55s^2$
44	Ru	钌	Ruthenium	$[Kr]4d^75s^1$
45	Rh	铑	Rhodium	$[Kr]4d^85s^1$
46	Pd	钯	Palladium	$[Kr]4d^{10}5s^0$
47	Ag	银	Silver	$[Kr]4d^{10}5s^1$
48	Cd	镉	Cadmium	$[Kr]4d^{10}5s^2$
49	In	铟	Indium	$[Kr]4d^{10}5s^25p^1$
50	Sn	锡	Tin	$[Kr]4d^{10}5s^25p^2$
51	Sb	锑	Antimony	$[Kr]4d^{10}5s^25p^3$
52	Te	碲	Tellurium	$[Kr]4d^{10}5s^25p^4$
53	I	碘	Iodine	$[Kr]4d^{10}5s^25p^5$
54	Xe	氙	Xenon	$[Kr]4d^{10}5s^25p^6$
55	Cs	铯	Caesium	$[Xe]6s^1$
56	Ba	钡	Barium	$[Xe]6s^2$
57	La	镧	Lanthanum	$[Xe]4f^05d^16s^2$
58	Ce	铈	Cerium	$[Xe]4f^15d^16s^2$
59	Pr	镨	Praseodymium	$[Xe]4f^35d^06s^2$
60	Nd	钕	Neodymium	$[Xe]4f^45d^06s^2$
61	Pm	钷	Promethium	$[Xe]4f^55d^06s^2$
62	Sm	钐	Samarium	$[Xe]4f^65d^06s^2$
63	Eu	铕	Europium	$[Xe]4f^75d^06s^2$
64	Gd	钆	Gadolinium	$[Xe]4f^75d^16s^2$
65	Tb	铽	Terbium	$[Xe]4f^95d^06s^2$
66	Dy	镝	Dysprosium	$[Xe]4f^{10}5d^06s^2$

续表

原子序数	元素符号	中文名称	英文名称	电子结构式
67	Ho	钬	Holmium	$[Xe]4f^{11}5d^{0}6s^{2}$
68	Er	铒	Erbium	$[Xe]4f^{12}5d^{0}6s^{2}$
69	Tm	铥	Thulium	$[Xe]4f^{13}5d^{0}6s^{2}$
70	Yb	镱	Ytterbium	$[Xe]4f^{14}5d^{0}6s^{2}$
71	Lu	镥	Lutetium	$[Xe]4f^{14}5d^{1}6s^{2}$
72	Hf	铪	Hafnium	$[Xe]4f^{14}5d^{2}6s^{2}$
73	Ta	钽	Tantalum	$[Xe]4f^{14}5d^{3}6s^{2}$
74	W	钨	Tungsten	$[Xe]4f^{14}5d^{4}6s^{2}$
75	Re	铼	Rhenium	$[Xe]4f^{14}5d^{5}6s^{2}$
76	Os	锇	Osmium	$[Xe]4f^{14}5d^{6}6s^{2}$
77	Ir	铱	Iridium	$[Xe]4f^{14}5d^{7}6s^{2}$
78	Pt	铂	Platinum	$[Xe]4f^{14}5d^{9}6s^{1}$
79	Au	金	Gold	$[Xe]4f^{14}5d^{10}6s^{1}$
80	Hg	汞	Mercury	$[Xe]4f^{14}5d^{10}6s^{2}$
81	Tl	铊	Thallium	$[Xe]4f^{14}5d^{0}6s^{2}6p^{1}$
82	Pb	铅	Lead	$[Xe]4f^{14}5d^{0}6s^{2}6p^{2}$
83	Bi	铋	Bismuth	$[Xe]4f^{14}5d^{0}6s^{2}6p^{3}$
84	Po	钋	Polonium	$[Xe]4f^{14}5d^{0}6s^{2}6p^{4}$
85	At	砹	Astatine	$[Xe]4f^{14}5d^{0}6s^{2}6p^{5}$
86	Rn	氡	Radon	$[Xe]4f^{14}5d^{0}6s^{2}6p^{6}$
87	Fr	钫	Francium	$[Rn]7s^{1}$
88	Ra	镭	Radium	$[Rn]7s^{2}$

(2)轨道表示式

用“↑”或“↓”表示一个电子自旋方向,用一个方框或一个圆圈表示一个轨道,简并轨道连在一起。例如,基态氮原子轨道表示式为:

N [↑↓] [↑↓] [↑|↑|↑]
1s 2s 2p

注意:2p 轨道上的三个电子排布要遵循洪特规则。

(3)四个量子数表示法

例如,N:$1s^2 2s^2 2p^3$用四个量子数表示为:

$n=1$	$l=0$	$m=0$	$m_s=+\frac{1}{2}$	1s上的两个电子
$n=1$	$l=0$	$m=0$	$m_s=-\frac{1}{2}$	
$n=2$	$l=0$	$m=0$	$m_s=+\frac{1}{2}$	2s上的两个电子
$n=2$	$l=0$	$m=0$	$m_s=-\frac{1}{2}$	
$n=2$	$l=1$	$m=0$	$m_s=+\frac{1}{2}$	2p上的三个电子
$n=2$	$l=1$	$m=+1$	$m_s=+\frac{1}{2}$	
$n=2$	$l=1$	$m=-1$	$m_s=+\frac{1}{2}$	

注意:2p轨道上的三个电子的m_s必须同号(因自旋平行),且三个m值不同(因分占不同轨道)。

(四)原子结构和元素周期律

1.周期表

(1)各周期元素的数目

现行周期表有一个特短周期(2种元素),两个短周期(8种元素),两个长周期(18种元素),一个特长周期(32种元素)和一个未完成周期(第7周期),各周期元素数目等于从ns^1开始到np^6结束各轨道所能容纳电子总数,见表2-6。

表2-6　各周期元素数目与原子结构的关系

周期	元素数目	相应的轨道				容纳电子总数
1	2	1s				2
2	8	2s			2p	8
3	8	3s			3p	8
4	18	4s		3d	4p	18
5	18	5s		4d	5p	18
6	32	6s	4f	5d	6p	32
7	未满	7s	5f	6d		未满

(2)周期和族

元素所处周期数 = 电子层数 = 最大主量子数(n)(46号元素Pd除外);

元素所处主族序数 = 最外电子层(n最大的电子层)电子数;

多数副族元素的族序数 = 最外电子层电子数 + 次外层d亚层电子数;

主族元素的最外层电子以及副族元素的最外层电子数和次外层d亚层电子通常称为价电子。

(3)元素分区

依元素原子的基态价电子构型,将周期表分为五个区(图2-10)。

①s区(ⅠA、ⅡA),价电子构型为:$ns^{1\sim2}$;

②p区(ⅢA—0),价电子构型为:$ns^2np^{1\sim6}$(He例外);

③d区(ⅢB—Ⅷ),价电子构型为:$(n-1)d^{1\sim9}ns^{1\sim2}$(46号元素Pd除外);

④ds区(ⅠB、ⅡB),价电子构型为:$(n-1)d^{10}ns^{1\sim2}$;

⑤f区(镧、锕系),价电子构型为:$(n-2)f^{1\sim14}(n-1)d^{0\sim1}ns^{1\sim2}$。

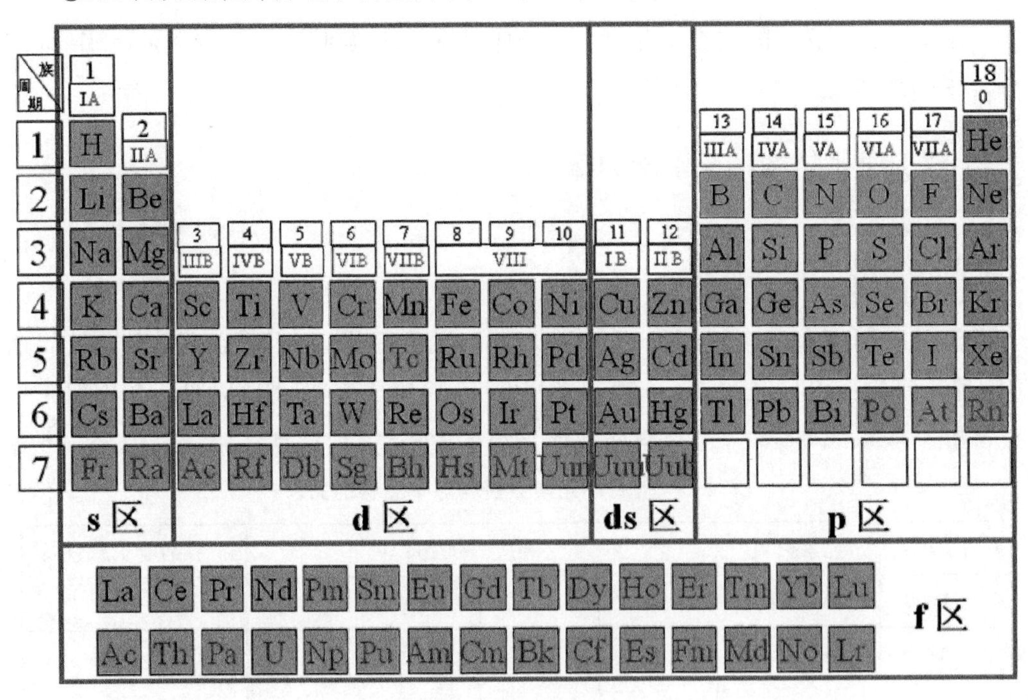

图2-10 周期表中元素分区

2. 元素基本性质

(1)原子半径

因电子没有确定的轨道,所以单个原子不存在明确的边界。所谓原子半径是根据相邻原子的核间距测出的,而相邻原子成键的情况不尽相同,所以有不同的原子半径定义。

同种元素的两个原子以共价单键连接时，其核间距的一半叫作该原子的共价半径。例如，Cl_2中两氯原子核间距为198.8 pm，所以氯原子的共价半径为99.4 pm。

金属晶体中，相邻两金属原子核间距的一半叫作金属半径。

范氏半径是指分子晶体中相邻两个非键合原子核间距的一半。

常见元素原子共价半径见附录六。

原子半径在周期表中变化规律可归纳为：

①同一主族元素的原子自上而下半径增大（因为电子数增多的缘故），同一副族自上而下半径一般也增大，但增幅不明显。

②同一周期从左到右，半径逐渐减小。

（2）电离能

气态原子失去1个电子变成气态+1价离子所需的能量，称为该元素的第一电离能(I_1)，常见元素的I_1见附录七。

气态+1价离子再失去一个电子变成气态+2价离子所需的能量，称为第二电离能(I_2)，依次类推。

很显然，同一元素$I_1 < I_2 < I_3$……，通常所说的电离能是指I_1。

电离能的大小反映了气态原子失去电子成为气态阳离子的能力或倾向大小，其变化规律：

①主族元素自上而下，r增大，I_1减小，副族元素变化不明显。

②同一周期从左到右，I_1呈现锯齿形增加，见图2-11。

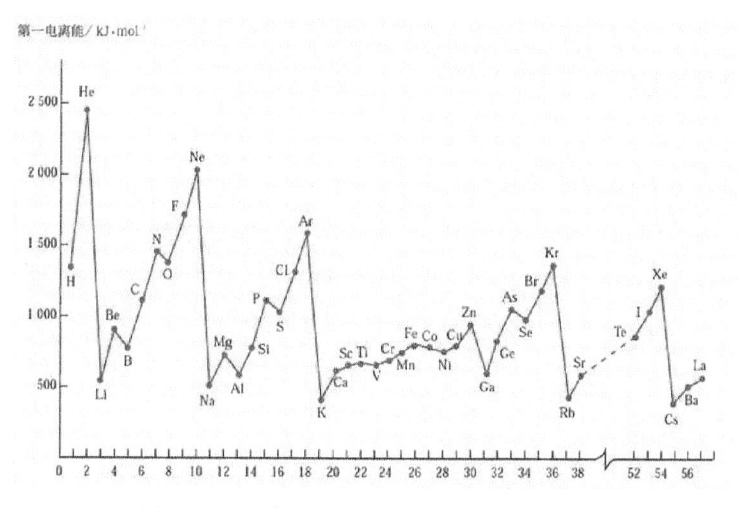

图2-11　元素原子第一电离能的周期性变化

第二周期元素中，出现了Be和N两个折点，这是因为Be和N的基态电子构型分

别为 $1s^22s^2$、$1s^22s^22p^3$，分别失去 2s 和 2p 上的电子，而 Be 的 2s 为全满结构，N 的 2p 为半满结构，均为较稳定的状态，所以所需能量较高。

需注意的是，第四周期电子填充顺序为 4s→3d，但失电子时先失 4s 电子后失 3d 电子。例如，基态 Fe^{2+}的价电子构型是 $3d^64s^0$。

(3)电子亲合能

气态原子得到一个电子形成气态-1 价离子时所放出的能量称为该元素的第一电子亲合能(E_1)。常见元素的 E_1 列于附录八。

E_1 数值大小反映了该元素的气态原子得到一个电子成为气态-1 价离子的倾向大小。目前 E_1 数据较少，其变化规律为：

①同主族自上而下，E_1 逐渐减小。但 VA、ⅥA、ⅦA 的第一个元素 N、O、F 并非是该族中最大的。这是因为它们的原子半径特别小，电子云密度大，对外来电子有较强的排斥作用，难以接受电子，接受电子时放出能量小。

②同一周期从左到右，E_1 逐渐增大，但第 VA 族元素的原子由于价电子层为较稳定的半满结构，结合电子能力不强，放出能量小。

(4)电负性

电负性(χ)是指分子内原子吸引电子的能力。χ 的绝对值无法确定。因此，鲍林规定元素 F 的 $\chi = 4.0$，从而求出其他元素的电负性(见附录九)。χ 的大小反映了元素原子吸引电子能力，其变化规律：

①同一主族自上而下，χ 逐渐减小，副族不规则。

②同一周期从左到右，χ 逐渐增大。

二、分子结构

分子是物质中能独立存在并保持该物质化学特性的最小微粒。物质的化学性质主要取决于分子性质，而分子性质又是由分子的内部结构所决定的。因此，研究分子结构，对于了解物质的性质和化学反应规律，具有十分重要的意义。

(一)离子键

1. 离子键的形成

电负性小的金属原子和电负性大的非金属原子化合时，金属原子易失去电子形成正离子，非金属原子易得到电子形成负离子，常见正、负离子都具有类似稀有气体原子的稳定结构。正、负离子间由于静电引力相互靠近，达到一定距离时体系出现能量最低点，即形成离子键。

以NaCl的形成为例：

$$Na(3s^1) \xrightarrow{-e^-} Na^+(2s^22p^6)$$

$$Cl(3s^23p^5) \xrightarrow{+e^-} Cl^-(3s^23p^6)$$

2. 离子键特征

(1)离子键本质是静电引力

离子化合物是靠正、负离子静电引力结合，如果把正、负离子看作球形对称的，它们所带电荷分别为q^+和q^-，两者之间距离为R，按库仑定律，正、负离子间的静电引力f为

$$f=\frac{q^+ \cdot q^-}{R^2}$$

由此可见，离子电荷越大，离子间距越小，静电引力越大，离子键越强。

(2)离子键没有方向性和饱和性

离子电荷的分布是球形对称的，只要空间条件许可，一个离子在空间的任何方向上都尽可能多地吸引带相反电荷的离子。

例如，在NaCl晶体中，每个Na^+等距离地被6个Cl^-包围，同样每个Cl^-等距离地被6个Na^+包围。若将Na^+换成半径更大的Cs^+，周围空间增大，吸引的Cl^-达到8个。

3. 离子键强度

离子键的强度可用晶格能(符号为U)来衡量。晶格能U是表示相互远离的气态正、负离子结合生成1 mol离子晶体时所释放的能量。对于同类型的离子晶体，晶格能与正、负离子电荷数成正比，与正、负离子核间距成反比。晶格能越大，离子键强度越大，离子晶体越稳定，与此有关的物理性质，如熔点越高、硬度越大、热膨胀系数和压缩系数越小。MgO的熔点(2 852 ℃)比CaO的熔点(2 614 ℃)高，就是因为二者正、负离子电荷相同，但Mg^{2+}半径比Ca^{2+}小，MgO比CaO具有更大的晶格能。

4. 离子半径

离子和原子一样，无确定的边界，通常测定的是正、负离子的核间距。若知道或规定其中一个离子半径，便可用核间距减去这个离子半径求得另一个离子的半径。

由于相对标准和推算方法不同，得到的数据不完全一致，但它们周期性变化规律相同。常见离子半径见附录十。

负离子半径一般比正离子大。负离子的半径为130～250 pm，正离子半径则为

10 ~ 170 pm。

具有相同电子数的原子或离子(称等电子体)的半径随核电荷数的增加而减少,如 $F^- > Na^+ > Mg^{2+} > Al^{3+}$。

同一元素不同价态的正离子,电荷越少的离子半径越大,如 Fe^{3+}(64 pm) < Fe^{2+}(76 pm)。

同族同价离子半径从上到下递增,如 $Li^+ < Na^+ < K^+ < Rb^+ < Cs^+$, $F^- < Cl^- < Br^- < I^-$。

此外,周期表中处于相邻族左上方和右下方斜对角线位置上的离子半径相近,如 Li^+(60 pm)和 Mg^{2+}(65 pm), Na^+(95 pm)和 Ca^{2+}(99 pm), Mg^{2+}(65 pm)和 Ga^{3+}(62 pm)。

(二)共价键理论

离子键理论能很好地说明离子化合物的形成和特性,但不能说明相同原子如何形成单质分子(如 H_2、O_2、N_2等),也不能说明电负性差值不大的元素原子如何形成化合物分子(如 H_2O、HCl)。

1916年路易士(Lewis)提出了经典的共价键理论:分子中的原子可以通过共用电子对使每一个原子达到稳定的稀有气体电子结构。原子通过共用电子对而形成的化学键称为共价键。但经典共价键理论没有阐明共价键的本质。例如,均带负电荷的电子为什么不相互排斥,反而配对? PCl_5分子中P和Cl原子不可能同时满足稀有气体电子结构,为什么稳定存在?

1927年海特勒·伦敦(Heitler-London)用量子力学原理说明 H_2分子的形成,阐明了共价键的本质,在此基础上发展建立了共价键理论,简称VB法。其基本要点如下:

(1)具有自旋相反的单电子的原子相互接近时,单电子可以配对构成共价键。一个原子有几个单电子,就能跟几个具有单电子的原子形成几个共价键,所以共价键有饱和性。

(2)成键的原子间原子轨道要重叠,重叠越多,形成的共价键越稳定。因为原子轨道除s轨道外,都具有一定的伸展方向,为采取最大重叠,所以共价键有方向性。

(三)轨道杂化理论

轨道杂化理论是由鲍林在VB法基础上为了解释多原子分子或离子空间形状而提出的一种理论,可视为VB法的补充和发展。

基态碳原子的电子层结构为 $1s^22s^22p^2$,只有两个单电子,只能跟两个有一个单电子的氢原子($1s^1$)形成两个C—H共价键,且由于C中两个单电子在两个相互垂直的p轨道上,所以两个C—H键的夹角应是90°,但事实是一个碳原子能跟四个氢原子形成四个C—H键,且任意两个C—H键的夹角为109°28′。

轨道杂化理论认为:C原子在形成CH_4分子过程中,为形成更多的共价键,且使形成的分子更稳定,在同层中(n均为2)将2s上的一个电子激发到$2p_z$上(所需能量由多形成的共价键放出能量补充)。

$$1s^2 2s^2 2p_x^1 2p_y^1 2p_z^0 \xrightarrow{\text{激发}} 1s^2 2s^1 2p_x^1 2p_y^1 2p_z^1$$

这样就可以形成四个共价键。原子在形成分子时,为了增强成键能力,使分子更稳定,趋向于将不同类型的原子轨道重新组合成能量、形状和方向与原来不同的新的原子轨道,这种重新组合称为轨道杂化,杂化后的轨道称为杂化轨道。

轨道杂化具有如下特性:

(1)只有能量相近的轨道方能相互杂化。常见的有ns np,ns np nd和$(n-1)$d ns np。

(2)杂化轨道成键能力强于未杂化的原子轨道。因为杂化轨道的形状变成一头大一头小。图2-12是一个s轨道和一个p轨道杂化所得的杂化轨道形状。杂化轨道用大的一头与其他原子的轨道重叠,重叠部分显然比未杂化的轨道要大得多,故成键能力增强了。

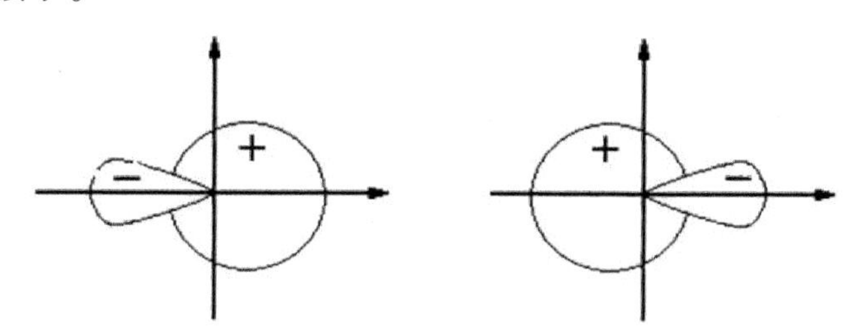

图2-12 一个s轨道和一个p轨道杂化所得的两个杂化轨道形状

(3)参加杂化的原子轨道数目与形成的杂化轨道的数目相同。所以,一个s轨道和一个p轨道杂化得到两个形状、能量均相等的sp杂化轨道。

(4)不同杂化方式,杂化轨道空间取向不同。

常见的杂化类型有:

(1)sp杂化

气态的BeF_2分子中Be原子轨道属于sp杂化。1个s轨道和1个p轨道杂化形成2个sp杂化轨道。2个sp杂化轨道在空间呈180°角(如图2-13)。

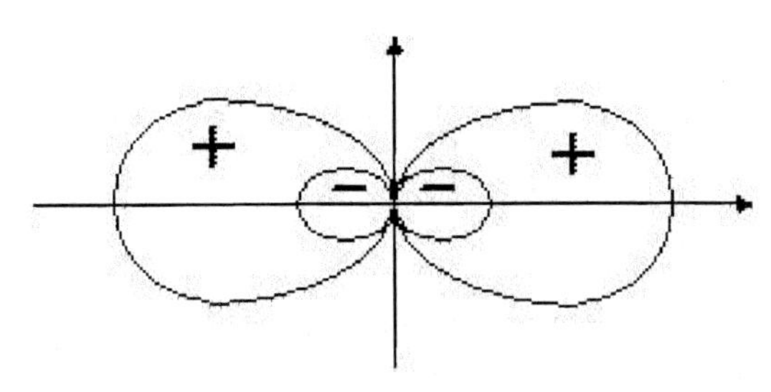

图 2-13　两个 sp 杂化轨道在空间伸展方向

激发和杂化是同时进行的。每个 sp 杂化轨道上均有一个单电子，分别与有一个单电子的 F 原子的原子轨道重叠，形成两个 Be—F 键，且两个 Be—F 以 Be 原子为中心呈 180°角，BeF_2是一直线形分子。

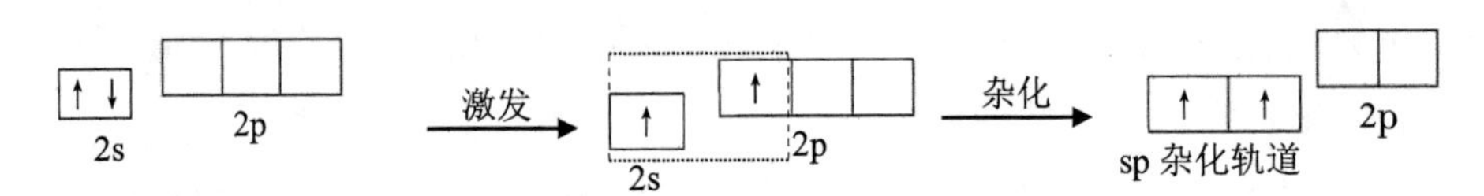

基态 Be 原子

(2)sp^2杂化

以 BF_3为例。

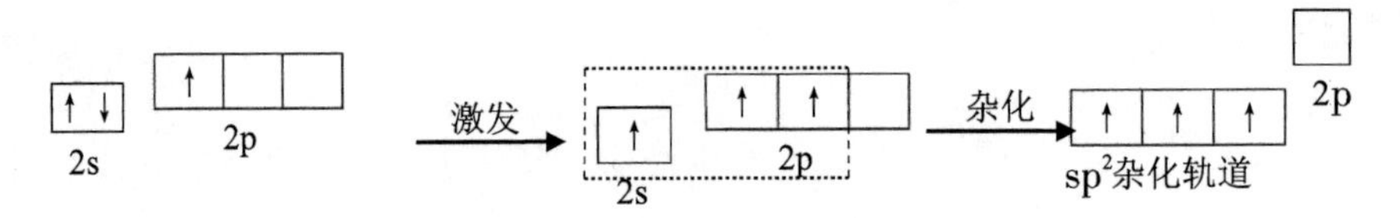

基态 B 原子

3 个 sp^2杂化轨道以 B 原子为中心，呈 120°夹角，所以 BF_3分子的空间形状为以 B 原子为中心的平面三角形。

(3)sp^3杂化

以 CH_4为例。

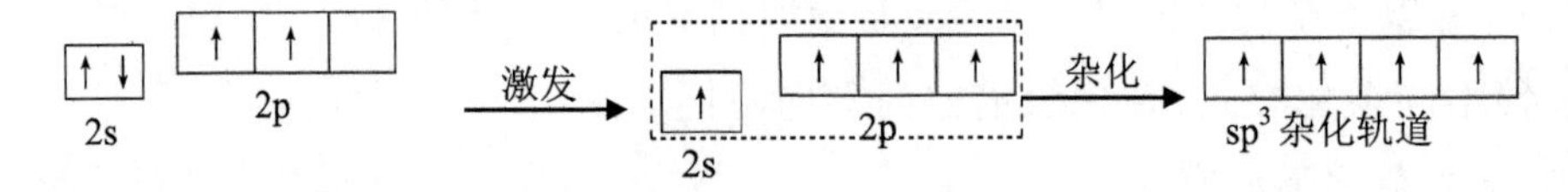

基态 C 原子

4 个 sp^3杂化轨道夹角为 109.5°，所以 CH_4分子的空间形状是以 C 为中心的正四面体。

NH_3分子中 N 原子也是以 sp^3杂化轨道成键的，但 N 比 C 多一个电子。因此，在 4 个 sp^3杂化轨道中有 1 个 sp^3杂化轨道已被成对电子(称为孤对电子)占据，只有 3 个单电子，只能跟 3 个氢原子形成 3 个 N—H 键。由于孤对电子只受到一个原子核的吸引，电子云体积比较“肥大”，它对N—H成键电子对产生较大斥力，迫使N—H键键角由109.5°缩小至107.3°。所以，NH_3分子的空间形状为三角锥形（如图2-14）。

类似地，H_2O分子中O也采用sp^3杂化，O比N又多一个电子，此时分子中有两对孤对电子，产生斥力更大，迫使H—O键的键角从109.5°缩至104.5°。所以，H_2O分子的空间形状为角形（又称为“V”形或折线形或弯曲形）（如图2-15）。

图2-14　NH_3分子构型　　　图2-15　H_2O分子构型

（4）sp^3d杂化和sp^3d^2杂化

PCl_5中P原子采用sp^3d杂化。P原子将1个3s电子激发到3d轨道上，形成5个sp^3d杂化轨道。这5个杂化轨道在空间以P为中心呈三角双锥形状，腰上3个杂化轨道在同一平面互呈120°角，另2个杂化轨道垂直于这个平面。所以，PCl_5分子的空间形状为三角双锥形（如图2-16），是非极性分子。

SF_6分子中S原子采用sp^3d^2杂化，S原子将1个3s电子和1个3p电子激发到3d轨道上，形成6个sp^3d^2杂化轨道。这6个sp^3d^2杂化轨道在空间排列成以S原子为中心的正八面体，所以SF_6分子的空间形状为正八面体（如图2-17），是非极性分子。

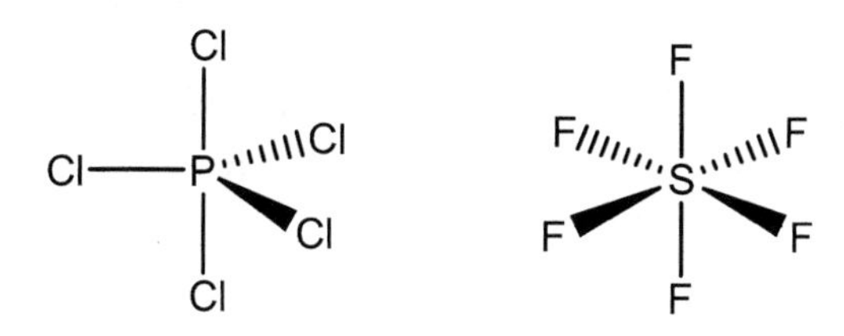

图2-16　PCl_5分子构型　　　图2-17　SF_6分子构型

（四）价层电子对互斥理论

轨道杂化理论虽成功地解释和预见了一些分子的空间构型，但很多情况下它却难以预测分子中中心原子杂化类型和分子的构型。1940年，英国化学家西奇维克（N.V.Sidgwick）等人提出了一种预测分子几何构型的理论，称为价层电子对互斥理论，简称VSEPR理论。该理论在判断和预测分子几何构型方面具有独到之处。

其基本要点是：

（1）根据中心原子价层电子对数，直接判断出价层电子对在空间的排列形状和中心原子的杂化类型（表2-7），因为这种排列方式电子对间静电斥力最小。

表 2-7 中心原子价层电子对数与电子对在空间的排列形状、中心原子的杂化类型

价层电子对数	2	3	4	5	6
电子对在空间的排列形状	直线	平面三角形	四面体	三角双锥	八面体
中心原子的杂化类型	sp	sp^2	sp^3	sp^3d	sp^3d^2

（2）中心原子价层电子对数的计算。

$$中心原子价层电子对数=\frac{中心原子价层电子数+配位原子提供电子总数-离子电荷代数值}{2}$$

式中，对于 AB_m 型分子，A 为主族中心原子，其价层电子数即为最外层电子数，B 称为配位原子，B 为氢和卤素原子时，每个 B 提供 1 个电子；B 为氧或硫原子时，不提供电子。

（3）把配位原子 B 按相应的几何构型排列在中心原子周围，每 1 对电子连接 1 个 B 原子，剩下来未结合配位原子的电子对便是孤对电子，孤对电子所处的位置不同，往往会影响分子的空间构型，而孤对电子总是处于斥力最小的位置。可以证明，对于三角双锥电子对构型，孤对电子总是优先占据腰的位置；对于八面体电子对构型，孤对电子总是优先占据对角线位置，此时斥力最小。用上述方法可确定多数主族元素形成的化合物分子或离子的空间构型，归纳如表 2-8。

表 2-8 AB_m 型分子或离子空间构型小结

价层电子对数	杂化方式	成键电子对数	孤电子对数	分子、离子类型	电子对在空间排布方式	分子、离子形状	实例
2	sp	2	0	AB_2	 B—A—B	直线	$BeCl_2$ CO_2
3	sp^2	3	0	AB_3	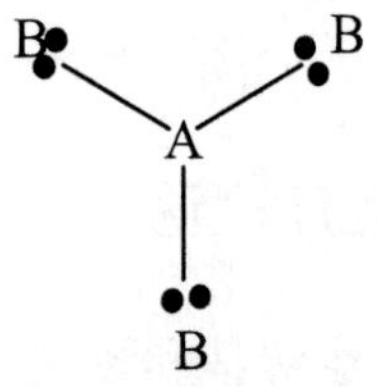 B B A B	三角形	BF_3 CO_3^{2-} SO_3 NO_3^-
		2	1	AB_2	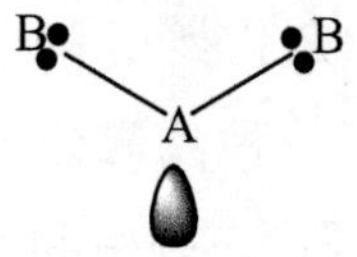 B B A	"V"形	NO_2^- SO_2 O_3
4	sp^3	4	0	AB_4	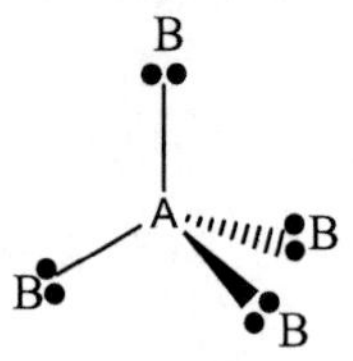 B A B B B	四面体	CH_4 SiF_4 PO_4^{3-} NH_4^+

续　表

价层电子对数	杂化方式	成键电子对数	孤电子对数	分子、离子类型	电子对在空间排布方式	分子、离子形状	实例
4	sp^3	3	1	AB_3		三角锥形	NH_3 PF_3 SO_3^{2-}
		2	2	AB_2		"V"形	XeO_2 H_2O SF_2 H_2S
5	sp^3d	5	0	AB_5		三角双锥形	PCl_5 SOF_4
		4	1	AB_4		变形四面体	SF_4
		3	2	AB_3		"T"形	ClF_3 $XeOF_2$
		2	3	AB_2		直线形	XeF_2 I_3^- ICl_2^-
6	sp^3d^2	6	0	AB_6		八面体形	SF_6 SiF_6^{2-} AlF_6^{3-}

续 表

价层电子对数	杂化方式	成键电子对数	孤电子对数	分子、离子类型	电子对在空间排布方式	分子、离子形状	实例
6	sp^3d^2	5	1	AB_5		四角锥形	IF_5 $XeOF_4$
		4	2	AB_4		四边形	XeF_4 ICl_4^-

（五）分子间力和氢键

1. 分子极性

分子有无极性取决于整个分子的正、负电荷中心是否重合。若分子的正、负电荷中心重合，则为非极性分子，反之为极性分子。

双原子分子的极性直接取决于键的极性，若键为非极性键，则为非极性分子，否则为极性分子。

多原子分子的极性往往取决于分子空间构型的对称性，若是完全对称的分子，则为非极性分子，否则为极性分子。

分子极性大小可用偶极矩(μ)来衡量。分子的$\mu = 0$，则为非极性分子，μ越大，分子的极性越强。

2. 分子间力

分子间力又称为范德华力。一般包括下面三个部分：

(1)取向力

它存在于极性分子之间，当两个极性分子充分接近时，同极相斥，异极相吸，使分子偶极按一定取向排列而产生的静电作用力叫作取向力(图2-18)。显然，分子偶极距越大，取向力越大。

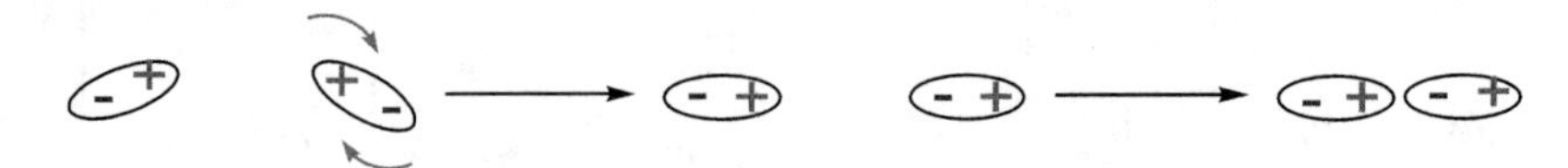

图2-18　极性分子之间相互作用

(2)诱导力

当极性分子与非极性分子充分接触时,极性分子使非极性分子变形而产生诱导偶极。诱导偶极与原极性分子的固有偶极间的作用力叫作诱导力(图2-19)。当然,极性分子与极性分子间也存在诱导力。

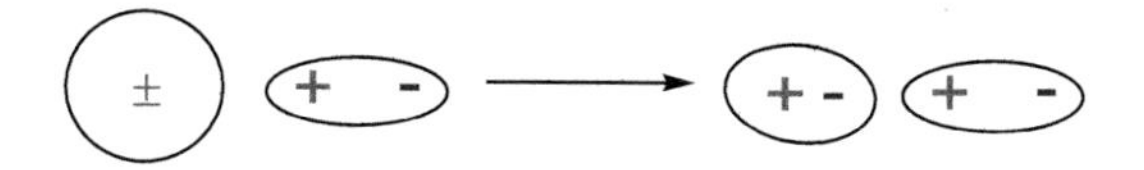

图2-19　极性分子和非极性分子相互作用

(3)色散力

非极性分子之间也有相互作用。这种力与前两种不一样,必须根据量子力学原理才能正确理解。从量子力学导出这种力的理论公式与光色散公式相似,因此称作色散力。它是分子的瞬时偶极之间的相互作用。由于分子运动,电子和核的运动不可能完全同步,会产生瞬时的相对位移,由此产生瞬时偶极。这种瞬时偶极会使相邻分子也产生与它相应的瞬时诱导偶极。这种瞬时偶极与瞬时偶极间的相互作用便产生色散力。

一般而言,分子体积越大,越容易变形,色散力也越大。当然色散力也存在于极性分子之间,以及极性分子和非极性分子之间。

分子间力具有以下特点:

(1)作用能量远小于化学键。

(2)是近距离的没有方向性和饱和性的作用力。所以通常认为气体分子间因距离大而几乎不存在分子间作用力。

(3)三种力中,色散力是主要的,只有在极性很强的分子如H_2O中,取向力才占有较大的比重。

分子间作用力对物质的物理性质如熔点、沸点、熔化热、气化热、溶解度等有较大的影响。如卤素单质的熔沸点从$F_2 \rightarrow I_2$依次增大,正是由于从$F_2 \rightarrow I_2$分子体积增大,色散力增大的缘故。

3. 氢键

氢键是指分子中与电负性大、半径小的原子X以共价键相连的H原子,和另一个电负性大、半径小的Y原子之间的相互作用:

X—H···Y

式中"—"表示共价键,"···"表示氢键。X、Y均是电负性大、半径小的原子,主要是指F、O、N原子。氢键分为:

(1)分子间氢键

如HF分子之间的氢键。

F—H···F—H

(2)分子内氢键

如邻硝基苯酚分子内部形成的氢键：

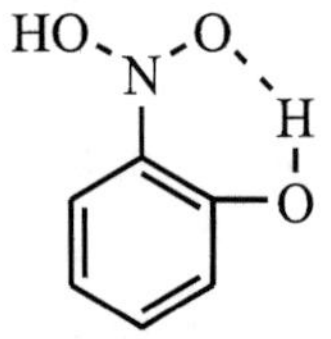

氢键键能比一般化学键弱得多，但比范德华力稍强。X、Y的电负性越大，半径越小，氢键越强。此外，一般认为氢键具有方向性和饱和性。

氢键对物质的性质有一定的影响。例如，HX的熔沸点从HCl到HI依次升高，这是由于色散力增加的缘故。但HF的熔沸点反而比HCl高，这是由HF能形成分子间氢键，熔化或气化需消耗一定的能量来破坏这部分氢键。又如C_2H_5OH在水中溶解度比CH_3OCH_3大得多，是由于C_2H_5OH能与溶剂H_2O形成分子间氢键。

氢键也广泛地存在于生物体内，典型的如蛋白质分子及DNA双螺旋结构中都存在大量氢键。

(六)配合物结构

配合物中，配体中的配位原子提供孤对电子进入中心离子(原子)空的杂化轨道中，形成配位共价键。

由于中心离子的杂化轨道具有一定方向性，因而中心离子采用不同类型的杂化轨道与配体配位，就会得到不同空间构型的配合物。

1.配位数为2的配合物

Ag^+的价电子构型为$4d^{10}5s^0$，价轨道中的电子排布为：

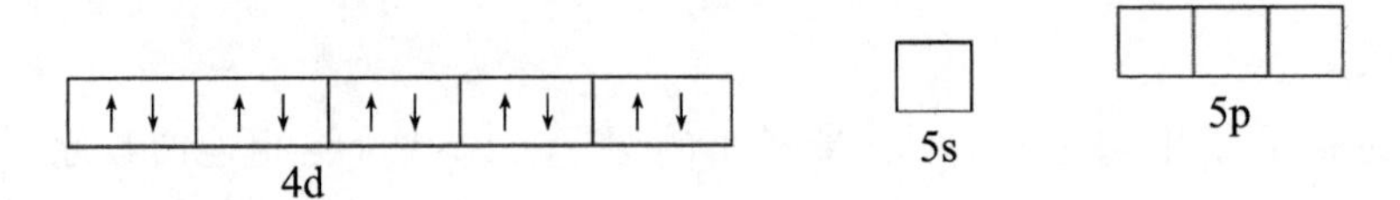

形成$[Ag(NH_3)_2]^+$配离子时，其中1个5s轨道和1个5p轨道经杂化后形成2个能量相等的sp杂化轨道，分别接受2个NH_3分子提供的2对孤对电子，生成2个配位共价键。

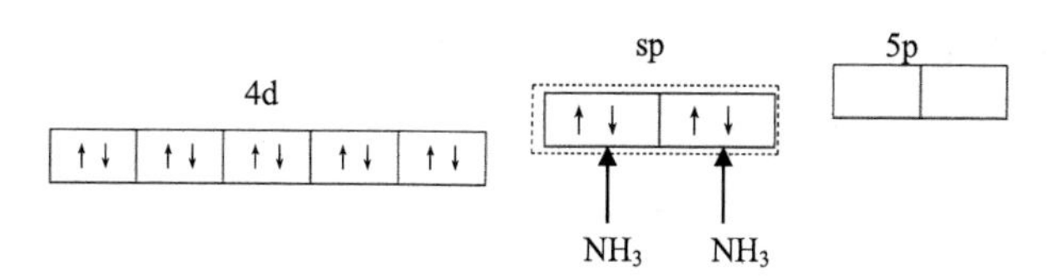

虚线框内表示的是sp杂化轨道，其中的电子是由配体NH_3分子中N原子提供的孤对电子，由于sp杂化轨道是直线形，故$[Ag(NH_3)_2]^+$的空间构型为直线性。

2.配位数为4的配合物

多数配位数为4的配合物空间构型有两种：正四面体和平面正方形。以$[Ni(NH_3)_4]^{2+}$和$[Ni(CN)_4]^{2-}$为例：

基态Ni^{2+}的价电子构型为$3d^84s^0$，价轨道中的电子排布为

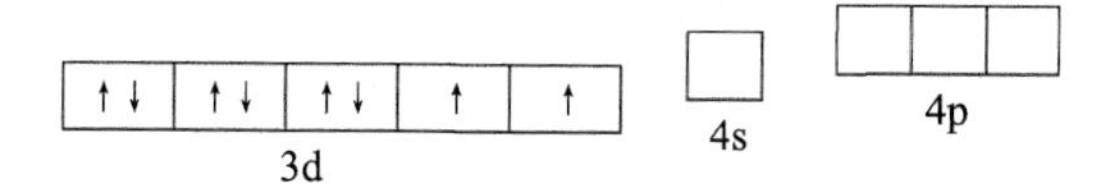

形成$[Ni(NH_3)_4]^{2+}$时，能量相近的4s和4p轨道都是空轨道，可以进行sp^3杂化，形成4个等价的sp^3杂化轨道，接受4个NH_3分子提供的4对电子，形成4个配位共价键。

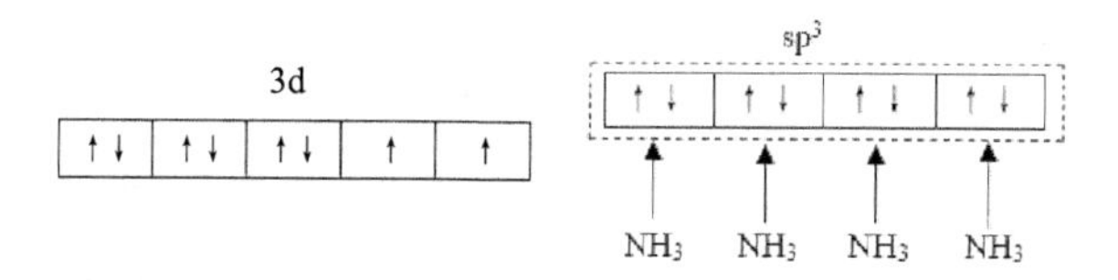

由于4个sp^3杂化轨道在空间是以Ni^{2+}为中心，指向正四面体的4个顶点，因此，$[Ni(NH_3)_4]^{2+}$的空间构型为正四面体形。

形成$[Ni(CN)_4]^{2-}$配离子时，如果Ni^{2+}也是采用sp^3杂化成键，其空间构型必为正四面体。但通过磁矩测定，$[Ni(CN)_4]^{2-}$中没有未成对电子（即单电子），且其空间构型为平面正方形。物质中有未成对电子，具有顺磁性；物质中没有未成对电子，表现为抗（反）磁性。

由此可知，Ni^{2+}与CN^-形成$[Ni(CN)_4]^{2-}$时，Ni^{2+}中3d轨道上的2个未成对电子重新分布，合并到1个d轨道上，留出1个3d空轨道与1个4s空轨道以及2个4p空轨道进行dsp^2杂化，形成4个等价的dsp^2杂化轨道来接受4个CN^-中C原子提供的4对孤对电子。

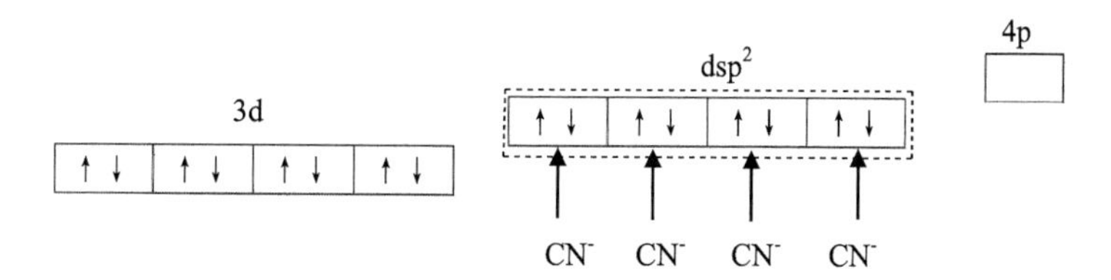

由于4个dsp^2杂化轨道指向平面正方形的四个顶点，因此$[Ni(CN)_4]^{2-}$具有平面正方形的空间构型。

3. 配位数为6的配合物

配位数为6的配合物空间构型多数为八面体。以$[CoF_6]^{3-}$和$[Co(CN)_6]^{3-}$为例：

Co^{3+}的价电子构型为$3d^64s^0$，价轨道中的电子排布为

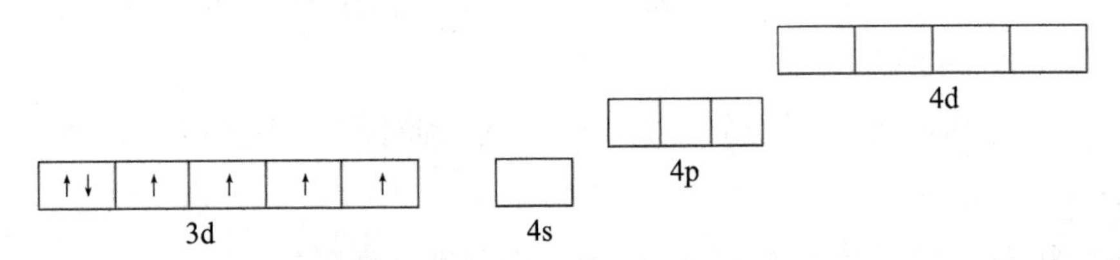

Co^{3+}与F^-形成$[CoF_6]^{3-}$，实验测得$[CoF_6]^{3-}$与Co^{3+}有相同的未成对电子数，具有顺磁性。所以，Co^{3+}采用外层的1个4s、3个4p和2个4d轨道进行sp^3d^2杂化，形成6个等价的sp^3d^2杂化轨道，接受6个F^-提供的6对孤对电子，形成6个配位共价键。

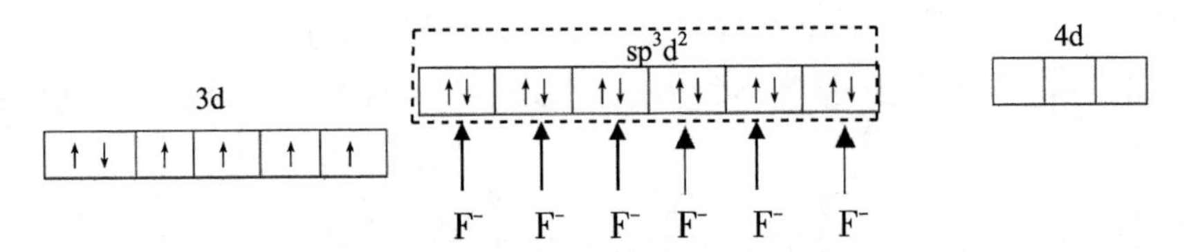

6个sp^3d^2杂化轨道指向八面体的6个顶点，因此，$[CoF_6]^{3-}$为八面体构型。

Co^{3+}与CN^-形成$[Co(CN)_6]^{3-}$，实验测得配离子中没有未成对电子，具有反磁性。形成$[Co(CN)_6]^{3-}$时，Co^{3+}受配体影响，3d轨道中6个电子进行重排，全部配对，留出2个空的3d轨道与1个4s轨道以及3个4p轨道进行d^2sp^3杂化，形成6个等价的d^2sp^3杂化轨道，接受6个CN^-中C原子提供的6对孤对电子，形成6个配位共价键。

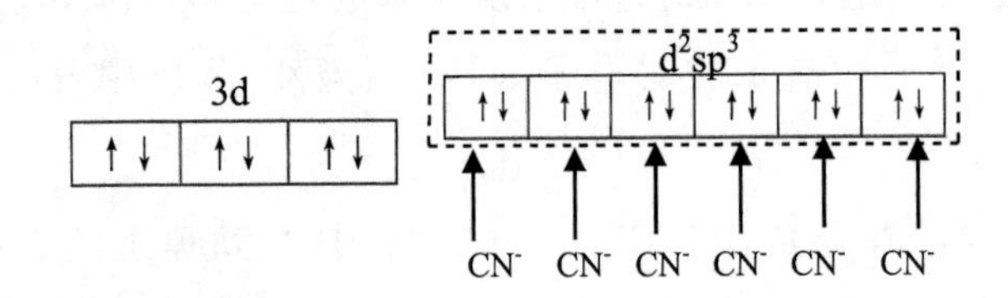

$[Co(CN)_6]^{3-}$也为正八面体。

第三章　元素及其化合物

第一节　元素的存在状态和分布

目前已知的化学元素有118种，其中非金属元素22种，其余90多种为金属元素。地球上自然存在的元素有93种，其余的为人工合成的放射性元素。金属和非金属元素之间的化学、物理性质有明显的区别。但有些元素如硼、硅、锗、砷等则兼有某些金属和非金属的性质，所以金属和非金属之间并没有严格的界限。

较活泼的金属和非金属元素在自然界主要以化合物形式存在，只有不太活泼的元素以单质形式存在。

金属元素中以自然金属产出的主要是铂系元素和金，其次是自然银及少量自然铜，还有锑、铋等。像比较活泼的金属元素铁、钴、镍，其单质形式仅见于铁陨石中，而在地壳中往往以类质同晶混入其他自然金属中，如粗铂矿、镍铂矿及自然铂等。

绝大多数活泼的和较活泼的元素都主要以化合物形式存在，如氧化物、硫化物、卤化物，以及硝酸盐、硫酸盐、碳酸盐、硅酸盐、硅铝酸盐、磷酸盐、硼酸盐等含氧酸盐，其中以硅酸盐最复杂，分布量最大，构成了地壳的主体。

元素在地壳中的平均含量称为“丰度”。例如，氧的丰度为49.13%（用$\omega = 0.491\,3$表示），表明氧元素的总质量占地壳总质量接近一半。地壳中元素的分布表现出明显的不均匀性，分布最多的氧和分布最少的氡，其丰度之比为$1 \times 10^{17}:1$。按丰度递减顺序排列，前3个元素是O、Si、Al，其丰度总和为82.58%（$\omega = 0.825\,8$），前9个元素（O、Si、Al、Fe、Ca、Na、K、Mg、H）丰度总和为98.13%（$\omega = 0.981\,3$），前15个元素丰度总和为99.61%（$\omega = 0.996\,1$），其余元素丰度总和仅为0.39%（$\omega = 0.003\,9$）。

按元素的丰度大小和应用的时间分类，一般将元素分为普通元素和稀有元素。普通元素在自然界中含量多、易提取、发现和使用早、人们接触多，稀有元素是指在自然界中含量很少、分布稀散、发现较晚，难以从原料中提取或在工业上制备及应用较晚的元素。稀有元素除稀有气体及硒、碲等外，其余都是金属，如锂、铷、铯、铍、钨、钼、钛等。稀有元素的名称具有一定的相对性，随着人们对稀有元素的广泛研究、新矿源及新提炼方法的发现以及它们应用范围的扩大，稀有元素和普通元素的界限已逐渐消失。

同位素是指同属一种元素（核电荷数以及质子数相同），但具有不同的质量数（中子数不同）的一类原子。它们的化学性质几乎相同，在元素周期表中居同一个位置。每一种元素可有几种同位素，例如氧有3种天然同位素：$^{16}O[\varphi(^{16}O)=0.997\ 59]$，$^{17}O[\varphi(^{17}O)=0.000\ 37]$，$^{18}O[\varphi(^{18}O)=0.002\ 04]$；钼、钌、钡、锇各有7种同位素，锡有10种同位素，但氟、钠、铝只有一种同位素。目前已知103种元素的同位素，包括稳定同位素、天然放射性同位素及人工放射性同位素在内，约2 000种。

第二节　金属元素及其化合物

一、金属元素概述

金属元素的化学活泼性差异很大，按化学活泼性可分为活泼金属（s区及ⅢB族）、中等活泼金属和不活泼金属。在工程技术上常把金属分为黑色金属和有色金属两大类。黑色金属包括铁、锰、铬及它们的合金，主要是铁碳合金（钢铁）；有色金属包括除黑色金属之外的所有金属及其合金。有色金属按其密度、化学稳定性、在地壳中储量及分布、价格、被人们发现及使用的早晚等可分为以下几类：

轻有色金属：一般指密度小于4.5 $g\cdot cm^{-3}$的金属。包括铝、钠、钾、钙、锶、钡，其特点是质轻，化学性质活泼。

重有色金属：一般指密度大于4.5 $g\cdot cm^{-3}$的金属。包括铜、镍、锌、铅、锡、锑、钴、汞、镉、铋等。

贵金属：这类金属包括金、银和铂系元素（钌、铑、钯、锇、铱、铂）。它们对氧和其他化学试剂很稳定，而且在地壳中含量稀少，开采和提取比较困难，所以价格比一般金属贵，因而得名“贵金属”。它们的特点是密度大（10.4 ~ 22.4 $g\cdot cm^{-3}$）、熔点高（1 189 ~ 3 273 K）、具有高的化学惰性。

稀有金属：这类金属包括锂、铷、铯、铍、镓、铟、铊、锗、钛、锆、铪、钒、铌、钽、钼、钨、稀土元素等。普通金属与稀有金属之间没有明显的界线，大部分稀有金属在地壳中并不稀少,有些比常见的铜、镉、汞、银、锡等普通金属还多。

准金属:一般指硅、硼、砷、硒、碲。它们的物理和化学性质介于金属与非金属之间,是电和热的不良导体,电负性为1.8 ~ 2.1。

放射性金属:指金属元素的原子核能自发地放射出射线而衰变的金属。它们的原子序数较大,一般大于83(Bi),包括钫、镭、锝、钋、锕系元素及锕系之后的元素。

金属按其在元素周期表中的位置可分为主族金属元素及过渡(副族)金属元素。主族金属元素位于周期表的s区和p区部分,它们在形成化合物时只有最外层的价电子参与成键。元素周期表中d区和ds区元素统称为过渡元素或副族元素,位于第四、五、六周期的中部。

由于各种金属的化学活泼性相差较大,因此,它们在自然界中存在的形式也各不相同,少数不活泼的元素在自然界中以游离态形式存在,活泼的元素总是以其最稳定化合物形式存在。可溶性的化合物大都溶解在海水、湖水中,少数埋藏于不受水冲刷的岩石下面。难溶的化合物则形成五光十色的岩石,构成坚硬的地壳。

我国金属矿藏的储量极为丰富,如铀、钨、锡、钼、稀土、钛、钒、锑、汞、铅、锌、铁、金、银、菱镁矿等均居世界前列;铜、铝、锰等矿的储量也在世界上占有重要地位。我国是世界上已知矿种比较齐全的少数国家之一,这将为社会主义现代化建设提供雄厚的物质基础。但我国人口众多,人均资源在世界上排名靠后,所以我们应保护和节约使用这些矿藏。

二、金属单质的性质

1.金属的物理性质

金属与非金属的物理性质有明显的差别,这些差别主要体现在金属光泽、导电性、导热性、密度、硬度、熔沸点、延展性等方面。

(1)密度

图3-1列出了一些单质密度的数据,从中可以看出,单质密度在同一周期呈现出两头小中间大的特征;在同一族中,一般是由上而下增大。金属元素单质密度一般较大,是因为它们属于金属晶体,原子间以紧密堆积方式排列。s区金属虽也是紧密堆积的结构,但与同周期的金属元素相比,原子半径大且相对原子质量小,因而密度小,属轻金属。金属密度最小的是锂,密度最大的是锇。

	ⅠA	ⅡA	ⅢB	ⅣB	ⅤB	ⅥB	ⅦB	Ⅷ B			ⅠB	ⅡB	ⅢA	ⅣA	ⅤA	ⅥA	ⅦA	0
1	H 0.071																H_2 0.071	He 0.126
2	Li 0.53	Be 1.8											B 2.5	C 2.26	N_2 0.81	O_2 1.14	F_2 1.11	Ne 1.204
3	Na 0.97	Mg 1.74											Al 2.70	Si 2.4	P 1.82w	S 2.07	Cl_2 1.557	Ar 1.402
4	K 0.86	Ca 1.55	Se (2.5)	Ti 4.5	V 5.96	Cr 7.1	Mn 7.2	Fe 7.86	Co 8.9	Ni 8.90	Cu 8.92	Zn 7.14	Ga 5.91	Ge 5.35	As 5.7	Se 4.7	Br_2 3.119	Kr 2.6
5	Rb 1.53	Sr 2.6	Y 5.51	Zr 6.4	Nb 8.4	Mo 10.2	Te 11.5	Ru 12.2	Rh 12.5	Pd 12	Ag 10.5	Cd 8.5	In 7.3	Sn 6	Sb 6.0	Te 6.1	I_2 4.93	Xe 3.06
6	Cs 1.90	Ba 3.5	La 6.15	Hf	Ta 16.6	W 19.3	Re 21.4	Os 22.48	Ir 22.4	Pt 21.45	Au 19.3	Hg 13.55	Ti 11.85	Pb 11.39	Bi 9.8	Po	At	Rn 4.4

图 3-1 单质的密度(单位:$g \cdot cm^{-3}$)

(2)硬度

单质的硬度在同一周期也大体呈现出两头小中间大的特征(如图 3-2 所示)。原子晶体有较大的硬度,因为晶体中原子是以共价键结合的,结构牢固。金属的硬度一般较大,但它们差别也较大。有的坚硬,如 Cr、W 等;有的软,可用小刀切割,如 Na、K 等。

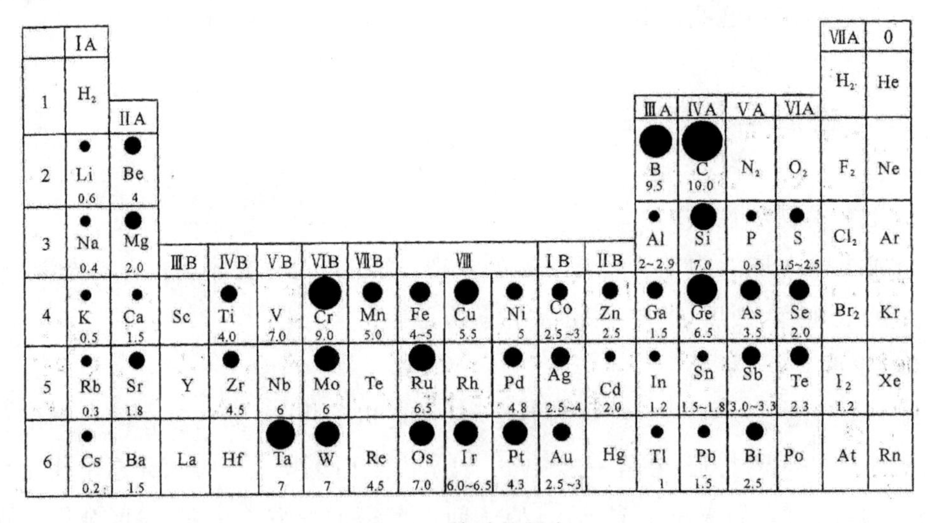

	ⅠA	ⅡA	ⅢB	ⅣB	ⅤB	ⅥB	ⅦB	Ⅷ			ⅠB	ⅡB	ⅢA	ⅣA	ⅤA	ⅥA	ⅦA	0
1	H_2																H_2	He
2	Li 0.6	Be 4											B 9.5	C 10.0	N_2	O_2	F_2	Ne
3	Na 0.4	Mg 2.0											Al 2~2.9	Si 7.0	P 0.5	S 1.5~2.5	Cl_2	Ar
4	K 0.5	Ca 1.5	Sc	Ti 4.0	V 7.0	Cr 9.0	Mn 5.0	Fe 4~5	Cu 5.5	Ni 5	Co 2.5~3	Zn 2.5	Ga 1.5	Ge 6.5	As 3.5	Se 2.0	Br_2	Kr
5	Rb 0.3	Sr 1.8	Y	Zr 4.5	Nb 6	Mo 6	Te	Ru 6.5	Rh	Pd 4.8	Ag 2.5~4	Cd 2.0	In 1.2	Sn 1.5~1.8	Sb 3.0~3.3	Te 2.3	I_2 1.2	Xe
6	Cs 0.2	Ba 1.5	La	Hf	Ta 7	W 7	Re 4.5	Os 7.0	Ir 6.0~6.5	Pt 4.3	Au 2.5~3	Hg	Tl 1	Pb 1.5	Bi 2.5	Po	At	Rn

图 3-2 单质的硬度

注:以金刚石等于10的莫氏硬度表示。这是按照不同矿物的硬度来区分的,硬度大的可以在硬度小的物体表面刻出线纹。这十个等级是:1. 骨石,2. 岩盐,3. 方解石,4. 萤石,5. 磷灰石,6. 冰晶石,7. 石英,8. 黄玉,9. 刚玉,10. 金刚石。

(3)熔点、沸点

图3-3和3-4数据表明,单质的熔点和沸点在同一周期也呈现两头小中间大的特征。金属的熔点一般较高,但高低差别很大。最难熔的是W,最易熔的是Hg、Cs和Ga。Hg在常温下是液体,Cs和Ga在手上受热即可熔化。

	ⅠA	ⅡA	ⅢB	ⅣB	ⅤB	ⅥB	ⅦB	Ⅷ			ⅠB	ⅡB	ⅢA	ⅣA	ⅤA	ⅥA	ⅦA	0
1	H_2 −259.34																H_2 -250.24	He -272.2[1]
2	Li 180.54	Be 1278											B 2079	C 3550	N_2 −209.8	O_2 −218.2	F_2 −219.6	Ne −248.7
3	Na 97.81	Mg 618.8											Al 660.4	Si 1419	P(白) 44.1	S(菱) 112.3	Cl_2 −100.10	Ar −189.2
4	K 63.25	Ca 839	Sc 1541	Ti 1660	V 1890	Cr 1857	Mn 1244	Fe 1535	Co 1495	Ni 1455	Cu 1083	Zn 419.6	Ga 29.75	Ge 937.4	As 817	Se 217	Br_2 −7.8	Kr −156.6
5	Rb 38.89	Sr 769	Y 1522	Zr 852	Nb 2468	Mo 2610	Te 2172	Ru 2310	Rh 1966	Pd 1554	Ag 961.92	Cd 320.9	In 156.61	Sn 23(148)	Sb 630.74	Te 449.5	I_2 112.5	Xe -111.0
6	Cs 28.40	Ba 725	La 918	Hf 2227	Ta 2996	W 3410	Re 3180	Os 3045	Ir 2410	Pt 1772	Au 1064.45	Hg −38.8	Tl 303.3	Pb 327.5	Bi 271.2	Po 254	At 302	Rn -71

图3-3　单质的熔点(单位:℃)

注:[1]在加压下。

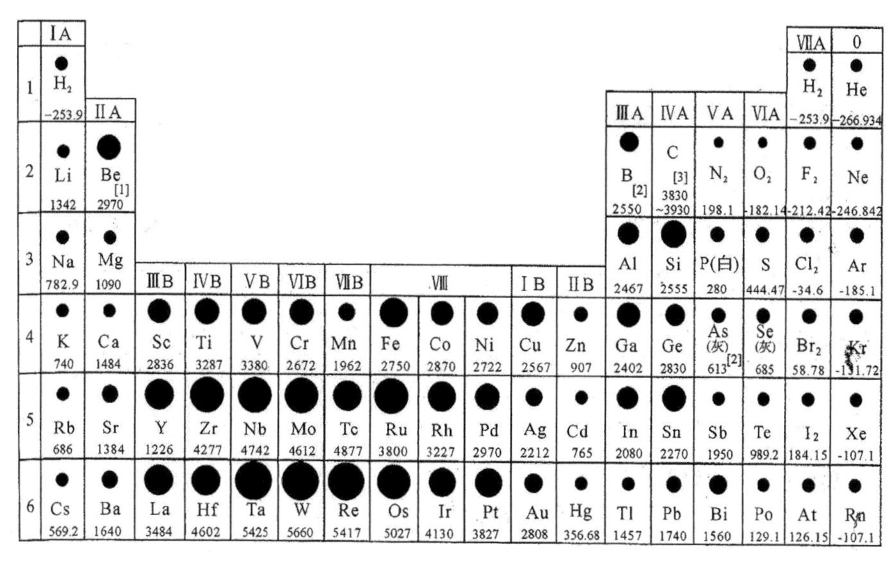

	ⅠA	ⅡA	ⅢB	ⅣB	ⅤB	ⅥB	ⅦB	Ⅷ			ⅠB	ⅡB	ⅢA	ⅣA	ⅤA	ⅥA	ⅦA	0
1	H_2 −253.9																H_2 −253.9	He −266.934
2	Li 1342	Be [1] 2970											B [2] 2550	C [3] 3830 ~3930	N_2 198.1	O_2 -182.14	F_2 -212.42	Ne -246.842
3	Na 782.9	Mg 1090											Al 2467	Si 2555	P(白) 280	S 444.47	Cl_2 -34.6	Ar -185.1
4	K 740	Ca 1484	Sc 2836	Ti 3287	V 3380	Cr 2672	Mn 1962	Fe 2750	Co 2870	Ni 2722	Cu 2567	Zn 907	Ga 2402	Ge 2830	As (灰) 613[2]	Se (灰) 685	Br_2 58.78	Kr -1[illegible]1.72
5	Rb 686	Sr 1384	Y 1226	Zr 4277	Nb 4742	Mo 4612	Tc 4877	Ru 3800	Rh 3227	Pd 2970	Ag 2212	Cd 765	In 2080	Sn 2270	Sb 1950	Te 989.2	I_2 184.15	Xe -107.1
6	Cs 569.2	Ba 1640	La 3484	Hf 4602	Ta 5425	W 5660	Re 5417	Os 5027	Ir 4130	Pt 3827	Au 2808	Hg 356.68	Tl 1457	Pb 1740	Bi 1560	Po 129.1	At 126.15	Rn -107.1

图3-4　单质的沸点(单位:℃)

注:[1]在减压下,[2]升华,[3]在加压下。

(4)导电性

金属单质是电的良导体,以分子晶体形成的非金属单质是绝缘体,p区对角线附近的元素单质多数具有半导体的性质。层状晶体结构的石墨具有良好的导电性。主族元素单质中,导电性最强的是金属铝。在所有金属中导电性最强的是银,其次是铜。周期表中元素单质的电导率见图3-5。

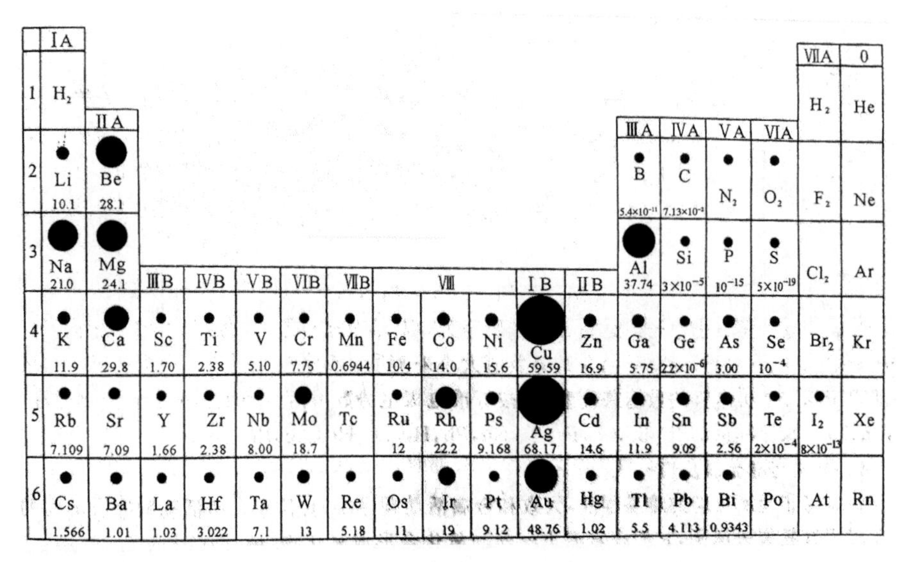

图3-5 单质的电导率(单位:$S \cdot m^{-1}$)

(5)金属的延展性

金属有延性,可以抽成细丝,例如最细的白金(铂)直径不过1/5 000 mm。金属也有展性,可以压成薄片,例如最薄的金箔只有1/10 000 mm厚。也有少数金属,如锑、铋、锰等性质较脆,没有延展性。

表3-1 金属与非金属单质性质比较

单质性质	金属	非金属
常温时状态	除了汞是液体外,其他金属都是固体	除了溴是液体外,有些是气体,有些是固体
密度	一般比较大	一般比较小
光泽	有金属光泽	大多没有金属光泽
导电、导热性	大多是热及电的良导体, 电阻通常随温度的增高而增大	大多不是热和电的良导体, 电阻通常随温度的增高而减小
延展性	大多具有延性和展性	大多不具有延性和展性
晶体结构	固体金属大多属金属晶体	非金属的固体大多属分子型晶体
蒸气分子	蒸气分子大多是单原子的	蒸气(或气体)分子大多是双原子或多原子的

2.金属的化学性质

金属的化学性质与其原子的价电子构型有关。多数金属元素的原子最外层只有3个以下的电子，某些金属(如Sn、Pb、Sb、Bi等)原子的最外层虽然有4个或5个电子，但它们的电子层数较多，原子半径较大，因此，在反应时它们的价电子较易失去或向非金属元素的原子偏移。过渡金属还能失去部分次外层的d电子。

金属最主要的共同的化学性质是易失去最外层的电子变成金属正离子，因而表现出较强的还原性。

$$M \xrightarrow{-ne^-} M^{n+}$$

各种金属原子失去电子的难易程度差别很大，因此，金属还原性的强弱也大不相同。在气相中金属原子失去电子的难易用电离能数值大小来衡量。在水溶液中金属失去电子能力的大小就要用标准电极电势的数值来衡量。现按标准电极电势代数值由小到大排成金属活动性顺序为：K，Ca，Na，Mg，Al，Mn，Zn，Cr，Cd，Fe，Ni，Sn，Pb(H_2)，Cu，Hg，Ag，Pt，Au。

(1)金属与非金属反应

金属与非金属反应的难易程度，大致与金属活动性顺序相同。位于金属活动性顺序前面的一些金属很容易失去电子，它们在常温下就能与氧化合形成氧化物，钠和钾的氧化很快，铷和铯会发生自燃。位于金属活动性顺序表后面的一些金属很难失去电子，如铜、汞等必须在加热情况下才能与氧化合，而银、金即使在炽热的情况下也很难与氧等非金属化合。金属与非金属的反应情况和金属表面生成的氧化膜的性质也有很大关系，有些金属如铝、铬形成的氧化物结构致密，紧密覆盖在金属表面，防止金属继续被氧化。这种氧化膜的保护作用叫钝化。所以，人们常将铁等金属表面镀铬、渗铝，这样既美观，又能防腐。在空气中铁表面生成的氧化物结构疏松，因此，铁在空气中易被腐蚀。

(2)金属与水、酸的反应

常温下，纯水中的H^+浓度为10^{-7} mol·L^{-1}，其电极电势$\varphi^\ominus(H^+/H_2) = -0.41$ V。因此，$\varphi^\ominus < -0.41$ V的金属都可能与水反应。性质很活泼的金属，如钠、钾在常温下就与水剧烈反应。铁则须在炽热的状态下与水蒸气发生反应。有些金属反应，由于生成难溶沉淀覆盖在金属表面而使反应难以进行，例如，铅与硫酸反应生成$PbSO_4$覆盖在铅表面，因而难溶于硫酸。

$\varphi^\ominus$为正值的金属一般不容易被酸中的H^+氧化，只能被氧化性的酸氧化，或在氧化剂的存在下，与非氧化性酸反应。

常温下，有的金属如铝、铬、铁等在浓HNO_3、浓H_2SO_4中由于钝化而不发生反应。

(3)金属与碱反应

金属除了少数显两性以外,一般都不与碱反应。锌、铝与强碱反应:

$$Zn + 2NaOH + 2H_2O = Na_2[Zn(OH)_4] + H_2\uparrow$$

$$2Al + 2NaOH + 6H_2O = 2Na[Al(OH)_4] + 3H_2\uparrow$$

(4)金属与配位剂的作用

配合物的形成能改变金属$\varphi^\ominus$的值,从而影响金属的氧化还原能力。例如,常温下,铜不能从水中置换出氢气,但在适当配位剂存在时,反应就能够进行,如:

$$2Cu + 2H_2O + 4CN^- = 2[Cu(CN)_2]^- + 2OH^- + H_2\uparrow$$

若有氧参加,这类反应更易进行(M=Cu,Ag,Au):

$$4M + 2H_2O + 8CN^- + O_2 = 4[M(CN)_2]^- + 4OH^-$$

上述反应是从矿石中提炼银和金的基本反应。王水与金、铂的反应都与形成配合物有关。

三、几种重要的主族金属及其化合物

1.钠和钾

钠和钾是IA族元素。IA族包括锂、钠、钾、铷、铯等金属。它们很易失去1个电子形成稳定+1价阳离子,为典型的活泼金属。由于它们的氢氧化物都是易溶于水的强碱,所以IA族金属也称碱金属。碱金属在自然界中贮存量最丰富的钠、钾在工农业生产上使用最广泛。

(1)钠和钾的性质与用途

钠和钾具有很强的化学活性,可与各种非金属及水等直接发生作用。两者化学反应基本相同,钾的反应比钠更剧烈。

①与非金属反应

钠和氧气反应或在空气中可生成稳定的过氧化钠(Na_2O_2):

$$2Na + O_2 = Na_2O_2$$

钾和氧气反应则生成超氧化钾(KO_2):

$$K + O_2 = KO_2$$

钠和钾都能与氯气、硫等剧烈作用,在常温下就能燃烧,生成氯化物和硫化物:

$$2Na + Cl_2 = 2NaCl$$

$$2Na + S = Na_2S$$

高温下，钠和钾能同H_2直接化合，氢原子接受电子变成H^-而生成金属氢化物：

$$2M + H_2 = 2MH（M = Na，K等）$$

②与水反应

钠和钾与水在常温下剧烈地作用：

$$2M + 2H_2O = 2MOH + H_2\uparrow（M = Na，K等）$$

故钠和钾要保存在中性干燥的煤油中。

（2）钠和钾的重要化合物

①过氧化物

Na_2O_2和K_2O_2结构中都有过氧键“—O—O—”，即两个氧原子之间有一个非极性共价键，其结构式为：$M^+[O—O]^{2-}M^+$（M = Na，K）。

Na_2O_2和K_2O_2与水反应，生成苛性碱，并放出O_2：

$$2M_2O_2 + 2H_2O = 4MOH + O_2\uparrow（M=Na，K）$$

有水存在时，Na_2O_2、K_2O_2是强氧化剂，可用来漂白织物、麦秆、羽毛等。

Na_2O_2和K_2O_2与稀酸反应能生成过氧化氢（H_2O_2）。

Na_2O_2与潮湿空气接触，能吸收其中的CO_2并放出O_2：

$$2Na_2O_2 + 2CO_2 = 2Na_2CO_3 + O_2$$

利用这种性质，可作防毒面具。高空飞行、潜水、登山等活动中，可把人呼出的CO_2转化为人所需要的氧气。

②氢氧化物

NaOH和KOH都是白色晶状固体，吸水性强，在空气中易潮解。它们的水溶液有强烈的腐蚀性，因此又分别叫苛性钠、苛性钾，均为强碱。它们除易吸收空气中的水汽外，还容易吸收空气中的CO_2，逐渐变成碳酸盐：

$$2NaOH + CO_2 = Na_2CO_3 + H_2O$$

$$2KOH + CO_2 = K_2CO_3 + H_2O$$

NaOH和KOH与酸性氧化物如SiO_2反应：

$$2NaOH + SiO_2 = Na_2SiO_3 + H_2O$$

$$2KOH + SiO_2 = K_2SiO_3 + H_2O$$

因此，盛放NaOH或KOH的瓶子要用橡皮塞而不能用玻璃塞，否则，长期存放，NaOH或KOH会与玻璃中的主要成分SiO_2生成偏硅酸盐，使玻璃塞与瓶口粘在一起。

NaOH是基础化工中最重要的产品之一，主要用来制造肥皂、药物、人造丝、染料等，精炼石油、造纸也要用NaOH，它也是实验室里常用的试剂。KOH用途与

NaOH 相似，但价格比 NaOH 贵，除非特殊需要，一般多用 NaOH。

③钠和钾的碳酸盐

a. 碳酸钠（Na_2CO_3），俗称苏打，工业上又叫纯碱，为白色晶体，在空气中容易风化，失去结晶水，变成白色的粉末。

碳酸钠的水溶液显碱性，与酸反应，放出 CO_2 气体：

$$Na_2CO_3 + 2HCl = 2NaCl + H_2O + CO_2\uparrow$$

因此，在食品工业中，用它中和发酵后生成的多余的有机酸，除去酸味，并利用反应生成的 CO_2 使食品蓬松起来。碳酸钠是一种基本的化工原料，用于玻璃、搪瓷、炼钢、炼铝及其他有色金属工业，也用于肥皂、造纸、纺织与漂染工业。它还是制备其他钠盐或碳酸盐的原料，洗涤剂中也用到它。

b. 碳酸氢钠（$NaHCO_3$），俗称小苏打。它的水溶液呈弱碱性。与酸反应也能放出 CO_2 气体：

$$NaHCO_3 + HCl = NaCl + H_2O + CO_2\uparrow$$

$NaHCO_3$ 受热分解放出 CO_2：

$$2NaHCO_3 \xlongequal{\triangle} Na_2CO_3 + H_2O + CO_2\uparrow$$

而 Na_2CO_3 受热则不发生变化，利用这一点可用来鉴别 Na_2CO_3 和 $NaHCO_3$。

c. 碳酸钾（K_2CO_3）。碳酸钾在工业上也有相当多的用途，如用于制造硬质玻璃、洗羊毛用的软肥皂等。它主要是从植物灰中提取的。向日葵、瓜子壳和玉米秆等的灰中含有大量的碳酸钾。在农业上直接使用草木灰作天然肥料（钾肥）。

2. 镁和钙

镁和钙是ⅡA 族元素。ⅡA 族有铍、镁、钙、锶、钡等元素，它们在发生化学反应时很容易失去最外层 2 个电子而显+2 价，故化学性质都很活泼，其活泼性由上至下增加。由于钙、锶、钡的氢氧化物显碱性，它们的氧化物与难溶的氧化铝（铝矾土的主要成分）相似，故该族元素也称为碱土金属。由于镁和钙单质的性质都很活泼，因此自然界里它们都以化合态存在，分布最广的是它们的碳酸盐，如白云石、大理石、方解石、石灰石等。

（1）镁和钙的性质与用途

镁和钙具有很强的还原性，在空气中能和 O_2 化合，使表面失去光泽：

$$2Mg + O_2 = 2MgO$$

$$2Ca + O_2 = 2CaO$$

镁极易燃烧，在空气中点燃镁，放出大量的热，并放出含紫外线的眩目白光，所以可以用镁制造照明弹和照相用的镁灯。

镁和钙在加热时，能与氯气、硫等非金属化合，生成氯化物和硫化物：

$$Mg + Cl_2 \xlongequal{\triangle} MgCl_2$$

$$Ca + S \xlongequal{\triangle} CaS$$

镁和钙也能与水及稀酸反应，放出 H_2。镁在沸水中反应较快，而钙在冷水中剧烈反应，说明钙比镁更活泼。

$$Mg + 2H_2O(沸) = Mg(OH)_2 + H_2\uparrow$$

$$Ca + 2H_2O(冷) = Ca(OH)_2 + H_2\uparrow$$

镁的主要用途是制取轻合金。镁也是很好的还原剂，如钛、铀的冶炼，就可以用镁作还原剂。

(2)镁和钙的重要化合物

①镁和钙的氧化物及其水化物

氧化镁(MgO)又叫"苦土"，是一种难熔、松软的白色粉末，难溶于水，熔点为2 800 ℃，硬度为5.5 ~ 6.5。所以它是优良耐火材料，可用于制造耐火砖、耐火管、坩埚和高温炉内壁等。医学上将纯的氧化镁用作抑酸剂，以中和过多的胃酸，还可以作轻泻剂。

氧化镁能与水缓慢反应，生成难溶的氢氧化镁，同时放出热量：

$$MgO + H_2O = Mg(OH)_2$$

$Mg(OH)_2$是白色粉末，稍溶于水，水溶液呈碱性。$Mg(OH)_2$在医药上常配成乳剂，称为镁乳，作为轻泻剂，也有抑制胃酸的作用。它还用于制造牙膏、牙粉。

氧化钙(CaO)是一种白色块状或粉末状固体，俗称生石灰，主要用于建筑工业。氧化钙很容易与水化合生成氢氧化钙(这一过程叫作生石灰的消化或熟化)并放出大量的热：

$$CaO + H_2O = Ca(OH)_2$$

$Ca(OH)_2$是白色固体，俗称熟石灰或消石灰，稍溶于水，它的饱和水溶液叫石灰水，呈碱性(比氢氧化镁的碱性略强)。它在空气中能吸收CO_2产生$CaCO_3$白色沉淀，而使澄清的石灰水变浑浊。

$$Ca(OH)_2 + CO_2 = CaCO_3\downarrow + H_2O$$

这一反应常被用来检验CO_2气体。

$Ca(OH)_2$是一种很重要的建筑材料。在化学工业上用于制漂白粉；医药工业上常用它的溶液作制酸剂、收敛剂；它还可与植物油类配成乳剂，用于治疗烫伤。

②镁和钙的盐类

氯化镁($MgCl_2$)是一种无色、味苦、易溶、易潮解的晶体,未经过精制的食盐具有苦味,在潮湿空气中容易受潮,就是因为食盐中含少量$MgCl_2$杂质。

硫酸钙($CaSO_4 \cdot 2H_2O$),俗称石膏,是含有两分子结晶水的固体,在加热到160~200 ℃时,失去3/4分子结晶水而变成熟石膏:

$$2[CaSO_4 \cdot 2H_2O] = (CaSO_4)_2 \cdot H_2O + 3H_2O$$

熟石膏与水混合成糊状后,很快凝固和硬化,重新变成$CaSO_4 \cdot 2H_2O$。利用这种性质可以铸造模型和雕像,在外科上用作石膏绷带。

碳酸钙($CaCO_3$)是白色固体,不溶于水,但能溶于含有CO_2的水中,生成可溶性的碳酸氢钙:

$$CaCO_3 + CO_2 + H_2O = Ca(HCO_3)_2$$

$CaCO_3$在高温下也能分解,这是+2价碳酸盐的一般性质:

$$CaCO_3 = CaO + CO_2\uparrow$$

天然大理石(主要成分是$CaCO_3$)是雕刻材料,石灰石(主要成分是$CaCO_3$)主要用于建筑材料中的水泥和石灰。

硫酸镁($MgSO_4$)是易溶于水的重要镁盐,溶液带苦味,在干燥空气中易风化而成粉末。常温时在水中结晶,析出无色易溶于水的$MgSO_4 \cdot 7H_2O$,它在医药上被用作泻药,称为轻泻盐。硫酸镁和甘油调和后用于外科消炎。

3. 铝

铝是ⅢA族元素,此族包括硼、铝、镓、铟、铊五种元素,称为硼族元素,属于p区元素,在化学反应中容易失去其价电子形成+3价的阳离子。比起碱金属、碱土金属,铝显示出较小的失电子趋势,即硼族元素的金属性比较弱。硼族元素的金属性,按照由硼到铊的顺序逐渐增强。硼主要表现出非金属性,铝、镓、铟呈两性,而铊则完全表现出金属性。

(1)铝的性质与用途

铝是自然界中含量最多的一种金属元素,也是一种较活泼的金属,在化合物中显+3价。

铝是银白色有光泽的轻金属,它具有密度小($2.7\ g \cdot cm^{-3}$)、延展性好、导热性和导电性强(仅次于银、铜)的特点,可抽成细丝、碾成薄片或铝箔。由于铝的密度小,导电能力约为铜的60%,所以电力工业上广泛以铝代替铜来制造高压电缆。

铝易与氧化合,是一种强还原剂。当铝粉或铝箔在O_2中燃烧时,会发出炫目的光亮，生成氧化铝，并放出大量的热：

$$4Al + 3O_2 = 2Al_2O_3$$

金属铝虽然在本质上是活泼的，但是在常温下，它不与空气中的氧作用，也不与水作用，即使在高温下，也不与蒸汽发生反应。这是由于在它的表面上已形成了一层氧化物薄膜，可以保护金属铝，使它不致被进一步氧化。因而铝被广泛地用来制造日用器皿。

铝还能夺取不太活泼金属氧化物中的氧（如铁、锰、铬、钒、钛等），且放出大量的热，同时把被还原出来的金属熔化。如铝粉与四氧化三铁（Fe_3O_4）粉末混合，放在坩埚里，用镁条点燃，就会发生猛烈作用，并放出大量的热，温度可达3 500℃，使还原出来的铁熔化成铁水：

$$8Al + 3Fe_3O_4 = 4Al_2O_3 + 9Fe$$

用铝从金属氧化物中置换出金属的方法叫作铝热法。铝粉和Fe_3O_4的混合物叫铝热剂，常用于焊接损坏的钢轨，而不必把钢轨拆除。

铝是典型的两性元素，既能与酸起反应，又能与碱起反应，生成相应的盐并都放出H_2：

$$2Al + 6HCl = 2AlCl_3 + 3H_2\uparrow$$

$$2Al + 2NaOH + 2H_2O = 2NaAlO_2 + 3H_2\uparrow$$

常温下，铝在冷的浓HNO_3和浓H_2SO_4中，表面会被钝化。因此可用铝制的容器盛放和装运浓HNO_3和浓H_2SO_4。

铝的用途很广，除上述各项用途外，铝主要用于制造各种轻合金。铝合金材质轻，耐腐蚀，广泛用于飞机制造业和汽车制造业。

（2）氧化铝和氢氧化铝

氧化铝（Al_2O_3）是一种难熔的、不溶于水的白色粉末，它是两性氧化物，既能溶于酸，又能溶于碱，都生成盐和水：

$$Al_2O_3 + 6HCl = 2AlCl_3 + 3H_2O$$

$$Al_2O_3 + 2NaOH = 2NaAlO_2 + H_2O$$

天然的刚玉几乎是纯净的Al_2O_3，有很高的硬度，用作磨料。人工高温烧结的氧化铝称为人造刚玉，用作高温耐火材料，可以耐1 800 ℃高温。

氢氧化铝[$Al(OH)_3$]是一种白色的固态物质，在铝盐溶液中加氨水，可以生成蓬松的氢氧化铝沉淀：

$$Al_2(SO_4)_3 + 6NH_3\cdot H_2O = 2Al(OH)_3\downarrow + 3(NH_4)_2SO_4$$

$Al(OH)_3$是一种两性物质，既能溶于酸，又能溶于碱：

$$Al(OH)_3 + 3HCl = AlCl_3 + 3H_2O$$

$$Al(OH)_3 + NaOH = Na[Al(OH)_4]$$

4. 锡和铅

锡和铅是IVA族元素，此族包括碳、硅、锗、锡、铅五种元素，称为碳族元素。锡和铅容易失电子显+2价，表现为较活泼的金属性。由碳到铅，元素的非金属性逐渐减弱，金属性逐渐增强。

碳族元素化合价一般有+2价和+4价两种。对铅来说，+2价化合物较稳定，这就是说，铅的+4价化合物容易得到2个电子转变为+2价化合物，所以铅的+4价化合物（如PbO_2）常被用作氧化剂。

对锡来说，+4价化合物较稳定，也就是说，锡的+2价化合物容易失去2个电子转变为+4价化合物，所以锡的+2价化合物（亚锡）常被用作还原剂。

（1）锡和铅的性质与用途

锡有三种同素异形体，即灰锡、白锡和脆锡，最常见的是白锡。

$$\text{灰锡} \xrightleftharpoons{13.2℃} \text{白锡} \xrightleftharpoons{161℃} \text{脆锡} \xrightleftharpoons{231.8℃} \text{液体}$$

灰锡是粉末状，由白锡转变成灰锡（低于13.2 ℃）非常缓慢，锡制品在寒冬长期处于低温时会自行毁坏。毁坏先是从某点开始，然后迅速蔓延出去，故常叫作“锡疫”。

铅是柔软而强度不高的金属，密度很大（$11.34\ g\cdot cm^{-3}$），很容易用刀切开。铅的熔点为327.4 ℃。在500~550 ℃时，铅便显著地挥发。铅的导热和导电性较差。

常温下氧气与锡不反应，而铅迅速被氧化，使铅表面生成一层氧化物保护膜，可保护铅不能进一步被氧化。但在强热下，锡和铅都会被氧气氧化，锡生成+4价氧化物，铅生成+2价氧化物：

$$Sn + O_2 = SnO_2\text{（白色）}$$

$$2Pb + O_2 = 2PbO\text{（黄色）}$$

水与锡和铅不反应。但当水中溶有氧气时，铅能与水反应，生成微溶于水的氢氧化铅，使铅慢慢被腐蚀：

$$2Pb + 2H_2O + O_2 = 2Pb(OH)_2$$

锡与酸作用一般生成相应的锡盐（Sn^{2+}），但浓硝酸可把锡氧化成不溶于水的偏锡酸H_2SnO_3：

$$Sn + 2HCl = SnCl_2 + H_2\uparrow$$

$$Sn + 4HNO_3(浓) = H_2SnO_3 + 4NO_2\uparrow + H_2O$$

锡也能与碱反应生成亚锡酸盐：

$$Sn + 2NaOH = Na_2SnO_2 + H_2\uparrow$$

可见，锡的性质不全是金属性，也具有非金属性。

铅和稀硫酸、稀盐酸几乎都不起反应，因为在铅表面生成的硫酸铅、氯化铅溶解度小，阻止了铅的进一步反应。但用浓的酸可以使铅继续反应，因为酸和金属表面的铅盐进一步反应生成了可溶性的酸式盐：

$$Pb + H_2SO_4 = PbSO_4 + H_2\uparrow$$

$$PbSO_4 + H_2SO_4 = Pb(HSO_4)_2$$

我国的锡、铅储量位居世界前列。锡的抗腐蚀性能较好，常用来制造马口铁，用于食品罐头工业，还用于制造青铜、焊锡、铅字合金和保险丝等。铅能抗御放射性穿透，用作防护材料，也大量用于制造电缆包皮、铅蓄电池、铅板、实验室里耐酸管道等。

（2）常见的锡和铅的化合物

二氧化锡（SnO_2）是一种不溶于水的白色粉末，除浓硫酸以外［形成$Sn(SO_4)_2$］，其他酸都不能溶解它。它常用于制造各种白釉、搪瓷和乳白玻璃等。

一氧化铅（PbO）是一种黄色粉末，又名密陀僧，有毒，是一种中药。它不溶于水，能和各种酸作用，生成相应的铅盐：

$$PbO + H_2SO_4 = PbSO_4 + H_2O$$

$$PbO + 2HAc = Pb(Ac)_2 + H_2O$$

它主要用于制造各种铅的化合物和铅蓄电池栅板上的涂料。

二氧化铅（PbO_2）是一种棕褐色粉末，不溶于水，也不溶于稀 HCl、稀 H_2SO_4 和 HNO_3，但能溶于浓 HCl 或浓 H_2SO_4，生成二价的铅盐，放出 Cl_2 或 O_2，故表现出氧化性：

$$PbO_2 + 4HCl(浓) = PbCl_2 + Cl_2\uparrow + 2H_2O$$

$$2PbO_2 + H_2SO_4(浓) = 2PbSO_4 + O_2\uparrow + 2H_2O$$

四氧化三铅（Pb_3O_4）俗称铅丹，是一种鲜红色的固体，又称红丹粉。它在 500 ℃就分解为 PbO 和 O_2：

$$2Pb_3O_4 = 6PbO + O_2\uparrow$$

Pb_3O_4 主要用于玻璃制造业、制釉业、制火柴和油漆等工业。

四、过渡元素

1.过渡元素概述

过渡元素可定义为:具有部分充填的d或f轨道电子的元素,它包括周期表第四、五、六周期从ⅢB到Ⅷ族的元素。这些元素都是金属。由于ⅠB、ⅡB族有些性质与过渡元素相似,故广义的过渡元素把ds区的ⅠB族、ⅡB族也包括了进去。

根据电子结构的特点又可把过渡元素分为外过渡元素(d区元素)及内过渡元素(f区元素)。外过渡元素包括镧系中的镧、锕系中的锕和除镧系、锕系以外的其他过渡元素。这些元素的基态原子中,d轨道没有全部填满电子,f轨道为全空或全满。内过渡元素指除镧、锕以外的镧系和锕系元素,它们的基态原子f轨道中没有全部填满电子。

ⅢB族的钪(Sc)、钇(Y)和镧系元素在性质上非常相似,常将它们总称为稀土元素。

外过渡元素的原子结构共同特点是价电子依次填充在次外层未充满的d轨道上。其外层电子构型为$(n-1)d^{1\sim10}ns^{1\sim2}$(钯$4d^{10}5s^0$例外),最外层只有1~2个电子。它们的单质都为金属,其金属性比同周期p区的强,而比s区的弱。

过渡元素,根据其周期的不同分为三个系列:

第一过渡系(第四周期):Sc Ti V Cr Mn Fe Co Ni Cu Zn

第二过渡系(第五周期):Y Zr Nb Mo Tc Ru Rh Pd Ag Cd

第三过渡系(第六周期):La Hf Ta W Re Os Ir Pt Au Hg

在化学性质方面,第一过渡系的单质比第二、三过渡系活泼(这与主族元素的情况恰好相反)。例如,在第一过渡系中,除Cu外其他金属都能与稀酸(盐酸或硫酸)作用,置换出氢,而第二、三过渡系的单质大多较难,有些仅能溶于王水或氢氟酸中,如锆(Zr)和铪(Hf)等;有些甚至不溶于王水,如钌(Ru)、铑(Rh)、锇(Os)、铱(Ir)等。应当指出的是,ⅢB族比较特殊,其金属性自上而下增强。镧(La)的活泼性与ⅡA族的金属接近。过渡元素原子的价电子不仅包括最外层的s电子,还包括次外层的全部或部分d电子。

由于过渡元素原子的最外层s电子大多是2个,因此它们都有+2氧化数;又由于次外层电子可以部分或全部参与成键,因此过渡元素总是有可变的氧化数。如锰经常出现的氧化数有+2、+3、+4、+6、+7等,其相应的化合物如$MnSO_4$、Mn_2O_3、MnO_2、K_2MnO_4、$KMnO_4$等。

过渡元素氧化数的变化有：第一过渡系元素原子随原子序数的增加，3d轨道中价电子数增加，氧化数升高。当3d轨道中的电子数达到或超过5时，3d轨道就逐渐趋向稳定，因而这些元素的高氧化数状态不稳定，氧化数有逐渐降低的趋势。第二、三过渡系与第一过渡系稍有不同，这些元素的最高氧化数的状态比较稳定。但在同过渡系中随原子序数的增加，氧化数先升高后又降低。

过渡元素的另一特点是它们的离子（或原子）很容易形成配离子。按价键理论，配离子是靠配位键结合的。过渡元素的离子都有未充满电子的$(n-1)$d轨道和ns、np轨道。这些轨道在同一能级组，能量相近，有利于轨道杂化，接受配体的电子对形成配位键。

水合离子的颜色丰富多彩是过渡元素的一大特征。过渡元素的水合离子，除部分离子外，几乎都呈现出特征颜色。水合离子呈现出颜色的原因，目前一般认为与过渡元素水合离子的d轨道上存在着未成对电子有关。从表3-2中可以看出，如果水合离子中的电子都已配对，如d^0、d^{10}和$d^{10}s^2$（Ag^+、Zn^{2+}、Ti^{4+}、Cd^{2+}）等，离子一般就没有颜色。

表3-2　离子的电子构型与水合离子的颜色

未成对的d电子数	离子在水溶液中（水合离子）的颜色
0	Ag^+（无色）、Zn^{2+}（无色）、Cd^{2+}（无色）、Sc^{3+}（无色）、Ti^{4+}（无色）
1	Cu^{2+}（蓝色）、Ti^{3+}（紫色）
2	Ni^{2+}（绿色）
3	Cr^{3+}（蓝紫）、Co^{2+}（粉红）
4	Fe^{2+}（淡绿）
5	Mn^{2+}（淡红）、Fe^{3+}（淡紫）

注：①Fe^{2+}、Mn^{2+}的稀溶液几乎是无色的；

②Fe^{3+}在溶液中由于水解等原因，常呈黄色或黄褐色。

某些含氧酸根离子也是有颜色的，如VO_4^{3-}（淡黄）、CrO_4^{2-}（黄）、MnO_4^-（紫红）等。它们的颜色可能与其中的过渡元素具有高氧化数，因而具有吸引电荷的能力有关。

综上所述，过渡元素的许多特性都与其未充满的d轨道中的电子有关。所以有人说，过渡元素的化学就是d电子的化学。

2. 几种重要的过渡金属及其化合物

（1）铜、银、金

铜（Cu）、银（Ag）、金（Au）位于ⅠB族，称为铜族元素。

铜、银、金依次是紫红色、银白色和黄色的金属。它们都具有硬度较大，熔点、沸点较高，传热性、导电性及延展性好等共同特性。铜族金属之间以及和其他金属都易形成合金，尤其是铜合金种类很多，如青铜、黄铜、白铜等。

铜族元素的价电子结构为$(n-1)d^{10}ns^1$，它们在化学反应中，不但能失去最外层的s电子，还能失去次外层的1～2个d电子。铜可以形成+1、+2价化合物，水溶液中+2价化合物比+1价化合物稳定，所以常见的铜的化合物大多是+2价的化合物。银的特征氧化数为+1，金为+3。

铜族元素的化学活性远低于ⅠA族，并按Cu→Ag→Au的顺序递减。铜在常温下不与干燥空气中的氧化合，在潮湿空气中会慢慢生成一层铜绿[$Cu(OH)_2 \cdot CuCO_3$，也可写作$Cu_2(OH)CO_3$]，即碱式碳酸铜：

$$2Cu + O_2 + CO_2 + H_2O = Cu_2(OH)_2CO_3\text{（绿色）}$$

铜在加热时产生黑色的氧化铜，银、金在加热时也不与空气中的氧化合：

$$2Cu + O_2 \xlongequal{\triangle} 2CuO\text{（黑色）}$$

高温时，铜易与氧、硫和卤素等直接化合，生成相应的氧化物、硫化物和卤化物。

铜在金属活动顺序中位于氢之后，所以不能从稀酸中置换出H_2，但易与热的浓硫酸和硝酸反应，也能与热的浓盐酸反应生成相应的+2价铜盐：

$$2Cu + 8HCl\text{（浓）} = 2H_3[CuCl_4] + H_2\uparrow$$

$$Cu + 4HNO_3\text{（浓）} = Cu(NO_3)_2 + 2NO_2\uparrow + 2H_2O$$

$$3Cu + 8HNO_3\text{（稀）} = 3Cu(NO_3)_2 + 2NO\uparrow + 4H_2O$$

$$Cu + 2H_2SO_4\text{（浓）} = CuSO_4 + SO_2\uparrow + H_2O$$

银与酸的反应与铜相似，但更困难。而金只溶于王水中：

$$Au + 4HCl + HNO_3 = HAuCl_4 + NO\uparrow + 2H_2O$$

铜、银、金在强碱中均很稳定。

在制造印刷电路时，用$FeCl_3$溶液处理铜膜可使铜溶解：

$$2FeCl_3 + Cu = 2FeCl_2 + CuCl_2$$

铜的用途十分广泛，大量的铜用于制造电线、电缆和电工器材。在国防工业上铜的用途仅次于钢铁。在机器制造工业中，需要多种铜的合金如青铜、黄铜用于制轴承、轴瓦和耐磨零件，白铜用作刃具。

铜是人类历史上最早使用的金属，我国是较早使用铜器的国家之一，并且是某些铜合金的创造者。

无水硫酸铜为白色粉末，从溶液中结晶时得到胆矾，又称蓝矾，其结构式为$[Cu(H_2O)_4]SO_4 \cdot H_2O$。硫酸铜和石灰乳混合成“波尔多液”，可用于消灭植物的病虫害。

(2)锌、汞

锌是ⅡB族元素，此族包括锌(Zn)、镉(Cd)、汞(Hg)三种元素，称为锌族元素，其价电子结构为$(n-1)d^{10}ns^2$。

锌族金属主要的特点为低熔点、低沸点。汞是常温下唯一的液态金属。汞和它的化合物有毒，如不小心撒落汞，应尽快收集，以免吸入汞蒸气中毒。在缝隙处的汞，可盖以硫黄粉，使其生成难溶的HgS。汞必须密封储存，或在上面覆盖一层水以保证汞不挥发。汞可以溶解许多金属形成汞齐，在冶金工业中用汞齐提取贵金属，如金、银等。

锌是活泼的金属，但在潮湿的空气中，表面生成一层致密的薄膜(碱式盐)，所以不易被腐蚀：

$$2Zn + O_2 + H_2O + CO_2 = Zn_2(OH)_2CO_3$$

利用锌的这种性质可制作镀锌铁皮(白铁皮)。锌的最重要合金是黄铜(铜锌合金)。

锌在加热的条件下可与绝大多数非金属发生化学反应。锌的电极电势低于氢，所以可与盐酸反应：

$$Zn + 2HCl = ZnCl_2 + H_2\uparrow$$

锌是两性金属，也能溶于碱。锌的氧化物、氢氧化物也具有两性。

$$Zn + 2NaOH + 2H_2O = Na_2[Zn(OH)_4] + H_2\uparrow$$

$$ZnO + 2HCl = ZnCl_2 + H_2O$$

$$ZnO + 2NaOH = Na_2ZnO_2 + H_2O$$

$$Zn(OH)_2 + 2HCl = ZnCl_2 + H_2O$$

$$Zn(OH)_2 + 2NaOH = Na_2ZnO_2 + 2H_2O$$

锌溶于氨水中，形成配离子：

$$Zn + 4NH_3 + 4H_2O = [Zn(NH_3)_4](OH)_2 + 2H_2O + H_2\uparrow$$

汞的电极电势高于氢，只能和氧化性酸反应：

$$Hg + 2H_2SO_4(浓) = HgSO_4 + SO_2\uparrow + 2H_2O$$

$$3Hg + 8HNO_3 = 3Hg(NO_3)_2 + 2NO\uparrow + 4H_2O$$

氯化锌是一种常用的试剂，易溶于水，因此很难从溶液中结晶，它在浓的溶液中形成以下配位酸：

$$ZnCl_2 + H_2O \longrightarrow H[ZnCl_2(OH)]$$

这个酸有显著的酸性，能溶解金属氧化物，如氧化亚铁：

$$FeO + 2H[ZnCl_2(OH)] \longrightarrow Fe[ZnCl_2(OH)]_2 + H_2O$$

因此工业上，$ZnCl_2$用于金属焊接时除去金属表面上的氧化物。

氧化锌俗称锌白，是广泛使用的白色颜料，其优点是不因空气中H_2S气体作用而变色，因为ZnS也是白色。医药工业用它制作软膏敷料、收敛剂等。

锌的用途很广，主要用于制造合金，也常用来制造白铁皮，也是制造干电池的重要原料。

$HgCl_2$为共价直线型分子，熔点280 ℃，易升华，因而俗称升汞，略溶于水，有剧毒，其稀溶液有杀菌作用，可作外科消毒剂。Hg_2Cl_2也是直线型分子，呈白色，难溶于水，少量的Hg_2Cl_2无毒，因味略甜而称甘汞，在医药上作泻药，也用于制造甘汞电极，见光分解，因此，应保存在棕色瓶中。

(3)钛、铬、锰

①钛的性质和用途

钛是ⅣB族元素，此族包括钛、锆、铪三种元素，称为钛族元素。其价电子结构为$(n-1)d^2ns^2$，在化学反应中可以形成+4、+3、+2价的化合物，但主要呈现+4价。

钛属于稀有分散金属，就地壳中的丰度而言，在金属元素中仅次于Al、Fe、Mg，居第四位，但冶炼比较困难。1878年人们从矿石中发现了它，1910年才制得纯钛，当时全世界产量仅有200 mg，1947年为2吨，1954年为20吨，1972年为20万吨，1989年为111万吨。发展如此迅速，说明钛具有独特的性能，受到人们的青睐，应用越来越广。我国钛的储藏量居世界首位。

钛是银白色金属，密度小($4.5\ g \cdot cm^{-3}$，约为铁的一半)，熔点高(1 675 ℃)，机械强度大(接近钢)，对空气和水很稳定，与稀酸、稀碱不起作用，特别对湿的氯气和海水有良好的抗腐蚀性能。有人曾把一片钛片浸入海底，5年后取出时，竟无一斑点；而1 mm厚的铝片在海水中浸4个月，不锈钢浸4年，即被海水腐蚀而消失。钛还能耐强酸、强碱、王水的腐蚀。因此，近几十年来，它已成为工业上最重要的金属之一。

常温下，钛的化学性质很不活泼。高温时易与氧、氮、硫等作用，所以在炼钢时钛以钛铁(含钛18%~25%)形态加入钢水中，用以除去钢中的某些杂质(S、N)，使钢有更好的机械性能。钛粉能吸收大量氢气和氧气，在电子管制造中用作降氧剂，可使管内达到高度真空，延长电子管使用寿命。

“亲生物”是钛的另一种特性，含钛90%的Ti-V合金用于制作骨螺钉、人工关节。金属钛具有较好的组织相容性。

近年来，我国出现了“种牙”技术，只要将人造钛金属钉子通过手术种植到颌骨内形成人工牙根，再在牙根上镶上一个漂亮的牙齿，其咬合力与真牙相同。不论是个别牙还是全口牙，都可通过此法种植。

二氧化钛（TiO_2）是一种优良的白色颜料（俗称钛白粉），它同时具有铅白$Pb_3(OH)_2(CO_3)_2$的掩盖性和锌白ZnO的持久性，黏着力强，常用于颜料、涂料、搪瓷、橡胶、合成纤维、造纸等。此外，二氧化钛还可用作催化剂。

四氯化钛（$TiCl_4$）是无色挥发性液体（熔点：-24.1 ℃），在湿空气中很快水解生成浓厚白雾，可用来制造烟幕。它是炼制金属钛的原料，用碱金属或碱土金属K、Na、Ca、Mg等在高温下还原$TiCl_4$可制得金属钛。

总之，钛具有重量轻、强度高、耐高温、耐腐蚀等优点，钛及钛合金是现代国防工业、造船工业、化学工业、医疗等方面不可缺少的结构材料。用钛合金制造的飞机、火箭、导弹、宇宙飞船，既耐高温，又能减轻重量；制造的舰艇、潜水艇既能防止海水腐蚀，又能获得较大的浮力；在化学工业上用于制造耐腐蚀设备，其许多性能甚至比不锈钢优越。随着科学技术的发展，钛材料在制造超高压、超高温、超低温等条件下操作的机械零件中，占有极其重要的地位。

②铬的性质和用途

铬是ⅥB族元素，此族包括铬、钼、钨三种元素，称为铬族元素。价电子结构分别为铬$3d^54s^1$、钼$4d^55s^1$、钨$5d^46s^2$。

铬是银白色有光泽的金属，它是所有金属中最硬的。铬的最高化合价是+6，但也有+5、+4、+3、+2，其中化合价为+3和+6的化合物最为重要。

常温下，铬在空气中和水中都很稳定，只有在加热时，才能与氧、氯、硫等作用，高温时，还能与水蒸气作用：

$$4Cr + 3O_2 = 2Cr_2O_3$$

$$2Cr + 3Cl_2 = 2CrCl_3$$

$$2Cr + 3H_2O = Cr_2O_3 + 3H_2\uparrow$$

室温下，铬缓慢地溶解于稀盐酸和稀硫酸，在热盐酸中溶解较快，生成蓝色的二价铬盐，它在空气中会很快地被氧化成绿色的三价铬盐：

$$Cr + 2HCl = CrCl_2 + H_2\uparrow$$

$$4CrCl_2 + 4HCl + O_2 = 4CrCl_3 + 2H_2O$$

在热的浓硫酸中铬能迅速溶解，却不溶于冷的稀或浓硝酸。铬在空气、水或硝酸中之所以稳定,是由于铬的表面形成了一层紧密牢固的氧化物(Cr_2O_3)薄膜,使其钝化而具有保护作用。

由于铬的性质稳定,耐腐蚀,铁、铜制品常镀铬以耐腐蚀、抗磨损,故铬是一种优良的电镀材料。铬能与其他金属形成合金,是一种重要的合金元素,大量地用于制造各种合金钢、铬钢和含铬量在12%以上的不锈钢,广泛用于机器制造、国防、冶金和化学工业中。此外,含Cr15%、Fe25%、Ni60%的镍铬丝被用来制作电热丝。

氧化铬(Cr_2O_3)是绿色的难溶物质,用作颜料,也用来使玻璃和瓷器着色。

铬酸钾呈黄色,这是铬酸根离子(CrO_4^{2-})的颜色。如果在K_2CrO_4溶液中加入酸使之呈酸性,则溶液的颜色从黄色变为橙色,这是重铬酸根离子($Cr_2O_7^{2-}$)的颜色。溶液颜色的变化是因为溶液中存在着下列平衡:

$$2CrO_4^{2-}(\text{黄色}) + 2H^+ \rightleftharpoons 2HCrO_4^- \rightleftharpoons Cr_2O_7^{2-}(\text{橙色}) + H_2O$$

从上式可见,若在重铬酸盐溶液中加入碱,由于所加入的OH^-与H^+结合成水,平衡向生成CrO_4^{2-}的方向移动,溶液就从橙色变为黄色。由此可知,在碱性溶液中,化合价为+6的铬酸根主要以CrO_4^{2-}形式存在;而在酸性溶液中,主要以$Cr_2O_7^{2-}$形式存在。

重铬酸钾($K_2Cr_2O_7$)俗称红矾钾,是易溶的橙红色晶体,其溶解度随温度升高而增加很快。在酸性溶液中,其氧化性很强,是常用的氧化剂,如分析化学中用$K_2Cr_2O_7$来滴定铁:

$$K_2Cr_2O_7 + 6FeSO_4 + 7H_2SO_4 = 3Fe_2(SO_4)_3 + Cr_2(SO_4)_3 + K_2SO_4 + 7H_2O$$

根据$Cr_2O_7^{2-}$的氧化性,可用来检测司机是否酒后开车:

$$2Cr_2O_7^{2-} + 3C_2H_5OH + 16H^+ \rightleftharpoons 3CH_3COOH + 4Cr^{3+} + 11H_2O$$

重铬酸盐的溶解度往往比铬酸盐的大,所以向$Cr_2O_7^{2-}$的溶液加入Ag^+、Ba^{2+}、Pb^{2+}时,分别生成Ag_2CrO_4(砖红色)、$BaCrO_4$(淡黄色)、$PbCrO_4$(黄色)沉淀。例如:

$$4Ag^+ + Cr_2O_7^{2-} + H_2O \rightleftharpoons 2Ag_2CrO_4\downarrow + 2H^+$$

铬及其化合物毒性极强。人吸入铬粉尘,轻则呼吸系统发炎,重则溃疡。Cr(Ⅲ)的毒性是导致血液中蛋白质沉淀。Cr(Ⅵ)由于具有氧化性而毒性更大,有致癌作用。饮用含铬污水,将引起贫血、肾炎、神经炎等疾病。因此,含铬废水必须经过处理才能排放。

重铬酸盐广泛用于鞣革、印染、颜料、电镀、火柴等工业及钢铁表面的纯化。

③锰的性质和用途

锰是ⅦB族元素,此族包括锰、锝、铼三种元素,称为锰族元素。其价电子结构为$(n-1)d^5ns^2$。

锰的外形与铁相似，块状锰是白色金属，质硬而脆。纯锰用途不大，常以锰铁的形式用来制造各种合金钢。含锰12%~15%的锰钢很硬，能抗冲击并耐磨损，用于制造钢轨、粉碎机和拖拉机履带、球磨机的钢球等。

锰的化学性质较铁活泼，它能被氧气氧化，能与稀酸、热水作用放出氢气：

$$Mn + 2HCl = MnCl_2 + H_2\uparrow$$

$$Mn + 2H_2O = Mn(OH)_2 + H_2\uparrow$$

高温下，锰能直接与卤素、硫、碳、磷等许多非金属发生反应，如熔融的锰能与碳元素生成Mn_3C（类似Fe_3C）。

锰具有多种氧化数，有+2、+3、+4、+6和+7，其中+2、+4和+7的化合物较重要。

二氧化锰（MnO_2）是黑色不溶于水的物质，具有强氧化性，用来制造干电池和火柴等。二氧化锰是唯一重要的+4价化合物，常作氧化剂：

$$MnO_2 + 4HCl(\text{浓}) = MnCl_2 + Cl_2\uparrow + 2H_2O\text{（该反应也用于制}Cl_2\text{）}$$

$$4MnO_2 + 6H_2SO_4(\text{浓}) = 2Mn_2(SO_4)_3 + 6H_2O + O_2\uparrow$$

高锰酸钾（$KMnO_4$）又名灰锰氧，是暗紫色晶体，易溶于水，溶液呈紫红色，这是MnO_4^-的特殊颜色。但高锰酸钾溶液不太稳定，受光照射后会分解，所以要放在棕色瓶子里。它是实验室和工业生产中常用的氧化剂，在医药工业和日常生活中常用作消毒杀菌剂，治疗皮肤病等。工业上用于漂白纤维、油脂脱色等。

$KMnO_4$对热不稳定，200 ℃以上即可以分解：

$$2KMnO_4 = K_2MnO_4 + MnO_2 + O_2\uparrow$$

高锰酸钾溶液（紫红色）在酸性介质中也会缓慢分解：

$$4KMnO_4 + 2H_2SO_4 = 4MnO_2 + 2H_2O + 3O_2\uparrow + 2K_2SO_4$$

介质对高锰酸钾的氧化性有很大的影响。在酸性介质中，它的还原产物是Mn^{2+}；在弱碱性或中性介质中，还原产物是MnO_2；在浓的强碱性介质中，还原产物是绿色的锰酸盐MnO_4^{2-}：

$$2KMnO_4 + 5H_2O_2 + 3H_2SO_4 = K_2SO_4 + 2MnSO_4 + 8H_2O + 5O_2\uparrow$$

$$2KMnO_4 + 10KCl + 8H_2SO_4 = 6K_2SO_4 + 2MnSO_4 + 5Cl_2\uparrow + 8H_2O$$

$$2KMnO_4 + 10FeSO_4 + 8H_2SO_4 = K_2SO_4 + 2MnSO_4 + 5Fe_2(SO_4)_3 + 8H_2O$$

$$2KMnO_4 + 5KNO_2 + 3H_2SO_4 = 5KNO_3 + K_2SO_4 + 2MnSO_4 + 3H_2O_2$$

$$2KMnO_4 + 5SO_2 + 2H_2O = K_2SO_4 + 2MnSO_4 + 2H_2SO_4$$

(4)铁的性质和用途

铁是Ⅷ族元素，与其他族元素不同，Ⅷ族包括九种元素，即铁、钴、镍、钌、铑、钯、锇、铱、铂。因为铁、钴、镍三种元素在性质上很相似，通常称为铁族元素。其余六种元素性质也很相似，通常称为铂族元素。

纯铁是相当柔软而具有韧性的银白色金属，密度 7.68 $g\cdot cm^{-3}$，熔点 1 535 ℃，它除了具有金属光泽、导电性、导热性、延展性(可塑性)等金属的通性外，还能被磁铁吸引，具有铁磁性，不过加热到 768 ℃以上，即失去磁性。纯铁容易磁化和去磁，可用作发电机和电动机的铁芯。

铁的价电子结构为 $3d^6 4s^2$，当铁参加化学反应时，它不但容易失去最外层 2 个 s 电子成为 Fe^{2+}离子，而且还会再失去次外层一个 d 电子，成为 Fe^{3+}离子，所以铁在化合物中主要化合价有+2 和+3 两种。

铁是具有中等活泼性的金属，在没有水汽存在时，常温下甚至和氧、氯、硫等典型非金属也不起显著的作用。因此，工业上常用钢瓶贮藏干燥的氯气和氧气。但在加热时，它易和氧、硫、氯、碳等非金属反应，分别生成四氧化三铁、硫化亚铁、三氯化铁、碳化铁等。铁不能与氮直接化合，但与氨气加热可以生成氮化铁。

$$4Fe + 2NH_3 \xlongequal{450\sim600℃} 2Fe_2N + 3H_2\uparrow$$

钢的渗氮作用就是利用这个反应。

常温下，铁与浓硝酸或浓硫酸不起反应，这是由于铁的表面生成了一层“钝化”保护膜，因而贮盛浓硝酸和浓硫酸的容器和管道可用钢和铸铁的制品。

铁盐一般分两类，即+2 亚铁盐和+3 价铁盐，较重要的有硫酸亚铁和氯化铁。

硫酸亚铁($FeSO_4\cdot 7H_2O$)俗称绿矾。在空气中不稳定，会逐渐风化而失去一部分结晶水。硫酸亚铁易溶于水，且易水解而使溶液显酸性。

硫酸亚铁用途很广，它可以用作木材防腐剂、织物染色时的媒染剂、净水剂，用于制造蓝黑墨水，也可以治疗贫血，还可以用于浸种，防治麦类的黑色病。

二价铁盐很容易被氧化成三价铁盐，所以二价铁盐常用作还原剂。例如，氯化亚铁溶液和氯气反应，立即被氧化成氯化铁：

$$2FeCl_2 + Cl_2 = 2FeCl_3$$

氯化铁($FeCl_3$)是深棕色晶体，易溶于水，在水中水解生成 $Fe(OH)_3$胶体，能吸附水中的悬浮杂质，并使之凝聚沉降。所以，自来水厂常用 $FeCl_3$作为净水剂。

氯化铁中铁的化合价为+3，当遇到还原剂时，获得 1 个电子而被还原成亚铁盐。例如，氯化铁溶液遇铁等还原剂，能被还原成氯化亚铁：

$$2FeCl_3 + Fe = 3FeCl_2$$

这说明Fe^{2+}和Fe^{3+}在一定条件下是可以相互转变的。

第三节　非金属元素及其化合物

一、非金属元素概述

非金属元素共有22种，除H位于s区外，其他都集中在p区，分别位于周期表ⅢA到ⅦA及0族，其中砹、氡为放射性元素。

非金属元素与金属元素的根本区别在于原子的价电子构型不同。多数金属元素的原子最外电子层上只有1或2个s电子，而非金属元素比较复杂。H和He分别有1个和2个s电子，He以外的稀有气体的价电子层结构为ns^2np^6，最外层共有8个电子，第ⅢA族到ⅦA族元素的价电子层结构为ns^2np^{1-5}，即有3～7个价电子。金属元素的价电子少，它们倾向于失去这些电子；而非金属元素的价电子多，它们倾向于得到电子。

非金属元素大多有可变的氧化数，最高正氧化数在数值上大多等于它们所处的族数n。由于电负性比较大，所以它们还有负氧化数。

二、非金属单质的晶体结构和物理性质

非金属单质按结构和性质大致可以分成三类，见表3-3。第一类是小分子物质，如单原子分子的稀有气体和双原子分子的X_2（卤素）、O_2、N_2及H_2等。通常状况下，它们是气体。其固体为分子晶体，熔点、沸点都很低。第二类为多原子分子物质，如S_8、P_4和As_4等。通常状况下，它们是固体，为分子晶体，熔点、沸点也不高，但比第一类物质高，容易挥发。第三类为大分子物质，如金刚石、晶态硅和硼等都是原子晶体，熔点、沸点都很高，且不容易挥发。在大分子物质中还有一类层状（混合型）晶体，如石墨，它也是由无数的原子结合而成的庞大分子，但键型复杂，晶体属于层状。

非金属单质的熔点、沸点与其晶体类型有关。属于原子晶体的硼、碳、硅等单质的熔点、沸点都很高。属于分子晶体的物质熔点、沸点都很低，其中一些单质常

温下呈气态(如稀有气体及F_2、Cl_2、O_2、N_2)或液态(如Br_2)。氦是所有物质中熔点(-272.2 ℃)和沸点(-246.4 ℃)最低的。液态的He、Ne、Ar以及O_2、N_2等常用来作低温介质。如利用He可获得0.001 K的超低温。一些呈固态的单质,其熔点、沸点也不高。

表3-3 主族元素单质的晶体类型

Ⅰ	Ⅱ	Ⅲ	Ⅳ	Ⅴ	Ⅵ	Ⅶ	0
H_2 分子晶体							He 分子晶体
Li 金属晶体	Be 金属晶体	B 近原子晶体	C 金刚石 原子晶体 石墨 层状晶体	N_2 分子晶体	O_2 分子晶体	F_2 分子晶体	Ne 分子晶体
Na 金属晶体	Mg 金属晶体	Al 金属晶体	Si 原子晶体	P_4 白磷 分子晶体 P_x黑磷 层状晶体	S_8 斜方硫 单斜硫 分子晶体 S_x弹性硫 键状晶体	Cl_2 分子晶体	Ar 分子晶体
K 金属晶体	Ca 金属晶体	Ga 金属晶体	Ge 原子晶体	As_4 黄砷 分子晶体 As_x灰砷 层状晶体	Se_8 红硒 分子晶体 Se_x灰硒 链状晶体	Br_2 分子晶体	Kr 分子晶体
Rb 金属晶体	Sr 金属晶体	In 金属晶体	Sn 灰锡 原子晶体 白锡 金属晶体	Sb_4 黑锑 分子晶体 Sb_x灰锑 层状晶体	Te 灰碲 链状晶体	I_2 分子晶体	Xe 分子晶体
Cs 金属晶体	Ba 金属晶体	Tl 金属晶体	Pb 金属晶体	Bi 层状晶体 (近于金属晶体)	Po 金属晶体	At	Rn 分子晶体

金刚石的熔点(3 350 ℃)和硬度(10)都很高。根据这种性质,金刚石被用作钻

探、切割和刻痕的硬质材料。石墨虽然是层状晶体，它的熔点（3 527 ℃）也很高。由于石墨具有良好的化学稳定性、传热性、导电性，在工业上用作电极、坩埚和热交换器的材料。

非金属单质一般是非导体，也有一些单质具有半导体性质，如硼、碳、硅、磷、砷、硒、碲、碘等。非金属单质半导体材料中，以硅和锗为最好，其他如碘易升华，硼熔点（2 300 ℃）高。磷的同素异形体中，白磷剧毒（致死量0.1 g），因而不能作为半导体材料。

三、非金属单质的化学性质

非金属元素容易形成单原子或多原子阴离子。

在常见的非金属元素中，F、Cl、Br、O、P、S较活泼，而N、B、C、Si在常温下不活泼。活泼的非金属元素容易与金属元素形成卤化物、氧化物、氢化物、无氧酸和含氧酸等。大部分非金属单质不与水反应，卤素（除F_2）仅部分与水反应，碳在高温的条件下才与水蒸气反应。非金属一般不与稀酸反应，碳、磷、硫、碘等能被浓HNO_3或浓H_2SO_4所氧化。有不少非金属单质（多变价元素）在碱性水溶液中发生歧化反应，或者与强碱反应。下面主要从非金属单质的几种反应来讨论其化学性质。

1. 与金属的作用

氧和卤素能与大多数活泼金属直接反应，并放出大量的热。例如：

$$Mg + \frac{1}{2}O_2 = MgO \qquad \Delta_r H_m^\ominus = -601.7\ kJ \cdot mol^{-1}$$

$$K + \frac{1}{2}Cl_2 = KCl \qquad \Delta_r H_m^\ominus = -436.7\ kJ \cdot mol^{-1}$$

但它们在常温下不能与不活泼金属（如铂系金属Ru、Rh、Pd、Os、Ir、Pt）反应。氯在250 ℃以上才能与铂反应生成$PtCl_2$。

2. 与氧（空气）的作用

由于常温下，氧气的化学性质不很活泼，所以非金属元素与氧的反应都不很明显。除白磷可在空气中自燃外，硼、碳、红磷、硫等都需加热才能与氧化合生成相应的氧化物B_2O_3、CO_2（或CO）、P_2O_5、SO_2。而卤素在加热时也不与氧直接反应。

氮在常温下也不能与氧反应，因此氮气在空气中可以长期与氧气共存。基于氮气的这种不活泼性，可用它作防止金属氧化脱碳的保护气体。但是，在一定的高温（如汽车发动机、锅炉的高温燃烧）条件下可以发生反应，生成NO气体，成为大气的一种污染源。

3.与水的作用

非金属单质中只有卤素单质能在常温下与水反应。尤其是氟,能剧烈地置换出水中的氧:

$$2F_2 + 2H_2O = 4HF + O_2$$

其他则与水发生歧化反应:

$$X_2 + H_2O = HX + HXO(X = Cl、Br、I)$$

但从氯到碘反应进行的程度依次减小。

硼、碳、硅等在高温下能与水蒸气反应,如:

$$C + H_2O(g) = CO + H_2$$

这是制造水煤气的反应,也是工业制 H_2 的一种途径。

氮、磷、氧、硫在高温下也不与水反应。

4.与酸、碱的作用

非金属单质不能从酸中置换出氢气,即非金属单质不与非氧化性酸反应。

硫、磷、碳、硼等单质能与硝酸或热的浓硫酸反应,被氧化成氧化物或含氧酸。如:

$$S + 2HNO_3(浓) = H_2SO_4 + 2NO$$

$$C + 2H_2SO_4(浓) = CO_2\uparrow + 2SO_2\uparrow + 2H_2O$$

氯气还能与稀碱反应:

$$Cl_2 + 2NaOH = NaCl + NaOCl + H_2O$$

这个反应可以看成是氯气与水反应后被碱中和的结果。其他卤素也有类似的反应。

硼、硅、磷、硫、氯等单质也能与较浓的强碱反应。如:

$$3Cl_2 + 6NaOH \xlongequal{\triangle} 5NaCl + NaClO_3 + 3H_2O$$

$$3S + 6NaOH \xlongequal{\triangle} 2Na_2S + Na_2SO_3 + 3H_2O$$

$$4P + 3NaOH + 3H_2O = 3NaH_2PO_2 + PH_3\uparrow$$

$$Si + 2NaOH + H_2O = Na_2SiO_3 + 2H_2\uparrow$$

$$2B + 2NaOH + 2H_2O = 2NaBO_2 + 3H_2\uparrow$$

四、非金属元素的重要化合物

1. 卤素及卤化物

氟、氯、溴、碘四种非金属元素化学性质相似，价电子层结构为ns^2np^5，它们能直接与金属化合获得1个电子形成-1价离子，生成典型的盐类，称为卤族元素，简称卤素。卤素是典型的非金属元素。

卤素中以氯及其化合物最为重要与常见。

(1)氯气

自然界中氯主要以NaCl、$MgCl_2$等氯化物形式存在于海水、盐井水、盐湖水和岩盐矿中。大部分生物体内也含有氯，人体中约含有0.25%的氯。

工业上大量制取氯气一般采用电解饱和食盐水的方法。实验室中利用的方法是：

$$MnO_2 + 4HCl(\text{浓}) \xlongequal{\triangle} MnCl_2 + 2H_2O + Cl_2\uparrow$$

氯气(Cl_2)分子是非极性的双原子分子。在通常情况下是黄绿色、有强烈刺激性气味的气体，有毒，吸入少量会使呼吸系统受到强烈的刺激，并引起喉部和鼻腔黏膜发炎，吸收大量氯气会引起肺炎，严重中毒者会窒息死亡。如果空气中含有0.01%氯气，就会引起严重的氯中毒。

氯气的化学性质很活泼，能同所有的金属、大多数非金属直接化合，还能同水及许多化合物反应。

①与金属反应

$$2Na + Cl_2 \xlongequal{\text{点燃}} 2NaCl$$

$$2Fe + 3Cl_2 \xlongequal{\text{点燃}} 2FeCl_3$$

$$Cu + Cl_2 \xlongequal{\text{点燃}} CuCl_2$$

②与非金属反应

氯能同除C、N、O外的非金属直接化合，如磷可在Cl_2中燃烧，氯与氢气在常温、没有光照的条件下混合，几乎察觉不出它们的反应，但放到日光下或加热到250 ℃时，氯气与氢气就会发生猛烈的爆炸而生成氯化氢。

$$H_2 + Cl_2 \xlongequal{\text{光照或加热}} 2HCl\uparrow$$

$$2P + 3Cl_2 \xlongequal{\triangle} 2PCl_3$$

$$2P + 5Cl_2 \xlongequal{过量氯气} 2PCl_5$$

③与水和碱反应

Cl_2稍溶于水，Cl_2的水溶液称为氯水。

$$Cl_2 + H_2O = HCl + HClO$$

由于上述反应生成的次氯酸是很强的氧化剂，具有杀菌和消毒作用，并能使染料和许多有色物质氧化而褪色，故常用氯气消毒水和漂白织物、纸浆等。

用干燥的消石灰与氯气反应，得到的混合物叫作漂白粉。

$$3Ca(OH)_2 + 2Cl_2 = Ca(ClO)_2 + CaCl_2 \cdot Ca(OH)_2 \cdot H_2O + H_2O$$

漂白粉是具有臭味的白色粉末，具有漂白性，可以漂白纸浆、织物，并可用于水的净化消毒。

氯气除用于消毒、制造盐酸和漂白粉外，还用于制造氯丁橡胶、聚氯乙烯塑料、合成纤维、多种农药、有机溶剂和其他氯化物，是一种重要的化工原料。

(2)氯化氢和盐酸

氯化氢(HCl)是无色有刺激性气味的气体，并能在空气中“发烟”，其密度是空气密度的1.3倍，易溶于水。

在实验室中制取氯化氢的气体，可用挥发性小的浓硫酸与食盐混合的方法：

$$H_2SO_4(浓) + NaCl = NaHSO_4 + HCl\uparrow(不加热或微热)$$

氯化氢的水溶液通常称为盐酸，它是重要的三大无机酸之一。

纯盐酸是无色透明液体，有刺激性气味。工业上用的盐酸因含有$FeCl_3$等杂质而显黄色。市售的浓盐酸密度为1.185 $g \cdot mL^{-1}$，浓度为37%，相当于12 $mol \cdot L^{-1}$。氯化氢很容易从溶液中逸出，遇到潮湿的空气便会发生烟雾。盐酸受热易挥发，它是一种低沸点的挥发性酸。

盐酸是一种强酸，具有酸类的一般通性，在分析化学上常用于溶解试样。

盐酸是一种重要的工业原料，它的用途很广。在化学工业中用于生产氯化钡、氯化钾、苯胺、联苯胺、染料和皂化油脂，在冶金工业中用于湿法冶金，在轻工业中纺织、染色、鞣革、电镀等都要用到盐酸。此外，盐酸还大量用于淀粉、葡萄糖以及调味品酱油、味精等生产上。

(3)卤化物

卤化物是指卤素和电负性较小的元素所形成的二元化合物。一般来说，组成卤化物的两种元素若电负性相差很大，则形成离子型卤化物；若电负性相差不大，则形成共价型卤化物。卤化物又分为非金属卤化物和金属卤化物。非金属卤化物一般具有挥发性，有较低的熔沸点，有的不溶于水（如 CCl_4、SF_6），溶于水的往往与水强烈反应。金属卤化物的性质随金属电负性、离子半径、电荷以及卤素电负性而有很大差异。

①卤化物的熔点、沸点与晶体类型

表3-4至表3-7列出了一些卤化物的熔点、沸点与键型。

表3-4 第三周期元素氟化物的熔点、沸点及键型

卤化物	NaF	MgF_2	AlF_3	SiF_4	PF_5	SF_6
熔点/K	1 266	1 523	1 564（升华）	183	190	209.4
沸点/K	1 968	2 533	1 533	187	198	222.6
键型	离子型	离子型	离子型	共价型	共价型	共价型

表3-5 第三周期元素氯化物的熔点、沸点及键型

卤化物	NaCl	$MgCl_2$	$AlCl_3$	$SiCl_4$	PCl_5	S_2Cl_2
熔点/K	1 074	987	465	205	181	193
沸点/K	1 686	1 691	453（升华）	216	349	411
键型	离子型	离子型	过渡型	共价型	共价型	共价型

表3-6 不同价态氯化物的熔点、沸点及键型

卤化物	$SnCl_2$	$SnCl_4$	$PbCl_2$	$PbCl_4$
熔点/K	519	240	774	258
沸点/K	806	387	1 233	378
键型	离子型	共价型	离子型	共价型

表3-7 卤化铝的熔点、沸点及键型

卤化物	AlF_3	$AlCl_3$	$AlBr_3$	AlI_3
熔点/K	1 513	465（加压）	370.5	464
沸点/K	1 533	453（升华）	541	655
键型	离子型	过渡型	共价型	共价型

②卤化物的性质

a.溶解性

离子型卤化物大多数易溶于水，而共价型卤化物往往难溶于水。

以离子键为主的碱金属、碱土金属及镧系元素卤化物的溶解性规律是：氟化物<氯化物<溴化物<碘化物。

以共价键为主的卤化物，其溶解性刚好与离子型卤化物相反：氟化物>氯化物>溴化物>碘化物。这主要是由于从氟化物到碘化物共价成分增多的原因，如 AgX、HgX_2 的溶解度就是按此顺序变化的。

一些难溶于水的金属卤化物，可溶于过量的 X^- 中，形成可溶性的配离子，如难溶于水的 HgI_2，在过量的 I^- 中生成 $[HgI_4]^{2-}$ 配离子。

b.与水反应

许多非金属及高价金属卤化物与水反应相当完全，所得产物为含氧酸及氢卤酸，例如：

$$TiCl_4 + 3H_2O = H_2TiO_3(\text{偏钛酸}) + 4HCl$$

$$SnCl_4 + 3H_2O = H_2SnO_3(\text{偏锡酸}) + 4HCl$$

$$SiF_4 + 3H_2O = H_2SiO_3(\text{偏硅酸}) + 4HF$$

$$PCl_5 + 4H_2O = H_3PO_4(\text{磷酸}) + 5HCl$$

$$PCl_3 + 3H_2O = H_3PO_3(\text{亚磷酸}) + 3HCl$$

此类卤化物遇潮湿空气发烟，也是由于它们能与水强烈作用的结果。

金属卤化物与水作用的情况较为复杂，可分为几种情况：

碱金属和碱土金属的卤化物一般溶于水而不与水反应，如 KCl，NaCl，$BaCl_2$ 等。

难溶于水又不与水反应的卤化物有 AgX（AgF 除外），CuX，Hg_2X_2 等。

能与水作用完全生成氢氧化物及氢卤酸。如：

$$GeCl_4 + 4H_2O = Ge(OH)_4 + 4HCl$$

与水作用不完全而生成碱式卤化物或酰基化合物及氢卤酸，如：

$$MgCl_2 + H_2O = Mg(OH)Cl(s)\downarrow + HCl$$

$$SnCl_2 + H_2O = Sn(OH)Cl(s)\downarrow + HCl$$

$$SbCl_3 + H_2O = SbOCl(s)\downarrow + 2HCl$$

$$BiCl_3 + H_2O = BiOCl(s)\downarrow + 2HCl$$

在配制卤化物溶液时，为防止其与水反应，先用少许氢卤酸使其溶解，然后再加水稀释。

Al,Fe,Cr等的卤化物与水反应时逐级进行,先生成碱式盐,最终产物是氢氧化物:

$$AlCl_3 + H_2O = Al(OH)Cl_2 + HCl$$

$$Al(OH)Cl_2 + H_2O = Al(OH)_2Cl + HCl$$

$$Al(OH)_2Cl + H_2O = Al(OH)_3 + HCl$$

c.热稳定性

多数卤化物受热不易分解,表现出很高的热稳定性。但也有些卤化物受热分解,如:

$$ZrI_4 \xlongequal{\triangle} Zr + 2I_2$$

$$PCl_5 \xlongequal{\triangle} PCl_3 + Cl_2$$

同一种卤素的金属卤化物,其热稳定性随金属的电负性减小而增加。碱金属和碱土金属的卤化物最稳定,金和汞的卤化物热稳定性最差。卤化银见光即分解,这一性质已用于制造照相底片和变色玻璃上。

非金属的卤化物大多数不稳定,如CCl_4加热到748 K时分解,PCl_5在433 K时部分分解,在573 K时完全分解。非金属卤化物的热稳定性与其共价键的牢固程度有关,一般键能大的热稳定性比较好,反之,键能小的热稳定性则较差。

2.氧化物和氢氧化物

(1)氧化物的分类

氧化物是指氧同电负性小于氧的元素所形成的二元化合物,氢氧化物可视为氧化物的水合物。它们广泛存在于自然界中,形成一大类矿物,占地壳总质量的17%($\omega = 0.17$),如金红石(TiO_2)、石英(SiO_2)、磁铁矿(Fe_3O_4)、赤铁矿(Fe_2O_3)、软锰矿(MnO_2)、红锌矿(ZnO)、刚玉($\alpha-Al_2O_3$)、锡石(SnO_2)、铅丹(Pb_3O_4)、白砷石(As_2O_3)等,当然分布最广的氧化物是水。

氧是典型的非金属元素,除在OF_2中氧的氧化数为+2外,在其他氧化物中,氧的氧化数大多是-2。大多数元素都能与氧形成氧化物,并在氧化物中表现出最高氧化数(等于其所在族数)。

按化学键类型分,氧化物可分为离子型氧化物和共价型氧化物。大多数金属氧化物为前者,其晶体为离子晶体,非金属氧化物一般是共价型化合物,其晶体为分子晶体,只有极少数非金属晶体如SiO_2是原子晶体。

按氧化物对酸、碱反应及其水合物的性质,又可将其分成4类:

①酸性氧化物。非金属氧化物和高氧化数的金属氧化物,与碱反应成盐,水合

物为含氧酸。

②碱性氧化物。碱金属、碱土金属及低氧化数的金属氧化物，与酸反应成盐，水合物显碱性。

③两性氧化物。既与酸反应又与碱反应生成盐的氧化物。

④不成盐氧化物。也称中性氧化物，不溶于水，也不与酸、碱反应生成盐的氧化物，如NO、CO等。

(2)氧化物的晶体类型、熔点和硬度

氧化物的熔点和硬度与氧化物的键型和晶型有一定的关系。同一周期自左而右，氧化物的键型由离子键向共价键过渡，其晶型由离子晶体经过渡型晶体、原子晶体向分子晶体过渡。离子晶体和原子晶体都表现出高熔点、高硬度，分子晶体则具有较低的熔点和硬度，若同一种金属有多种氧化物，熔点将随氧化数的升高而降低，见表3-8至表3-10。

表3-8 第三周期元素氧化物的键型、晶型及熔点

族别	ⅠA	ⅡA	ⅢA	ⅣA	ⅤA	ⅥA	ⅦA
氧化物	Na_2O	MgO	Al_2O_3	SiO_2	P_2O_5	SO_3	Cl_2O_7
键型	离子键	离子键	偏离子键	共价键	共价键	共价键	共价键
晶体类型	离子晶体	离子晶体	过渡型晶体	原子晶体	分子晶体	分子晶体	分子晶体
熔点/K	1 548	3 125	2 345	1 883	842	289	181

表3-9 锰的氧化物的熔点

氧化物	MnO	Mn_3O_4	Mn_2O_3	MnO_2	Mn_2O_7
熔点/K	2 058.15	1 837.15	1 353.15	808.15	279.05
晶型	离子晶体→分子晶体				

表3-10 一些金属氧化物和二氧化硅的硬度(金刚石=10)

氧化物	BaO	SrO	CaO	MgO	TiO_2	Fe_2O_3	SiO_2	Al_2O_3	Cr_2O_3
硬度	3.3	3.8	4.5	5.5~6.5	5.5~6	5~6	6~7	7~9	9

(3)氧化物的酸碱性

氧化物的酸碱性有如下规律：

①金属性较强的元素形成碱性氧化物，如Na_2O、CaO；非金属氧化物一般是酸性

氧化物，如CO_2、SO_3。周期表中由金属过渡到非金属交界处的元素，其氧化物为两性氧化物，如铝、锡、铅、砷、锑、锌的氧化物不同程度地呈现两性。

②当某一种元素能形成几种不同氧化数的氧化物时，随着氧化数的增高，氧化物的酸性增强，如表3-11所示：

表3-11　锰元素不同氧化数氧化物的酸碱性

氧化物	MnO	Mn_2O_3	MnO_3	MnO_3	Mn_2O_7
酸碱性	碱性	碱性	两性	酸性	酸性

③同一主族从上到下，氧化物碱性递增。

④同一个周期最高氧化数的氧化物酸碱性变化情况分为两种。

短周期从左到右酸性递增，碱性递减，如表3-12所示：

表3-12　第三周期元素最高氧化数的氧化物酸碱性

氧化物	Na_2O	MgO	Al_2O_3	SiO_2	P_2O_5	SO_3	Cl_2O_7
酸碱性	碱性（强）	碱性（中强）	两性	酸性（弱）	酸性	酸性	酸性（强）

长周期从ⅠA到ⅦB族由碱性变化到酸性，从ⅠB到ⅦA族再次由碱性递变到酸性，好像经历了两个短周期。例如，第四周期元素最高氧化数的氧化物酸碱性变化情况见表3-13：

表3-13　第四周期元素最高氧化数的氧化物酸碱性

氧化物	K_2O	CaO	Sc_2O_3	TiO_2	V_2O_5	CrO_3	Mn_2O_7
酸碱性	强碱性	强碱性	碱性	两性	弱碱性	酸性	酸性
氧化物	Cu_2O	ZnO	Ga_2O_3	GeO_2	As_2O_5	SeO_5	—
酸碱性	碱性	两性	两性	两性	弱酸性	酸性	—

（4）氢氧化物的酸碱性

酸和碱在性质上有很大差别，但从组成上却可以把它们看成是同一类型的化合物，即氢氧化物，用通式$R(OH)_Z$表示，Z代表元素R的氧化数。$R(OH)_Z$型物质在水溶液中有两种解离方式：

$$R—O—H \longrightarrow RO^- + H^+ \qquad 酸式解离$$

$$R—O—H \longrightarrow R^{Z+} + OH^- \qquad 碱式解离$$

上述两种解离方式，说明了R^{Z+}和H^+争夺O^{2-}能力的强弱。H^+半径小，与O^{2-}结合力很强，R^{Z+}能否争夺到O^{2-}主要取决于R的电荷和半径。如果R的电荷少而半径大，对O^{2-}的吸引力弱于H^+，则在水分子的作用下发生碱式解离，此元素的氢氧化物就是碱。反之，若R的电荷较多且半径较小，对O^{2-}的吸引力和H^+的排斥力都很大，致使O—H键削弱而发生酸式解离，此种元素的氢氧化物就是酸。如果R对O^{2-}的吸引力与H^+对O^{2-}的吸引力相差不大，则有可能按两种方式解离，这便是两性氢氧化物。

氢氧化物在周期表中的变化规律类似于氧化物。周期表中主、副族元素氢氧化物酸碱性的变化见表3-14至表3-16。

表3-14　不同氧化数氯的含氧酸的酸性

氧化数	+1	+3	+5	+7
化学式	HClO	$HClO_2$	$HClO_3$	$HClO_4$
K_a	3.2×10^{-6}	1.1×10^{-2}	1.0×10^{3}	1.0×10^{10}
酸碱性	弱酸	中强酸	强酸	极强酸

表3-15　周期表中主族元素氢氧化物的酸碱性

族 / 周期	ⅠA	ⅡA	ⅢA	ⅣA	ⅤA	ⅥA	ⅦA
2	LiOH（中强碱）	$Be(OH)_2$（两性）	H_3BO_3（弱酸）	H_2CO_3（弱酸）	HNO_3（强酸）	—	—
3	NaOH（强碱）	$Mg(OH)_2$（中强碱）	$Al(OH)_3$（两性）	H_2SiO_3（弱酸）	H_3PO_4（中强酸）	H_2SO_4（强酸）	$HClO_4$（极强酸）
4	KOH（强碱）	$Ca(OH)_2$（中强碱）	$Ga(OH)_3$（两性）	$Ge(OH)_3$（两性）	H_3AsO_4（中强酸）	H_2SeO_4（强酸）	$HBrO_4$（强酸）
5	RbOH（强碱）	$Sr(OH)_2$（强碱）	$In(OH)_3$（两性）	$Sn(OH)_4$（两性）	$H[Sb(OH)_6]$（弱酸）	H_6TeO_6（弱酸）	HIO_4（中强酸）
6	CsOH（强碱）	$Ba(OH)_2$（强碱）	$Tl(OH)_3$（弱碱）	$Pb(OH)_4$（两性）	$HBiO_3$（弱酸）	—	—

表3-16　周期表中副族元素氢氧化物的酸碱性

周期＼族	ⅢB	ⅣB	ⅤB	ⅥB	ⅦB
4	$Sc(OH)_3$（弱碱）	$Ti(OH)_4$（两性）	HVO_3（两性）	H_2CrO_4（强酸）	$HMnO_4$（强酸）
5	$Y(OH)_3$（中强碱）	$Zr(OH)_4$（两性）	$Nb(OH)_5$（两性）	H_2MoO_4（弱酸）	$HTcO_4$（弱酸）
6	$La(OH)_3$（强碱）	$Hf(OH)_4$（两性）	$Ta(OH)_5$（两性）	H_2WO_4（弱酸）	$HReO_4$（弱酸）

（5）几种重要的非金属氧化物

①过氧化氢

过氧化氢水溶液俗称双氧水。纯的过氧化氢是一种淡蓝色的黏稠液体（密度为1.465 $g \cdot mL^{-1}$），H_2O_2能以任意比例与水混合。由于H_2O_2分子间具有较强的氢键，故在液态和固态中存在缔合分子，使它具有较高的沸点（423 K）和熔点（272 K）。

实验室中可用稀H_2SO_4与BaO_2或Na_2O_2反应来制备H_2O_2：

$$BaO_2 + H_2SO_4 = BaSO_4\downarrow + H_2O_2$$

$$Na_2O_2 + H_2SO_4 + 10H_2O \xlongequal{\text{低温}} Na_2SO_4 \cdot 10H_2O + H_2O_2$$

纯的H_2O_2相当稳定，分解很缓慢：

$$2H_2O_2(l) = 2H_2O(l) + O_2(g) \qquad \Delta_r H_m^\ominus = -195.9 \ kJ \cdot mol^{-1}$$

在碱性及酸性介质中，以及溶液中微量杂质或者一些重金属离子如Fe^{2+}、Mn^{2+}、Cu^{2+}、Cr^{3+}、Pb^{2+}等都能加速H_2O_2的分解。波长为320 nm ~ 380 nm的光及加热也能使H_2O_2分解速度加快。

过氧化氢是一种极弱的酸，在298K时它的$K_{a_1} = 1.55 \times 10^{-12}$。

H_2O_2在酸性介质中是一种强氧化剂，能使碘从碘化钾中析出，将PbS（黑色）氧化为白色的$PbSO_4$：

$$H_2O_2 + 2I^- + H^+ = I_2 + 2H_2O$$

$$PbS + 4H_2O_2 = PbSO_4 + 4H_2O$$

在碱性溶液中H_2O_2也具有氧化性，如将CrO_2^-氧化为CrO_4^{2-}：

$$2CrO_2^- + 3H_2O_2 + 2OH^- = 2CrO_4^{2-} + 4H_2O$$

由于H_2O_2具有氧化性，过去H_2O_2主要用于漂白和消毒，用稀的过氧化氢水溶液（3%）作消毒杀菌剂。H_2O_2作为漂白剂，由于其反应时间短、白度高、放置久而不返黄、对环境污染小、废水便于处理等优点而广泛应用于涤棉、丝绸、棉、毛、麻织物及纸浆等的漂白。H_2O_2是一种不会产生杂质的无公害氧化剂，有很强的杀菌能力，随着应用技术的开发，它的使用范围也日益扩大，可作为火箭发射的燃料。

在合成化学方面，H_2O_2常作为氧化剂用于合成有机过氧化物和无机过氧化物。

H_2O_2还可用作采矿业废液的消毒剂，如消除废液中的氰化物：

$$KCN + H_2O_2 = KOCN + H_2O$$

$$KOCN + 2H_2O = KHCO_3 + NH_3\uparrow$$

用H_2O_2处理烟叶可减少尼古丁含量，提高香味。

②一氧化碳和二氧化碳

a. 一氧化碳

当碳和碳的化合物与有限的O_2燃烧时得到CO并放出热量：

$$C(s) + \frac{1}{2}O_2(g) = CO(g) \qquad \Delta_r H_m^\ominus = -111\ kJ\cdot mol^{-1}$$

工业上CO的主要来源为水煤气，它是$H_2O(g)$与灼热(1 273 K)的焦炭反应得到的CO与H_2的混合气体。

CO对人体有毒，环境中存在CO会使人中毒乃至死亡。CO使人中毒是因为它能与血液中携带O_2的血红蛋白(Hb)形成稳定的配合物COHb，CO与Hb的亲和力是O_2与Hb的亲和力的230 ~ 270倍。COHb配合物一旦形成就使血红蛋白丧失了输氧能力，所以CO中毒将导致低氧症。如果血液中50%的Hb与CO结合即可引起心肌坏死。

CO在空气或O_2中燃烧生成CO_2并放出大量的热量：

$$CO + \frac{1}{2}O_2 = CO_2 \qquad \Delta_r H_m^\ominus = -284\ kJ\cdot mol^{-1}$$

CO和水煤气都是很好的气体燃料。这一性质也使得CO成为冶金方面的还原剂。它在高温下可以从许多金属氧化物如Fe_2O_3、CuO、PbO等中夺取氧，使金属还原。冶金工业中用焦炭作还原剂，实际上起重要作用的是CO。

b. 二氧化碳，

碳和碳化物在空气中或O_2中完全燃烧生成CO_2，生物体内许多物质的氧化产物都是CO_2。

CO_2在大气中约占0.03%，在海洋中约占0.014%。它还存在于火山喷射气体和某些温泉中。地面上的CO_2主要来自煤、石油、天然气及其他含碳化合物的燃烧，碳酸钙矿石的分解，动物的呼吸以及发酵过程等。地面上的植物和海洋中的浮游生物能将CO_2转变为O_2，一直维持着大气中CO_2与O_2的平衡。但现在随着世界工业的高速发展、森林植被的破坏，大气中CO_2含量越来越高。而大气中CO_2增多，是造成地球“温室效应”的主要原因。

CO_2为非极性分子，很容易被液化，常温下，施加$7.1 \times 10_3$ kPa的压力即能使其液化。液态CO_2的气化热很高，217 K时为25.1 kJ·mol^{-1}。固态CO_2晶体俗称“干冰”，为分子晶体，它常压下于195 K直接升华为气体，并吸收大量热，故工业上液态、固态CO_2广泛用作制冷剂。

CO_2是酸性氧化物，它能与碱反应（或被碱吸收）。氮肥厂利用此性质，用氨水吸收CO_2制得NH_4HCO_3。实验室及某些工厂利用此性质用碱除去CO_2，或将排出的废气转变为碳酸盐。CO_2被大量用于生产Na_2CO_3、$NaHCO_3$、铅白[$Pb(OH)_2 \cdot PbCO_3$]、纯Al_2O_3和化肥，并可用于制造碳酸饮料。

CO_2无毒，但空气中含量过高，也会使人因为缺氧而发生窒息。人进入地窖时应手持燃着的蜡烛，若蜡烛熄灭，表示空气中CO_2过多，暂不宜进入。

工业用的CO_2大多数是水泥厂、石灰窑、炼铁高炉和酿酒厂的副产物。

③五氧化二磷

单质磷（尤其是白磷）与氧反应生成P_2O_5。

P_2O_5是白色雪片状固体，有极强的吸水性，可做干燥剂和脱水剂。当P_2O_5与水反应时，随温度的不同，可以生成几种磷酸：

$$P_2O_5 + H_2O(\text{冷水}) = 2HPO_3(\text{偏磷酸})$$

$$P_2O_5 + 3H_2O(\text{沸水}) = 2H_3PO_4(\text{正磷酸})$$

④二氧化硫及三氧化硫

硫的氧化物最重要的是SO_2和SO_3。硫在空气中燃烧生成SO_2，在工业上常用煅烧金属硫化物的方法来制备SO_2，如：

$$4FeS_2 + 11O_2 \xlongequal{\text{灼烧}} 2Fe_2O_3 + 8SO_2$$

SO_2是一种无色、有刺激性气味的有毒气体，比空气重，能污染大气，还能直接伤害农作物。工业上规定空气中SO_2含量不得超过0.02 mg·L^{-1}。SO_2的慢性中毒会引起食欲丧失、大便不通和气管炎。SO_2在常压下于−10 ℃液化，易溶于水，相当于得到10%的亚硫酸（H_2SO_3）溶液。亚硫酸是一种中强的二元酸，不稳定，容易分解成SO_2和H_2O。它只存在于水溶液中，无纯的H_2SO_3。

SO_2既有氧化性，又有还原性，但氧化性不如还原性突出。

$$SO_2 + 2CO \xlongequal[\text{铝矾土}]{500℃} 2CO_2 + S$$

SO_2还原性的一个具体表现是它在催化剂作用下，容易被空气中的氧所氧化，这是工业上制硫酸的基础：

$$SO_2 + 2O_2 \xrightarrow[400\sim500℃]{V_2O_5} 2SO_3$$

SO_3在常温下是无色液体或白色固体，在16.8 ℃凝固。SO_3极易吸收水分，在空气中强烈发烟。

SO_3是一个强氧化剂，可使磷燃烧，或将碘化钾氧化成碘：

$$5SO_3 + 2P = 5SO_2 + P_2O_5$$

$$2KI + SO_3 = K_2SO_3 + I_2$$

SO_3溶解于水生成硫酸并放出大量的热：

$$SO_3 + H_2O = H_2SO_4 \qquad \Delta_r H_m^\ominus = -79.5\ kJ \cdot mol^{-1}$$

剧烈的放热反应使硫酸形成难以收集的酸雾，所以在工业上不直接用水或稀硫酸来吸收SO_3，而是用98.3%的浓硫酸来吸收SO_3，得到含过量SO_3的发烟硫酸，然后再用92.5%的H_2SO_4来稀释发烟硫酸，得到市售商品98.3%的硫酸。

SO_2具有漂白某些有色物质的性能，工业上常用SO_2来漂白纸浆、毛丝、草帽等。这是因为SO_2的水溶液和某些色素化合成无色化合物的缘故。这种无色化合物不稳定，容易分解，使有机色素恢复原来的颜色。例如，用SO_2漂白品红溶液，在加热煮沸时，又出现红色。所以经过SO_2漂白过的草帽、报纸日久之后又可逐渐恢复黄色。

SO_2可以杀菌，用作空气的消毒剂。大量的SO_2用来制造硫酸。

3. 硫化物

硫是典型的非金属元素，能与大多数元素形成化合物。硫与电负性比它小的元素所形成的二元化合物称为硫化物。自然界中硫化物的矿物约200余种，占地壳总质量的0.17%(ω = 0.001 7)。其中有辉铜矿(Cu_2S)、辉锑矿(Sb_2S_3)、辉钼矿(MoS_2)、闪锌矿(ZnS)、方铅矿(PbS)、辰砂(HgS)、黄铁矿(FeS_2)、雄黄(As_4S_4)、雌黄(As_2S_3)、辉铋矿(Bi_2S_3)、黄铜矿($CuFeS_2$)等。

非金属硫化物是以共价键结合的，大多数为分子晶体，熔点、沸点较低，常温下以气体或液体形式存在，如CS_2。ⅠA族、ⅡA族(Be除外)的硫化物以离子键结合，为离子晶体，熔点、沸点较高，其他金属硫化物的键型和晶体比较复杂，主要是共价键，这使得这类硫化物稳定性较差，溶解度变小，颜色变深，熔点、沸点变低。在化学分析中常利用硫化物的特征颜色、溶解度差异来鉴别、分离多种金属离子。

(1)硫化物的溶解性

根据硫化物的溶解性可将其分成5类,见表3-17。

表3-17　常见硫化物的颜色和溶解性

溶解性	易溶于水	难溶于水			
		溶于稀酸 0.3 mol·L^{-1}	难溶于稀酸		
			溶于浓HCl	溶于HNO_3	只溶于王水
硫化物(颜色)	$(NH_4)_2S$ MgS (白) (白)	Al_2S_3 MnS (白)(浅红)	SnS Sb_2S_3 (褐)(黄红)	CuS As_2S_3 (黑)(淡黄)	HgS (黑)
	Na_2S CaS (白)(白)	Cr_2S_3 ZnS (白) (白)	SnS_2 Sb_2S_5 (黄)(橘红)	Cu_2S As_2S_5 (黑)(淡黄)	Hg_2S (黑)
	K_2S SrS (白)(白)	Fe_2S_3 FeS (黑)(黑)	PbS CbS (黑)(黄)	Ag_2S Bi_2S_3 (黑)(黑)	—
	BaS (白)	CoS (黑)	—	—	—
	—	NiS (黑)	—	—	—

①易溶于水的硫化物

ⅠA族和铵的硫化物易溶于水,且强烈水解,而使溶液呈碱性:

$$Na_2S + H_2O = 2Na^+ + HS^- + OH^-$$

ⅡA族除BeS不溶于水外,其他硫化物微溶于水,且与水作用生成氢氧化物和硫氢化物:

$$2CaS + 2H_2O = Ca(HS)_2 + Ca(OH)_2$$

②不溶于水而溶于稀酸的硫化物

这类硫化物有Fe、Mn、Co、Ni、Al、Cr、Zn、Be、Ti、Ca、Zr等的硫化物。其中Al_2S_3和Cr_2S_3遇水生成氢氧化物,而$Al(OH)_3$和$Cr(OH)_3$不溶于水而溶于稀酸,故将其列入此类。

③难溶于水和稀酸,但能溶于浓盐酸的硫化物

如CdS、SnS_2等:

$$CdS + 4HCl(浓) = H_2[CdCl_4] + H_2S\uparrow$$

$$SnS_2 + 6HCl(浓) = H_2[SnCl_6] + 2H_2S\uparrow$$

④难溶于水和稀酸,但能溶于硝酸的硫化物

如CuS,Ag_2S:

$$3CuS + 8HNO_3 = 3Cu(NO_3)_2 + 3S\downarrow + 2NO\uparrow + 4H_2O$$

⑤只溶于王水的硫化物

如HgS：

$$3HgS + 12HCl + 2HNO_3 = 3H_2[HgCl_4] + 3S\downarrow + 2NO\uparrow + 4H_2O$$

王水是3体积的浓HCl和1体积的浓HNO_3的混合物，由于HgS在水中溶解度非常小，只有王水的氧化和配合的双重作用，才使HgS溶解。

还有一些难溶于水，也不溶于稀酸的酸性硫化物，可与Na_2S或$(NH_4)_2S$碱性硫化物反应，生成溶于水的硫代酸盐。例如：

$As_2S_5 + 3Na_2S = 2Na_3AsS_4$（硫代砷酸钠）

$As_2S_3 + 3Na_2S = 2Na_3AsS_3$（硫代亚砷酸钠）

$SnS_2 + Na_2S = Na_2SnS_3$（硫代锡酸钠）

$Sb_2S_3 + 3NaS = 2Na_3SbS_3$（硫代亚锑酸钠）

纵观周期表可以看出，易溶于水的硫化物其元素位于周期表左部；不溶于水而溶于稀酸的硫化物其元素位于周期表中部；溶于氧化性酸的硫化物其元素位于周期表右下部。

（2）硫化氢

硫化氢（H_2S）为无色有腐蛋恶臭味的气体，极毒，吸入后引起头痛、晕眩，大量吸入时引起严重中毒甚至死亡。所以，制取和使用H_2S必须在通风橱中进行。

300 ℃时硫与氢可直接化合成H_2S，实验室中通常用FeS与盐酸反应制备H_2S。

H_2S稍溶于水，其饱和水溶液浓度为0.1 $mol \cdot L^{-1}$。其水溶液称为氢硫酸，它是一种很弱的二元酸。

H_2S和硫化物中的硫都处于最低氧化数-2，所以它们都具有还原性，能被氧化成单质硫或更高的氧化数。

硫化氢在空气中燃烧，产生蓝色火焰并放出大量热。当空气充足时，反应为：

$$2H_2S(g) + 3O_2(g) = 2H_2O(l) + 2SO_2(g) \qquad \Delta_r H_m^{\ominus} = -1\ 124\ kJ \cdot mol^{-1}$$

当空气不足时，反应为：

$$2H_2S(g) + O_2(g) = 2H_2O(l) + 2S(s) \qquad \Delta_r H_m^{\ominus} = -531\ kJ \cdot mol^{-1}$$

H_2S在水溶液中更容易被氧化，在空气中放置可使H_2S水溶液被氧化成游离的硫而使溶液混浊。卤素也能氧化H_2S，例如：

$$H_2S + Br_2 = 2HBr + S$$

$$H_2S + 4Cl_2 + 4H_2O = H_2SO_4 + 8HCl$$

4. 含氧酸及其盐

由于含氧酸盐比含氧酸稳定，所以含氧酸盐的种类要比含氧酸多得多。含氧酸盐矿物占所有已知矿物的三分之二，为地壳的主要成分。自然界中常见的是硼、碳、氮、磷、硅、硫等元素的含氧酸盐，如硼砂（$Na_2B_4O_7$）、硬石膏（$CaSO_4$）、重晶石（$BaSO_4$）、大理石（$CaCO_3$）、锆英石（$ZrSiO_4$），以及结构和组成相当复杂和种类繁多的硅酸盐矿。

含氧酸根离子如SO_4^{2-}、NO_3^-等，均可看成是成酸元素与多个O^{2-}组成的原子团。由于原子团的中心原子电荷多、半径小，与O^{2-}结合紧密，对O^{2-}控制得牢，因此，含氧酸盐通常都是离子型化合物。

常见的以非金属元素（成酸元素）为中心原子的含氧酸有H_3BO_3、H_2CO_3、H_4SiO_4、HNO_3、H_3PO_4、H_2SO_4及$HClO_4$等。这些酸的酸根属于含氧多原子离子。

（1）含氧酸盐的溶解性

含氧酸盐在常温下都是固体，其中钠盐、钾盐、铵盐、酸式盐易溶于水，其他盐的溶解性情况大致如下：

硝酸盐、氯酸盐都易溶于水，且随温度升高溶解度增大。

大部分硫酸盐溶于水，但Ca^{2+}、Ag^+、Hg_2^{2+}和Hg^{2+}的硫酸盐微溶于水，Pb^{2+}、Ba^{2+}、Sr^{2+}的硫酸盐难溶于水。

大多数碳酸盐都不溶于水，其中Ca^{2+}、Ba^{2+}、Pb^{2+}的碳酸盐最难溶。酸式盐比正盐易溶，但$NaHCO_3$比Na_2CO_3难溶。

磷酸盐多属于难溶盐，其酸式盐溶解度增大。

（2）含氧酸及其盐的氧化还原性

含氧酸的氧化还原性取决于成酸元素的非金属性强弱和氧化数的高低。非金属性弱的元素，其含氧酸往往不具有氧化性，如H_2CO_3、H_3BO_3和H_2SiO_3等。非金属性强的元素，其高氧化数含氧酸表现出强氧化性，如HNO_3、H_2SO_4（浓）、H_2SeO_4和$HClO_4$等，而处于中间氧化数的含氧酸兼有氧化性和还原性，如H_2SO_3和HNO_2等。

同一个氧化态的化合物其氧化性的次序是：含氧酸盐 < 含氧酸 < 氧化物。

同一周期各元素含氧酸氧化性从左到右依次增强，如：$H_2SiO_3 < H_3PO_4 < H_2SO_4 < HClO_4$，$H_2SO_3 < HClO_3$，$H_2SeO_3 < HBrO_3$。

同族元素含氧酸氧化性递变规律为：高氧化数含氧酸氧化性从上到下增强，低氧化数含氧酸的反之，如：$HClO_4 < HBrO_4 < H_5IO_6$，$HClO > HBrO > HIO$，$HBrO_3 > HClO_3 > HIO_3$。

同一种元素的不同氧化数含氧酸，低氧化数的含氧酸氧化性较强，如：HClO >

$HClO_2 > HClO_3 > HClO_4$。

介质对含氧酸及其盐的氧化还原性影响较大。一般来说,pH越小,含氧酸及其盐的氧化能力越强。例如,硝酸盐在酸性介质中具有较强的氧化性,而在中性与碱性介质中却以稳定的NO_3^-存在。

(3)含氧酸及其盐的热稳定性

化合物的热稳定性是指化合物受热发生分解反应的性能。分解的温度越高,其热稳定性越好。当分解产物中气体总压力达到外压力时,分解反应可以顺利进行,此时的温度称为该化合物的热分解温度,显然热分解温度与外压力有关,通常所说的分解温度是指外压力为101.325 kPa时的温度。

含氧酸的热稳定性大致有如下规律:

酸不稳定,其盐也不稳定。H_3PO_4、H_2SO_4、H_2SiO_3等酸稳定,相应的磷酸盐、硫酸盐、硅酸盐也稳定;HNO_3、H_2CO_3、H_2SO_3、HClO等酸不稳定,相应的盐也不稳定。

同一种酸,其盐的稳定性是:正盐>酸式盐>酸。例如:Na_2CO_3的分解温度是180 0℃,$NaHCO_3$的分解温度是270℃,H_2CO_3的分解温度是58℃,

同一酸根,其盐的稳定性:碱金属盐>碱土金属盐>过渡金属盐>铵盐。例如:Na_2CO_3的分解温度是1 800 ℃,$CaCO_3$的分解温度是899 ℃,$ZnCO_3$的分解温度是350 ℃,$(NH_4)_2CO_3$的分解温度是58 ℃。

同一成酸元素,高氧化数含氧酸比低氧化数含氧酸稳定,其盐也如此。例如:

HCl	HCO_2	$HClO_3$	$HClO_4$
NaClO	$NaClO_2$	$NaClO_3$	$NaClO_4$

热稳定性增大(→)

热稳定性增大(↓)

盐的热分解反应有非氧化还原反应和氧化还原反应之分。非氧化还原反应如下:

$$FeCO_3 \xlongequal{\triangle} FeO + CO_2$$

$$Ca(HCO_3)_2 \xlongequal{\triangle} CaCO_3 + H_2O + CO_2$$

氧化还原反应如下:

$$NH_4NO_3 \xlongequal{\triangle} N_2O + 2H_2O$$

$$(NH_4)_2Cr_2O_7 \xlongequal{\triangle} Cr_2O_3 + N_2 + 4H_2O$$

$$2KMnO_4 \xlongequal{\triangle} K_2MnO_4 + MnO_2 + O_2$$

属于氧化还原反应的热分解反应较为复杂。

(4)碳酸及其盐

CO_2溶于水,其水溶液呈弱酸性,因此称其为碳酸,其实只有少部分CO_2与H_2O结合成H_2CO_3,大部分CO_2以水合分子$CO_2 \cdot xH_2O$形式存在。纯的碳酸至今尚未制得。

H_2CO_3是二元弱酸。碳酸盐有正盐(碳酸盐)和酸式盐(碳酸氢盐)两种。碱金属(Li除外)和铵的碳酸盐易溶于水,其他金属的碳酸盐难溶于水。故自然界中存在很多碳酸盐矿物,如大理石($CaCO_3$)、菱镁矿($MgCO_3$)、菱铁矿($FeCO_3$)、白铅矿($PbCO_3$)、孔雀石[$CuCO_3 \cdot Cu(OH)_2$]等。对于难溶的碳酸盐来说,其相应的酸式碳酸盐溶解度较大。例如:

$$\underset{\text{难溶}}{CaCO_3} + CO_2 + H_2O = \underset{\text{易溶}}{Ca(HCO_3)_2}$$

石灰岩地区形成溶洞就是基于这个反应,而其逆反应则形成了石笋和钟乳石。

可溶性的碳酸盐在水中发生下述水解反应而使溶液呈碱性:

$$CO_3^{2-} + H_2O \rightleftharpoons HCO_3^- + OH^-$$

$$HCO_3^- + H_2O \rightleftharpoons H_2CO_3 + OH^-$$

按其热稳定性来说,正盐比酸式盐稳定,酸式盐比酸稳定。例如,$NaHCO_3$(俗称小苏打)在270 ℃便分解。含$Ca(HCO_3)_2$或$Mg(HCO_3)_2$的暂时硬水,在煮沸时便会分解,如:

$$Ca(HCO_3)_2 = CaCO_3 + H_2O + CO_2\uparrow$$

$CaCO_3$要在899 ℃才能分解,Na_2CO_3约在1 800 ℃才分解。其他碳酸盐的稳定性则较差,通常在加热未到熔化时就分解了,分解产物是金属氧化物和二氧化碳:

$$MCO_3 = MO + CO_2\uparrow$$

从表3-18中给出的一些碳酸盐的热分解温度可知,碳酸盐的热稳定性与金属离子的电子构型和半径有关。

表3-18　一些碳酸盐的热分解温度

碳酸盐	Li_2CO_3	Na_2CO_3	$BeCO_3$	$MgCO_3$	$CaCO_3$	$SrCO_3$
热分解温度/℃	约1 100	约1 800	25	558	841	1 098
金属离子的半径/pm	68	97	35	66	99	112
金属离子的电子构型	2	8	2	8	8	8
碳酸盐	$BaCO_3$	$ZnCO_3$	$CdCO_3$	$PbCO_3$	$FeCO_3$	Ag_2CO_3
热分解温度/℃	1 292	350	360	300	282	275
金属离子半径/pm	134	74	97	120	74	126
金属离子的电子构型	8	18	18	18+2	14	18

(5)氮、硫、氯的含氧酸及其盐

①硝酸和硝酸盐

硝酸的物理性质:纯硝酸是无色、易挥发、有刺激性气味的液体,密度为1.502 7 g·cm^{-3},沸点83 ℃,凝固点-42 ℃。它能以任意比例溶于水。一般市售的浓硝酸浓度大约是69%。浓度为98%以上的浓硝酸因溶有过多的NO_2,在空气里发烟,所以呈棕红色的硝酸叫发烟硝酸。它在空气中发烟是因为挥发出来的NO_2和空气中的水蒸气相遇,生成极微小的硝酸液滴的缘故。

硝酸很不稳定,容易分解:

$$4HNO_3 \xlongequal[\text{或光照}]{\Delta} 2H_2O + 4NO_2\uparrow + O_2\uparrow \qquad \Delta_r H_m^\ominus = 259.4\ \text{kJ}\cdot\text{mol}^{-1}$$

为了防止硝酸分解,硝酸都装在棕色瓶里,贮放在阴凉避光处。

硝酸是一种很强的氧化剂,不论稀硝酸还是浓硝酸都有氧化性,几乎能与所有的金属(除金、铂等)和非金属发生氧化还原反应。

浓硝酸和稀硝酸都能与铜起反应。浓硝酸与铜反应激烈,有红棕气体产生;稀硝酸与铜反应较慢,有无色气体产生,后变红棕色。

硝酸与金属发生反应时,主要是+5价氮得到电子,被还原成较低价氮的化合物,并不像盐酸与活泼金属反应那样放出氢气。

有些金属如铝、铁等虽然溶于稀硝酸,但在浓硝酸中表面会形成一层薄而致密的氧化物薄膜,发生钝化现象。

硝酸还能使许多非金属(如碳、硫、磷)及某些有机物(如松节油、锯末等)氧化。如:

$$4HNO_3 + C = 2H_2O + 4NO_2\uparrow + CO_2\uparrow$$

硝酸还能与有机物发生硝化作用。

硝酸是化学工业中极为重要的原料。在国防和工业上用来制造炸药、黑色火药、氮肥,在制药、塑料、染料工业上也有着广泛的应用。

重要的硝酸盐有硝酸钠、硝酸钾和硝酸铵等,它们都是常用的氮肥。

所有硝酸盐都易溶于水。

硝酸盐不稳定,加热易分解放出氧气,所以在高温时,硝酸盐是强氧化剂。我国发明的黑火药就是硝酸钾、硫黄和木炭混合而成的,其反应主要如下:

$$2KNO_3 + S + 3C = K_2S + N_2\uparrow + 3CO_2\uparrow$$

硝酸铵是爆炸力很强的硝铵炸药的主体,其分解反应是:

$$2NH_4NO_3 = 2N_2\uparrow + 4H_2O\uparrow + O_2\uparrow$$

活泼金属的硝酸盐,加热分解生成氧气和亚硝酸盐:

$$2NaNO_3 \overset{\triangle}{=\!=} 2NaNO_2 + O_2\uparrow$$

金属活动性在Mg与Cu之间的元素形成的硝酸盐，加热分解生成氧气、二氧化氮和金属氧化物，如：

$$2Pb(NO_3)_2 \overset{\triangle}{=\!=} 2PbO + 4NO_2\uparrow + O_2\uparrow$$

金属活动性在Cu之后的元素形成的硝酸盐，分解生成氧气、二氧化氮和金属单质：

$$2AgNO_3 \overset{\triangle}{=\!=} 2Ag + 2NO_2\uparrow + O_2\uparrow$$

这是因为活泼金属的亚硝酸盐稳定，活泼性较差的金属的氧化物稳定，而不活泼金属的亚硝酸盐和氧化物都不稳定。

②硫的含氧酸及其盐

硫有多种氧化数，因而有许多含硫的氧化剂和还原剂。常用的氧化剂有硫酸、过二硫酸盐；常用的还原剂有硫化氢、亚硫酸钠、硫代硫酸钠等。

硫酸及硫酸盐：纯硫酸是一种无色的油状液体，加热时，它会放出SO_3直到酸的浓度降低到98.3%为止（98%硫酸的沸点为338 ℃）。工业用浓硫酸，浓度是98%，密度是1.84 $g \cdot cm^{-3}$。浓硫酸能以任意比例与水相溶并放出大量的热，因此在稀释浓硫酸时，必须注意，只能在搅拌下，把浓硫酸缓慢地倾入水中，绝对不能将水倾入浓硫酸中。硫酸的水溶液具有酸类的通性。此外，浓硫酸还有一些特性。

浓硫酸具有强烈的吸水性和脱水性。浓硫酸能直接吸收空气里的水分，常用作干燥剂。浓硫酸还能够从纸张、木材、衣服、皮肤、糖等有机化合物中，按水的组成比夺取氢、氧原子，而使有机物碳化。例如，把浓硫酸注入盛有蔗糖（$C_{12}H_{22}O_{11}$）的容器中，蔗糖即碳化：

$$C_{12}H_{22}O_{11} \xrightarrow{\text{浓硫酸}} 12C + 11H_2O$$

所生成的碳，一部分又被浓硫酸氧化，生成CO_2，所以在糖的碳化过程中有大量的泡沫溢出：

$$C + 2H_2SO_4(\text{浓}) = CO_2\uparrow + 2H_2O + 2SO_2\uparrow$$

浓硫酸具有强的氧化性。常温下，浓硫酸和某些金属如铁、铝等接触，能够使金属表面生成一层薄而致密的氧化物保护膜而“钝化”。因此，常温下浓硫酸可以用铁或铝的容器贮存。但是，在受热情况下，浓硫酸不仅能和铁、铝反应，而且能和绝大多数金属发生反应。例如：

$$Cu + 2H_2SO_4(\text{浓}) = CuSO_4 + SO_2\uparrow + 2H_2O$$

$$Hg + 2H_2SO_4(\text{浓}) = HgSO_4 + SO_2\uparrow + 2H_2O$$

稀硫酸只与金属活动顺序表中氢以前的金属反应放出氢气：

$$Zn + H_2SO_4(稀) = ZnSO_4 + H_2\uparrow$$

$$Fe + H_2SO_4(稀) = FeSO_4 + H_2\uparrow$$

硫酸是一种难挥发的强酸，可用来制取挥发性的盐酸、硝酸。

硫酸是化学工业中一种重要的化工原料，硫酸的年产量往往用来衡量一个国家的化工生产能力。硫酸大量用于肥料工业中制造过磷酸钙和硫酸铵，还大量用于石油的精炼、炸药生产以及制造各种染料、颜料、人造丝和药物等。

重要的硫酸盐有：

硫酸钙。（见本章第二节内容）

硫酸钠（Na_2SO_4）。带10分子结晶水的硫酸钠俗称芒硝，是一种白色晶体，在高温下也是稳定的。Na_2SO_4在1 000 ℃时不分解，在工业上是制玻璃的原料。

硫酸锌（$ZnSO_4$）。带7分子结晶水的硫酸锌是无色晶体，俗称皓矾，在印染工业上用作媒染剂，使染料固着于纤维上。在铁路施工中用它的溶液浸枕木，是木材的防腐剂，医疗上用硫酸锌的水溶液作收敛剂，可使有机体组织收缩，减少腺体的分泌，浓度较小的水溶液可用做眼药水。另外，还可用硫酸锌制造白色颜料锌钡白。

硫酸钡（$BaSO_4$）。硫酸钡可做白色颜料，天然的硫酸钡叫重晶石，是制造硫酸钡的原料。硫酸钡不溶于水，也不溶于酸，不易被X射线透过，医疗上常用硫酸钡作X射线透视肠胃的内服药剂，用X射线进行食管、肠胃的透视检查，称作钡餐。

硫酸亚铁（$FeSO_4$）。（见本章第二节内容）

胆矾（$CuSO_4\cdot5H_2O$）。天蓝色晶体，工业上利用它提炼纯铜，还利用它进行镀铜等。

明矾[$KAl(SO_4)_2\cdot12H_2O$]。即硫酸铝钾，是一种复盐，是无色透明的晶体，用作净水剂、媒染剂，用于鞣制皮革等。

亚硫酸盐中硫的氧化数为+4，可以失去电子（氧化数变为+6）而表现出还原性，也可获得电子（氧化数变为0或-2）而表现出氧化性。但更主要的是在碱性介质中表现出强还原性，是常用的还原剂。如：

$$Na_2SO_3 + Cl_2 + H_2O = Na_2SO_4 + 2HCl$$

$$3Na_2SO_3 + K_2Cr_2O_7 + 4H_2SO_4 = K_2SO_4 + Cr_2(SO_4)_3 + 3Na_2SO_4 + 4H_2O$$

常用的大苏打（$Na_2S_2O_3\cdot5H_2O$），又名海波，是硫代硫酸盐，常作为还原剂：

$$S_2O_3^{2-} + 4Cl_2 + 5H_2O = 2SO_4^{2-} + 8Cl^- + 10H^+$$

$$2S_2O_3^{2-} + I_2 = S_4O_6^{2-} + 2I^-$$

根据这一反应，以淀粉为指示剂，可以用$Na_2S_2O_3$标准溶液滴定碘。这种定量测定方法叫碘量法。大苏打在工业上主要用于鞣革、漂染等。

③氯的含氧酸及其盐

氯有四种含氧酸,对应的盐也有四类。它们的热稳定性和氧化性的变化规律恰好相反,氯的含氧酸根离子在酸性溶液中都是强氧化剂。

表 3-19　氯的含氧酸及其钾盐性质的递变

氧化数	酸	钾盐	热稳定性	氧化性
+1	次氯酸($HClO$)	$KClO$	增强↓	减弱↓
+3	亚氯酸($HClO_2$)	$KClO_2$		
+5	氯酸($HClO_3$)	$KClO_3$		
+7	高氯酸($HClO_4$)	$KClO_4$		
←氧化性增强 稳定性增强→				

在这些含氧酸及盐中,次氯酸及其盐应用最广,主要是用于漂白和杀菌。漂白粉的主要成分是次氯酸盐,它由Cl_2通入消石灰中制得。

氯酸钾在高温时会分解:

$$4KClO_3 \xlongequal{480\ ℃} 3KClO_4 + KCl$$

进一步加热也能放出氧气,是$KClO_4$分解产生的。$KClO_3$在有催化剂时,在约200 ℃时即可放出O_2:

$$2KClO_3 \xlongequal{MnO_2} 2KCl + 3O_2\uparrow$$

$KClO_3$是一个重要的强氧化剂,将其与易燃物(如炭粉、木屑、有机物)一起加热,会发生猛烈爆炸。氯酸钾用来制造炸药和火药,也是安全火柴、焰火中的成分。

高氯酸盐比其他氯的含氧酸盐稳定,它在中性及碱性溶液中无显著氧化性。在高温时按下式分解:

$$KClO_4 \xlongequal{\triangle} KCl + 2O_2\uparrow$$

这是一个很弱的吸热反应,但产生的氧气多,余下的残渣(KCl)少,可制得比$KClO_3$威力还大的炸药。

高氯酸铵NH_4ClO_4更易分解并放出大量热:

$$4NH_4ClO_4 \xlongequal{\triangle} 2N_2\uparrow + 6H_2O + 4HCl + 5O_2\uparrow \quad \Delta_r H_m^{\ominus} = -1\ 124\ kJ\cdot mol^{-1}$$

它是某些炸药及火药的主要成分,也是火箭固体推进剂的主要组分。

第四章　有机化学

第一节　有机化学与有机化合物

一、有机化学的发展

有机化学是一门非常重要的科学，它和人类生活有着极为密切的关系。人体本身的变化就是一连串非常复杂、彼此制约、彼此协调的有机物质的变化过程，人们对有机物的认识逐渐由浅入深，把它变成一门重要的科学。最初，有机物是指由动植物机体得到的物质，如糖、染料、酒和醋等。据我国《周记》记载，当时已设专职管理染色、制酒和制醋工作。周朝已知用胶，汉代发明造纸，在《神农本草经》中载有几百种重要药物，其中大部分是植物，这是世界上最早的一部药书。人类使用有机物虽已有很长的历史，但这些物质大多不纯，人们对纯物质的制得和认识始于近代。1769—1785年，人们取得了许多有机酸，如从葡萄汁中制得酒石酸，从柠檬汁中制得柠檬酸，从尿中制得尿酸，从酸牛奶中制得乳酸。1805年由鸦片中制得第一生物碱——吗啡。

虽然人们制得了不少纯的有机物，但关于它们的内部组成及结构分析问题，却仍然没有得到解决。这是因为一种错误的燃素学说统治了当时化学界的思想，认为燃烧是由物质中含有的一种不可捉摸的燃素引起的。拉瓦锡首次弄清了燃烧的概念(1772—1777)，燃烧时，物质和空气中的一种物质——氧气结合。他继而研究了分析有机物的方法，将有机物放在一个用水银密封的装有氧气或空气的玻璃罩内燃烧，发现所有的有机物燃烧后，都生成二氧化碳和水，说明它们必然都含有碳及氢；有些有机物在没有空气的情况下，也可以燃烧，而产物也是二氧化碳和水，说明这些有机物含有碳、氢、氧；有些有机物燃烧时还产生氮，所以那时他认为大部分有机物的组分是碳、氢、氧、氮。

有机物和无机物除在组成上有区别外，在性质上也有很大差别。因此，化学家把有机物与无机物决然地划分开。1806年，享有盛名的化学家柏则里首先引用了有机化学这个名字，以区别于其他矿物质的化学——无机化学。当时把两门化学分开的另一原因是那时已知的有机物都是从生物体内分离出来的，尚未能在实验室内合成，因此柏则里认为有机物只能在生物的细胞中受一种特殊力量——生活力——的作用才会产生出来，人工合成是不可能的。这种思想曾一度牢固地统治着有机化学界，阻碍了有机化学的发展。1828年，魏勒发现无机物氰酸铵很容易转变为尿素，他把这重要的发现告诉了柏则里："我应当告诉您，我制造出尿素并不求助于肾或动物——无论是人或犬。"这个重要发现，并未马上得到柏则里及其他化学家的承认，甚至包括魏勒本人，因为氰酸铵尚未能由无机物制备。直到更多的有机物被合成，如1845年柯尔伯合成了醋酸，1854年柏赛罗合成了油脂等，"生活力"学说才彻底被否定了。从此，有机化学进入了合成的时代。1850—1900年，成千上万的药品、染料是用煤焦油中得到的化合物为原料合成的。有机合成的迅速发展，使人们清楚地知道，在有机物与无机物之间，并没有一个明确的界线，但在组成及性质上确实存在着某些不同之处。从组成上讲，元素周期表中所有元素都能互相结合，形成无机物，而在有机物中，只发现有限的几种元素，所有的有机物都含碳，多数含氢，其次含氧、氮、卤素、硫、磷等。因此，葛美林于1848年对有机化学的定义是研究碳的化学，即有机化学仅是化学中的一章。经过170多年的发展，有机化学已成为化学的一门中心学科，而且与经济的发展、人类的健康、社会的进步以及人们的日常生活息息相关。作为当代大学生，我们理应知道一些有机化学的知识。

二、有机化学与生活的关系及其任务

长期以来，人们一直向自然界索取原料，并不断地改进加工手段，使生活水平不断提高。自从有机化学成为一门学科以后，人们了解了分子的结构、性能，合成出了各种各样有用的东西，这种根据一定的结构合成有机分子的手段，称为有机合成。人们今天的生活中，几乎离不开有机物，在学习这门学科之前，了解这一点，对于提高学习兴趣很有帮助。例如，100多年前，染料来自动植物，自从发现煤焦油后，人们在很短时间内合成出千百种鲜艳的产品代替了天然染料；目前新兴的石油工业是把来源丰富的石油转化成众多的化工材料及产品；绝大多数西药是通过各种途径合成的有机物；我国资源丰富的中草药，长期以来用于治疗各种疾病，有机化学工作者通过提取、分离，搞清楚其有效成分，以便达到更有效的利用或合成的目的；农业上使用的肥料、植物生长激素、除草剂、杀虫剂、昆虫信息激素等，都是合成的有机物；军事上所用的炸药、毒气等大多数是有机物；香料工业中很多合成香料已代替了天然香料，还合成了很多新型香料；等等。20世纪40年代新兴的从简单有机物合成高分子化合物的技术，使人类开始进入了征服材料的时代，目前世界上合成高分子化合物如合成纤维的产量已经超过了天然生产的棉、毛、丝、麻，合成橡胶的产量已超过天然橡胶，塑料制品到处可见。

人类重要的食物如蛋白质、淀粉是天然的生物高分子，对这些物质的合成目前尚无能为力。我国在1965年合成了一个相对分子质量最小的蛋白质——胰岛素，它在人类认识生命的过程中起着很大的作用。人体内有多种蛋白质和其他生物高分子控制着生命的现象，如遗传、代谢等，胰岛素的合成意味着人类在对生命探索的长途上迈出了一小步。有机化学与生物学、物理学等学科关系密切，预计将来在征服疾病如癌症、精神病，控制遗传，延长人类寿命等方面会起巨大作用。

综上所述，有机化学显示了无穷的威力，但是合成的物质有些是有毒的，在合成的同时使江、湖、河、海和空气也遭到严重的污染。因此，有机化学又面临另一个迫切的问题，即能否把有害的分子变为有用或无毒的分子，能否从废物中回收有用的原料。这些问题，有些已得到解决，但从整体来看，工作才刚刚开始，还有待继续努力。

生命科学与有机化学密切相关，如果说21世纪是生物学光辉灿烂的时代，那么化学学科（包括有机化学）通过与生物学科结合，同样也是光辉灿烂的。由于生命过程是许多生物分子间发生各种化学反应以及所引起的物质的能量转换的结果，所以可以认为从分子水平认识生命过程是认识的基础，近年来从分子水平研究生命现象，使生命科学的研究及其应用得到了迅速发展，化学的理论、观点和方法在整个生命科学中有着不可缺少的作用。过去人们认为在研究生命科学时，化学只是提供合成材料，以及分离、分析的方法和结构的测定，而生命科学发展到今天，化学还要进一步为其提供理论、观点和方法。将化学理论和方法移植过来，并用观察生命现象的结果去提高它们，使之成为生命科学的理论和方法。生命科学正向化学不断提出质疑和挑战，现有的化学理论、观点和方法已不再满足需要，要不断从生命现象中的分子和原子运动变化规律中总结出新的理论，再来指导认识生命的科学实践。

有机化学与人类生活关系如此密切，可以看出有机化学的任务非常艰巨。

三、有机化合物概述

1. 有机化学和有机化合物

有机化学是研究有机化合物的组成、结构、性质及其制法的一门科学。

人们在很早以前就认识了有机化合物的应用和变化，但是对它们的研究在近代才有较大的发展。从前人们把来源于有生命的动物和植物的物质叫作有机化合物，而把从无生命的矿物中得到的物质叫无机化合物。有机化合物与生命有关，所以人们认为它们是“有机”的，故称为有机化合物。实际上，有机化合物不一定都来自有机物，也可以以无机化合物为原料在实验室中人工合成出来。

大量的研究证明，有机化合物都含有碳元素，所以人们就把含碳的化合物叫作有机化合物。然而，除了碳以外，绝大多数有机化合物还含有氢，有的还含有氧、硫、氮和卤素等。所以，现在有人把有机化合物定义为碳氢化合物及其衍生物。此外，含碳的化合物不一定都是有机化合物，如一氧化碳、二氧化碳、碳酸盐及金属氰化物等，由于它们的性质与无机化合物相似，因此习惯上把它们放在无机化学中讨论。可见，有机化学和有机化合物中的“有机”二字，已不反映其固有的含义，只是历史上的原因迄今仍沿用罢了。有机化合物与无机化合物之间没有绝对的界限，也不存在本质的区别。然而，由于碳元素在周期表中的特殊位置，使得有机化合物在组成、结构和性质等方面有着明显的特点，有必要对有机化合物与无机化合物分别进行讨论。

有机化合物主要具有下面一些特点：

(1)有机化合物数目繁多，且自成系统

组成有机化合物的元素甚少，除碳以外，还有氢、氧、硫、氮、磷及卤素等为数不多的元素。但有机化合物的数目却极为庞大，迄今已逾1 000万种，而且新合成或被新分离和鉴定的有机化合物还在与日俱增。由碳以外的其他100多种元素组成的无机化合物的总数，还不到有机化合物的十分之一。有机化合物数目繁多，也是我们把有机化学作为一门独立的学科进行研究的理由之一。

有机化合物之所以数目繁多，主要有两个原因：(1)碳原子彼此之间能够进行多种方式的结合，生成稳定的、长短不同的直链、支链或环状化合物；(2)碳是周期表中第二周期第四主族的元素，不仅能与电负性较小的氢原子结合，也能与电负性较大的氧、硫、卤素等元素形成化学键。

有机化合物的数目虽然很多，但根据它们之间的相互关系，可以统一在一个完整的体系中。

(2)热稳定性差,容易燃烧

与典型的无机化合物相比,有机化合物一般对热是不稳定的,有的甚至常温下就能分解。虽然大多数有机化合物在常温下是稳定的,但放在坩埚中加热,完全燃烧后不留灰烬(有机酸的盐类等除外)。这是识别有机化合物的简单方法之一。

(3)熔点较低

有机化合物的熔点通常比无机化合物要低,一般在300 ℃以下就熔化。

(4)难溶于水,易溶于有机溶剂

多数有机化合物,易溶于有机溶剂而难溶于水。但是当有机化合物分子中含有能够同水形成氢键的羟基、磺基等时,该有机化合物也有可能溶于水。

(5)反应速度慢,常有副反应发生

虽然在有机酸和有机碱中,也有一些电离度较大的物质,但大多数有机化合物电离度很小。所以,很多有机反应一般都是反应速度缓慢的分子间的反应,往往需要加热或使用催化剂,而瞬间进行的离子反应很少。另外,分解或取代反应都是在分子中的某一部位发生,且在大多数情况下,反应分阶段进行。所以,往往有副产物生成或能够分离出多种反应中间产物。

2.组成有机物化合物的化学键——共价键

典型的有机化合物与典型的无机化合物的本质差别在于组成分子的化学键不同。如上所述,有机化合物都含有碳,碳原子位于元素周期表第二周期ⅣA族,它最外层有四个电子,在形成分子时,它既不易失去电子也不易得到电子。因此,碳与其他原子结合时,是采取各自提供数目相等的电子,作为双方共有,并使每个电子达到稳定的八隅体结构。这种由共用电子对所形成的键叫共价键。由一对共用电子形成的键称为单键,由两对或三对共用电子形成的键叫作双键或三键。双键或三键也叫作重键,它们是有机化合物中常见的共价键。例如:

乙烷　　乙烯　　丙酮

在上述分子中,有的含有碳氢(C—H)、碳碳(C—C)单键,有的含有碳碳(C═C)、碳氧(C═O)双键及碳碳(C≡C)三键。

3. 碳原子的 sp^3、sp^2 和 sp 杂化轨道

现对碳原子的杂化轨道做简单介绍。

甲烷分子中的碳原子是 sp^3 杂化，杂化后的四个 sp^3 轨道构成 109°28′的夹角[图 4-1(a)]。在甲烷分子中，碳原子的四个 sp^3 杂化轨道分别与四个氢原子 1s 轨道重叠形成键角为 109°28′的正四面体分子[图 4-1(b)]。

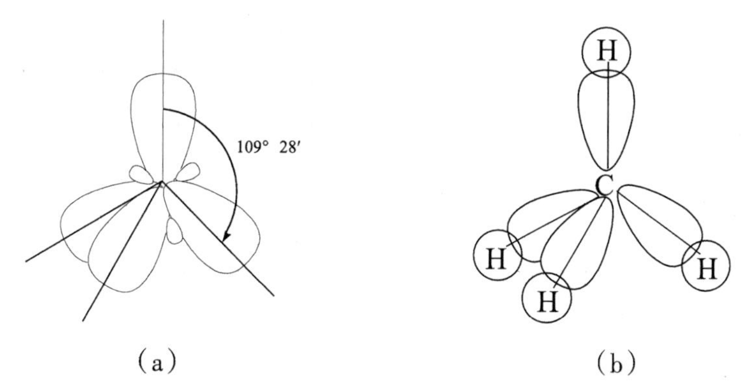

图 4-1 四个 sp^3 杂化轨道和甲烷成键情况

烷烃分子中的碳氢键和碳碳键是碳原子的一个 sp^3 杂化轨道与氢原子的 1s 轨道或另一个碳原子的一个 sp^3 杂化轨道重叠而成(图 4-2)。这样形成的碳氢单键和碳碳单键，其电子云呈圆柱状的轴对称分布，叫做 σ 键。由于它是轴对称的，所以由单键相连的碳氢原子或碳碳原子可以围绕轴自由旋转。

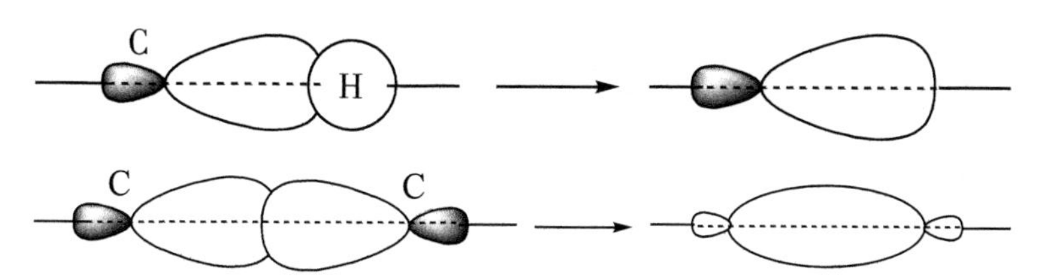

图 4-2 由 sp^3-s 和 sp^3-sp^3 形成的碳氢 σ 键和碳碳 σ 键

乙烯分子中的碳原子与甲烷分子中的碳原子不同，它是 sp^2 杂化的。也就是说，碳原子的三个 p 轨道中有两个杂化，而另一个 p 轨道未参与杂化。杂化后形成了三个相同的 sp^2 轨道。这三个轨道的轴在一个平面上，互成 120°的角。另一个未参与杂化的 p 轨道的轴垂直于这个平面。

在乙烯分子中，碳原子的三个 sp^2 杂化轨道中的两个与氢原子的 1s 轨道重叠形成碳氢 σ 键，另一个 sp^2 杂化轨道与相邻的碳原子的一个 sp^2 杂化轨道重叠形成碳碳 σ 键，同时未参与杂化的两个 p 轨道用侧面互相重叠形成一个 π 键(图 4-3)，所以，双键是由一个 σ 键和一个 π 键组成的，形成乙烯的平面结构。

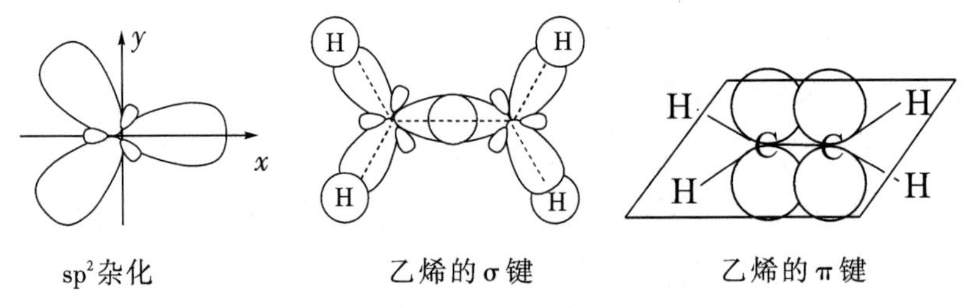

图 4-3　sp^2杂化轨道及乙烯的σ键和π键

碳原子的2s轨道同一个2p轨道杂化，形成两个相同的sp杂化轨道。它们对称地分布在碳原子的两侧，二者之间的夹角为180°。乙炔分子中的键就是sp杂化轨道形成的。碳原子的一个sp杂化轨道同氢原子的1s轨道形成碳氢σ键，另一个sp杂化轨道与相邻的碳原子的sp杂化轨道形成碳碳σ键，组成直线结构的乙炔分子。没有参与杂化轨道的两个p轨道与另一个碳的两个p轨道相互平行，且“肩并肩”地重叠，形成两个相互垂直的键(图4-4)。

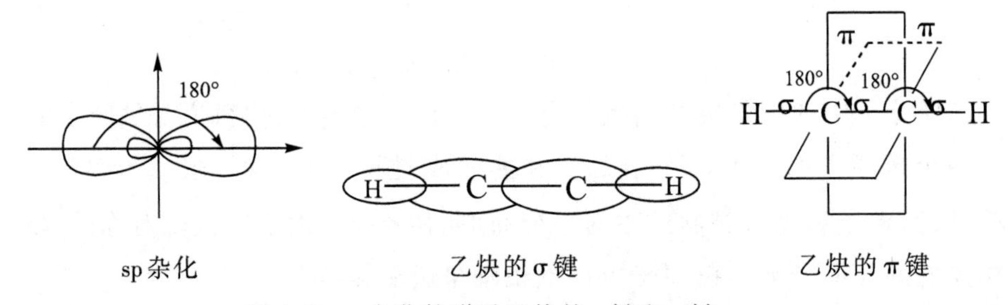

图 4-4　sp杂化轨道及乙炔的σ键和π键

4. 有机化合物分子的结构

(1)分子式和构造式

分子式是以元素符号表示分子组成的式子。由于它不能表明分子结构，因此在有机化学中应用甚少。分子结构的含义包括：①分子中各原子的排列次序；②分子中各原子间相互结合的方式；③分子中各原子在空间的排布。只表示分子中各原子的排列次序及结合方式的式子叫作构造式。例如，分子组成是C_2H_6O的化合物可以是构造不同的两种化合物：

```
    H  H                 H     H
    |  |                 |     |
 H—C—C—OH            H—C—O—C—H
    |  |                 |     |
    H  H                 H     H
```

乙醇　　　　甲醚

沸点78.5 ℃，能与钠反应　　　　沸点-23.6 ℃，不能与钠反应

构造式在有机化学中的应用最多，在推测和说明有机化合物的物理性质及化学

性质时也极为重要。

(2)化合物的构型和构型式

构造式只是在平面表示分子中各原子或原子团的排列次序和结合方式,是二维的。但是,分子结构是立体的,应当用三维表示法。例如,最简单的甲烷分子,碳原子位于正四面体中心,四个氢原子位于正四面体的四个顶点[图4-5(a)]。

为了形象地表明分子中各原子在空间的排布,往往借助分子模型表示。最常用的分子模型有两种,一种是用各种颜色的圆球代表不同的原子,用木棍代表原子间的键。这种用圆球和木棍做成的模型称为球棒模型[图4-5(b)]。另一种是根据实际测得的原子半径和键长按比例制成的模型,叫作比例模型[图4-5(c)]。它能更准确地表示分子中各原子间的相互关系。

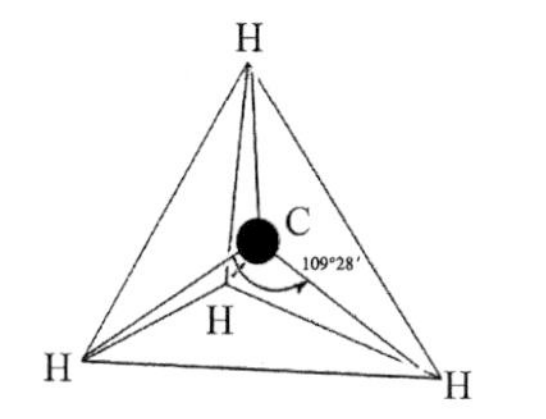

(a)甲烷的正四面体模型

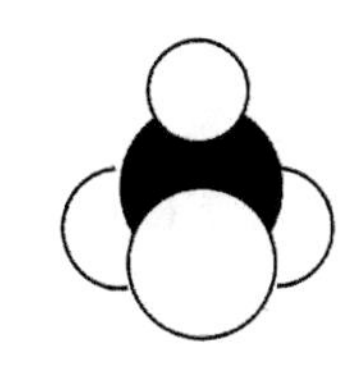

(b)甲烷的球棒模型

(c)甲烷的比例模型

图4-5 甲烷构型的各种模型

在具有确定构造的分子中,各原子在空间的排布叫作分子的构型。为了在平面上表示有机化合物分子的立体结构,通常把两个在纸平面上的键用实线画出,把在纸平面前方的键用粗实线或楔形实线表示,在纸平面后方的键用虚线或楔形虚线表示(图4-6)。这种三维式就是构型式。

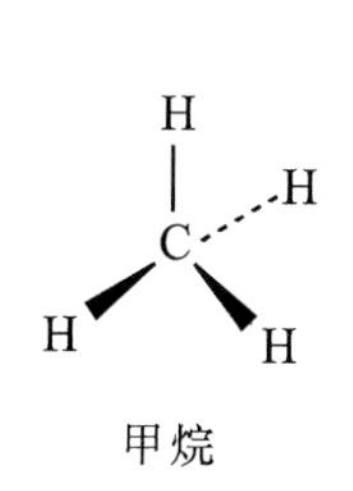

甲烷

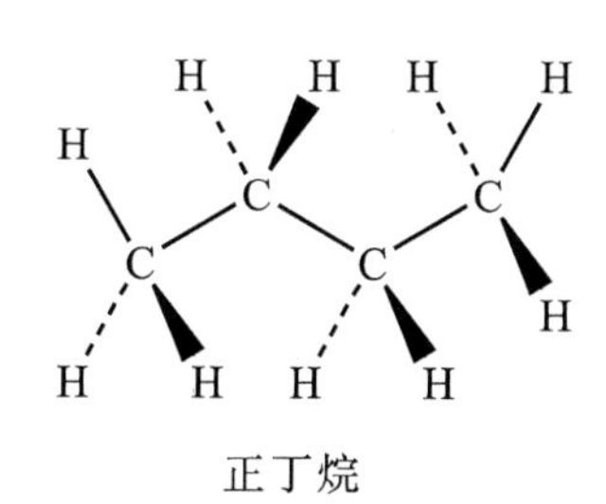

正丁烷

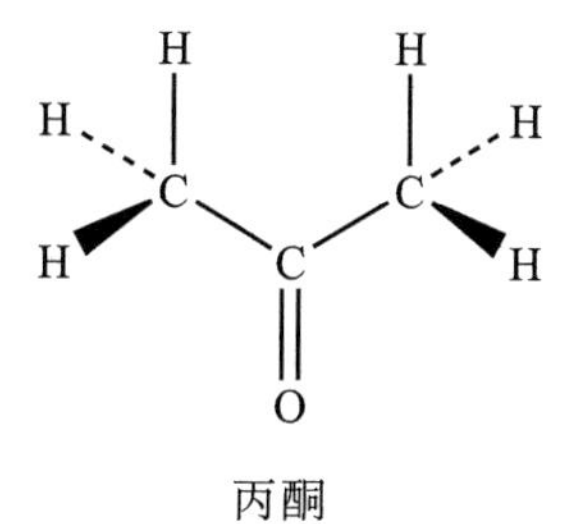

丙酮

图4-6 甲烷、正丁烷和丙酮的构型式

但是,为了方便起见,本书的大部分章节都使用构造式。

5. 共价键参数

键长、键角、键能及键的极性等参数可以表征有机分子中共价键的某些性质。它们对探讨有机化合物的结构和性质十分重要。

(1)键长

在正常的、未激发的分子中,各原子处于平衡的位置,这时两个成键原子核中心的距离就是该键的键长,一般以纳米(nm)为单位。键长取决于成键的两个原子的大小及原子轨道重叠的程度。成键原子及成键的类型不同,其键长也不同。例如,C—C、C═C及C≡C的键长分别是0.154 nm、0.133 nm和0.121 nm,即单键最长,双键次之,三键最短。

(2)键角

分子中某一原子与另外两个原子形成的两个共价键在空间的夹角叫键角。它的大小与分子的空间构型有关。例如,烷烃的碳原子都是sp^3杂化的,所以H—C—C或H—C—H的键角都接近于109°28′;烯烃是平面型分子,碳原子是sp^2杂化的,H—C—H或H—C—C的键角接近于120°;炔烃是线型分子,碳原子的杂化方式是sp,所以H—C—C的夹角为180°。

键角的大小是影响化合物性质的因素之一。例如,环丙烷的C—C—C键角比正常的C—C—C键角小,因此它不太稳定。

(3)键能和键离解能

在25 °C和101.325 kPa下,将1 mol气态分子AB解离为气态原子A、B所需的能量叫作键能。一个共价键断裂所消耗的能量又叫作共价键的离解能。对于双原子分子来说,键能就等于离解能。键的离解能反映了以共价键结合的两个原子相互结合的牢固程度:键的离解能越大,键越牢固。但对多原子分子来说,键能和键离解能是两个不同的概念。多原子分子的键离解能是指断裂一个给定的键时所消耗的能量,而键能则是断裂同类型共价键中一个键需要的平均能量。

表4-1列举了一些化合物的键离解能。

表4-1　一些化合物的键离解能

键	D/kJ·mol^{-1}	键	D/kJ·mol^{-1}
H—H	435	n-C_3H_7—H	410
H—F	444	t-C_3H_7—H	397
H—Cl	431	t-C_4H_9—H	381
H—Br	368	CH_2=CH—H	435
H—I	297	CH_2=$CHCH_2$—H	368
F—F	159	CH_3—CH_3	368

续　表

键	D/kJ·mol^{-1}	键	D/kJ·mol^{-1}
Cl—Cl	243	C_2H_5—CH_3	356
Br—Br	192	n-C_3H_7—CH_3	356
I—I	151	i-C_3H_7—CH_3	351
CH_3—H	435	t-C_3H_7—CH_3	335
CH_3—F	452	CH_2=CH—CH_3	385
CH_3—Cl	351	CH_2=CHCH_2—CH_3	301
CH_3—Br	293	n-C_3H_7—Cl	343
CH_3—I	234	i-C_3H_7—Cl	339
C_2H_5—H	410	t-C_4H_9—Cl	331
C_2H_5—F	444	CH_2=CH—Cl	351

(4)键的极性

由两个相同的原子或两个电负性相同的原子组成的共价键,它们的共用电子对的电子云对称地分布在两个原子核之间,所以这种共价键是非极性的。如果组成共价键的两个原子的电负性不同,则形成极性共价键。它们的共用电子对的电子云不是平均地分布在两个原子核之间,而是靠近电负性较大的原子,使它带部分负电荷(用"δ-"表示);电负性较小的原子则带部分正电荷(用"δ+"表示)。例如,氯甲烷 $H_3\overset{\delta^+}{C}—\overset{\delta^-}{Cl}$,电负性较大的氯原子带部分负电荷,碳原子带部分正电荷。两个键合原子的电负性相差越大,键的极性越强。

键的极性能导致分子的极性。以极性键结合的双原子分子是极性分子;用极性键结合的多原子分子是否有极性,则与分子的几何形状有关。

键的极性能够影响物质的物理性质和化学性质。它不仅与物质的熔点、沸点和溶解度有关,而且还能决定在这个键上能否发生化学反应或发生什么类型的反应,并影响与它相连的键的反应活性。

6.共价键的断裂和反应类型

任何一个有机反应过程,都包括原有化学键的断裂和新键的形成。共价键的断裂方式有两种:均裂和异裂。

(1)均裂

共价键断裂后,两个键合原子共用的一对电子由两个原子各保留一个。这种键的断裂方式叫均裂。

$$-\overset{|}{\underset{|}{C}}:A \xrightarrow{\triangle\ 或\ h\nu} -\overset{|}{\underset{|}{C}}\cdot + \cdot A$$

均裂往往借助于较高的温度和光的照射。

由均裂生成的带有未成对电子的原子或原子团叫自由基或游离基。有自由基参加的反应叫作自由基反应。这种反应往往被光、高温或过氧化物所引发。自由基反应是高分子化学中的一个重要反应,它也参与许多生理或病理过程。

(2)异裂

共价键断裂后,其共用电子对只归属于原来形成共价键的两部分中的一部分,这种键的断裂方式叫作异裂。它往往被酸、碱或极性溶剂所催化,一般在极性溶剂中进行。

碳与其他原子间的σ键断裂时,可得到碳正离子或碳负离子:

$$-\overset{|}{\underset{|}{C}}:A \longrightarrow :A^- + -\overset{|}{\underset{|}{C}}^+ \quad (碳正离子)$$

$$-\overset{|}{\underset{|}{C}}:A \longrightarrow A^+ + -\overset{|}{\underset{|}{C}}:^- \quad (碳负离子)$$

通过共价键的异裂而进行的反应叫做离子型反应,它有别于无机化合物瞬间完成的离子反应,通常发生于极性分子之间,通过共价键的异裂而完成。

路易斯酸碱概念可以帮助我们对离子型反应的理解。按照路易斯的定义,接受电子对的物质为酸,提供电子对的物质为碱。

碳正离子和路易斯酸是亲电的,在反应中它们总是进攻反应中电子云密度较大的部位,所以是一种亲电试剂。碳负离子和路易斯碱是亲核的,在反应中它们往往寻求质子或进攻一个荷正电的中心以中和其负电荷,是亲核试剂。由亲电试剂的进攻而发生的反应叫亲电反应;由亲核试剂的进攻而发生的反应叫亲核反应。

$$>C=C< + Y-X \longrightarrow -\overset{Y}{\underset{|}{\overset{|}{C}}}-\overset{|}{\underset{X}{\underset{|}{C}}}-$$

$$H_2C=CH_2 + Br_2 \longrightarrow CH_2Br-CH_2Br$$

有机化学反应还可根据产物与原料之间的关系分为取代反应、加成反应、消去反应、异构化反应和氧化还原反应等五种反应类型。

①取代反应

连接在碳原子上的一个原子或官能团被另一个原子或官能团置换的反应叫取代反应。在取代反应中,碳原子上有一个σ键断裂和一个新的σ键生成。

$$-\overset{|}{\underset{|}{C}}-X + Y^- \longrightarrow -\overset{|}{\underset{|}{C}}-Y + X^-$$

$$CH_3-CH_2-CH_2Br + OH^- \longrightarrow CH_3-CH_2-CH_2OH + Br^-$$

②加成反应

两个原子加到一个π键上形成两个σ键的反应叫加成反应。

③消去反应

一般地说,位于两个相邻碳原子上的两个σ键断裂,并在这两个原子之间形成一个π键的反应叫消去反应。

$$-\overset{|}{\underset{H}{\underset{|}{C}}}-\overset{X}{\overset{|}{\underset{|}{C}}}- \longrightarrow >C=C< + HX$$

$$CH_3-CH_2Br \longrightarrow H_2C=CH_2 + HBr$$

④异构化反应

一个化合物通过原子或原子团的移动而转变为它的同分异构体的反应叫作异构化反应。

⑤氧化还原反应

在有机化学中,氧化一般是指有机物得氧或脱氢的过程,还原是指有机物加氢或失氧的过程。因此,烃变成醇,醇变成酸都是氧化反应,它们各自的逆过程都是还原反应。

$$R-\overset{H}{\overset{|}{\underset{H}{\underset{|}{C}}}}-H \underset{\text{还原}}{\overset{\text{氧化}}{\rightleftharpoons}} R-\overset{H}{\overset{|}{\underset{H}{\underset{|}{C}}}}-OH \underset{\text{还原}}{\overset{\text{氧化}}{\rightleftharpoons}} R-C(=O)H \underset{\text{还原}}{\overset{\text{氧化}}{\rightleftharpoons}} R-C(=O)OH$$

四、有机化合物的分类

按照形成有机分子构造骨架上的碳原子的结合方式,有机化合物可分类如下:

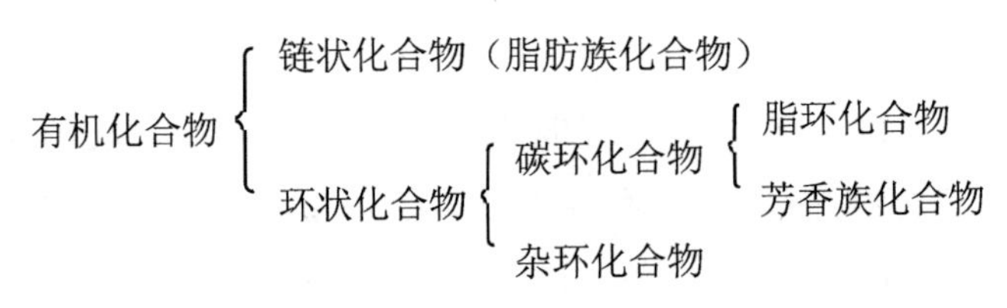

图4-7 有机化合物的分类

链状化合物之所以称为脂肪族化合物，是因为它们最早是从有长链结构的脂肪酸和脂肪中分离出来的，因此被认为是链状化合物的代表。芳香族化合物是具有苯环的一类化合物。在有机化学发展的初期，这类化合物是从树脂或香脂中得到的，而且它们大多数都具有芳香气味，所以称为芳香化合物。但是具有苯环的化合物不一定都有芳香气味，而有芳香气味的化合物也不一定含有苯环。所以，芳香族化合物中的“芳香”二字已失去其原有的含义。

有机化合物的化学性质除了和它们的碳骨架构造有关外，主要决定于分子中某些特殊的原子或原子团。这些能决定化合物基本化学性质的原子或原子团叫官能团。由于含有相同官能团的化合物的化学性质基本相似，所以可以把官能团作为主要标准对有机化合物进行分类，以便于学习。

表4-2列举了一些有机化合物的类别及其官能团。

表4-2 有机化合物的分类及其官能团

分类	官能团名称	官能团
烯烃	双键	$>C=C<$
炔烃	三键	$-C\equiv C-$
醇(脂肪族)、酚(芳香族)	羟基	$-OH$
醚	醚键	$-O-$
醛	醛基	$-CHO$
酮	酮基	$>C=O$
羧酸	羧基	$-COOH$
磺酸	磺基	$-SO_3H$
硝基化合物	硝基	$-NO_2$
胺	氨基	$-NH_2$
腈	氰基	$-CN$
卤代物	卤素	$-X$（F，Cl，Br，I）

烷烃没有官能团，但各种含有官能团的化合物可以看作是它的氢原子被官能团取代而衍生出来的。

苯环不是官能团，但在芳香烃中，苯环具有官能团的性质。

第二节　有机化合物的结构与性质

一、烃类化合物

由碳和氢两种元素组成的有机化合物，称为烃类化合物。其他有机化合物都可看作是烃的衍生物。

根据结构和性质的特征，烃类化合物可以分为脂链烃、脂环烃和芳香烃三类。

1. 脂链烃

（1）分子结构的特点

烷烃分子中的碳原子以sp^3杂化轨道同其他原子以σ键相结合。例如，在乙烷分子中除C—H键为σ键外，C与C之间通过sp^3与sp^3轨道重叠也形成σ键。由于连接两个碳原子的σ键的电子云沿键轴呈圆柱形对称分布，两个甲基可以围绕键轴自由旋转，如图4-8所示。做这种转动时，分子的能量几乎没有改变。但是，对于具有重键的化合物，C是不能绕重键键轴旋转的，这是由于键中除含有σ键外还含有π键之故。例如，在图4-9所示的乙烯分子中，每个碳原子用三个sp^2轨道分别与两个氢原子及一个碳原子结合，形成三个σ键，所有六个原子都在同一个平面上，因此，乙烯是一个平面型分子。由于两个碳原子还有一个未参与杂化的p轨道，二者侧向重叠形成垂直于这个平面的π键，并与C—C间的σ键组成双键。形成π键时，为了使p轨道最大重叠，它们必须保持平行，这就意味着围绕双键的自由转动是很困难的。因为π键是两个p轨道侧向重叠而成，重叠程度比σ键小，其电子云不像σ键那样集中在两个原子核的连线上，而是分散在平面的上下两方，原子核对π电子的束缚力较小，π电子易于流动，因此，π键不如σ键稳定，容易断裂，在外界电场作用下易发生加成反应。这是重键最重要的特征。从表4-9中的键能数据可以看到，π键的键能为264 $kJ\cdot mol^{-1}$，C═C键的键能不是C—C键的两倍。

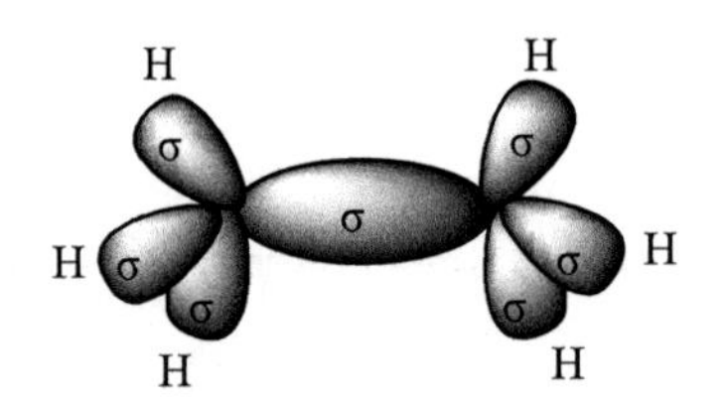

图 4-8　乙烷分子

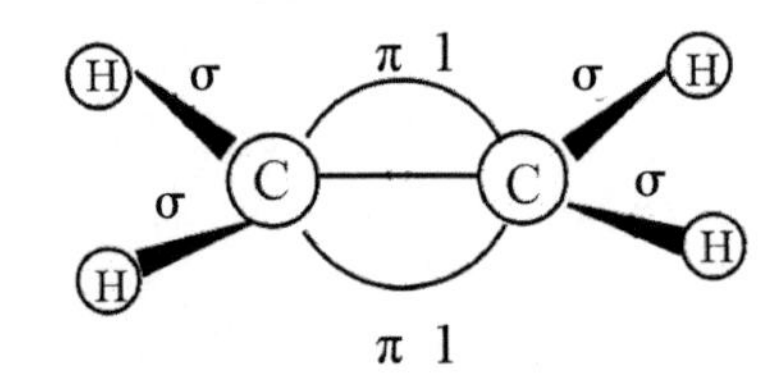

图 4-9　乙烯分子

表 4-3　几种键的键能和键长

键	键能/kJ·mol^{-1}	键长/pm
C—H	413.0	109
C—C	345.6	154
C═C	610.0	134
C≡C	835.1	120

在三键化合物乙炔中，碳原子只与另外两个原子连接，因此，它必定采用sp杂化。这种杂化意味着分子中的四个原子位于一条直线上(图 4-10)，所以乙炔是一个线型分子。每个碳原子保留有两个p轨道，每个p轨道上有一个电子，形成两个互相垂直的π键，并且也垂直于C—C轴，在空间呈圆柱形对称地分布在σ键的周围，所以，三键是由一个σ键和两个π键组成的。炔烃分子中轨道重叠程度较大，加强了三键的牢固程度，因此不像双键那样容易极化。

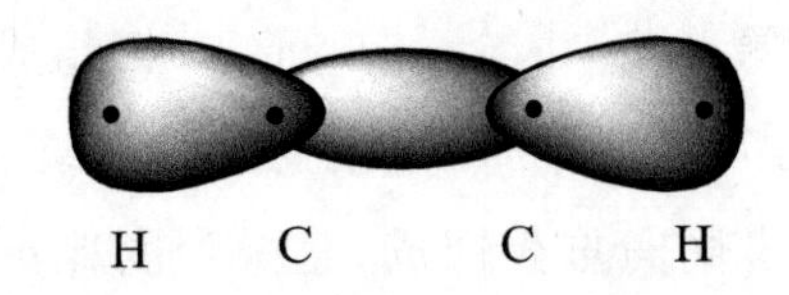

图 4-10　乙炔的σ键

烃分子中化学键的特征列于表 4-4 中。

表4-4　烃分子中σ键和π键的主要特征

	σ键	π键
存在	可以单独存在于任何共价键中	一般只能在双键、三键中与σ键同时存在
形成	成键轨道沿键轴重叠,重叠程度较大	成键轨道平行重叠,重叠程度较小
性质	(1)电子云绕键轴呈圆柱形对称,电子云密集于两原子之间; (2)成键的两个碳原子可以绕键轴自由旋转; (3)键能较大,键较稳定; (4)电子云受核约束大,键的极化度较小	(1)电子云通过键轴有一对称面,电子云分布在平面的上下方; (2)成键的两个碳原子不能绕键轴自由旋转; (3)键能较小,键不稳定; (4)电子云受核约束小,键的极化度较大

(2)脂链烃的物理性质

脂链烃在室温时可以是气体、液体或固体。一般说来,$C_1 \sim C_4$是气体,$C_5 \sim C_{17}$是液体,C_{18}以上是固体。它们的熔点、沸点等物理性质也随分子量增大而升高(表4-5)。这是因为分子量越大,分子间的作用力越强。脂链烃不溶于水,易溶于非极性溶剂如四氯化碳和苯,不同的是烯烃可溶于浓硫酸。

(3)脂链烃的化学性质

脂链烃中烷烃的化学性质不如烯烃及炔烃活泼。常温下,烷烃与大多数试剂如强酸、强碱、强氧化剂等都不发生作用或反应很慢,但是在光、热或催化剂的影响下可以与一些试剂作用。

①烷烃的卤化反应

在高温或紫外线照射下,烷烃分子中的一个或几个氢原子可以被卤素原子取代得到相应的卤代烷。卤素中由于氟很活泼,与烷烃反应易发生爆炸;碘不活泼,不与烷烃反应;而氯与溴容易与烷烃反应并且可以控制,所以在实验室中只有氯和溴与烷烃的反应具有实际意义。在取代反应中,原来的σ键断裂并形成新的σ键。例如,用紫外线(包括太阳光中的紫外线)照射氯和甲烷的混合物,发生下面的一系列反应。

$$CH_4 + Cl_2 \xrightarrow{\text{紫外线}} CH_3Cl + HCl$$

$$CH_3Cl + Cl_2 \xrightarrow{\text{紫外线}} CH_2Cl_2 + HCl$$

$$CH_2Cl_2 + Cl_2 \xrightarrow{\text{紫外线}} CHCl_3 + HCl$$

$$CHCl_3 + Cl_2 \xrightarrow{\text{紫外线}} CCl_4 + HCl$$

表 4-5 脂链烃的熔点和沸点

烷烃	结构式	熔点/℃	沸点/℃	烯烃	结构式	熔点/℃	沸点/℃	炔烃	结构式	熔点/℃	沸点/℃
甲烷	CH_4	−182.5	−161.5								
乙烷	CH_3CH_3	−183.2	−88.5	乙烯	$CH_2=CH_2$	−169.2	−103.7	乙炔	$CH\equiv CH$	−81.5	−84
丙烷	$CH_3CH_2CH_3$	−187.7	−42.1	丙烯	$CH_3CH=CH_2$	−185.2	−47.7	丙炔	$CH_3C\equiv CH$	−101.5	−23.3
丁烷	$CH_3(CH_2)_2CH_3$	−138.3	−0.50	1−丁烯	$C_2H_5CH=CH_2$	−185.4	6.3	1−丁炔	$C_2H_5C\equiv CH$	−125.8	8.7
戊烷	$CH_3(CH_2)_3CH_3$	−129.7	36.1	1−戊烯	$C_3H_7CH=CH_2$	−165.2	30.0	1−戊炔	$C_3H_7C\equiv CH$	−106	40.2
己烷	$CH_3(CH_2)_4CH_3$	−95.3	68.7	1−己烯	$C_4H_9CH=CH_2$	−139	63.6	1−己炔	$C_4H_9C\equiv CH$	−124	71
庚烷	$CH_3(CH_2)_5CH_3$	−90.6	98.4	1−庚烯	$C_5H_{11}CH=CH_2$	−119	93.3	1−庚炔	$C_5H_{11}C\equiv CH$	−81	99
辛烷	$CH_3(CH_2)_6CH_3$	−56.8	125.7	1−辛烯	$C_6H_{13}CH=CH_2$	−102.4	121.3	1−辛炔	$C_6H_{13}C\equiv CH$	−79	131
壬烷	$CH_3(CH_2)_7CH_3$	−53.6	150.8	1−壬烯	$C_7H_{15}CH=CH_2$	—	148 ~ 149	1−壬炔	$C_7H_{15}C\equiv CH$	−50	150
癸烷	$CH_3(CH_2)_8CH_3$	−29.7	174.1	1−癸烯	$C_8H_{17}CH=CH_2$	—	172	1−癸炔	$C_8H_{17}C\equiv CH$	−44	174
十一烷	$CH_3(CH_2)_9CH_3$	−25.6	194.5	1−十一烯	$C_9H_{19}CH=CH_2$	—	188 ~ 190	1−十一炔	$C_9H_{19}C\equiv CH$		210 ~ 215
十二烷	$CH_3(CH_2)_{10}CH_3$	−9.6	214.5	1−十二烯	$C_{10}H_{21}C=CH_2$	−31.5	96	1−十二炔	$C_{10}H_{21}C\equiv CH$		105
十八烷	$CH_3(CH_2)_{16}CH_3$	28.6	317	1−十八烯	$C_{16}H_{33}CH=CH_2$	18	179	1−十八炔	$C_{16}H_{33}C\equiv CH$		180

实验证明,以上取代反应是按游离基历程进行的链式反应。

有机化学反应进行时,化学键(主要是共价键)的断裂有两种情况。当键断裂时,共用电子对完全转移到一方,形成正离子和负离子,这种断裂方式称为异裂,如

$$A:B \longrightarrow A^+ + B^-$$

这种以离子进行的反应叫作离子型反应。如果化学键断裂时,共用电子对均等地分配到成键的两个原子上,生成具有未成对电子的原子或原子团,称为游离基,这种断裂方式称为均裂,如

$$A:B \longrightarrow A\cdot + B\cdot$$

游离基的化学性质很活泼,以游离基进行的反应称为游离基反应。

在上述甲烷的氯化反应中,由于高温或光照供给能量,使氯分子均裂为两个有未配对电子的氯原子:

$$Cl_2 \xrightarrow{\text{紫外线}} Cl\cdot + Cl\cdot$$

这种氯原子非常活泼,常温下只能存在几分之一秒。在与甲烷的混合物中,它和一个甲烷分子碰撞,形成一个游离甲基和一个氯化氢分子:

$$CH_4 + Cl\cdot \longrightarrow CH_3\cdot + HCl$$

接着一个甲基又和一个氯分子碰撞,产生 CH_3Cl 和另一个游离的氯原子:

$$Cl_2 + \cdot CH_3 \longrightarrow CH_3Cl + Cl\cdot$$

在反应过程中,生成H—Cl键和C—Cl键所放出的能量比破坏C—H键和Cl—Cl键所需要的能量大,所以总反应是放热的。

以上反应是一个连锁反应,氯原子除了同甲烷作用外,也可与一氯甲烷作用生成二氯甲烷、三氯甲烷直到四氯化碳。当游离基的电子配对变成稳定的分子时,游离基消失,连锁反应停止。例如

$$Cl\cdot + Cl\cdot \longrightarrow Cl_2$$

$$\cdot CH_3 + \cdot Cl \longrightarrow CH_3Cl$$

$$\cdot CH_3 + \cdot CH_3 \longrightarrow CH_3—CH_3$$

②烯烃和炔烃的加成反应

烯烃较烷烃活泼,主要原因是它的分子中含有双键官能团。对双键官能团的加成反应是烯烃的典型反应。在加成反应时,双键中的π键断开与加入的原子或原子团形成两根新的σ键。例如,卤化氢与烯烃进行加成反应时,卤化氢可按下式电离:

$$H—X \longrightarrow H^+ + X^-$$

带有正电荷的氢离子是一种缺电子的离子,它易与能给出电子的反应物作用,

以中和它的正电荷，所以H^+具有亲电性，称为亲电试剂。卤素离子X^-是富电子离子，易与需要电子的反应物作用，因此具有亲核性，称为亲核试剂。由于双键中π键的特点，电子云在C—C键轴上下两侧的流动性较大，易受亲电试剂的影响而变形，π电子云发生极化，双键产生偶极：

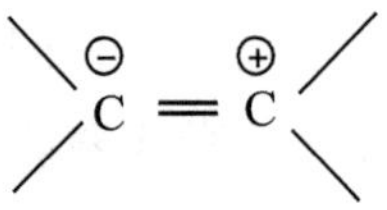

$$\gt\overset{\ominus}{C}=\overset{\oplus}{C}\lt$$

共价键采取异裂方式断裂，成键电子对为其中一个碳原子所有。双键两端的碳原子一个带正电荷，一个带负电荷，形成正、负"离子"，具有亲电性的H^+加到负离子上，即

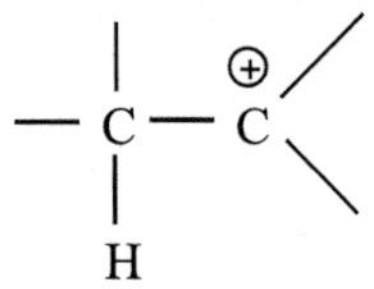

$$-\underset{H}{\overset{|}{C}}-\overset{\oplus}{C}\lt$$

而负电荷的亲核性离子X^-则加到碳"正离子"上，即

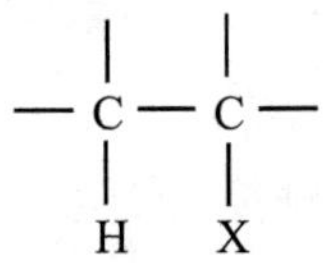

$$-\underset{H}{\overset{|}{C}}-\underset{X}{\overset{|}{C}}-$$

这种由亲电试剂引起π键极化而发生的加成反应，称为亲电性加成反应。例如：

$$CH_2=CH_2 + H-Cl \longrightarrow CH_3CH_2Cl$$

$$CH_3CH=CHCH_3 + H-Br \longrightarrow CH_3CH_2-\underset{Br}{\underset{|}{CH}}-CH_3$$

当卤化氢与对称烯烃加成时，如上述两例，只能得到一种产物，因为双键的两个碳原子是相同的。不对称的烯烃如丙烯与卤化氢加成时，其加成可以有两种不同方式，因而可以生成两种异构产物，即

$$CH_3CH=CH_2 + H-Br \longrightarrow CH_3-\underset{Br}{\underset{|}{CH}}-CH_3$$

2-溴丙烷

或

$$CH_3CH=CH_2 + H-Br \longrightarrow CH_3CH_2CH_2-Br$$

1-溴丙烷

但实际上得到的产物以2-溴丙烷最多。根据大量实验事实，马尔科夫尼科夫

提出了一个规则：不对称烯烃和卤化氢发生反应时，卤化氢的正性氢离子加到带有较多氢原子的双键碳上，而负性卤离子则加到带有较少氢原子的双键碳上。因此，上述丙烯的加成反应，主要产物是2-溴丙烷。

烯烃的四氯化碳溶液在室温下与溴或氯混合时，卤素也很容易加到烯烃的双键上，得到相应的邻二卤化物：

$$\gt C=C\lt + X_2 \xrightarrow{CCl_4} -\underset{X}{\overset{|}{\underset{|}{C}}}-\underset{X}{\overset{|}{\underset{|}{C}}}-$$

X=Cl或Br

实验证明，当把干燥的乙烯通入含有溴的无水四氯化碳溶液中，上述反应是不易进行的，只有加入几滴水后，反应才迅速进行。这是因为烯烃双键在水分子的极性诱导下，π电子云发生极化，使双键产生偶极，当卤素分子接近双键时，受π电子的影响也发生极化：

$$\overset{\oplus}{Br}-\overset{\ominus}{Br}$$

因而与上述HX一样发生加成反应。

溴与烯烃的加成反应常用作不饱和烃的定性鉴定。因为溴本身为暗红棕色液体，而烯烃及其加成产物均无色，当往被测物中加入溴的四氯化碳溶液时，若溴的颜色很快褪去，则该物质是烯烃。

炔烃的官能团是三键，像烯烃一样，在适当条件下可以在三键上进行加成反应。例如，乙炔与卤化氢的加成遵守马尔科夫尼科夫规则，反应分两步进行，可以停止在卤乙烯阶段：

$$H-C\equiv C-H + HX \longrightarrow H-\underset{H}{\underset{|}{C}}=\underset{X}{\underset{|}{C}}-H$$

卤代烯

如果进一步和另一分子卤化氢加成，则可得两个卤原子都在一个碳原子上的二卤化物：

$$H-\underset{H}{\underset{|}{C}}=\underset{X}{\underset{|}{C}}-H + HX \longrightarrow H-\overset{H}{\overset{|}{\underset{H}{\underset{|}{C}}}}-\overset{X}{\overset{|}{\underset{X}{\underset{|}{C}}}}-H$$

炔烃三键碳原子上的氢原子比较活泼，可以被金属取代生成炔化物，这是炔烃

特有的性质,例如:

$$HC\equiv CH + 2AgNO_3 + 2NH_3\cdot H_2O \longrightarrow \underset{\text{乙炔银(白色)}}{AgC\equiv CAg\downarrow} + 2NH_4NO_3 + 2H_2O$$

$$HC\equiv CH + Cu_2Cl_2 + 2NH_3\cdot H_2O \longrightarrow \underset{\text{乙炔亚铜(棕红色)}}{CuC\equiv CCu\downarrow} + 2NH_4Cl + 2H_2O$$

干燥的炔化物受热或震动时易发生爆炸生成金属和碳。如

$$AgC\equiv CAg \longrightarrow 2Ag + 2C$$

因此,在生成金属炔化物后应加入浓盐酸或硝酸使其分解,以免发生危险:

$$AgC\equiv CAg + 2HCl \longrightarrow HC\equiv CH + 2AgCl\downarrow$$

$$CuC\equiv CCu + 2HCl \longrightarrow HC\equiv CH + 2CuCl\downarrow$$

③烯烃的聚合反应

烯烃的一个重要性质就是通过加成的方式相互结合形成高分子化合物,又称高聚物。基本的烯单位称为单体。由很多单体彼此相互加成而成高聚物的反应称为聚合反应。例如,在151 987.5 kPa(1 500 $P^{\ominus}$)压强和少量氧气存在下,180 ℃时乙烯聚合生成分子量为2 000~40 000的高压聚乙烯,其反应式为

$$n\ H_2C=CH_2 \xrightarrow[1\ 500P^{\ominus},\ 180^{\circ}C]{O_2} \left[CH_2-CH_2\right]_n$$

乙烯分子中一个氢原子被其他基团取代生成的乙烯基化合物R—CH═CH$_2$,它们的聚合与乙烯类似,生成乙烯基聚合物。乙烯基化合物聚合的通式如下:

$$n\ CH_2=C(R)(H) \xrightarrow{\text{催化剂}} \left[CH_2-\underset{H}{\overset{R}{C}}\right]_n$$

聚乙烯和乙烯基聚合物的化学稳定性较好,耐低温,并有绝缘和防辐射性能,是重要的塑料工业原料,可用来制备许多产品,如包装材料、管道、绝缘材料等。聚丙烯的透明度比聚乙烯好,并且有耐热及耐磨性,除可作日用品外,还可用于制造汽车部件、纤维等。

炔烃除与烯烃一样能进行聚合反应外,在一定条件下还可以聚合生成环状化合物。例如,将乙炔通过加热(500 ℃)的管子,可以生成少量的苯:

$$3\,HC{\equiv}CH \xrightarrow{500°C} C_6H_6$$

④烃的氧化和燃烧

有机物分子多是共价化合物，碳原子保持四价，反应过程中并无电子得失。因此，有机化学中一般把与氧化合或失去氢的反应叫作氧化反应，把与氢化合或失去氧的反应叫还原反应。

所有的烃在高温时都可以与氧作用，若氧气充足会燃烧而生成CO_2和水，并放出大量的热能，例如：

$$CH_4(g) + 2O_2(g) = CO_2(g) + 2H_2O(l) \qquad \Delta H^{\ominus} = -890.3\ kJ \cdot mol^{-1}$$

$$C_2H_4(g) + 3O_2(g) = 2CO_2(g) + 2H_2O(l) \qquad \Delta H^{\ominus} = -1\,411.0\ kJ \cdot mol^{-1}$$

所以，烃的燃烧一直是热能的重要来源。

当燃烧不完全时，会产生有毒的CO和煤烟状的碳，如

$$2CH_4 + 3O_2 = 2CO + 4H_2O$$

或

$$CH_4 + O_2 = C + 2H_2O$$

汽车尾气和工厂燃烧不完全所产生的CO，是空气污染的根源之一。这种CO废气能够加速形成光化学烟雾，对人类生存造成危害。

在适当的催化剂作用下，烷烃在着火点以下可以被空气中的氧气所氧化，得到含碳原子数较原来烷烃少的醇、醛、酮、酸等混合的氧化产物。例如，丁烷在$70P^{\ominus}$和170～200℃下用空气氧化得到乙酸，副产物为甲酸和丙酸。甲烷在$20P^{\ominus}$和460℃下被空气氧化成甲醇和甲醛。这是工业上由高级烷烃制备高级醇和高级脂肪酸的常用方法。例如，石蜡的氧化为

$$R{-}CH_2{-}CH_2{-}R' \xrightarrow[110°C]{O_2,\ MnO_2} RCOOH + R'COOH$$

得到的高级脂肪酸是制造表面活性剂和肥皂的原料。

发动机和其他机器中用来减少摩擦的润滑油，是分子量较大的碳氢化合物，主要是由芳烃、环烷烃和烷烃组成的混合物。它们在使用或贮存期间，由于与氧接触而发生缓慢的氧化作用，尤其是苯环上连接有脂链烃作为侧链时，侧链容易被氧化，而且一直氧化到苯环为止，在侧链原来的位置上只留下一个羧基，如

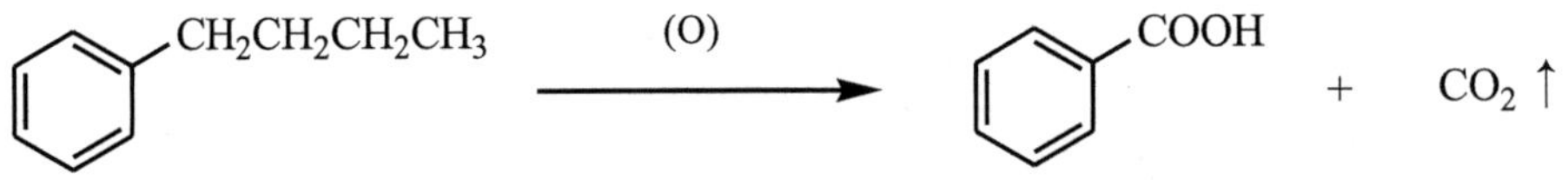

$$C_6H_5CH_2CH_2CH_2CH_3 \xrightarrow{(O)} C_6H_5COOH + CO_2\uparrow$$

羧基使润滑油具有酸性,在机器的机件表面发生腐蚀作用,而且腐蚀产生的物质不仅会污染润滑油,还会加速润滑油的氧化。因此,常用润滑油的酸值来判断润滑油的抗氧化性能。

空气中的氧和各种氧化剂都能使烯烃氧化。例如,烯烃与高锰酸钾的稀溶液在较低温度下反应,$KMnO_4$紫色褪去,得到邻二醇和棕色的二氧化锰沉淀:

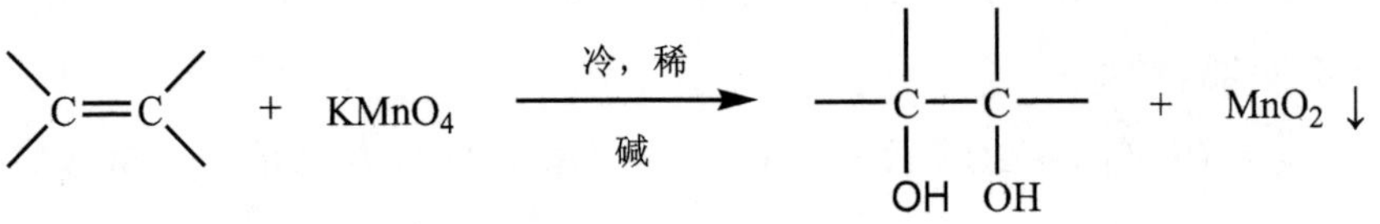

$$>C=C< + KMnO_4 \xrightarrow[\text{碱}]{\text{冷,稀}} -\underset{OH}{\overset{|}{C}}-\underset{OH}{\overset{|}{C}}- + MnO_2\downarrow$$

这个反应也被用来鉴别碳碳双键或三键。

烯烃与氧化剂的浓溶液作用,碳链将在双键处断裂生成酸和酮,例如:

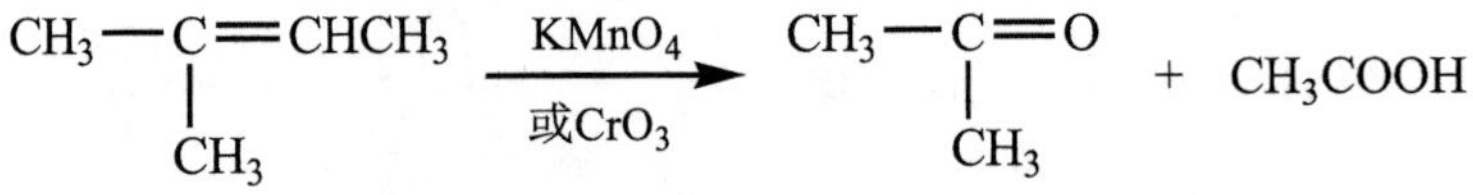

$$CH_3-\underset{CH_3}{\underset{|}{C}}=CHCH_3 \xrightarrow[\text{或}CrO_3]{KMnO_4} CH_3-\underset{CH_3}{\underset{|}{C}}=O + CH_3COOH$$

炔烃用高锰酸钾氧化,碳链在三键处断裂,生成相应的羧酸,如:

$$CH_3CH_2C\equiv CCH_2CH_3 \xrightarrow[25°C]{KMnO_4,\text{碱}} 2CH_3CH_2COOH$$

2.脂环烃

脂环烃是由碳和氢两种元素组成的环状化合物,其性质与脂链烃相似。饱和脂环烃称环烷烃,不饱和脂环烃称环烯烃或环炔烃。

脂环烃的命名,是在同数目碳原子的脂链烃的名称之前加上“环”字,例如:

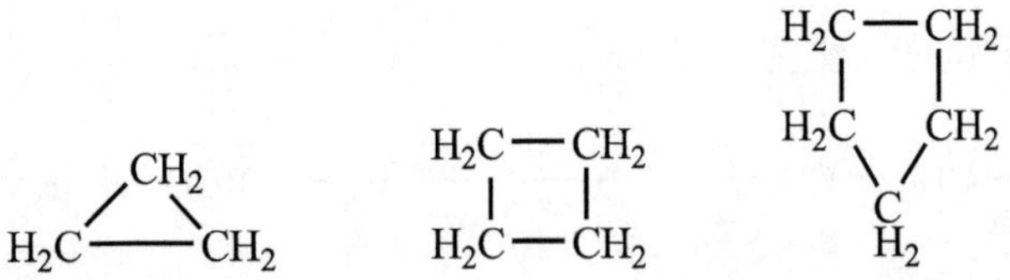

环丙烷　　环丁烷　　环戊烷

环上的取代基在命名时,用最小的数字表示其位置。在简单的环烯烃及环炔烃中,规定双键及三键的碳占1,2位置,例如:

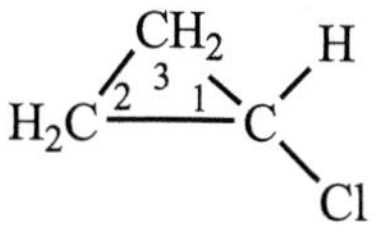

氯代环丙烷 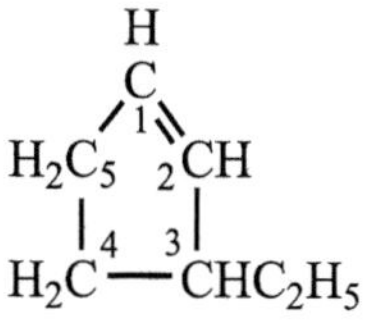　　　　3-乙基环戊烯 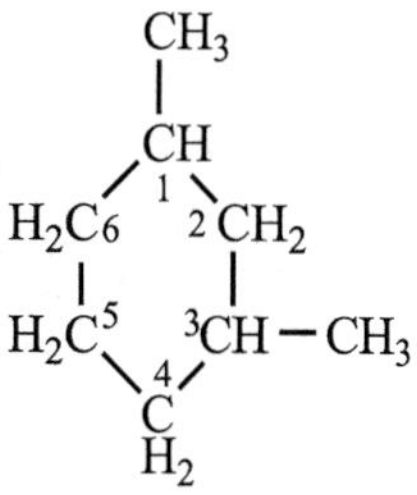　　　　1,3-二甲基环己烷

为了方便起见,脂环烃常用简单的几何图形表示。三角形代表环丙烷,正方形代表环丁烷,五边形代表环戊烷,六边形代表环己烷等。图形的每一角上除标明的其他基团外,还有未写出的氢原子。例如:

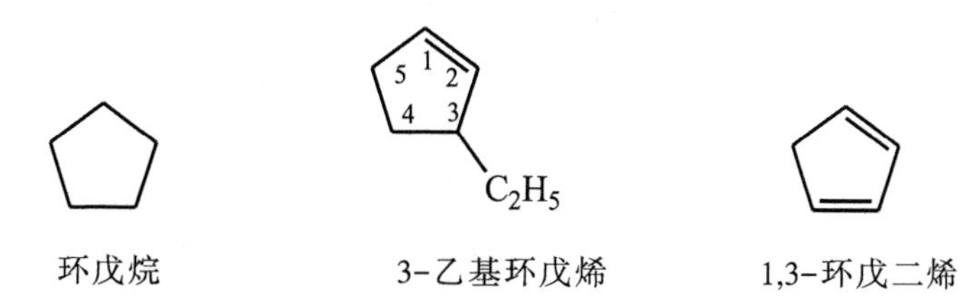

环戊烷　　　　3-乙基环戊烯　　　　1,3-环戊二烯

当C—C—C的键角为109.5°时,各原子的sp^3轨道彼此处于正面相对的位置,电子云的重叠最大,形成的键也最强。环烷烃中各碳原子虽然都是sp^3杂化状态,但它们的杂化轨道之间的夹角不可能是109.5°,例如环丙烷中C—C—C的键角只能是60°,各个碳原子不可能使它们的sp^3轨道处于彼此正面相对的位置,即C—C间sp^3杂化轨道没有在两原子核连线的方向上重叠,故没有达到最大的重叠,它们之间形成的键不如正常的σ键稳定,所以环丙烷分子容易发生加成反应。

环丁烷的C—C—C的键角为90°,成键电子重叠程度较环丙烷大,稳定性也比环丙烷好些。随着成环碳原子数的增加,C—C—C间杂化轨道趋于正常的键角和最大限度的重叠,分子的稳定性亦逐渐增强。

除环丙烷外,其他环烷烃分子中环上碳原子都不在同一平面内。例如,环己烷有两种不同的构象。图4-11(a)中,1,2,4,5四个碳原子在同一平面内,3和6两个碳原子分别在这一平面的上方和下方,整个分子像一把椅子,称为椅式构象。在这种结构中,相邻两个碳原子上的C—H键都在交叉的位置上,连接在两个碳原子上的氢原子之间的距离较大。图4-11(b)中,1,2,4,5四个碳原子在同一平面内,但3和6两个碳原子都在这一平面的上方,整个分子像一条船,称为船式构象。其中碳原子1和2及4和5上的C—H键都在重叠的位置上,氢原子间的互相排斥作用较大,使船式的能量高于椅式。因此,一般情况下环己烷的椅式结构比船式结构稳定。

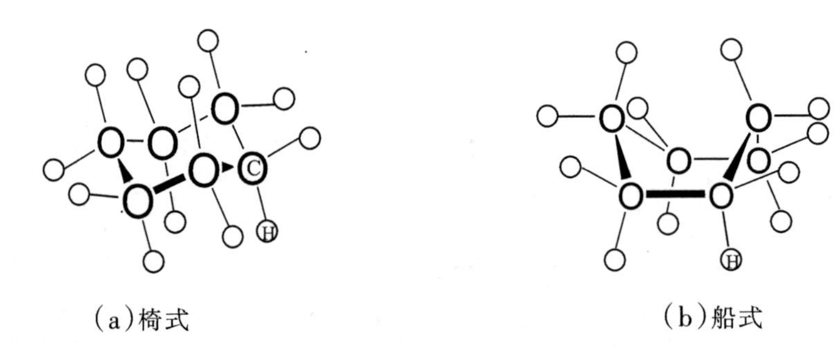

(a)椅式　　(b)船式

图 4-11　环己烷的分子结构

脂环烃不溶于水，比水轻，熔点和沸点比含相同数目碳原子的脂链烃高，见表 4-6。

表 4-6　直链烷烃与环烷烃物理常数比较

名称	分子式	熔点/℃	沸点/℃	名称	分子式	熔点/℃	沸点/℃
环丙烷	$(CH_2)_3$	−127.4	−32.9	丙烷	$CH_3CH_2CH_3$	−187.7	−42.7
环丁烷	$(CH_2)_4$	−50	12	正丁烷	$CH_3CH_2CH_2CH_3$	−138.4	−0.5
环戊烷	$(CH_2)_5$	−93.8	49.3	正戊烷	$CH_3(CH_2)_3CH_3$	−129.7	36.7
环己烷	$(CH_2)_6$	6.5	80.7	正己烷	$CH_3(CH_2)_4CH_3$	−93.5	68.9

脂环烃可以进行与脂链烃一样的化学反应。环烷烃与烷烃一样主要进行游离基取代反应，例如：

$$\text{环丙烷}(CH_2)_3 + Cl_2 \xrightarrow{\text{日光}} \text{C}_3\text{H}_5\text{—Cl} + HCl$$

氯代环丙烷

环烯烃则与烯烃类似，主要进行加成反应，例如：

$$\text{环己烯} + Br_2 \longrightarrow \text{1,2-二溴环己烷}$$

1，2-二溴环己烷

3. 芳香烃

芳香烃是具有苯环结构的烃类，根据分子中所含苯环数目不同，可分为单环芳烃（苯及其衍生物）和多环芳烃两类。

（1）单环芳烃

分子中只含有一个苯环，如苯、甲苯等。芳烃的特性与苯的结构有关。

苯分子中的六个碳原子由于形成大π键而没有单键和双键之分，因此，苯分子不能明显地表现出双键的性质。基于这一事实，近年来苯的结构式常表示如下：

苯是无色液体，具有芳香味，易燃，不溶于水，易溶于有机溶剂。苯本身也是很好的有机溶剂，是重要的化工原料。但苯及其同系物均有毒，长期吸入它们的蒸气会损坏造血器官及神经系统。

由于芳香环特别稳定，只有高度反应性的试剂才能和它反应。苯及其同系物容易进行取代反应，只有在特殊条件下才发生加成反应。

①取代反应

芳烃最重要的反应是取代反应。在取代反应中，苯环上的氢原子被—X，—NO_2，—SO_3H，—R等原子或原子团取代，分别发生卤化、硝化、磺化和烷基化反应。因为芳香环是一个富电子体系，所以取代反应是亲电性的，即通过一个亲电试剂与芳香环作用。因此，取代反应能否进行，取决于亲电试剂的反应活性。例如苯的溴化反应，因为溴（Br_2）的反应活性不足以对苯环发生亲电性作用，溴化反应难以发生，必须首先在催化剂作用下，使溴产生一个更强的亲电试剂Br^+，即

$$:\ddot{\underset{..}{Br}}:\ddot{\underset{..}{Br}}: + FeBr_3 \longrightarrow :\ddot{\underset{..}{Br}}^{+} + FeBr_4^-$$

溴正离子（Br^+）的亲电反应性大于Br_2，能够与苯环作用，发生亲电试剂的加成：

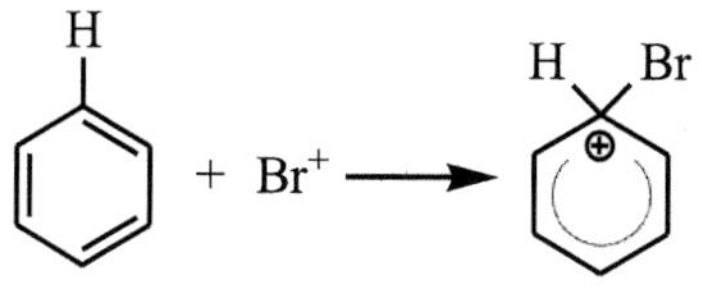

H　+ Br^+ ⟶ H　Br ⊕

然后，在具有亲核性的配位阴离子$FeBr_4^-$的作用下，移去质子（H^+）而生成取代产物溴苯和副产物HBr，同时使催化剂$FeBr_3$得到再生。溴化反应可表示如下：

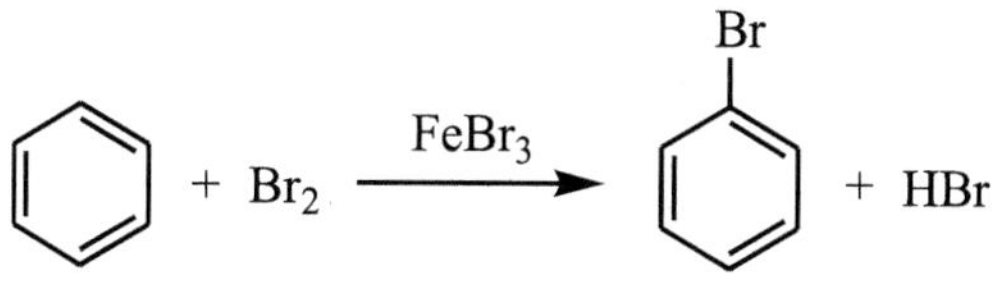

$$+ Br_2 \xrightarrow{FeBr_3} \text{(Br)} + HBr$$

从上面的分析可以知道，在几乎所有的芳香烃亲电取代反应中，都必须有催化剂参加，其目的就是要产生具有强反应性的亲电试剂。表4-7列出了一些芳香烃取代反应中的亲电试剂、催化剂及产物。

表4-7 一些芳香烃取代反应中的亲电试剂、催化剂及产物

反应类型	亲电试剂	催化剂	产物
卤化	$Cl^+(Cl_2)$	$FeCl_3$	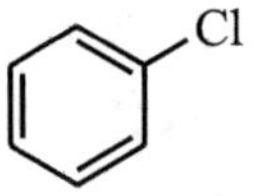 C_6H_5Cl 氯苯
卤化	$Br^+(Br_2)$	$FeBr_3$	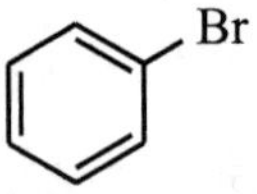 C_6H_5Br 溴苯
硝化	$NO_2^+(HNO_3)$	浓 H_2SO_4	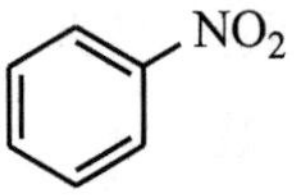 $C_6H_5NO_2$ 硝基苯
磺化	$SO_3H^+(SO_3)$	浓 H_2SO_4	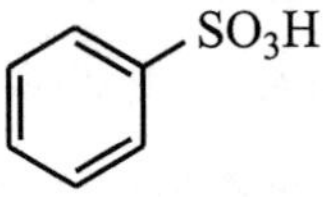 $C_6H_5SO_3H$ 苯磺酸
烷基化	$R^+(RX)$	$AlCl_3$	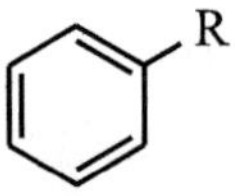 C_6H_5R 烷基苯
酰化	$R-C^+(=O)$ ($R-C(=O)-Cl$)	$AlCl_3$	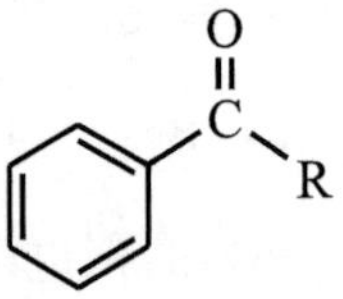 $C_6H_5-C(=O)-R$ 烷基苯基酮

②加成反应

苯及其同系物只有在特殊条件下才能进行加成反应，例如，在光照下，苯与氯发生加成反应生成六氯环己烷。

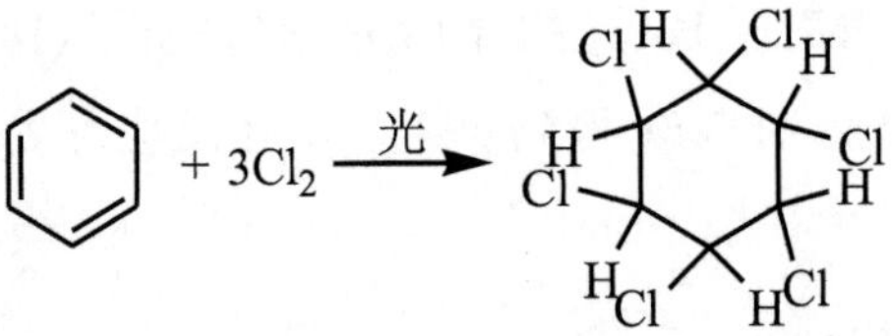

$$C_6H_6 + 3Cl_2 \xrightarrow{光} C_6H_6Cl_6$$

六氯环己烷又叫做“六六六”，是一种重要的农药。

在有催化剂存在和较高温度下，苯可以加氢生成环己烷：

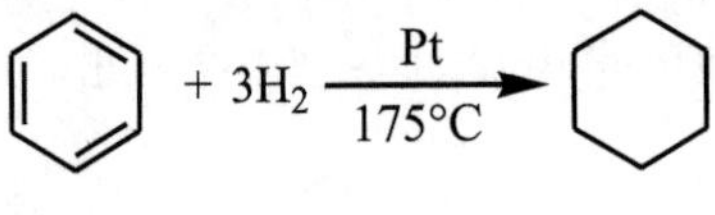

$$C_6H_6 + 3H_2 \xrightarrow[175°C]{Pt} C_6H_{12}$$

③氧化反应

常用的氧化剂如 $KMnO_4$、$K_2Cr_2O_7$、浓 H_2SO_4 和稀 HNO_3 等都不能使苯环氧化，只是侧链上的烷基被氧化，而且在过量氧化剂存在下，不论烷基链多长，总是得到苯甲

酸，例如：

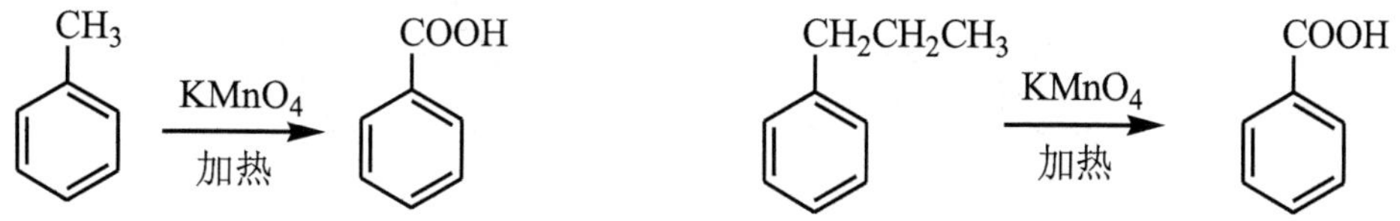

$$C_6H_5CH_3 \xrightarrow[\text{加热}]{KMnO_4} C_6H_5COOH \qquad C_6H_5CH_2CH_2CH_3 \xrightarrow[\text{加热}]{KMnO_4} C_6H_5COOH$$

但是与苯环相连的碳原子上不含氢时，如叔丁基苯 $C_6H_5C(CH_3)_3$，则侧连不易被氧化成羧基。

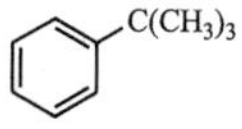

(2)多环芳香烃

含有两个或两个以上苯环的烃类称为多环芳香烃。按苯环间相互连接方式不同，多环芳香烃又分成两大类。一类是苯环之间没有共用环内的碳原子，它们或者直接相连，如联苯；或者通过其他碳原子间接相连，如二苯甲烷：

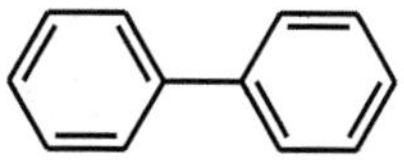

$C_6H_5-C_6H_5$　　$C_6H_5-CH_2-C_6H_5$

联苯 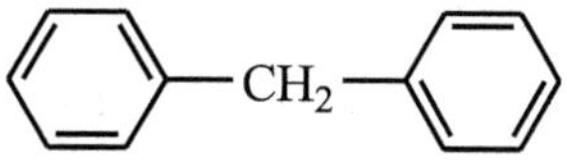　　二苯甲烷

另一类是苯环相互间至少共用环内的两个碳原子，如萘、蒽、菲等，称为稠环芳香烃，其结构为：

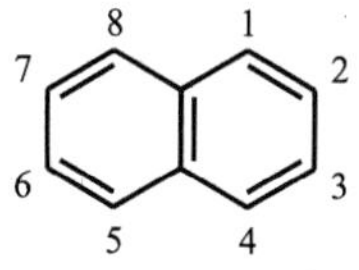

萘 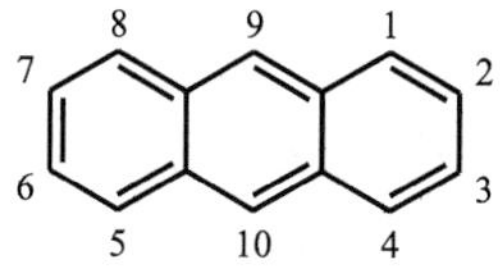　　蒽 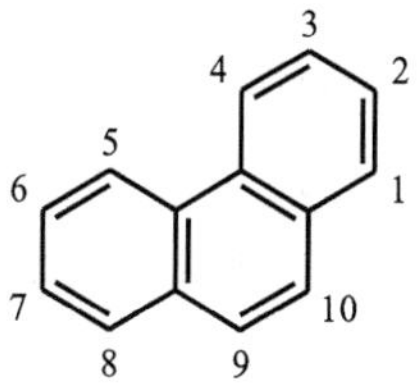　　菲

它们都是煤焦油的高温分馏产物。

多环化合物中，菲的结构有着重要的意义，因为对生物体有作用的许多天然化合物如胆甾醇、胆酸、维生素D等，均为环戊烷多氢化菲的衍生物。而许多多环芳香烃包括联苯类及稠环芳香烃则是目前已确认的有致癌作用的物质，如许多有机大分子不完全燃烧时形成的下列化合物：

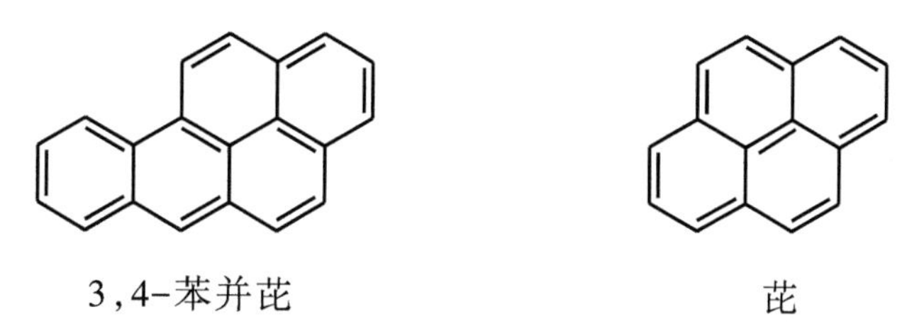

3,4-苯并芘　　芘

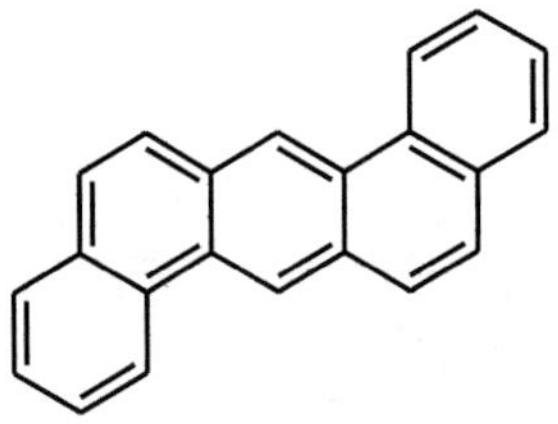

1,2,5,6-二苯并蒽 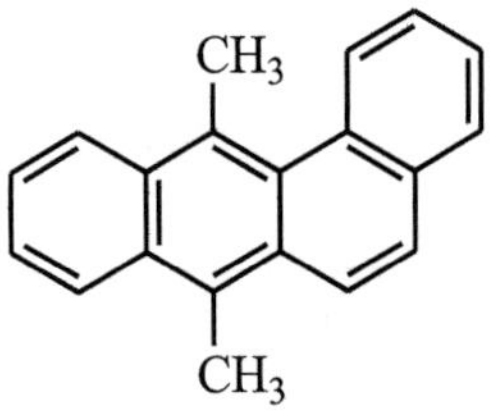　　　　7,12-二甲基苯并蒽

3,4-苯并芘也是香烟燃烧的烟中存在的主要致癌物质之一。在试验动物身上，只要几微克的3,4-苯并芘就足以引起癌症。在小鼠背上刮去毛的部位涂上含有7,12-二甲基苯并蒽的溶液便产生皮肤癌。实验已经证明，这些致癌化合物是与机体中的核酸、脱氧核糖核酸以及蛋白质结合在一起的，但对它们是如何引起癌变的尚不清楚。

4. 异构现象

分子式相同，但分子中原子排列的次序或空间位置不同而引起性质不同的化合物叫作异构体。这种现象叫作异构现象。有机化合物的异构现象可分为构造异构和立体异构。

(1)构造异构

构造异构是分子中原子连接的次序不同所产生的异构现象，可分为两类。

①碳链异构

由于分子中碳原子间连接方式不同而产生的异构现象，称为碳链异构。例如，丁烷分子中的四个碳原子有两种连接方式，因而有两个异构体，直链异构体称正丁烷，有支链的称为异丁烷。异构体的物理性质和化学性质不同，一般地，直链异构体的熔沸点高于支链异构体，支链越多，熔沸点越低。例如：

$$CH_3-CH_2-CH_2-CH_3$$

正丁烷

(m.p −138 ℃，b.p 0 ℃)

$$CH_3-\underset{}{\overset{CH_3}{\overset{|}{CH}}}-CH_3$$

异丁烷

(m.p −159 ℃，，b.p −12 ℃)

烷烃由于碳原子所处的位置不完全相同，因而有不同数目的异构体，而且异构体数目随碳原子数的增加而增加。含一个到九个碳原子的烷烃，实际上得到的异构体的数目与理论推测的相符；含十个碳原子的烷烃理论推测出来的异构体有一半已经得到；更高级的烷烃，只有少数异构体是已知的。

②位置异构

分子中所含官能团在碳链上的位置不同所产生的异构现象，称为位置异构。例如，丁烯分子中的双链位置不同，相应的异构体性质也不同：

$CH_3CH_2CH{=}CH_2$
1-丁烯
（m.p −185 ℃，b.p −6 ℃）

$CH_3CH{=}CHCH_3$
2-丁烯
（m.p −139 ℃，b.p +4 ℃）

官能团或取代基在碳链或碳环上位置不同时，亦可形成性质不同的异构体。例如丙醇和甲基苯酚的异构体分别为：

$CH_3-CH_2-CH_2-OH$
正丙醇

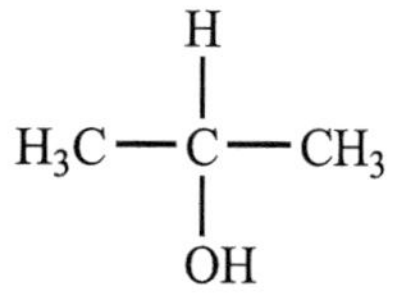

$H_3C-CH(OH)-CH_3$
异丙醇

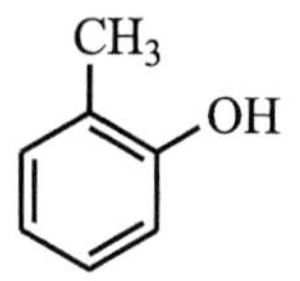

邻甲基苯酚 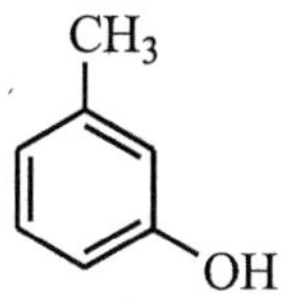　　间甲基苯酚 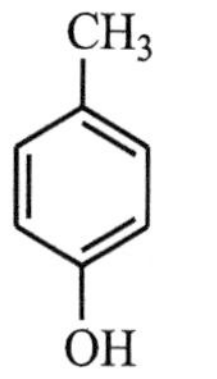　　对甲基苯酚

（2）立体异构

分子式和原子间的连接方式相同的化合物，由于原子的空间排列不同而形成异构体的现象称为立体异构。立体异构有两类：顺反异构（或几何异构）和光学异构。光学异构在生命过程中具有重要意义，读者可阅读有关著作，本书只讨论顺反异构。

烯烃的异构现象比烷烃复杂，除构造异构外，还有立体异构。例如，2-丁烯具有两个不同的沸点：+1 ℃和+4 ℃，表明它们不是相同的化合物，而是两个异构体。如前所述，乙烯是一个平面分子，这是π轨道重叠的结果。由于这个原因，任何烯烃必须有一部分是扁平的，即两个以双键结合的碳原子以及与这两个碳原子连接的四个原子都处于同一平面上。但仔细观察，发现2-丁烯分子中原子排列有两种完全不同的形式，如图4-12所示，在结构（a）中，两个甲基位于分子的同一边，即顺位，称为顺-2-丁烯，沸点为+4 ℃；在结构（b）中，两个甲基分别位于分子的两边，即反位，称为反-2-丁烯，沸点为+1 ℃。由于以双键连接的碳原子不能绕双链自由旋转，这两种排列方式在常温下不能彼此互相转变，因此它们代表两种不同的化合物。这种异构现象称为顺反异构。顺反异构体的构造相同，只是分子在空间的排列方式即构型不同，所以，加上构造异构，丁烯共有四个同分异构体，即1-丁烯、顺-2-丁烯、反-2-丁烯和异丁烯。它们的物理性质列表于4-8中。

(a)顺式　　　　(b)反式

图4-12　2-丁烯的两种异构体

表4-8　丁烯异构体的物理常数

名称	沸点/℃	熔点/℃	密度(d_4^{20})
1-丁烯	-6.5	-183.4	0.595 1
顺-2-丁烯	4	-139	0.621 3
反-2-丁烯	1	-106	0.604 2
异丁烯	-7	-141	0.594 2

必须指出，并非所有烯烃都有顺反异构现象。产生顺反异构的条件是在构成双键的任何一个碳原子上，与其所连接的两个原子或原子团是不相同的。也就是说，当双链的任何一个碳原子所连接的两个原子或原子团相同时，就没有顺反异构现象。例如：

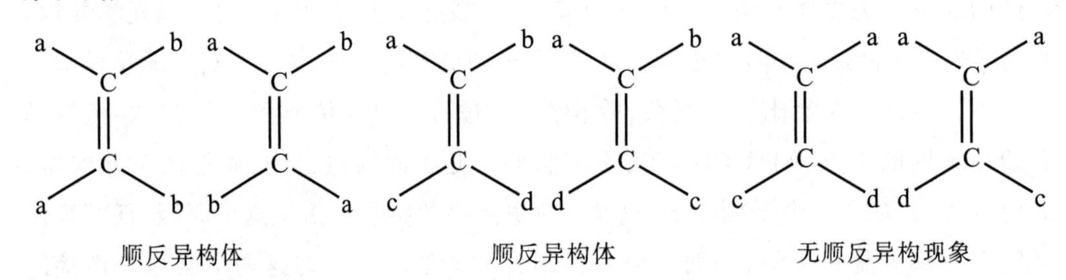

顺反异构体　　　　顺反异构体　　　　无顺反异构现象

二、烃的衍生物

有机分子可以认为是由烃和官能团两部分组成，不同的官能团使分子具有特定的化学性质。重要的衍生物见表4-2，本节只着重介绍几类常见的有机化合物。

（一）醇、酚和醚

醇、酚和醚都是烃的含氧衍生物。

1. 醇

醇可看作是烃分子中的氢原子被羟基取代的化合物，其通式为R—OH。根据羟基所连接的碳原子的种类，醇可分为伯醇、仲醇和叔醇三类，如表4-9所示。

表4-9　醇的分类

类别	通式	举例
伯醇	$\begin{array}{ccccc} & & H & & \\ & & \vert & & \\ R & - & C & - & OH \\ & & \vert & & \\ & & H & & \end{array}$	$CH_3CH_2CH_2CH_2OH$　（1-丁醇或正丁醇）
仲醇	$\begin{array}{ccccc} & & H & & \\ & & \vert & & \\ R & - & C & - & OH \\ & & \vert & & \\ & & R' & & \end{array}$	$\begin{array}{ccccc} & & H & & \\ & & \vert & & \\ CH_3CH_2 & - & C & - & OH \\ & & \vert & & \\ & & CH_3 & & \end{array}$　（2-丁醇）
叔醇	$\begin{array}{ccccc} & & R' & & \\ & & \vert & & \\ R & - & C & - & OH \\ & & \vert & & \\ & & R'' & & \end{array}$	$\begin{array}{ccccc} & & CH_3 & & \\ & & \vert & & \\ CH_3 & - & C & - & OH \\ & & \vert & & \\ & & CH_3 & & \end{array}$　（2-甲基-2-丙醇）

上述醇分子中只含一个羟基，因此可称为一元醇；含有两个或三个羟基的醇分别称为二元醇或三元醇；含三个以上羟基的醇为多元醇。它们的羟基分别连在不同碳原子上，例如，乙二醇和俗称甘油的丙三醇的结构式分别为：

$$\begin{array}{ccccccc} & & H & & H & & \\ & & | & & | & & \\ H & - & C & - & C & - & H \\ & & | & & | & & \\ & & OH & & OH & & \end{array} \qquad \begin{array}{ccccccccc} & & H & & H & & H & & \\ & & | & & | & & | & & \\ H & - & C & - & C & - & C & - & H \\ & & | & & | & & | & & \\ & & OH & & OH & & OH & & \end{array}$$

乙二醇　　　　丙三醇

醇类的熔点和沸点变化规律与烃类相似，即随着碳原子数的增加而升高。碳原子数相同时，直链醇的沸点要比含支链的醇高，所以伯醇的沸点最高，仲醇次之，叔醇最低，如表4-10所列。

醇分子中含有极性很大的羟基—OH，特别是这个基团中的氢是连接在电负性大的氧上，分子中能够形成氢键，因此醇在液态时是缔合的；

$$\begin{array}{ccccccccccc} & & R & & & & R & & & & R & & & & R \\ & & | & & & & | & & & & | & & & & | \\ H & - & O & \cdots & H & - & O & \cdots & H & - & O & \cdots & H & - & O \end{array}$$

所以醇的沸点比相应的烃高得多。

表4-10 部分一元醇的结构式及沸点

名称	结构式	沸点/℃
甲醇	CH_3OH	64.7
乙醇	CH_3CH_2OH	78.4
1-丙醇	$CH_3CH_2CH_2OH$	97.2
2-丙醇	$CH_3CH(OH)—CH_3$	82.4
1-丁醇	$CH_3CH_2CH_2CH_2OH$	118
2-丁醇	$CH_3CH_2CH(OH)CH_3$	99.5
2-甲基-1-丙醇	$CH_3CH(CH_3)CH_2OH$	108.1
2-甲基-2-丙醇	$CH_3—C(CH_3)_2—OH$	82.6
1-戊醇	$CH_3CH_2CH_2CH_2CH_2OH$	138.1
2-戊醇	$CH_3CH_2CH_2CH(OH)CH_3$	119.9

注：数据引自 ***Lange 's Hand book of Chemistry***, 11th.ed.,(1973)。

但是烃基对缔合有阻碍作用，因为它可以遮蔽羟基，使别的分子不易接近。这种阻碍作用与烃基的大小和形状有关。烃基越大，阻碍作用也越大，因此，直链伯醇的沸点随着分子量的增加与相应的烷烃越来越接近。

在溶解度上，醇与烃类化合物也显著不同。因为溶解度与物质分子间的吸引力有关，要使烷烃溶解于水，必须破坏水分子间的作用力，同时烃分子与水分子通过分子间力互相结合。但是，水分子与烃分子之间的分子间力与水分子间的氢键相比，非常微弱，所以即使用机械的方法把烷烃分散在水中，也会被水分子“挤”出，聚集成为另一个相。同样，把水分散在烷烃中，也会因水分子之间互相吸引而从烷烃中分出，自成一相，因此烷烃与水基本是不互溶的。醇分子和水分子之间可以形成氢键而缔合：

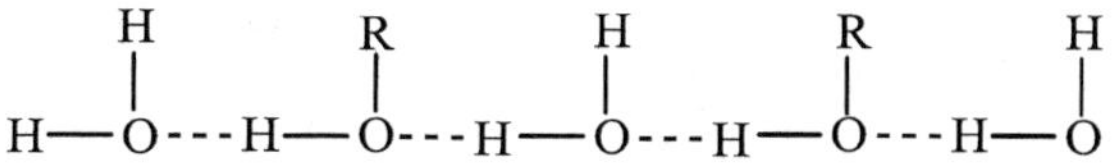

$$\begin{array}{ccccccccc} & H & & R & & H & & R & & H \\ & | & & | & & | & & | & & | \\ H- & O & \cdots H- & O & \cdots H- & O & \cdots H- & O & \cdots H- & O \end{array}$$

因为破坏两个水分子或两个醇分子间的氢键所需要的能量可以由一个水分子和一个醇分子间形成新的氢键来提供，所以醇可以在水分子中间取得位置而互相溶解。但是这种情况只针对低级醇，因为随着碳原子数的增加，醇分子中的烃基加大，醇的羟基生成氢键的能力减弱，醇在水里的溶解度也随之降低。前三个伯醇（甲、乙、丙）能与水混溶，正丁醇的溶解度为8 g，正戊醇的溶解度为2 g，正己醇的溶解度为1 g，高级醇则与烷烃相似，不溶于水而溶于烃类溶剂如石油醚中。所以在实际应用中，含四至五个碳原子的烃基是划分直链伯醇在水中溶解和不溶解的分界线。

乙醇与水可无限互溶，一旦进入血液便很快进入组织，特别是进入供血量大的器官如脑，这种进入组织的运动一直继续到组织里乙醇的浓度和血液里乙醇的浓度达到平衡为止。因为乙醇均匀地分布在全身的组织中，所以呼出的气体或尿里的乙醇浓度可以准确地表明血液里乙醇的含量。血液中乙醇含量低于0.1%时，能使器官和身体的许多系统兴奋，可消除紧张和忧虑，但含量增加会破坏神经系统，含量超过0.3%会使人昏迷甚至死亡。

甲醇（CH_3OH）是剧毒物品，不到10 mL就能使人失明，30 mL就能造成死亡。

醇的反应可以分为两大类，即与RO—H键和R—OH键断裂有关的反应。

（1）与RO—H键断裂有关的反应

①与活泼金属反应

醇像水一样，能与活泼金属如Na、K反应生成强碱性的醇钠或醇钾，放出氢气：

$$2RO—H + 2Na \longrightarrow H_2\uparrow + \underset{\text{醇钠}}{2RONa}$$

②氧化反应

醇被氧化生成不同的产物，主要取决于被氧化醇的种类和氧化剂的强弱。

伯醇用温和氧化剂作用生成醛，但与较强的氧化剂如$K_2Cr_2O_7$或$KMnO_4$作用时，最初生成的醛可进一步被氧化成羧酸，例如：

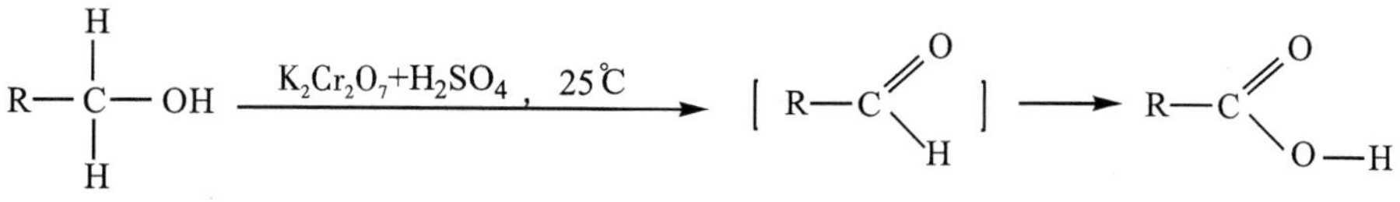

$$\underset{\text{伯醇}}{R—CH_2—OH} \xrightarrow{K_2Cr_2O_7+H_2SO_4,\ 25^\circ C} \underset{\text{醛}}{\left[R—\overset{O}{\overset{\|}{C}}—H\right]} \longrightarrow \underset{\text{羧酸}}{R—\overset{O}{\overset{\|}{C}}—O—H}$$

$$CH_3CH_2OH \xrightarrow{K_2Cr_2O_7+H_2SO_4,\ 25℃} CH_3-\overset{O}{\overset{\|}{C}}-H \longrightarrow CH_3-\overset{O}{\overset{\|}{C}}-O-H$$

反应前后溶液的颜色从橙红色变成绿色。

仲醇与上述氧化剂反应生成酮：

$$R-\underset{H}{\underset{|}{\overset{R'}{\overset{|}{C}}}}-OH \xrightarrow{(O)} R-\overset{R'}{\overset{|}{C}}=O$$

$$CH_3-\underset{H}{\underset{|}{\overset{CH_3}{\overset{|}{C}}}}-OH \xrightarrow{K_2Cr_2O_7+H_2SO_4,\ 25℃} CH_3-\overset{CH_3}{\overset{|}{C}}=O$$

叔醇与氧化剂不反应。重铬酸氧化醇的反应可用来区别伯醇、仲醇与叔醇。

③酯化反应

伯醇和仲醇可与无机含氧酸及羧酸反应，消除一分子水，生成相应的酯。例如：

$$RO-H + HO-\underset{O}{\underset{\|}{C}}-R' \overset{H^+}{\rightleftharpoons} RO-\underset{O}{\underset{\|}{C}}-R' + H_2O$$

(2)与R—OH键断裂有关的反应

①脱水生成烯

醇脱水生成烯：

$$R-\underset{H}{\underset{|}{CH}}-\underset{OH}{\underset{|}{CH}}-R' \xrightarrow{H^+} R-CH=CH-R' + H_2O$$

②生成卤代烷

醇中的羟基被卤素取代生成相应的卤代烷：

$$R-OH + H-X \rightleftharpoons R-X + H_2O\ (X=Cl、Br或I)$$

2.酚

苯酚是酚类中最简单的化合物，在工业生产及日用化工方面有广泛的用途。每年生产出来的苯酚，几乎一半用于制造酚醛树脂。酚醛树脂可作造型和薄片材料，以及胶合板和其他木制品的黏合剂，也可用作电的绝缘体。

苯酚是苯环上的一个氢原子被羟基取代所生成的化合物，例如：

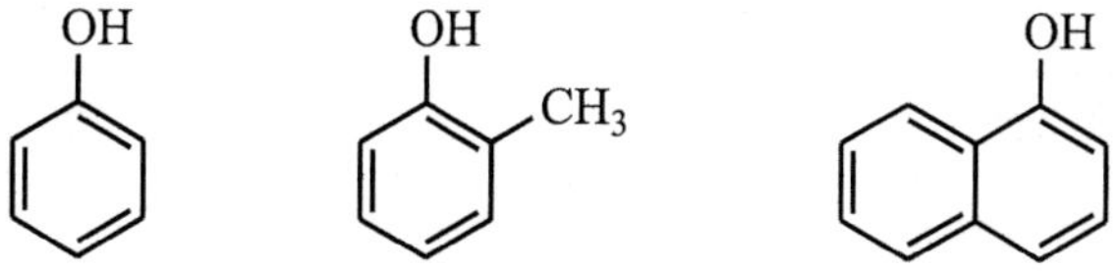

苯酚　　　邻甲酚　　　α-萘酚

由于羟基直接连在苯环上，因而在性质上与醇类有很大的不同。苯酚中氧原子上未共用电子对所在的p轨道组成包括六个碳原子和一个氧原子的大π键，氧的p电子向苯环方向移动，使苯环上的电子云密度相对增加，氧上的电子云密度则相对降低，减弱了C—O键的极性，而O—H键的极性增强，因此，酚羟基的氢比醇羟基的氢活泼，易电离出H^+，故苯酚显酸性：

$$C_6H_5OH + H_2O \rightleftharpoons C_6H_5O^- + H_3O^+$$

酚类很容易被氧化。一些酚在空气中会缓慢地与空气中的氧作用，因此，酚在食品、橡胶、塑料等工业中可用作抗氧剂。

羟基的存在，使苯环上与其相邻及相对位置上的氢活化，因而易于进行亲电取代反应，例如：

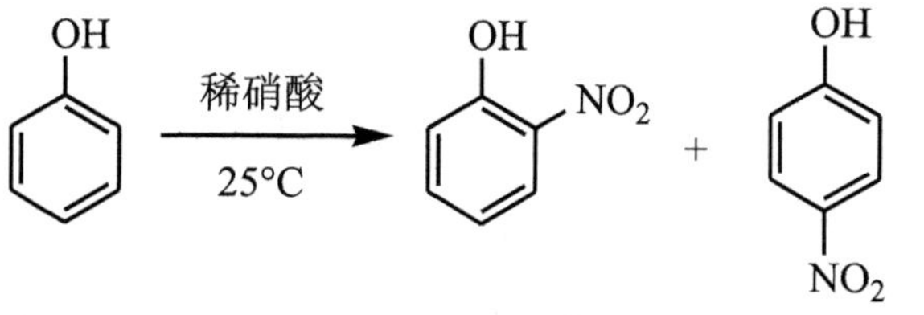

稀硝酸 25°C　　NO₂ OH　+　OH NO₂

邻硝基苯酚　　对硝基苯酚

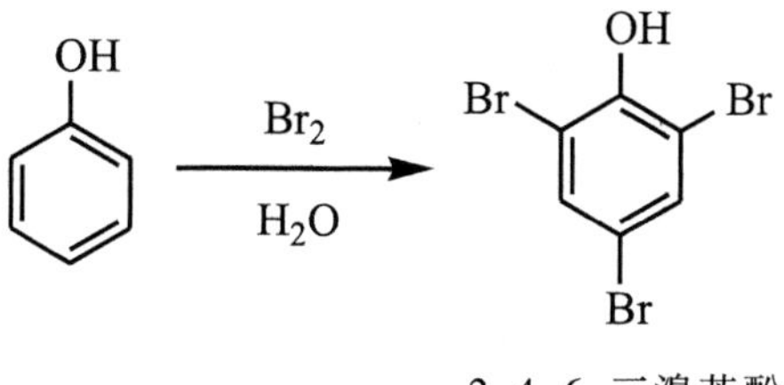

Br_2 H_2O

2,4,6-三溴苯酚

这种反应有时用来鉴定酚类。

3. 醚

醚可看作是醇或酚羟基上的氢被有机基团取代生成的一类化合物。在醚分子中，若与氧所连的基团是不对称的，通式为R—O—R′，称为混合醚。混合醚在命名时，一般是把较小的烷基放在前面，芳基放在烷基前面，例如甲乙醚、苯甲醚等，如表4-11所示。

表 4-11　一些对称醚和不对称醚的名称与结构式

对称醚		不对称醚	
名称	结构式	名称	结构式
甲醚	$CH_3—O—CH_3$	甲(基)乙(基)醚	$CH_3—O—CH_2CH_3$
乙醚	$CH_3CH_2—O—CH_2CH_3$	乙(基)正丙(基)醚	$CH_3CH_2—O—CH_2CH_2CH_3$
乙烯醚	$CH_2{=}CH—O—CH{=}CH_2$	甲(基)叔丁(基)醚	$(CH_3)_3C—O—CH_3$
苯(基)醚	$C_6H_5—O—C_6H_5$	苯(基)甲(基)醚	$C_6H_5—O—CH_3$

具有环状结构的最简单的环醚如下：

$$\begin{array}{c} CH_2 — CH_2 \\ \diagdown \ \diagup \\ O \end{array}$$

环氧乙烷是一种无色气体，极易与含有活泼氢的物质发生反应，在工业上是重要的有机合成中间体。

大多数醚在室温时为液体，有香味，沸点比分子量相近的醇和酚低。表 4-12 列出了一些醚的结构式和沸点。

表 4-12　一些醚的结构式和沸点

名称	结构式	沸点/°C
甲醚	CH_3OCH_3	−23.7
乙醚	$CH_3CH_2OCH_2CH_3$	34.8
正丙醚	$CH_3CH_2CH_2OCH_2CH_2CH_3$	90.1
异丙醚	$(CH_3)_2CHOCH(CH_3)_2$	69
正丁醚	$CH_3CH_2CH_2CH_2OCH_2CH_2CH_2CH_3$	142.4
二乙烯基醚	$CH_2{=}CH—O—CH{=}CH_2$	35
苯甲醚	$C_6H_5OCH_3$	153.8
苯乙醚	$C_6H_5OCH_2CH_3$	172
二苯醚	$C_6H_5OC_6H_5$	258.3
1,4-二氧六环	(六元环，1,4位为O)	101

醚的沸点比相应的醇低，这与醚分子中羟基上的氢原子被烃基取代，醚分子之间不能形成氢键有关。但醚分子中的氧原子仍能与水分子中的氢形成氢键：

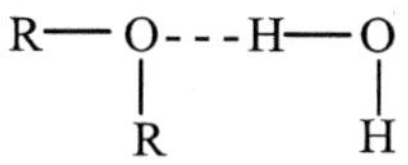

$$R-\underset{\displaystyle R}{\underset{|}{O}}\cdots H-\underset{\displaystyle H}{\underset{|}{O}}$$

因此，醚在水中的溶解度接近于醇，例如乙醚和正丁醇在水中的溶解度都为8 g左右。

除环醚外，大多数醚是相当不活泼的化合物，在常温下与金属不起反应，因此，可用金属钠来干燥。常温下醚与五氯化磷、强碱等亦不起反应。在许多有机反应中可以用醚作溶剂。

烷基醚在空气中放置会慢慢生成不稳定的过氧化物，例如

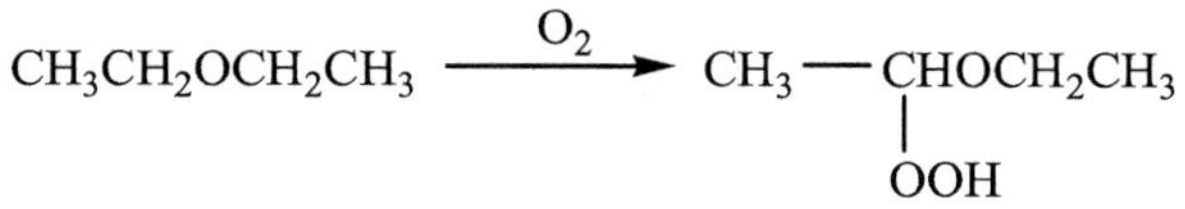

$$CH_3CH_2OCH_2CH_3 \xrightarrow{O_2} CH_3-\underset{\displaystyle OOH}{\underset{|}{C}}HOCH_2CH_3$$

尽管这些过氧化物的浓度很低，但在加热时仍会迅速分解而发生爆炸。即使醚（如乙醚）中不含过氧化物，由于醚的高度挥发性和蒸气的易燃性，亦存在着火灾和爆炸的危险。

（二）醛和酮

醛和酮是都含有羰基 $>C=O$ 的化合物，因此在性质上有很多相似之处，但是醛分子中羰基同一个氢原子和一个烃基相接，其通式为：

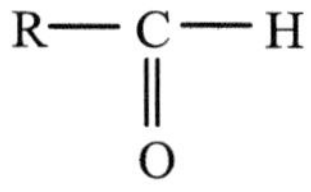

$$R-\underset{\displaystyle O}{\underset{\|}{C}}-H$$

—CHO称为醛基。随着烃基—R的不同可得到不同的醛。例如：

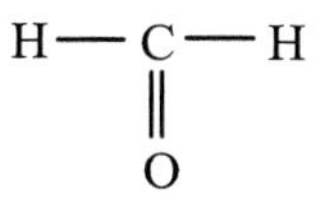

$$H-\underset{\displaystyle O}{\underset{\|}{C}}-H \qquad CH_3-\underset{\displaystyle O}{\underset{\|}{C}}-H \qquad CH_3CH_2-\underset{\displaystyle O}{\underset{\|}{C}}-H$$

甲醛 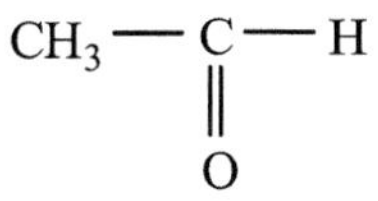　　　　乙醛 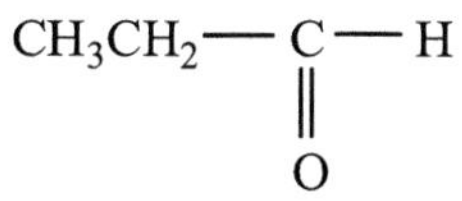　　　　丙醛

酮分子中的羰基与两个烷基连接，通式为：

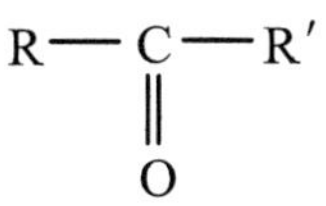

$$R-\underset{\displaystyle O}{\underset{\|}{C}}-R'$$

最简单的酮为丙酮，其结构式为：

$$CH_3-\underset{\underset{O}{\|}}{C}-CH_3$$

由于醛和酮的结构不同,因此,它们的性质有一定的差异,表4-13列出了一些醛和酮的结构式和沸点。

表4-13　一些醛和酮的结构式和沸点

名称	化学式	沸点/°C
甲醛	HCHO	-21
乙醛	CH_3CHO	20.2
丙醛	CH_3CH_2CHO	49.5
丁醛	$CH_3CH_2CH_2CHO$	75.7
戊醛	$CH_3CH_2CH_2CH_2CHO$	103.4
苯甲醛	C_6H_5CHO	179.1
苯乙醛	$C_6H_5CH_2CHO$	193
丙酮	CH_3COCH_3	56.2
丁酮	$CH_3COCH_2CH_3$	79.6
2-戊酮	$CH_3CH_2CH_2COCH_3$	102.4
3-戊酮	$CH_3CH_2COCH_2CH_3$	121.7
环己酮	(环己酮结构式,=O)	155.7
苯乙酮	$C_6H_5COCH_3$	202

注:数据引自 ***Lange 's Hand book of Chemistry***, 11th.ed.,(1973)。

醛和酮的沸点比分子量相当的烃和醚稍高,但比相应的醇低。这是由于醛和酮分子中羰基的极化使碳原子上带有部分正电荷,氧原子上带有部分负电荷,偶极之间的静电引力使醛、酮分子间的引力大于分子量相当的烃和醚,因而沸点较高,但醛、酮分子之间不能生成氢键,故沸点较相应的醇低。

醛和酮分子中羰基的氧原子与醚分子中的氧原子类似,可与水分子生成氢键,所以低级醛和酮的溶解度随分子量的增加而减小,大多数微溶或不溶于水,易溶于有机溶剂。

醛和酮分子中的羰基像碳碳双键一样,由一个σ键和一个π键组成。由于氧原子的电负性大,易流动的电子云大部分靠近氧的一端而不是均匀地分布在碳和氧之间，所以羰基是极化的，氧原子上带部分负电荷，碳原子上带部分正电荷；

$$\gt C^{\delta+}=\ddot{O}^{\delta-}:$$

与碳碳双键一样，羰基可以进行加成反应，不同的是在反应时，带正电的离子连接到氧上，带负电的离子连接到碳上。例如，氢氰酸与醛或酮生成氰醇的反应：

$$\gt C=O + HCN \rightleftharpoons \gt C(OH)CN$$

在与还原剂作用时，醛和酮都可以被还原成相应的醇。例如，在催化剂（Ni、Co、Cu、Pt、Pd等）存在下加氢得到伯醇或仲醇：

$$R-CH=O + H_2 \xrightarrow{Pt} R-CH_2-OH$$

$$R-C(R')=O + H_2 \xrightarrow{Pt} R-CH(R')-OH$$

但是醛和酮与氧化剂的作用很不相同，因为醛分子中的羰基上有一个很易被氧化的氢原子，在氧化剂作用下即转变成相应的羧酸：

$$\underset{\text{乙醛}}{CH_3-\overset{O}{\overset{\|}{C}}-H} \xrightarrow{KMnO_4} \underset{\text{乙酸}}{CH_3\overset{O}{\overset{\|}{C}}-OH}$$

酮不易被氧化。在剧烈的条件下氧化时，碳链发生断裂。在实验室中常利用这个性质来区别醛和酮。例如，将醛和Tollens试剂（硝酸银的氨水溶液）共热，醛被氧化成相应的酸，银离子被还原为金属银，沉淀在试管壁上形成银镜。这就是大家熟知的银镜反应，其反应式为：

$$RCHO + 2Ag(NH_3)_2OH \longrightarrow RCOONH_4 + 2Ag\downarrow + 3NH_3 + H_2O$$

在同样条件下，酮不会发生这个反应。

醛或酮在一定条件下可以发生羟醛缩合。具有α-H的醛或酮，在碱催化下生成碳负离子，碳负离子作为亲核试剂对醛或酮进行亲核加成，生成β-羟基醛，然后其受热脱水生成α-β不饱和醛或酮。在稀碱或稀酸的作用下，两分子的醛或酮可以互相作用，其中一个醛（或酮）分子中的α-氢加到另一个醛（或酮）分子的羰基氧原子上,其余部分加到羰基碳原子上,生成一分子β-羟基醛或一分子β-羟基酮。这个反应叫作羟醛缩合或醇醛缩合。通过醇醛缩合,可以在分子中形成新的碳碳键,并增长碳链。例如:

$$2RCH_2CHO \xrightarrow{OH^-} \xrightarrow{\Delta} RCH_2CH{=}CRCHO$$

羰基化合物中,许多醛由于具有芬芳的气味常被用来制造香料和调味品,例如:

柠檬醛 $CH_3-\underset{CH_3}{\underset{|}{C}}{=}CHCH_2CH_2\underset{CH_3}{\underset{|}{C}}{=}CH\underset{O}{\underset{\|}{C}}-H$ 用作柠檬香料

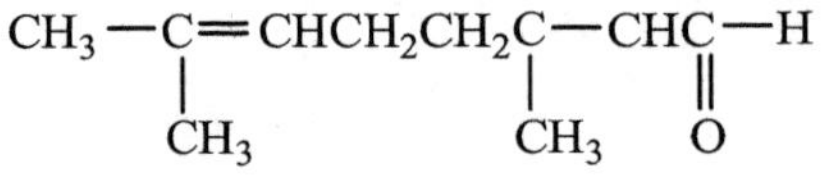

香草醛 (4-羟基-3-甲氧基苯甲醛结构式:HO、H_3CO 取代的苯环连 —CHO) 用作香草香料

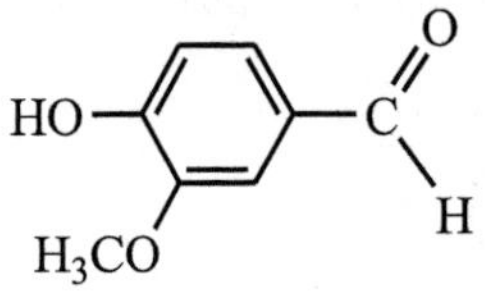

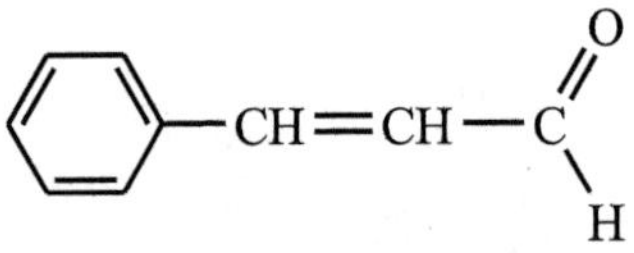

肉桂醛 $C_6H_5-CH{=}CH-CHO$ 用作肉桂香料

苯甲醛 C_6H_5-CHO 用作杏仁香料

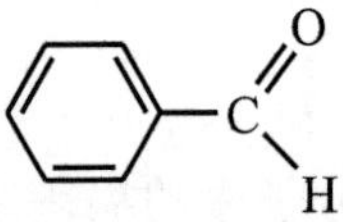

最简单的甲醛是常用的防腐剂,它容易与蛋白质化合,杀死微生物,使组织硬化。

酮在化学工业中广泛地用作溶剂,较普通的酮溶剂是丙酮。

(三)羧酸和酯

1.羧酸及其性质

羧酸分子的通式为R—COOH,都含有羧基$-\overset{O}{\overset{\|}{C}}-OH$。根据与羧基相连的烃基种类,可以把羧酸分为脂肪族羧酸(如醋酸)和芳香族羧酸(如苯甲酸):

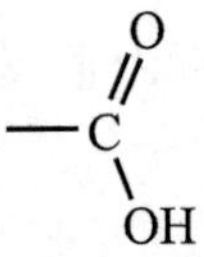

CH_3COOH	C_6H_5COOH
醋酸	苯甲酸

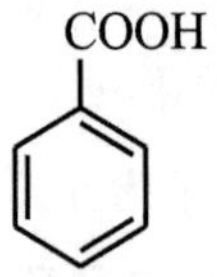

有些羧酸具有一个以上的羧基,称为多元酸,例如:

草酸　　　　　　对苯二甲酸

羧酸的系统命名是选择分子中含羧基最长的碳链为主链,根据主链上碳原子的数目称为某酸,表示支链与重键的方法与烃类相同,编号则自羧基开始,例如:

$\overset{4}{C}H_3\overset{3}{C}H_2\overset{2}{C}H_2\overset{1}{C}OOH$　　丁酸

$\overset{4}{C}H_3\overset{3}{C}H_2\overset{2}{C}H(CH_3)\overset{1}{C}OOH$　　2-甲基丁酸

$\overset{4}{C}H_3\overset{3}{C}(CH_3){=}\overset{2}{C}H\overset{1}{C}OOH$　　3-甲基-2-丁烯酸

习惯上用希腊字母α,β,γ,δ来标明支链和取代基的位置,与羧基相连接的碳原子定为α-碳,从α-碳起,依次为β-碳,γ-碳,δ-碳等。例如:

$\overset{\gamma}{C}H_3\overset{\beta}{C}H_2\overset{\alpha}{C}H(CH_3)COOH$

α-甲基丁酸

羧酸广泛存在于自然界中。例如:柠檬汁中的柠檬酸常用作含碳酸饮料的酸化剂;五倍子或其他植物中的没食子酸是墨水的重要原料。一些常见的羧酸列于表4-14中。

表4-14　一些常见羧酸的结构式及来源

名称	结构式	来源
甲酸	$H-\overset{O}{\overset{\Vert}{C}}-OH$	蜂和蚁等动物中
醋酸	$CH_3-\overset{O}{\overset{\Vert}{C}}-OH$	食醋
丙酸	$CH_3CH_2-\overset{O}{\overset{\Vert}{C}}-OH$	自然界中不存在
棕榈酸	$CH_3(CH_2)_{14}-\overset{O}{\overset{\Vert}{C}}-OH$	棕榈油(用来制肥皂)

续 表

名称	结构式	来源
硬脂酸	$CH_3(CH_2)_{16}-\overset{O}{\overset{\parallel}{C}}-OH$	动物脂肪(用来制肥皂)
油酸	$CH_3(CH_2)_7CH=CH(CH_2)_7-\overset{O}{\overset{\parallel}{C}}-OH$	大多数油和脂肪
苯甲酸	C_6H_5-COOH	香脂
乳酸	$CH_3\underset{OH}{\underset{\mid}{CH}}-\overset{O}{\overset{\parallel}{C}}-OH$	酸奶
琥珀酸	$HO-\overset{O}{\overset{\parallel}{C}}-CH_2CH_2-\overset{O}{\overset{\parallel}{C}}-OH$	甘蔗和甜菜
己二酸	$HO-\overset{O}{\overset{\parallel}{C}}-(CH_2)_4-\overset{O}{\overset{\parallel}{C}}-OH$	甜菜汁(用来制尼龙)
柠檬酸	$HO-\overset{O}{\overset{\parallel}{C}}-CH_2-\overset{OH}{\overset{\mid}{\underset{COOH}{\underset{\mid}{C}}}}-CH_2-\overset{O}{\overset{\parallel}{C}}-OH$	柠檬汁
酒石酸	$HO-\overset{O}{\overset{\parallel}{C}}-\overset{OH}{\overset{\mid}{\underset{H}{\underset{\mid}{C}}}}-\overset{OH}{\overset{\mid}{\underset{H}{\underset{\mid}{C}}}}-\overset{O}{\overset{\parallel}{C}}-OH$	葡萄
水杨酸	邻羟基苯甲酸 $o\text{-}HOC_6H_4-COOH$	柳树皮

羧酸的许多化学反应主要是由羧基引起的,羧基可以看作是由羰基和羟基组成,羰基和羟基之间相互影响使羧基具有特殊的性质。在羰基的影响下,羟基中氧原子周围的电子云密度降低,导致氧和氢间的电子云偏向氧原子,从而使氢容易电离为氢离子,所以羧酸具有酸性。

$$R-\underset{\underset{O}{\parallel}}{C}-\ddot{O}H \longrightarrow [R-\underset{\underset{O}{\parallel}}{C}-O]^- + H^+$$

当羧酸分子中α-碳原子的氢被卤素原子取代后,羧酸的酸性增强:

$$CH_3COOH + Cl_2 \longrightarrow ClCH_2COOH$$

当取代的卤素原子与羧基的距离增大时，它对酸性的影响也随之减弱。羧酸α-位上卤原子的数目越多，酸性越强（表4-15）。而且不同的卤素对羧酸酸性的影响不相同，其影响酸性的次序依次为：F > Cl > Br > I。

表4-15　部分羧酸的酸性

化合物	pK_a	化合物	pK_a
CH_3COOH	4.75	ICH_2COOH	3.16
FCH_2COOH	2.57	$CH_3(CH_2)_2COOH$	4.88
$ClCH_2COOH$	2.87	$Cl(CH_2)_3COOH$	4.52
$Cl_2CHCOOH$	1.25	$CH_3CH(Cl)CH_2COOH$	4.06
Cl_3CCOOH	0.66	$CH_3CH_2CH(Cl)COOH$	2.84
$BrCH_2COOH$	2.90	—	—

从表4-15可看出，在γ-氯丁酸分子中，氯原子与羧基并没有直接相连，但氯原子对羧酸的酸性仍有明显的影响。这是因为氯的电负性较大，使Cl—C键中的电子云偏向氯原子而使其带上部分负电荷，碳原子带部分正电荷。Cl—C键的极性可以通过诱导作用影响分子中相邻的碳原子，使C—C键上电子云的分布也不对称，电子云偏移的方向如下式箭头所示。最终导致羟基的极性增强，使氢原子容易电离为氢离子，羧酸的酸性亦因之增强。

$$Cl \leftarrow CH_2 \leftarrow CH_2 \leftarrow CH_2 \leftarrow C(=O) \leftarrow O \leftarrow H$$

羧酸中的羟基可以被其他原子或原子团取代而得到羧酸的衍生物。当羟基被氯原子取代时可以得到有高度反应活性的酰氯：

$$\underset{\text{醋酸}}{CH_3COOH} + PCl_5 \longrightarrow \underset{\text{乙酰氯}}{CH_3COCl} + HCl\uparrow + POCl_3$$

2. 酯

酯是最常见的羧酸的衍生物，在结构上可以看作羧酸中的羟基被烃氧基（—OR′）取代的产物，也可以看作醇中羟基的氢原子被酰基取代的产物。酯的通式为：

$$R-\overset{\overset{\displaystyle O}{\|}}{C}-O-R'$$

羧酸酯普遍存在于自然界中，并以它特有的芳香气味使花和水果具有香味。一些常见的酯列于表4-16中。

表4-16 一些常见酯的结构式及来源

名称	结构式	来源
甲酸乙酯	$CH_3CH_2-O-\underset{\underset{\displaystyle O}{\|}}{C}-H$	朗姆酒
甲酸异丁酯	$CH_3\underset{\underset{\displaystyle CH_3}{\vert}}{C}HCH_2-O-\underset{\underset{\displaystyle O}{\|}}{C}-H$	木莓
醋酸戊酯	$CH_3(CH_2)_4-O-\underset{\underset{\displaystyle O}{\|}}{C}-CH_3$	香蕉
醋酸异戊酯	$CH_3\underset{\underset{\displaystyle CH_3}{\vert}}{C}HCH_2CH_2-O-\underset{\underset{\displaystyle O}{\|}}{C}-CH_3$	梨
醋酸辛酯	$CH_3(CH_2)_7-O-\underset{\underset{\displaystyle O}{\|}}{C}-CH_3$	橘
丁酯乙酯	$CH_3CH_2-O-\underset{\underset{\displaystyle O}{\|}}{C}-CH_2CH_2CH_3$	菠萝
正丁酸戊酯	$CH_3(CH_2)_4-O-\underset{\underset{\displaystyle O}{\|}}{C}-CH_2CH_2CH_3$	杏

由羧酸和醇直接作用得到酯的反应叫作直接酯化，一般在酸性催化剂如硫酸、盐酸和氟化硼等存在下进行。例如，乙酸和乙醇作用得到乙酸乙酯的反应是典型的酯化作用：

$$CH_3-\underset{\underset{\displaystyle O}{\|}}{C}-OH + HO-CH_2CH_3 \overset{H^+}{\rightleftharpoons} CH_3-\underset{\underset{\displaystyle O}{\|}}{C}-O-C_2H_5 + H_2O$$

冠心病用药硝化甘油是由一种无机酸（硝酸）和醇（甘油）作用得到的酯：

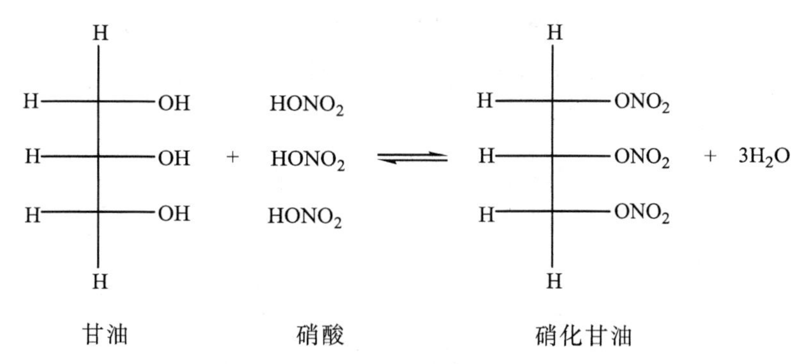

这种酯有扩大较小血管和放松动脉肌肉的作用，从而降低血压，减少因之而引起的某些心脏功能紊乱带来的痛苦。

酯化作用是一个可逆反应，为了使平衡向酯的生成方向移动，可用过量的醇或酸，也可以把反应中生成的水或酯连续蒸出，使平衡向右移动。

第三节　生活有机化学

动植物等生物体除水分外主要都是由有机化合物组成的，动植物生命的产生和维持过程，也主要是各种有机化合物的产生和变化的过程。人类的日常生活，如衣、食、住、行、用，都离不开有机化合物，亦即离不开有机化学。也就是说，人类的日常生活与有机化学结下了不解之缘。

一、食物有机化学

“民以食为天”，日常生活中首要的当然是食物。随着社会的发展，科学技术日益发达，人类的食物已不单纯是取之于自然，而且是通过改造自然，以种植、养殖、加工、制造和合成等各种方式方法，生产出了数不清的食物品种。食物品种虽然很多，但大体上可以分为主食（粮食）、肉食（含畜、禽、水产的肉及禽蛋）、油脂、维生素、果蔬、调料等几大类，它们中绝大多数是有机物，属有机化学的研究范畴。

1. 粮食有机化学

粮食是一类以向人类提供碳水化合物（如淀粉）为主的天然食物。它是有生命的有机体，其化学成分十分复杂，但以有机化合物为主（大于80%）。其中有机物包括碳水化合物、蛋白质、粗纤维、脂类、酚、维生素和色素等。粗纤维是粮食中不能被人体消化的纤维素、半纤维素等，虽然它们的化学成分也是碳水化合物，但通常为与淀粉等区别开来，多单独分项列出。粮食中所含的无机化合物(少于20%)主要包括水分与矿物质。

表4-17 一些粮食的化学成分

成分	水分	碳水化合物	蛋白质	脂肪	粗纤维	灰分
稻谷	13.0%	68.2%	8.0%	1.4%	6.7%	2.7%
粳米(标二)	14.0%	76.0%	6.9%	1.7%	0.4%	1.0%
籼米(标二)	13.0%	75.5%	8.2%	1.8%	0.5%	1.0%
糯米(标二)	14.9%	76.0%	6.9%	1.3%	0.2%	0.7%
小麦	15.0%	68.5%	11.0%	1.9%	1.9%	1.7%
标准粉	12.0%	74.6%	9.9%	1.8%	0.6%	1.1%
玉米	12.0%	72.2%	8.5%	4.3%	1.3%	1.7%
高粱	10.9%	70.8%	10.2%	3.0%	3.4%	1.7%
大麦	12.8%	78.2%	10.0%	2.2%	4.3%	2.5%
大豆	10.2%	25.3%	36.3%	18.4%	4.8%	5.0%
绿豆	9.5%	58.8%	23.8%	0.5%	4.2%	3.2%
甘薯	67.1%	29.5%	1.8%	0.2%	0.5%	0.9%
马铃薯	79.9%	16.6%	2.3%	0.1%	0.3%	0.8%

粮食是人体的主要能源。人类赖以生存的主食，基本上是谷类、薯类、豆类等三大类粮食及其加工产品。谷类粮食包括米(大米、小米、玉米、高粱等)及其加工制品、麦(大麦、小麦、燕麦、荞麦、青稞等)及其加工制品；薯类粮食包括马铃薯、甘薯、木薯等及其加工制品；豆类粮食包括大豆(黄豆、青豆、赤豆、黑豆)、绿豆、蚕豆等及其加工制品。但不论是哪一类粮食，其主要成分都是碳水化合物——淀粉(一种多糖化合物)($(C_6H_{10}O_5)_n$)，而组成淀粉这种高分子化合物的基本单位(单体)都是葡萄糖，200~37 000个葡萄糖分子通过缩合、聚合可形成淀粉。

2. 肉食有机化学

人类的副食大体可分为“荤”和“素”两大类。“荤”食主要是指肉食，包括各种动物(兽、畜、禽、水产等)的肌肉、结缔组织、脏器和蛋类等。“素”食则主要指果蔬、食用菌等。

肉食的实质是人体所需的各种蛋白质。人类为什么需要食用这些蛋白质？为什么要熟食肉蛋？鱼为什么腥？虾、蟹加热后为什么壳会变红？这些常见的现象都与有机化学密切相关。只有从有机化学角度去研究，才能得到圆满的解答。

人体的肌肉、内脏、皮肤、血液、血管、毛发、指甲、抗体以及体内的各种酶等，它们的主要成分都是蛋白质。蛋白质约占成人新鲜组织重量的20%。人体中的蛋白质，是由各种α-氨基酸按一定规律缩合而成的高分子化合物。因此，不断补充各种α-氨基酸是人类生存的需要。自然界中能给人类全面提供各种α-氨基酸的东西最好的当然莫过于各种动物的肉和蛋了。这是人需要吃肉的最主要原因。

人要吃熟肉，除了生肉具有强烈的血腥气味，其血淋淋的形象给人的感官以很不愉快的刺激，以及它韧性很大不易嚼烂等原因外，最主要原因在于人吃生肉难以消化。

鱼腥味来自鱼身上存在的甲胺及其同系物（二甲胺、三甲胺），其中尤以三甲胺为最：

CH_3NH_2	$(CH_3)_2NH$	$(CH_3)_3N$
甲胺	二甲胺	三甲胺

因为鱼头部中三甲胺、二甲胺、甲胺含量最多，因而鱼腥味最重。

活虾和生蟹的外壳多为青色（深淡不一），但加热后却变成红色。其原因在于，虾和蟹的外壳都含有一种色素——虾青素。

虾青素是一种由β-胡萝卜素衍生成的色素，属于类胡萝卜素。因为类胡萝卜素分子中都含有羰基，因此又称为酮类胡萝卜素。酮类胡萝卜素的本色均为红色（由橙红到紫红，因色素种类不同或溶剂不同而异）。所以，活虾或生蟹的外壳加热后呈红色，仅仅是显露出虾青素的本色而已。那么，为什么活虾或生蟹的外壳却是青色或半透明淡青色呢？这是因为，虾青素是以结合蛋白（色素蛋白）的形式存在的，此时，它吸收白光中波长约为600 nm的红光，从而使它显出红色的补色——青色，掩盖了它的真面目。

3.油脂有机化学

油脂是人类重要的食物之一。它不仅是人类很好的热量来源之一，而且供给人体不能合成却又必需的脂肪酸，食用油脂还可补充人体新陈代谢所消耗的部分油脂。油脂在人体内还起着许多重要的生理作用。人类还用食用油烹调佐食。据统计，发达国家每人年均消耗各种食油在20 kg以上，我国城市人均年食油量也已达到或接近这个水平。从化学组成看，我们说的油脂实际上是高级脂肪酸甘油酯：

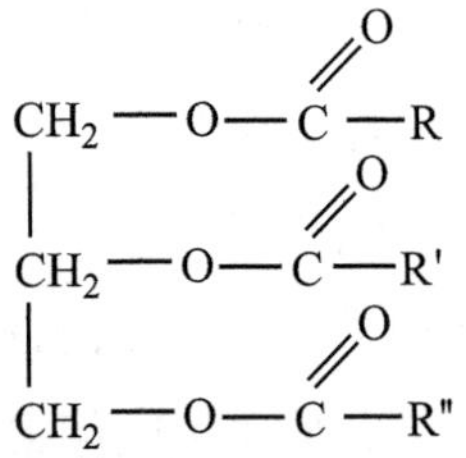

$$
\begin{array}{l}
\quad\quad\quad\quad\quad\quad\ \ O \\
\quad\quad\quad\quad\quad\quad\ // \\
CH_2 - O - C - R \\
| \quad\quad\quad\quad\quad\ \ O \\
| \quad\quad\quad\quad\quad\ // \\
CH_2 - O - C - R' \\
| \quad\quad\quad\quad\quad\ \ O \\
| \quad\quad\quad\quad\quad\ // \\
CH_2 - O - C - R''
\end{array}
$$

自然界存在的油脂,都是混合脂肪酸甘油酯。在化学中,通常把含不饱和脂肪酸为主的,常温下为液态的油脂叫“油”;而把含饱和脂肪酸为主的,常温下为固态的油脂叫“脂”。但生活中,牛油、猪油、羊油却不因它们在常温下为固态而把它们叫“牛脂”“猪脂”“羊脂”,这里还有个习惯的问题。

油脂对人体具有极为重要的生理作用,至少表现为以下几个方面:

人体中以分散状态存在的油脂,对于人体内脂溶性养分(如维生素A、D、E、K等)的吸收和运输起着重要的溶剂作用;人体中以聚集形式存在的油脂,多集中于皮下结缔组织、腹腔、大网膜和系膜等脂肪组织中,具有保护内脏免受外力撞伤或发生相互摩擦的作用。此外,由于油脂是热的不良导体,因此,在调节、保持人的体温及御寒上也起了重要的作用。

油脂还是人体主要贮藏能量的物质之一,人体过剩的营养往往转化成脂肪存储起来,使人变胖。当需要时,这部分脂肪即转化为能量消耗掉,于是人就瘦下来了。

油脂是人生命活动所需能量的主要来源之一。油脂虽不溶于水,但人体内的胆酸能乳化油脂,使大的油滴成为细小的油滴,被小肠绒毛所吸收并部分被脂肪酶水解而消化。口和胃内没有脂肪酶,油脂在口和胃内不被消化吸收,小肠内有脂肪酶和胆汁中的胆酸,所以油脂的消化主要在小肠内进行。吸收的油脂进入肝脏,这是脂肪代谢的场所。在这个过程中油脂经水解并继而发生氧化,每克油脂放出约39 kJ的热量(1 g淀粉氧化放热约17 kJ,1克蛋白质氧化放热约17 kJ,合计约34 kJ)。

因此,人需要不断从外界补充体内所需的油脂。

另外,人也需要一部分油脂。因为绝大多数的食物,用油脂煎、炒、烹、炸之后,都能大大提高其色、香、味,从而增加人的食欲,促进消化。要想加工出色、香、味俱佳的食品,是离不开油脂的。

再者,无油的食物在胃中一般只能停留2~3小时就被完全消化吸收;而含油多的食物在胃中可停留4~5小时,从而使人不易产生饥饿感。这就是平常人们讲的“油水足,肚子就不容易饿”的道理。

以上是人之所以要吃油脂的主要原因。当然,人体中油脂含量过多也不好。油脂过多,身体就发胖,会影响身体健康和体形美;内脏(如心脏)外油脂过多,会影响内脏的正常功能，甚至发生疾病；血液中含油脂太多（即化验血发现甘油三酯超标准），会造成血管硬化和形成血栓等。所以，人吃油脂也要适量。近几十年来，生物化学家不仅深入钻研蛋白质与酶，并与有机化学家一起对脂质化学进行了大量的探索，在营养、生理、病理、细胞、医学等方面进行了大量研究工作，充分体现了此学科旺盛的生命力。

炒菜过程伴随化学反应，比如炒菜时油锅中的分解反应：

油脂在250 ℃以上即会部分裂解，生成甘油和脂肪酸，甘油和脂肪酸在高温和空气中进一步发生氧化、分解、脱水、脱羧等各种反应，生成丙烯醛、环氧丙醛、醛、酮、二氧化碳和水等小分子化合物，甚至裂解成游离碳：

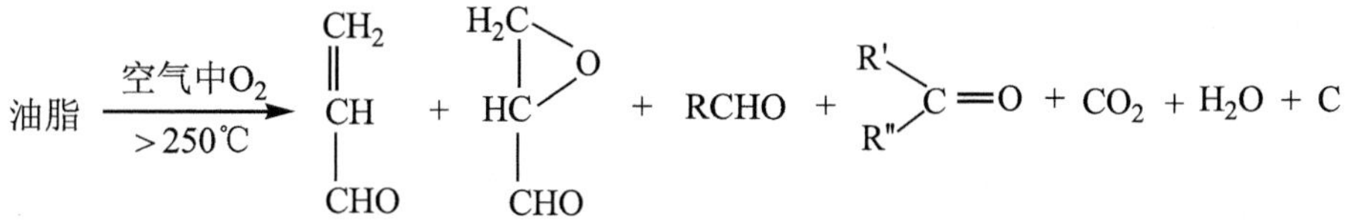

$$\text{油脂} \xrightarrow[>250^\circ C]{\text{空气中}O_2} \underset{\text{丙烯醛}}{CH_2{=}CH{-}CHO} + \underset{\text{环氧丙醛}}{\text{(环氧)}H_2C{-}O{-}CH{-}CHO} + \underset{\text{醛}}{RCHO} + \underset{\text{酮}}{R'R''C{=}O} + CO_2 + H_2O + C$$

丙烯醛、环氧丙醛、小分子的醛或酮均具有刺激性臭味，其中尤以丙烯醛和环氧丙醛为甚。所以炒菜时油锅冒出的“油烟”特别呛鼻。

菜油中还含有黑芥子苷这种化合物：

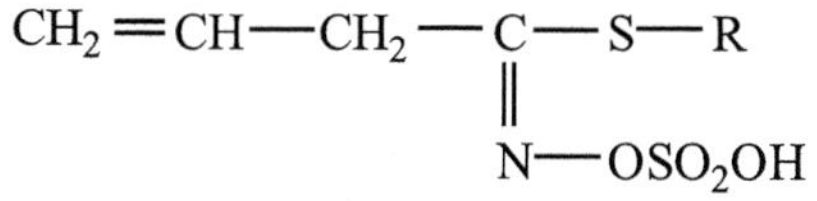

$$CH_2{=}CH{-}CH_2{-}\underset{\underset{N-OSO_2OH}{\|}}{C}{-}S{-}R \qquad (\text{R为葡萄糖基})$$

当菜油受热时，部分黑芥子苷也会分解，产生SO_2等一些具有刺激性气味的小分子化合物。因此，用菜油炒菜，其“油烟”比其他油更刺鼻难闻。

煎炸食物的危害与改进措施：在煎炸食物时，因为油温比较高，上述的油在高温下部分分解所产生的醛、酮等会附着于食物上，因此吃这些煎炸食物时，附着于食物上的醛、酮等对人的口腔、食道、胃产生刺激，不利于健康。为了减少油炸过程中有害物质的形成，可以采取低温、短时油炸等措施。由于新鲜蔬菜水果中酚类及黄酮类等活性成分能有效抑制杂环胺化合物的致突变作用，且膳食纤维素有吸附杂环胺化合物并降低其生物活性的作用，所以我们应增加新鲜蔬菜水果的摄入量。

4. 维生素有机化学

维生素（Vitamin），是指在生物体内不提供能量、一般也不是有机体构造成分、只需极少量便可满足需要但却是生物体维持生命和健康必不可少的一大类有机化合物的总称。它们都是对人体具有特殊功能的有机化合物。

人们通常把碳水化合物、蛋白质、脂肪、水、无机盐（含微量元素）及维生素称为六大营养素。前三者为产热营养素，后三者为非产热营养素，维生素属非产热营养素。

5.果蔬有机化学

水果和蔬菜是人类必不可少的一类食物。水果和蔬菜除了含有水分外，主要含有人类生存所必需的各种有机营养物质，如丰富的维生素、碳水化合物、蛋白质、脂肪和粗纤维等。此外，还含有一些无机盐(矿物质)。

吃蔬菜和水果首先是满足人体摄取维生素的需要。在蔬菜(尤其是绿叶蔬菜和根茎蔬菜)及水果中维生素C的含量最丰富。在绿色、黄色和红色的果蔬中，含胡萝卜素很多。胡萝卜素(主要是β-胡萝卜素)是维生素A的来源。其次，吃蔬菜和水果是维持人体内酸碱平衡的需要。

6.调味品与食品添加剂有机化学

调味品与食品添加剂，绝大多数都是有机化合物。

调味品是指能增加膳食的风味、使饭菜鲜美可口，从而提高人们食欲的一类物质。它一般包括酱油、酱、醋、盐、糖、味精及辛香料(姜、五香粉、胡椒粉、花椒、茴香、桂皮等)各类。它们虽然在为人体提供营养方面也起些直接作用(如糖也是营养物质)，但因用量小，所以直接作用不大。它们主要通过提高膳食质量、增加人们食欲，从而对增加人体营养起了间接促进作用。

食品添加剂是指在食品生产、加工、贮藏过程中由于各种需要所使用的少量天然或化学合成的无毒物质，它们包括防腐剂、抗氧化剂、发色剂、漂白剂、酸味剂、甜味剂、凝固剂、疏松剂、增稠剂、消泡剂、漂白剂、营养添加剂、品质改良剂、抗结剂、香料等各大类。我国已颁布了《食品添加剂使用卫生标准》(GB 2760-2014)，对各类食品添加剂的使用范围、最大用量等都做了科学界定。

必须指出，调味品与食品添加剂这两大类物质联系密切，不能截然区分。例如，在酱油、酱、醋等调味品的生产过程中，就使用了防腐剂、发色剂等食品添加剂。而糖、辛香料等调味品又可作为甜味剂、香料予以使用。

(1)酸甜苦辣咸鲜的化学

食物的味道，都是由食物中可溶性成分溶于食物溶液或唾液中从而刺激舌头的味蕾，通过味蕾中的味神经传递到大脑的味觉中枢，经大脑分析后产生的。

一般来说，酸味是因H^+刺激味蕾而引起的。各种酸味的阈值(能刺激神经感知酸味的pH)：无机酸pH多在3.4 ~ 3.5之间；有机酸pH多在3.7 ~ 4.9之间。一般在溶液中能解离出H^+并达到上述阈值的化合物都具酸味。食醋(含3% ~ 5%乙酸)、苹果酸、柠檬酸、酒石酸、维生素C(抗坏血酸)、乳酸、葡萄糖酸等有机酸均具酸味。

可溶性的多羟基化合物或某些具氨基的化合物刺激味蕾时多可产生甜味。各种单糖、低糖、蜂蜜、乙二醇(甘醇)、丙三醇(甘油)等均为可溶性的多羟基化合物,所以具甜味;某些氨基酸(如甘氨酸、丙氨酸、丝氨酸、苏氨酸、脯氨酸等)、糖精、环乙烷氨基磺酸等也具甜味,是因为它们是可溶性具氨基(或取代氨基)的化合物。天然的甜料还有甜叶菊、甘草等。必须指出,并不是所有可溶性具多羟基或氨基的化合物都具甜味,产生甜味及甜度还与这些化合物的立体结构有关。

具苦味的化合物,除必须具可溶性外,一般还与它们具有硝基($—NO_2$)、巯基(—SH)、硫键(—S—)、二硫键(—S—S—)、碳硫键(═C═S)、含配价氮原子(≡N)等有机基团及无机盐中的钙离子(Ca^{2+})、镁离子(Mg^{2+})、铵离子(NH_4^+)等有关。中草药的苦味是因为它们多属于生物碱、萜类、苷类化合物,多具上述基团,许多西药的苦味也与上述基团有关。茶、咖啡、可可味苦,也是它们都含有嘌呤碱(分子中具配价氮原子)的缘故。有些具氨基的化合物(如赖氨酸、亮氨酸、异亮氨酸、苯丙氨酸、色氨酸、精氨酸、组氨酸)虽不一定都具上述基团,但由于它们的立体结构特殊,也具一定苦味。还有一些具酮基的化合物也具苦味,如啤酒的苦味来自啤酒花中的葎草酮、橘皮的苦味源于其中的黄烷酮。

辣味一般与食物中可溶性成分含有酰胺基、酮基、异腈基等基团有关。往往具芳香性辣味物质(如姜、肉桂)中的分子(如肉桂醛、姜酮)仅由碳、氢、氧三种元素组成,而无芳香性辣味物质(如辣椒)中的分子(如辣椒素)则除碳、氢、氧三种元素外,还含有氮元素。具挥发及刺激性的辣味物质(如葱、蒜、洋葱)中的分子(如大蒜素),除了含碳、氢、氧等元素外,还含硫元素。常用丙酮酸作为辣味强弱的比较标准,如每克物质相当于丙酮酸 10 ~ 20 μmol 时属强辣味;8 ~ 10 μmol 为中辣味;2 ~ 4 μmol 则为弱辣味。

咸味的产生与化合物含的阳离子有关,化合物中的阴离子则影响咸味的强弱(并产生副味)。钠离子、钾离子和镁离子等是产生咸味的主要阳离子,氯离子是影响咸味强弱的主要阴离子。一般情况下,阳离子和阴离子的原子量越大,则增加苦味的倾向越强烈。例如,NaCl 具纯粹的咸味,KCl、$MgCl_2$、$MgSO_4$ 则苦味逐渐增加。

鲜味主要是个别氨基酸的钠盐(如谷氨酸一钠盐)及一些核苷酸的钠盐(如5′-肌苷酸钠、5′-鸟苷酸钠等)具特殊立体结构的分子作用于味蕾而产生的感觉。

(2)常用的食品添加剂

①防腐剂。常用的防腐剂品种不少,主要有苯甲酸或苯甲酸钠、对羟基苯甲酸酯(乙酯、丙酯、丁酯、异丁酯)、山梨酸及山梨酸钾等。它们对细菌、霉菌等均有较

强抑制作用：

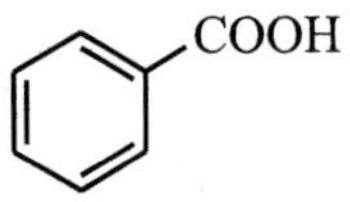

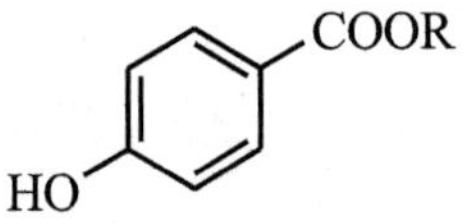

苯甲酸（C_6H_5COOH）　对羟基苯甲酸酯（$HO-C_6H_4-COOR$）　山梨酸（CH3CH═CHCH═CHCOOH）

苯甲酸及其钠盐在酸性介质中抑菌效果好。其用量标准是0.02% ~ 0.03%（pH 2.3 ~ 2.4）或0.06% ~ 0.1%（pH 3.5 ~ 4.0）。它们在体内与甘氨酸结合生成马尿酸，全部从尿中排出，不在人体内积蓄，因此对人体无害：

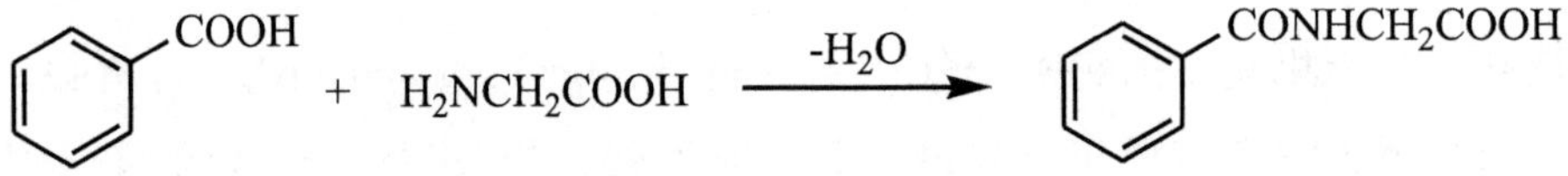

$$C_6H_5COOH + H_2NCH_2COOH \xrightarrow{-H_2O} C_6H_5CONHCH_2COOH$$

苯甲酸　甘氨酸　马尿酸

一个体重60 kg的成人，每天苯甲酸的可允许摄入量为300 mg，相当于含1 g / kg苯甲酸的酱油300 g，一般人绝不会超过这个限量。

对羟基苯甲酸酯杀菌力较强，强于苯甲酸或山梨酸。每日摄入的安全限量为每人每千克（体重）10 mg。

山梨酸及其钠盐是用量最多的一种天然防腐剂。它们不但对细菌和霉菌有抑制作用，而且对其他菌也有抑制作用。

由于山梨酸是不饱和脂肪酸，在人体内代谢后最终被氧化为CO_2和H_2O，所以对人体无害，是目前国际上公认的最安全的防腐剂：

$$CH_3CH═CHCH═CHCOOH \longrightarrow 6CO_2 + 4H_2O$$

其用量标准一般为0.1% ~ 0.2%。

②漂白剂。使用漂白剂的目的是使食品中的色素氧化，分解为无毒的无色物质，以达到脱色的目的。为安全起见，多采用亚硫酸钠、焦亚硫酸钠、亚硫酸氢钠和二氧化硫等，均利用它们的还原性。由于使用过程要加热、搅拌，所以它们生成的SO_2大部分可以逸散掉，即使在食品上残留有SO_3^{2-}，进入人体后SO_3^{2-}被氧化成SO_4^{2-}并可通过解毒途径排出体外，比较安全。食品中SO_2残留量应低于40 ppm。

③抗氧剂。抗氧剂主要是为了防止或延缓食品（尤其含油脂食品）被氧化。常用的有丁基羟基茴香醚（BHA）、二丁基羟基甲苯（BHT）和没食子酸丙酯（PG），通常是将两种或三种混合使用。用量标准是：前两者合用总用量 < 0.02%，三者合用总用量 < 0.01%。柠檬酸和维生素C可使它们的抗氧化效果增强，因此，柠檬酸与维生素C称抗氧增效剂，添加用量为0.02% ~ 0.05%。从茶叶中提取的茶多酚作为抗氧

剂效果很好。

④发色剂。常用的发色剂有硝酸盐和亚硝酸盐。一方面它们对肉毒杆菌有较强的抑制作用;另一方面它们分解产生的NO可与肌红蛋白中的Fe^{2+}牢固结合,生成对热稳定且呈红色的亚硝基肌红蛋白,从而使肉保持鲜红,给人以良好的色感。用量应低于0.013%,残留量应低于50 ppm。由于它们可形成具强烈致癌作用的亚硝胺类化合物,因此不用或慎用为好。

⑤酸味剂。酸味剂的目的是增加食品的酸味,常用的有柠檬酸、乳酸、酒石酸、苹果酸、醋酸等各种天然存在的有机酸,这些有机酸均参加人体正常的代谢,所以安全。

⑥凝固剂。常用氯化钙、硫酸钙或盐卤(主要成分为氧化镁)等作为蛋白质凝固剂(如做豆腐或各种豆制品时使用),因为人体需要钙盐等无机盐,所以它们不但无害,而且对于人体有益。近来使用葡萄糖酸内酯等新型凝固剂制作豆腐,效果很好,已在国内外普遍使用。

⑦膨松剂。使用膨松剂的目的是使食物内部形成多孔性膨松组织,体积增大,吃起来更可口。天然膨松剂如有活性的酵母,化学膨松剂多用碳酸氢钠(小苏打)、碳酸钠(纯碱),它们经加热产生的CO_2气体可使食品膨松,对人体无害。也常用明矾作膨松剂(如炸油条)。明矾[$K_2SO_4 \cdot Al_2(SO_4)_3 \cdot 24H_2O$]作膨松剂后铝仍留在食物里,进入人体后可使人智力减退、记忆力衰退,因而最好不用或慎用。

⑧增稠剂。增稠剂可使液态食品的黏稠度增加。通常使用天然产物如琼脂、食用明胶、果胶、海藻酸钠等。琼脂和果胶均为半乳糖的高聚物(多糖),海藻酸钠是β-D-甘露糖醛酸钠与α-L-古乐糖醛酸钠的缩聚物。它们不但无害,而且对人体有益。有时也用人类加工产物(如羧甲基纤维素钠——CMC·Na或变性淀粉)作增稠剂。

⑨营养强化剂。这是一类能补充食品营养成分或提高食品营养价值的物质的总称。在食品中添加维生素(A、B_1、B_2、C、PP、E等)或钙、铁等矿物质,都是为了补充食品营养成分。而在食品中添加赖氨酸、苏氨酸等人体必需却又不能合成的氨基酸,则是为了提高食品营养价值。

前面提到过,蛋白质可分为动物蛋白质和植物蛋白质两类。人类对动物蛋白质的吸收和利用率比较高,一般在80%以上,但人类对植物蛋白质的吸收与利用率较低,一般在65%以下(面食中蛋白质的利用率在50%以下)。如果在谷类食品(如米、面、豆等食品)中添加一些赖氨酸等必需氨基酸,可使人体对植物蛋白质的利用率大幅度提高,使其利用率接近对动物蛋白质的利用率。

表4-18　谷类食品中添加氨基酸前后蛋白质利用率比较

食物种类	添加氨基酸	添加前蛋白质利用率	添加后蛋白质利用率
面粉	0.2%赖氨酸	48%	84%
面粉	0.4%赖氨酸+0.15%苏氨酸	48%	93%
大米	0.2%赖氨酸	59%	90%
鸡蛋	—	94%	—

在以谷类为主的一餐饭食中，如果添加1 g赖氨酸盐酸盐，就相当于这餐饭增加了近10 g可利用的蛋白质。

必须指出，人体对赖氨酸的需求，婴幼儿比成人多得多，一般成人（青年）每天需要量为12 mg / kg，而婴幼儿则需180 mg / kg。赖氨酸还可提高钙的吸收，促进儿童骨骼生长。因此，添加赖氨酸对婴幼儿尤其需要。

赖氨酸盐酸盐有点苦味，但用量低于0.5%时不仅不会影响食品的色、香、味，而且还会改善口感。添加赖氨酸的食物，温度宜在100 ℃以下。添加量儿童每餐以0.3 g为宜，成人以0.5 g为宜，每天可添加两次。

⑩着色剂。常用天然色素使食物着色。以下天然色素为对人体无害的着色剂：红色可用甜菜红、辣椒红素、红曲等；黄色可用姜黄、胡萝卜素；橙色可用红花黄色素；紫色可用虫胶色素；绿色可用叶绿素铜钠；酱色可用焦糖。

⑪甜味剂。常用糖精、甘草（主要成分为甘草酸的钾钠盐），均无毒。

⑫消泡剂。常用乳化硅油（成分以聚甲基硅氧烷为主），无毒，用量≤0.02%。

⑬抗结剂。防结块，常用亚铁氰化钾，用量<0.005%。

7. 牛奶和茶的化学

牛奶和茶是两种天然饮料，也是营养佳品。在目前各种饮料泛滥的情况下，我们特从有机化学角度向读者介绍这两种天然饮料。

（1）牛奶是最完善的食品之一

哺乳动物的奶是最完善的营养品，许多动物幼雏几乎完全靠其母奶为生并迅速生长。诸奶中，以鹿奶最名贵，兔和山羊奶营养亦非常丰富。牛奶的成分与人奶相近（只是糖分较少），因此，牛奶是仅次于人奶的乳品，它营养丰富，较易消化。

表4-19 牛奶的营养成分(每100 g中)

食物	食部	水分(g)	蛋白质(g)	脂肪(g)	糖类(g)	维生素A(IU)	维生素B_1(mg)	维生素B_2(mg)	维生维PP(mg)	维生素C(mg)	钙(mg)	磷(mg)	铁(mg)	热量(kJ)
牛奶	100%	87	3.3	4.0	5.0	140	0.04	0.13	0.2	1	120	93	0.2	288.4

牛奶中所含蛋白质人体吸收后的利用率(85%)虽不及鸡蛋(94%),但是因为牛奶蛋白质中的85%为酪蛋白,是一种含磷的完全蛋白质,所以仍不失为良好的营养品。

牛奶中的脂肪富含低级脂肪酸及油酸等不饱和脂肪酸,且颗粒极小(2 ~ 5 μm),呈高度分散状态,因而易于消化,吸收利用率达97%以上。

牛奶中的碳水化合物几乎全是乳糖(占99.8%),其余0.2%为葡萄糖、果糖和半乳糖。乳糖对婴儿是最合适的糖类,它除了能产生热量外,还具有调节胃酸、促进胃肠蠕动和消化腺分泌等作用,还能帮助肠道中对人体有益的某些乳酸菌的繁殖,抑制腐败菌的生长,改善肠道菌丛的比例状况。

牛奶中富含钙、磷、钾等无机盐及铜、锌、锰、碘等微量元素。牛奶中含的维生素品种非常齐全,几乎含有一切已知的维生素,其他食品很少如此,其中维生素A、B_2、C和D含量均较高。牛奶中还含有抗体,因此对人体健康非常有益。

生的牛奶中有较多细菌,所以牛奶不宜生食,必须经消毒后食用。牛奶宜在85 ℃下加热3分钟进行灭菌消毒。不宜煮沸,以免破坏其中的维生素C等。牛奶如煮沸时间太长,其胶体状态易被破坏,使蛋白质凝固。

牛奶的颜色为白中透黄,白色是由酪蛋白及其与钙结合形成的钙盐,它们与牛奶中的脂肪在牛奶中形成微球悬浮其中而产生,微量脂溶性胡萝卜素、红叶素等色素导致牛奶呈淡黄色。

用牛奶制成的酸奶更是营养佳品和上乘饮料。酸奶是因乳酸菌而呈酸味的牛奶。酸奶可以是稀薄的液体,也可以是黏稠体。将鲜奶经消毒、均质、接种(引入乳酸菌酵母)、保温(42 ~ 46 ℃),直至达到一定的酸度后冷却至7 ℃以上停止发酵,即为酸奶成品,加入食用香精或水果原汁后即可出售。牛奶经发酵制成酸奶后更利于消化。

奶粉是将牛奶经消毒后在真空下低温脱水而得到的固体产物。一般在干燥过程中，维生素C、维生素B等会损失10%～30%，这些损失的维生素经维生素强化解决，因此，奶粉是一种营养丰富的方便食品。

(2)茶是最好的天然饮料之一

我国是茶叶的故乡，产量居世界第一。

茶叶中含有非常丰富的营养物质。在去掉水分后的茶叶干物质中，蛋白质、纤维素、半纤维素、木质素、脂肪、叶绿素、淀粉、果胶等不溶性成分占52%，可溶性成分约占48%。这些可溶性物质主要包括多酚类、糖、氨基酸、生物碱、维生素及无机盐等六类，它们构成了茶叶的滋味特征。

茶叶中多酚类物质，是指以儿茶素为主(占90%以上)的茶多酚，这类化合物有30多种，有时统称为茶单宁。它们均具苦涩味，富有收敛性，往往是构成茶味的主要物质。

茶叶中可溶性的碳水化合物主要是葡萄糖和果糖。它们使茶叶具清香的甜味。

茶叶中含的氨基酸有25种以上，其中以茶氨酸的含量最高，占氨基酸总量的50%～60%，可达茶叶干重的2%以上，其次是谷氨酸和丙氨酸。这些氨基酸使茶叶具鲜味和甜味(丙氨酸)。

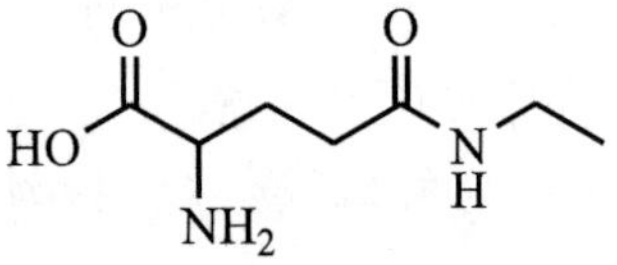

茶氨酸

正如其他食品需要调味一样，茶叶只有在茶多酚、糖和氨基酸等各种有味成分的相互配合和协调下，其滋味(作用于感官的综合感觉)才能达到浓醇、鲜爽、令人满意的程度。

茶叶中含的生物碱主要是嘌呤系的生物碱，其中最重要的是咖啡碱，约占茶叶干重的3%左右，其次是茶碱、可可碱。

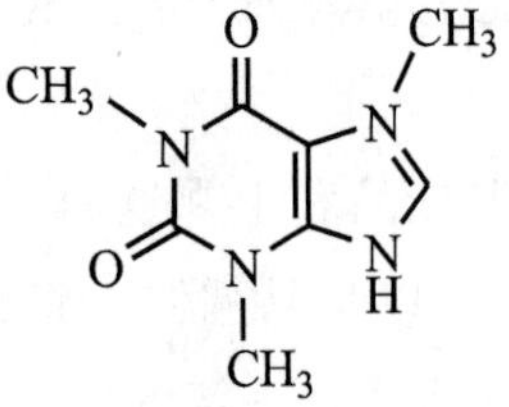

咖啡碱

咖啡碱(英文名称Caffeine，音译为咖啡因)、茶碱、可可碱三者往往共存于茶叶、咖啡豆、可可豆中，只不过含量各不相同而已。

茶叶中含有维生素A、B_1、B_2、C、E、K等多种维生素，可溶性的维生素以维生素C含量最多，一般可达100 ~ 150 mg / 100 g。由于绿茶未经发酵，而红茶经发酵，所以绿茶中维生素的含量比红茶多得多。泡茶时维生素C的浸出率可达100%，由于维生素C受热易分解，所以泡茶水的温度以80 ~ 90 ℃为宜。茶叶中的茶多酚能帮助人体吸收维生素C。茶叶中的维生素B_1、B_2因为也能溶于水，所以均可被人吸收和利用，但茶叶中脂溶性维生素A、E、K等因为难溶于水，所以人们通过饮茶难以得到它们。

茶叶中还有4% ~ 7%的无机盐，主要是钾盐、磷酸盐及钙、镁、铁、锰、铜、锌、钠、氟等离子，无机盐中约有50% ~ 60%可溶于热水，易被人体吸收。绿茶中含有的磷和锌比红茶多，红茶中含有的钙、铜、钠比绿茶多。

茶叶中含的色素主要是叶绿素。虽然叶绿素是脂溶性的，但经加工以及用热水泡后，叶绿素可分解出叶绿醇，叶绿醇进而被氧化为叶绿酸。叶绿酸是一种水溶性的绿色色素。此外，茶叶中还含有花黄素、花青素等水溶性色素。花黄素多为黄色，少数呈黄绿色甚至棕色。花黄素在空气中被自动氧化后的产物呈棕色或红棕色。这就是为什么绿茶茶水刚砌时是黄绿色，久置会变成红褐色的原因。红茶是发酵茶，在发酵过程中，无色的儿茶素经氧化生成茶红素和橙色的茶黄素，这是各类红茶茶水底色为红色的原因。由于红茶也含花黄素，花黄素被氧化后呈棕色或红棕色，因而红茶茶汤的颜色往往呈红色偏暗或红褐色。无论是绿茶还是红茶，都含有花青素，花青素随pH不同，显红、蓝或紫色。这些花青素的颜色对茶的颜色也产生影响。

茶叶的芳香与清凉口味来自茶叶中含量微少的200多种化合物。其中包括萜烯类化合物（如沉香醇、牻牛儿醇和牻牛儿醛、香叶烯、罗勒烯、苧烯）、芳香族酯类化合物（如水杨酸甲酯）及一些酮等。

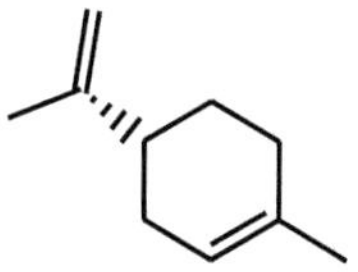

苧烯 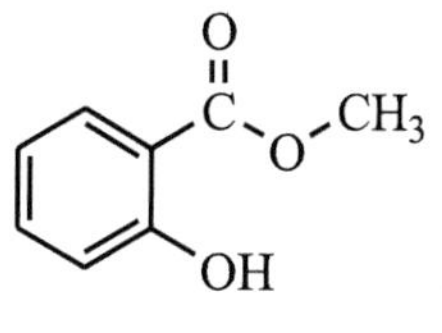　　　　水杨酸甲酯

所以，茶叶是一种色、香、味等方面俱佳的天然营养、保健饮料。早在公元前2700多年，我国《神农本草经》中便已记载："日遇七十二毒，得荼（茶）而解之。"《食论》中也指出："苦茶久食，益意思。"15世纪的《茶谱》中更明确指出："人饮真茶，能止渴、消食、除痰、少睡、利尿道、明目、益思、除烦、去腻，人固不可一日无

茶。"所以,要提倡多喝茶。

近年来,市场上出现了复合茶,以增加饮茶的药用效果,如中药茶、桑菊感冒茶、八珍茶等。

8.香烟的化学——禁烟的依据

烟草是一种经济作物。据估计,我国有2亿~3亿烟民。他们或是从吸烟中得到了刺激(神经兴奋),或是企求通过吸烟得到精神上的某种慰藉,或是希望通过吸烟这个手段进行交际。殊不知,吸烟会使自己和周围的人(被动吸烟者)付出长期的、巨大的代价,遭到极大的伤害。

香烟的主要成分是烟碱(英文名称Nicotine,音译为尼古丁)。在我国产的烟叶中,烟碱含量一般为1%~4%,但由苏联引进的品种——莫合烟(俄文名称为Moxopka),含烟碱可高达10%~12%。

烟碱分子是由一个吡啶环和一个N-甲基四氢吡咯构成的:

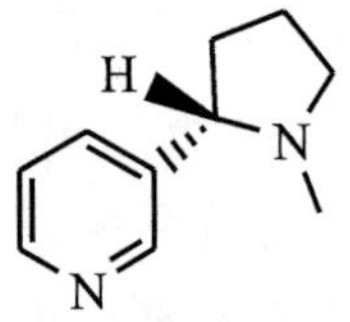

烟碱是无色油状液体,味辛辣,具很强的挥发性,人们闻到烟叶的气味便是来自烟碱的气味。烟碱的碱性很强,很容易与弱酸生成盐,因此,在烟草中烟碱通常以柠檬酸盐或苹果酸盐等有机酸盐的形式存在。烟碱溶于水。在空气中烟碱易被氧化而生成褐色的烟酸:

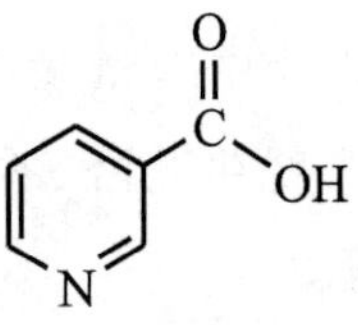

褐色的烟酸会把吸烟人夹香烟的手指甚至牙齿染成褐色。一般人认为抽烟者夹香烟的手指为黄褐色是"烟熏的",实际上这是一种误解。准确地说,应是"烟酸染的"。

烟碱是一种极毒的化合物,少量能引起中枢神经兴奋,大量则抑制中枢神经系统,甚至使心脏停搏而导致死亡,它还会增患高血压的概率。虽然烟碱会使人产生某种耐受性,但长期吸烟者的耐受能力也仅有8 mg(每支香烟含烟碱约10~15 mg,吸烟时,其中80%随烟吐出人体外,留在人体内约20%,即2~3 mg,留在人体内的烟碱有80%立即被肝脏分解,10%从尿中排出,真正为人体吸收而造成危害的约

10%，即0.2～0.3 mg。所以8 mg烟碱的耐受力相当于每天吸27～40支香烟的量）。这8 mg的烟碱对于不吸烟者已能产生头痛、呕吐、意识模糊等严重中毒的症状。成人如口服纯烟碱50 mg（即一滴），就足以立即毙命。

可以很容易地用生物碱试剂检验并证明香烟中烟碱的存在。在250 mL烧杯中放5 g烟叶或香烟1支，加入稀盐酸浸没烟叶或香烟丝，而后加热煮沸几分钟，过滤，在滤液中滴加2%左右的生物碱试剂（如硅钨酸溶液），即有白色沉淀产生，证明滤液中有烟碱存在。空白对照试验无白色沉淀产生。

香烟在燃烧过程中可产生100多种有机化合物，其中包括刺激支气管、肺部的小分子醛类、酸类。因此，很多吸烟者患慢性支气管炎、慢性咽炎。长期吸烟往往可引起肺气肿。据对3万多名英国医生的大规模调查统计，终身不吸烟者死于慢性支气管炎和肺气肿者仅3名，而吸烟者中，死于慢性支气管炎、肺气肿和肺心病者达488人之多。

香烟燃烧时还能产生有极强致癌作用的物质——3，4-苯并芘和二噁英等。据实验，把烟斗中挖出来的烟焦油涂在家兔的耳朵上，可使家兔100%产生肿瘤。据分析，每千克烟草中含烟焦油700 mL。如果一个人每月吸烟0.5 kg（相当于两条至三条烟），一年吸入的烟焦油为420 mL，10年即达4 200 mL。这些烟焦油即使被过滤嘴滤去90%（实际上不可能），仍有420 mL吸入体内。由于烟焦油不易被排出体外，因此吸入体内的烟焦油微粒聚集在支气管壁上和肺泡中，在其中3，4-苯并芘长期不断的作用下，极易引发肺癌。据上海胸科医院对100例肺癌患者的调查，有吸烟史的有75例，其中48例是吸烟11年以上的。另据调查，20岁以下开始吸烟的肺癌患者死亡率是不吸烟患者的28倍。

为什么同样是吸烟者，有的人易患肺癌，而有的人却终身不患肺癌呢？原因在于不同人体中含的多环烃活化酶差异很大。含多环烃活化酶指数高的人，由于该酶对3，4-苯并芘这种多环致癌烃有活化作用，使3，4-苯并芘活性大大提高，从而引发肺癌的可能性就大。反之，多环烃活化酶指数低的人，由于不易使3，4-苯并芘活化，从而因吸烟而引发肺癌的可能就小。同样道理，对于被动吸烟者，如他的多环烃活化酶指数高，仅仅从空气中吸入的“二手烟”中含的3，4-苯并芘，也容易引发肺癌。所以吸烟不但害己，而且害人！

烟碱在人体内还会破坏人体吸收的维生素C，从而减弱人体的免疫机能。为此，吸烟者每天至少要比不吸烟者多摄取200 mg的维生素C，才能达到不吸烟者血液中维生素C的正常含量水平。

所以，从人类的根本利益出发，应当禁烟。

烟碱剧毒的性质可用于制作农药——杀虫剂。

二、衣物有机化学

人类最早用兽皮和树叶围在身上以便御寒和遮羞,这最原始的穿着就已利用了皮革和纤维作为衣物的材料。虽然人类的发展已经经历了千百万年,人类衣物的形式变化万千,衣物的品种已不计其数,但人类衣物的材料仍万变不离其宗,总是离不开皮革和纤维两大类型的材料。皮革系动物之毛皮经加工、熟制而成,其化学成分在加工、熟制前后都是蛋白质,加工、熟制过程仅仅是去掉不需要的部分(如脂肪、毛等)并使蛋白质发生变性。而纤维按其来源可分为天然纤维和化学纤维,天然纤维又分为动物纤维(如毛、丝等)和植物纤维(如棉纤维、麻纤维、木材纤维、蒿秆纤维等);化学纤维又分为人造纤维(天然的植物纤维经化学处理的再生纤维)和合成纤维(用小分子化合物为原料经化学合成为高聚物再经机械加工而成的纤维)。人造纤维可根据化学处理的原料和产物分为黏胶纤维、醋酸纤维、铜氨纤维、硝酸纤维等;合成纤维可分为锦纶(尼龙)、涤纶、腈纶、丙纶、维纶等。

所谓纤维,是指凡具备或可以保持长度大于本身直径100倍的均匀线条或丝状的线型高分子材料。如上所述,从广义上说它包括有机纤维和无机纤维。由于各种原因,目前发现的无机纤维无法作为日常穿着材料,所以一般讲穿着用的纤维都是指有机纤维。

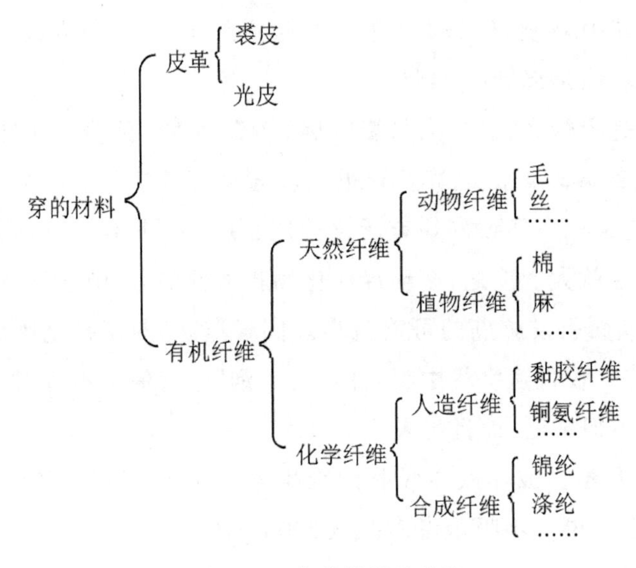

图4-13 穿着材料的分类

1. 天然纤维

天然纤维中诸如羊毛、蚕丝等动物纤维，其化学成分都是天然高分子化合物——蛋白质，它们的区别在于：第一，蚕丝的分子量（据测定约为200 000～300 000）比羊毛的分子量（约为80 000）高得多；第二，组成蚕丝蛋白质的主要氨基酸为甘氨酸和丙氨酸（约占总含量的四分之三），而组成羊毛的蛋白质则以谷氨酸、胱氨酸、丝氨酸等为主。

天然纤维中诸如棉、麻等植物纤维，其化学成分都是另一类天然高分子化合物——纤维素，其分子式均为$(C_6H_{10}O_5)_n$，或写成$[C_6H_7O_2(OH)_3]_n$，这是一类由葡萄糖分子缩聚而成的高分子多糖。它们和淀粉多糖的不同点在于，淀粉多糖是由α-型葡萄糖缩聚而成的，而纤维素多糖则是由β-型葡萄糖缩聚而成的。若干条纤维素分子链合在一起，形成纤维束，就是我们肉眼所看到的一根根天然纤维。天然纤维纤维素的分子量约为30万至50万。

2. 人造纤维

人造纤维又叫人造丝。天然纤维中羊毛、棉、麻均为短纤维，唯蚕丝等丝纤维是无限长的。羊毛、棉、麻等纤维要制成布料都要先把短纤维纺成纱而后再织布，而丝本身就是纱了，而且丝很细，具光泽、柔软、坚韧、弹性大等特点，这些优点都是其他天然纤维无法相比的，因此，人们很早就想用人工方法造出具有丝一样优良性能的纤维。19世纪后叶，人们终于用较短的天然纤维为原料，经化学加工改性造出了具有丝一样性能的长纤维，“人造丝”的名称便由此而来，将“人造丝”切成短纤维即为“人造棉”“人造毛”。

人造纤维品种很多，常见的有黏胶纤维、硝酸纤维、醋酸纤维、铜氨纤维。

3. 合成纤维

合成纤维是化学纤维中的一种。凡用低分子量化合物为原料经过化学合成与机械加工而制得的纤维，统称合成纤维。

目前，合成纤维一般都是以煤、石油、天然气或农副产品为基本原料，经过一系列化学反应，先制得低分子量的单体，而后合成高分子化合物，再经过化学处理和机械加工，最后才制得纤维。

世界合成纤维的产量在20世纪80年代便已超过天然纤维的产量，并占优化纤维产量的一大半。由于合成纤维的原料丰富，蕴藏量大，不仅不与粮棉争地，其产量也不受自然界气候变化的影响，只要具备一定的经济和技术力量便可增加产量。而且，它们的品种多，性能优异，生产成本较低，因此，合成纤维具有无限的发展前途。

80年代末，投产的合成纤维品种已超过50种，按它们的化学结构，可分为碳链纤维和杂链纤维两大类。

碳链纤维是指高聚物大分子主链上全是碳原子，通常是通过加聚反应制得的纤维，如腈纶（聚丙烯腈类纤维）、丙纶（聚丙烯类纤维）、维尼纶（聚乙烯醇类纤维）、氯纶（聚氯乙烯类纤维）等。

杂链纤维是指在高聚物大分子主链上除碳原子外还含有氧、氮、硫等杂原子，通常是由具双官能团的单体缩聚而成或杂环化合物通过开环聚合而成的纤维，如锦纶（或称尼龙、聚酰胺类纤维）、涤纶（聚酯类纤维）等。

4. 皮革有机化学

随着社会的发展、人们生活水平的提高，皮革在国民经济发展中的地位越来越重要。

从化学组成上看，皮革主要是由蛋白质组成。而蛋白质在酸、碱的催化下，可以水解生成三十多种氨基酸。

三、日用有机化学

人类日用的东西种类繁多，大体可分为两大类。一类是无机物制品，另一类是有机物制品。无机物制品如金属制品、搪瓷制品、硅酸盐制品（玻璃、水泥、陶瓷制品）以及其他无机物制品（石头制品、石棉制品、石灰、矿物颜料等）。人类日用的东西更多的是有机物制品。有些有机物用品仅仅是把天然有机物经简单的物理加工后直接使用（如各种竹木制的用品、家具等），其中不涉及化学原理。但多数有机物用品（包括许多日常用的化学制品）其制造或使用过程中都包含了许多有机化学的原理。本节仅选择几类日常生活中最常见且较重要的有机用品加以介绍。

1. 去污与洗涤

(1)肥皂

肥皂的发明距今至少已有2 300多年的历史了，但传入我国较晚，我国农村不少老百姓把肥皂叫作“洋碱”。我国从1903年起建立肥皂工业：

肥皂用的原料是混合油脂和烧碱（或苛性钾）：

$$C_3H_5(OOCR)_3 + 3NaOH \xrightarrow{\Delta} 3RCOONa + C_3H_5(OH)_3$$

用烧碱制成的肥皂叫钠皂（RCOONa），用苛性钾制成的肥皂叫钾皂（RCOOK）。

肥皂中高级脂肪酸钠（钾）含量约为70%，其余30%左右为水分及其他助剂。

(2)合成洗涤剂

我们通常把洗衣粉、洗洁精、洗发香波、医用消毒洁净剂等数以千百计的固体或液体洗涤剂统称为合成洗涤剂。合成洗涤剂的名称至少包括两种含义:其一,它们起去污作用的主要成分都是以化学方法合成出来的表面活性剂;其二,这些洗涤剂都是由多种成分组合而成的。

所谓表面活性剂,是一类能降低液体表面张力的物质。根据其用途,可分为乳化剂、分散剂、破乳剂、起泡剂、消泡剂、润湿剂、渗透剂、匀染剂、洁净剂等多种类型,有些表面活性剂兼具两种或两种以上的用途。用作合成洗涤剂的各种表面活性剂仅仅是人类已经合成的众多表面活性剂中的一些重要品种而已。

根据合成洗涤剂主要成分的表面活性剂结构的不同特点,按其是否解离以及解离后起表面活性作用基团的离子类别,通常将合成洗涤剂分为非离子型、阴离子型、阳离子型、两性型等四大类。我国合成洗涤剂的产品以阴离子合成洗涤剂为主。

(3)洗涤剂的去污原理

洗涤剂之所以能够去污,与洗涤剂中所含的表面活性剂分子结构有密切关系。

无论是肥皂还是合成洗涤剂,它们所含的表面活性剂的分子结构都有一个共同点,即分子一端为疏水基(亲油基),分子的另一端则为亲水基。疏水基一端不能溶于水中却能溶于油污(有机物)中,而亲水基一端能溶于水中却不溶于油污(有机物)中。

当把有油污的衣服投入洗涤剂水溶液后,油污即被活性剂分子所包围,活性剂分子中的疏水基部分溶入油污中,而活性剂分子中亲水基部分因不溶于油污而露在油污表面。这样,便使得油污表面对水有很强的亲和力。由于活性剂分子降低了水的表面张力,使油污表面较易润湿并使油污与它的附着物(如衣物)逐渐松开。在外来的搓揉、搅动等机械作用下,在水对油污表面活性剂亲水基的强烈吸引下,油污便以微小乳浊液滴的形式脱离附着物(如衣物)而分散进入水中,从而达到把污垢除去、洗净之目的。

2. 日用塑料

通常,将具有可塑性的,用合成高分子化合物做的材料,称为塑料。在我们现在的日常生活中,可以说人人、时时、处处都离不开塑料。

人类几千年来用过各种材料,如石头、木头、竹子、金属、陶瓷、棉、毛、丝、麻、玻璃、水泥等,而在短短的近几十年里,塑料已越来越广泛地成了它们的“代用品”。由于塑料是人造的材料,它可以用石油、煤、石灰石、食盐、空气、水、天然气等普通又便宜的东西作原料,在工厂里用人工方法大量地进行生产,不受自然条件的种种限制，因此，它可以无限满足人类日常生活和工农业生产的各种需要。加之塑料的性能在许多方面比天然材料优越，它有许多品种（目前已投产的有300多种），具有多种特性，能适合方方面面的需要，因此发展迅速，前途无量。

塑料与合成橡胶、合成纤维三者之间并无严格的界限。例如，合成纤维未经定向拉伸或合成橡胶在较低温度时都具塑料性能，可作塑料使用；而一些塑料经定向拉伸后即成合成纤维。一般来说，在常温下为玻璃态、无定形或结晶度小的合成高分子化合物可作塑料使用。

塑料的种类多，分类的方法也多种多样。可以按制备时的反应类型分类，分为加聚物和缩聚物；也可以按其弹性或柔性分类，分成软塑料和硬塑料；还可以根据其结构特征分为线型和体型两类；或是根据用途不同进行分类，分为通用塑料、工程塑料、医用塑料及特种塑料；但更多的是按其加热后所表现出的特性分类，分为热塑性塑料和热固性塑料。

所谓热塑性塑料，是指一类具线型结构、加热后能软化、能塑制成一定形状并可多次重复加热塑制的合成高分子化合物。如聚乙烯、聚丙烯、聚苯乙烯、聚氯乙烯、有机玻璃、聚四氟乙烯等都属于这一类。

（1）聚乙烯（PE）

聚乙烯是由乙烯聚合得到的高分子化合物：

$$n\,\mathrm{CH_2{=}CH_2} \longrightarrow \mathrm{\left[\!-CH_2-CH_2-\!\right]_{\mathit{n}}}$$

乙烯　　　　聚乙烯

聚乙烯塑料是目前世界上产量最大的塑料。

（2）聚丙烯（PP）

聚丙烯是以丙烯为单体通过加成聚合反应合成的线型高分子化合物：

$$n\,\mathrm{CH_2{=}CH(CH_3)} \longrightarrow \mathrm{\left[\!-CH_2-CH(CH_3)-\!\right]_{\mathit{n}}}$$

丙烯　　　　聚丙烯

聚丙烯塑料是20世纪60年代才开始发展起来的一种塑料品种。

（3）聚苯乙烯（PS）

聚苯乙烯是以苯乙烯为单体通过加成聚合反应合成的线型高分子化合物。

聚苯乙烯塑料是目前主要的塑料品种之一。

(4)有机玻璃(聚甲基丙烯酸甲酯)

有机玻璃是以甲基丙烯酸甲酯为单体通过加成聚合反应合成的线型高分子化合物。

有机玻璃最突出的性能是它的透光性非常好(透光率达92%),仅次于普通玻璃(透光率95%)。

(5)聚氯乙烯(PVC)

聚氯乙烯是由氯乙烯单体聚合而得到的线型高分子化合物:

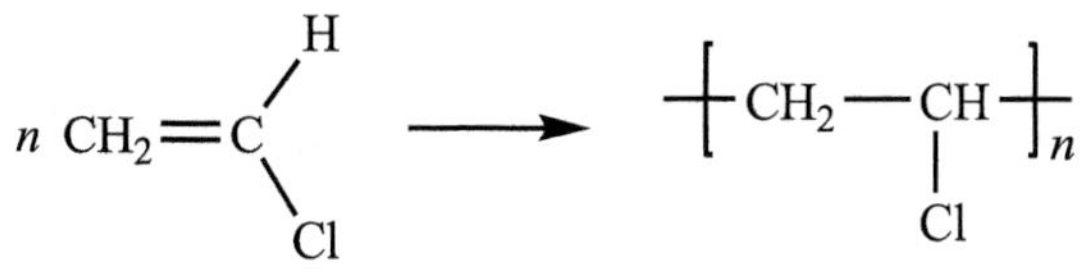

$$n\,CH_2{=}CH(Cl) \longrightarrow \left[CH_2 - \underset{\displaystyle Cl}{\underset{|}{CH}} \right]_n$$

氯乙烯　　　　PVC

(6)酚醛塑料

酚醛塑料俗称电木,是由酚类和醛类两种单体通过缩聚反应合成的线型高分子化合物。

3. 日用黏合剂

黏合剂又称胶黏剂、黏接剂。凡是能黏合各种材料、器皿、用具的物质都可称为黏合剂。

黏合剂一般分为无机黏合剂和有机黏合剂两大类。

无机黏合剂常见的有硅酸盐(如水泥、水玻璃)、硫酸盐(如石膏)、磷酸盐(如磷酸与氧化铜混合物)、硼酸盐(如硼砂)等各类。

有机黏合剂又分为有机天然黏合剂和有机合成黏合剂两类。有机天然黏合剂有动物黏合剂(如骨胶、虫胶、牛皮胶等)和植物黏合剂(如糨糊、松香、阿拉伯树胶、橡胶水等)之分,有机合成黏合剂有树脂型(如聚乙烯醇黏合剂、甲基丙烯酸甲酯黏合剂、聚酰胺黏合剂、环氧乙烷黏合剂等)、橡胶型(如顺丁橡胶黏合剂、丁基橡胶黏合剂、氯丁橡胶黏合剂等)和混合型之分。

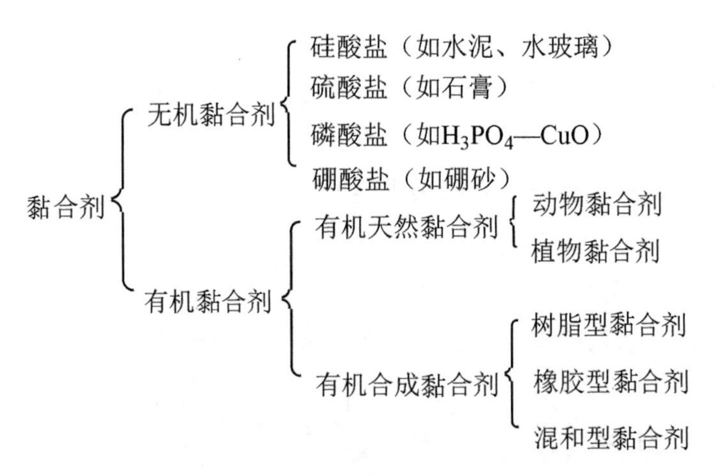

图4-14　黏合剂的分类

根据黏合剂的使用方向，可把黏合剂分为纸类黏合剂、水材用黏合剂、织物用黏合剂、橡胶用黏合剂、金属用黏合剂、玻璃陶瓷用黏合剂、鞋用黏合剂、塑料用黏合剂、医用黏合剂、化工防腐及耐火材料用黏合剂、其他专用黏合剂、多功能黏合剂、多用途压敏黏合剂等。

黏合剂一般由黏料、固化剂、填料、溶剂、增塑剂及有关添加剂组成。

黏料是黏合剂的主要成分，是决定黏合剂性能的主要物质。常用的有机黏料有淀粉、糯米、环氧树脂等。

固化剂是使黏料发生交联，使黏合剂从液态或热塑性状态变成固态或热固性状态的物质，如乙二胺等。

填料的作用在于提高黏合剂的强度并降低黏合剂成本。有些填料（如石墨、氧化锌）还起颜料的作用。

溶剂主要是使黏料由固态变为液态或调节液态黏合剂的黏度。

增塑剂主要是提高黏合剂的柔顺性或增加液态黏合剂的流动性及湿润扩散能力。

其他添加剂视需要而定。如防霉剂（苯酚等）用于制化学糨糊。

常见的有机黏合剂有：化学糨糊、阿拉伯树胶黏合剂、火棉胶黏合剂（哥罗丁）、明胶黏合剂、聚乙烯醇黏合剂、聚乙酸乙烯酯黏合剂、有机玻璃黏合剂、尼龙黏合剂、聚氯乙烯黏合剂、赛璐珞黏合剂、涤纶黏合剂、压敏黏合剂、瞬间黏合剂（又叫万能胶）、特种黏合剂。

4. 日用涂料与颜料

（1）涂料的成分

通常，把涂布并黏附于物体表面后形成薄膜，起保护物体作用的物料统称为涂料。涂料实际上往往还兼具装饰的作用。有时，涂料还用于标志、伪装等特殊用途。

我们平时讲的“油漆”，便是我国人民最先发现和使用，至今仍广泛应用的一类性能相当优异的涂料。“油漆”的名字来源于它的主要原料，“油”是指熟桐油，“漆”是指从天然漆树取得的漆液，油漆便是由熟桐油加漆液配制而成的一类涂料。实际上，由于桐油和漆都是干性物质，它们不一定要一起混合使用，往往单独使用或分别和其他物质混合使用。

现在，“油漆”一词已成为油漆及类似其性能的各种涂料的代名词。

涂料的组分主要是成膜物质，有的还包括溶剂、颜料、催干剂、增韧剂等其他辅助成分。

成膜物质是指被涂覆于物体表面后，通过蒸发、氧化、熔融流平、缩合或聚合反应等物理或化学作用变成紧紧黏附于物体表面的无定形固体薄膜的各种物质。成膜物质大体可分成四大类：一类是油料，包括各种干性油（如桐油、亚麻油）和半干性油（如豆油、向日葵油），它们主要是由于分子中含有共轭双键，经空气氧化而形成固体薄膜；另一类是树脂，包括天然树脂（如生漆、虫胶、松香脂漆）和合成树脂（如酚醛树脂、醇酸树脂、环氧树脂、聚乙烯醇、过氯乙烯树脂、丙烯酸树脂等）。其中除了生漆的主要成分是漆酚外，其他树脂本身已是高分子化合物，涂布后进一步发生交联、聚合而成固体薄膜。这是目前用得最多的一类成膜物质。还有一类是纤维，是由天然纤维经化学处理并溶于溶剂而成的涂料，如硝化纤维、醋酸纤维、苄基纤维素等。最后一类成膜物质是沥青，如石油沥青、煤油沥青等。

（2）涂料的种类

根据成膜物质的不同或是否含颜料，通常把涂料分成清油、生漆、清漆、色漆、沥青漆及墙体与地板涂料（又称建筑涂料）等几类。

①清油

凡成膜物质只含干油性或半干性油，不含树脂、纤维、沥青和颜料，外观为透明的液体涂料叫清油。

清油中最普通的是我国特殊性的桐油。例如 YOO-7 清油，就是把桐油加热令其迅速升温至 220 ℃左右，停止加热，让其自行升温至 240 ℃，使其熟化成熟桐油，保温半分钟后加入 0.25% 的环烷酸钴及 0.5% 的环烷酸锰等催干剂，搅拌均匀，过滤，即为成品。环烷酸盐等催干剂主要促进成膜物质迅速氧化、聚合（如桐油中的桐油酸含三个共轭双键，氧化、聚合时双键打开），起催化剂作用。

清油具很好的防水、防潮、耐腐蚀、耐日晒、快干等优良性能，被涂覆物体不易产生裂缝。缺点是硬度较差,不够光亮。常用于涂刷车、船、农具、家具、水桶等木制品及纸伞等。

②生漆

生漆主要产于我国,它是从漆树树干里流出来的天然树脂涂料。其主要成分是漆酚。漆酚是二元酚,其分子中的烃基为不饱和烃基,经空气氧化,分子间发生交联聚合而成为固体薄膜。据测定,生漆"干"后增重13%,这显然是氧参加聚合的有力证据。生漆中含有漆酶,在生漆发生交联聚合氧化过程中漆酶起催化作用(即起催干剂作用)。在温度为20 ~ 30 ℃室温和湿度为80%左右的条件下,漆酶催化效率最高,因此,生漆在此条件下使用最易"干"。如温度超过100 ℃,生漆中的漆酶全被破坏,用此生漆涂覆物体就不易"干"了。涂刷生漆和保存生漆应注意这点。另外,生漆中的漆酚对人皮肤有腐蚀作用,易引起皮炎等过敏性反应(叫作漆疮),所以使用生漆时应注意避免与皮肤接触。注射葡萄糖酸钙、大量食用鸡蛋和牛奶能治疗漆疮。

生漆的漆膜呈黑褐色,所以只能用于涂刷深色的家具和设备。生漆色泽艳丽,漆膜丰满、光滑、抗腐蚀,异常耐用。缺点除了易使施工者发生过敏外,施工和干燥条件较高,在金属表面的附着力较差,尤其在碱性介质中不稳定。

③清漆

清漆分为两种,一种是以油和树脂为成膜物质的清漆,叫油基清漆(或叫油基树脂清漆);另一种是单独以树脂为成膜物质的清漆,叫树脂清漆。

④色漆

色漆是用清油或清漆加颜料调制而成的一类涂料。

(3)颜料

通常,将能使物体显色而其本身不溶于水或油,也难与其他物体结合的物料叫颜料。颜料只是覆盖于物品表面而使物品显色。颜料显色是由于它能选择性地吸收白光中某些波长的光,从而反射显示出被吸收光的互补色。

一般情况下把颜料分为着色颜料、防锈颜料和填充颜料(又叫体积颜料)等三类。

5. 化妆品

凡是施于人体面部(包括口腔)、皮肤、毛发等处,起保护、清洁、美化乃至兼有治疗作用的用品,统称为化妆品。

化妆品大体上可以分为皮肤用品、美发用品、洁齿用品(含口腔消毒用品)等各类。

(1)皮肤用化妆品

①膏霜类化妆品

膏霜类化妆品是最常用,用量也最大的一类护肤用品。它们起着清洁皮肤,供给皮肤营养物质,使皮肤保持良好的血液循环和旺盛的新陈代谢,使皮肤充满生机与活力,光滑柔嫩,富于弹性,延缓皮肤老化和增强抗皱能力,甚至治疗皮肤疾病等作用。

"膏"主要是指各类雪花膏。它是一种非油腻性的护肤用品,具令人舒适的香气,洁白如雪,擦在皮肤上犹如雪花飘在皮肤上迅即消逝,因而得名。涂在皮肤上,其中水分蒸发后即留下一层肉眼看不见的薄膜,阻隔皮肤表面与外界空气直接接触,一方面给皮肤以营养或治疗皮肤疾病,另一方面使皮肤保持一定的湿度,以防止皮肤干燥、皱裂、变粗糙。雪花膏可分为普通型、高级型、优质型等。

"霜"和雪花膏没有实质性的区别,它也是一种非油腻性的护肤用品,擦在皮肤上也像霜落在皮肤上一样,稍纵即逝。另有一类叫冷霜的化妆品,涂于皮肤上之后,因其水分挥发而使皮肤有凉爽的感觉,因而得名。

膏类化妆品主要是油脂、蜡、乳化剂和水组成的乳化体,其中油性物质为其基质。按乳化体的分散形式,可分为油/水型(即油是分散相,水是连续相,又称水包油乳化体,如雪花膏)和水/油型(即水是分散相,油是连续相,又称油包水乳化体,如冷霜)。

固态膏霜为稠厚的半固体,如雪花膏、冷霜等;液态的膏霜为可流动的液体,如洗面奶等各种奶液、护肤蜜等。

雪花膏以硬脂酸盐(钠、钾)为主要乳化剂,以单硬脂酸甘油酯、十六醇、十八醇等为辅助乳化剂,加保湿剂及去离子水、香精等原料配制而成。

在雪花膏原料中加入珍珠粉即为珍珠霜。如再加其他护肤营养物(如人参提取液、银耳提取液、某些中药有效成分等),则为复配型珍珠霜。

防晒膏是雪花膏中加入能吸收或反射紫外线的化合物(如钛白粉、维生素A等),减弱或防止紫外线对皮肤过度照射,具保护皮肤作用的一种膏霜。

②香粉类化妆品。

香粉起修饰面容、遮盖面部微小缺陷、防晒等作用,施粉后给人以健康(尤其与胭脂兼施)、清洁、明晰的美感。爽身粉和痱子粉还具滑爽肌肤、去除痱子等卫生保健功能。香粉还常以粉饼形式出现。

香粉多以滑石粉、高岭土、钛白粉、氧化锌、碳酸钙、碳酸镁、硬脂酸镁、硬脂酸锌等粉质原料加香精、色素制成。有的还加些胶粉等,以增强其黏附力。

③美容类化妆品

美容类化妆品能美化人的容貌，增添活力，给别人以形象美感。美容类化妆品品种繁多，常用的有胭脂（多与香粉配合，使面颊白里透红，呈现健康色彩）、眼影膏（使眼窝具立体感，衬托眼神）、唇膏和口红（使嘴唇红润）、眉笔和睫毛膏（使眉毛与睫毛线条清楚，增加眼部美感）、指甲油（使手指显得秀丽）等。

④香水类化妆品

香水是一类人们常用的化妆品，它通过给人以沁人肺腑的芳香，使人心旷神怡，解除疲劳，同时，不仅能驱除（或掩盖）身体或一些场所的异味、秽气，有的还可健身除病（如活血强心、杀菌消毒、去痱止痒）。

香水可分成香水、花露水、科龙水及化妆水等四类。若按香型分，可分为清香型、花香型、苔香型、酯香型等多种。

香水类化妆品的共同特点是香精的酒精溶液，一般情况下，香精含量为15% ~ 50%谓之香水；香精含量为5%~15%谓之花露水；香精含量为1% ~ 5%（一般为3%）谓之科龙水；香精含量在1%以下为化妆水。化妆水中往往还加入某些特定的成分如除痱化妆水加龙脑、薄荷醇，防晒化妆水加维生素A、邻氨基苯甲酸薄荷酯等。

（2）美发用化妆品

美发用化妆品通常可分为洗发用化妆品、护发用化妆品、美发用化妆品等三类。洗发用品在前面洗涤剂一节中已做了介绍。护发用化妆品通常包括发油、发乳、护发素和护发水等，目前许多市售的香波往往包括洗发和护发两种成分，即所谓的“二合一”。美发用化妆品通常包括固发剂、染发剂和化学烫发（冷烫）剂。固发剂早先用发蜡或固发液（具黏性的物质，溶于水及乙醇），近年固发剂普遍使用喷发胶。

（3）洁齿用化妆品

洁齿用化妆品主要用于保护牙齿和清洁口腔，包括牙膏、牙粉和含漱水等。

牙膏通常包括摩擦剂（如碳酸钙、磷酸钙、氢氧化铝等）、洗涤剂（如十二醇硫酸钠、月桂酰肌氨酸钠）、黏合剂（如羧甲基纤维素、海藻酸钠、黄蓍树胶粉）、保湿剂（如甘油、丙二醇）、香精、色素、甜味剂（如糖精）等。药物牙膏即在普通牙膏中添加特定的药物成分。

第五章　分析化学原理

第一节　分析化学概述

一、分析化学的任务和作用

化学是研究物质的组成、结构、性质以及变化规律的一门基础学科。分析化学是发展和应用各种理论、方法、仪器和策略以获取有关物质在相对时空内的组成和性质的一门科学,又被称为分析科学。分析化学将化学与数学、物理学、信息科学、材料科学、环境科学、能源科学、生命科学和医学结合起来,通过各种各样的方法和手段,得到分析数据,从中取得有关物质的组成、结构和性质的信息,从而揭示物质世界构成的真相。有人认为,分析化学是"解决有关物质体系问题的关键",足见分析化学的重要性。

分析化学的发展与生命科学、环境科学、信息科学、材料科学以及资源和能源科学等的发展息息相关,其应用范围涉及国民经济、国防建设、资源开发、环境保护以及人的衣、食、住、行等各个方面。在以生命科学和信息科学为龙头,以材料科学为基础的高新技术革命中,分析化学必将是一个十分活跃的学科领域。当代科学技术和人们生产活动的高速发展向分析化学提出了严峻的挑战,同时也为分析化学带来了发展机遇并扩展了分析化学的研究领域。

目前,环境科学研究是全世界瞩目的研究领域。美国出版的《化学中的机会》(*Opportunities in Chemistry*)一书中指出:分析化学在推动我们弄清环境中的化学问题起着关键作用。可见环境科学离不开分析化学。

在新材料研究中,微量分析和超纯物质分析对航天材料、通风材料和激光材料的研究起着至关重要的作用。当今高新技术产品对材料性能或其化学、物理微结构的要求更严，不仅要把握其组成变化，控制痕量杂质元素对它的影响，而且也要了解元素及其空间分布情况。

在能源科学中，分析化学是获取地质矿物组分、结构和性能信息及揭示地质环境变化过程的主要手段。各种色谱分析方法已成为石油化学工业的一个不可分割的组成部分。

分析化学在生命科学、生物工程中发挥着巨大作用。色谱、质谱、核磁共振谱、红外光谱、电分析化学、X射线单晶分析、发光分析、化学及生物传感器等已广泛用于生命科学的研究。

在医学科学中，药物分析在药物组分含量、中草药有效成分测定、药物代谢与动力学、药理机制以及疾病诊断等研究中，是不可缺少的手段。

在空间科学中，全世界数百颗飞行器中全部装配了红外、紫外、X射线荧光等分析仪器，对月球、金星、火星等进行探测和研究。由双聚焦质谱仪提供的信息，得出了火星上不存在生命的重要结论。

分析化学不仅在科学研究中发挥巨大作用，它也是工农业生产的“眼睛”。在生物技术领域内，细胞工程、基因工程、蛋白质工程以及保健品工业等更迫切需要分析化学。现场检测和活体分析必将促进生物工程的更大发展。

总之，现代分析化学已成为由很多密切相关的分支学科交织起来的一个体系，它不仅影响着人们的物质文明和社会财富的创造，而且还影响着解决有关人类生存（如环境生态等）和政治决策（如资源、能源开发等）的重大社会问题。

二、分析方法的分类

分析化学中使用的分析方法通常分为两大类，即化学分析法（chemical analysis）和仪器分析法（instrument alanalysis）。

（一）化学分析法

化学分析法是利用物质的化学反应及其计量关系来确定被测定物质的组分和含量的一类分析方法，主要有重量分析法和滴定分析法。因这两种方法最早用于定量分析，有人称之为经典分析方法。

通过化学反应或电化学反应，经适当处理，将试样中待测组分转化为纯净的、有固定组成且可直接称量的化合物，从而计算出待测组分的含量，这种方法称为重量分析法，它包括普通重量法和电重量法。

将标准溶液滴加到待测物质溶液中，使其与待测物质发生化学反应，并用适当方法指示出化学计量点，根据所耗去的标准溶液体积计算出待测物质的含量，这种方法称为滴定分析法。按照滴定时化学反应类型，滴定分析法可分为酸碱滴定法、配位滴定法、氧化还原滴定法和沉淀滴定法。

重量分析法和滴定分析法适用于高含量或中含量组分的测定，待测组分含量一般在1%以上。重量分析法准确度高，至今还有许多分析测定采用重量分析法作为标准分析方法。只是重量分析速度慢，使其应用受到限制。滴定分析法与重量分析法相比，操作简便、快速，测定的相对误差在0.1%以内，因而是重要的例行检测手段，有很大的实用价值。

（二）仪器分析法

仪器分析法是以物质的物理性质或物理化学性质为基础建立起来的一类分析方法，通过测量物质的物理或物理化学参数，便可确定该物质的组成、结构和含量。仪器分析的方法众多，而且各种方法相对独立，可自成体系。常用的仪器分析法有光学分析法、电化学分析法、色谱法、质谱法等。

1. 光学分析法

光学分析法的依据是物质的能量变化。它是基于能量作用于待测物质后，物质的热力学能变化以辐射（电磁波）的形式表现出来，用合适的仪器将电磁波记录下来进行分析的方法。光学分析法可分为光谱法和非光谱法。

光谱法是以光的发射、吸收和散射为基础建立起来的分析方法。通过检测光谱波长和强度来进行定性和定量分析。根据产生内能变化的基本粒子分类，有原子光谱法和分子光谱法。原子发射光谱分析法、原子吸收光谱分析法和原子荧光光谱分析法属于原子光谱法，而紫外-可见分光光度法、红外光谱法、分子荧光光度法、分子磷光光度法、拉曼光谱法、分子发光分析法和生物发光分析法等均属于分子光谱法。

2. 电化学分析法

电化学分析法是以物质在溶液中的电化学性质变化为基础建立起来的一类分析方法。它将含有待测物的试液组成化学电池，通过测量电池的电化学参数，如电导、电位、电流或电量等信号，从而获得待测物的组成或含量。常用的分析方法有电位分析法、库仑分析法、极谱和伏安法，早期使用的还有电导分析法。

3. 色谱法

以物质在互不相溶的两相中的分配系数差异为基础建立起来的分离和分析方

法称为色谱法。目前广泛使用的有气相色谱法、高效液相色谱法和离子色谱法，近十几年来，发展了许多新的色谱技术，如临界流体色谱法、毛细管电泳和毛细管电色谱法等。

4.质谱法

待测物在离子源中被电离成带电离子，经质量分析器按离子的质荷比 m/z 的大小进行分离，并以谱图形式记录下来，根据记录的质谱图确定待测物的组成和结构，这种分析方法称为质谱法。

此外，还有热分析法、电子能谱分析法等。

三、发展中的分析化学

分析化学是随着化学和其他相关学科的发展而不断发展的，目前正处在第三次大变革时期。现代分析化学已不只限于测定物质的组成和含量，而是要对物质的形态（如价态、配位态、晶型等）、结构（空间分布）、微区、薄层、化学活性和生物活性等做出瞬时跟踪监测，实现无损分析、在线监测分析和过程控制等。现代分析化学的发展趋势大体可归纳为以下几个方面。

（一）提高灵敏度

提高灵敏度是各种分析化学方法长期以来所追求的目标。各种新技术引入分析化学，都是为了提高分析方法的灵敏度。当前，激光技术引入光学分析法，使原子吸收光谱分析法、荧光光谱分析法、质谱法以及光声光谱分析法等仪器分析法的灵敏度大大提高。多元配合物、表面活性剂等使吸光光度法、极谱和伏安法、色谱法等分析方法的灵敏度提高1到数个数量级，分析性能也大幅度提高。

（二）提高选择性

迄今，已知的化合物超过2 400万种，而且新的化合物正在以指数速度增加。复杂体系的分离和测定已成为分析化学家所面临的艰巨任务。尽管色谱分离技术取得了长足的发展，但还是满足不了科学研究和生产发展的需要。例如，蛋白质、DNA等生物大分子的分离测定，对毛细管电泳技术、核磁共振波谱法和质谱法等提出了更高的要求。

各种选择性检测技术、选择性试剂以及多组分同时测定技术等是当前分析化学研究的重要课题。

（三）扩展时空多维信息

现代分析化学已不再局限于将待测组分从复杂试样中分离出来进行表征和测量，而是成为一门为物质提供尽可能多的化学信息的科学。当前，人们对客观世界的认识不断深入，那些过去不熟悉的领域，如多维、不稳态和边界条件等已逐渐提到分析化学家的议事日程上来。采用现代核磁共振波谱、红外光谱、质谱等可提供有机物分子和生物分子的精细结构、空间排列构型以及瞬时状态等信息，为人们对化学反应历程及生命过程的认识展现了光辉的前景。

（四）状态分析

在环境科学中，同一元素的不同价态和所生成的不同有机物分子的不同形态在毒性上可能存在很大差异。在材料科学中，物质的不同晶态或结合态对材料性能的影响十分显著。因此，必须对待测组分进行价态或状态分析。目前，光谱电化学分析法、溶出伏安分析法、X射线电子能谱分析法、热分析法和X射线衍射分析等在这方面有广泛的应用前景。

（五）微型化与微环境分析

微型化与微环境分析是现代分析化学认识物质世界从宏观向微观的延伸。电子技术、光学技术等向微型化发展，推动了分析化学研究微观世界的进程。纳米技术的兴起，促进了纳米化学传感器的研制成功，从而可以研究单个细胞内生物活性物质的运动和变化。

（六）生物分析技术与活体分析

20世纪后期，生命科学取得了迅猛发展，生命科学时代已经到来。生命科学引起了各学科研究者的关注，它也是分析化学的重要研究领域，生物分析技术的发展必将促进生命科学的发展。目前，生物光化学传感器和生物电化学传感器的研究十分活跃，酶传感器、免疫传感器、DNA传感器、细胞传感器等不断涌现。纳米传感器的出现为活体分析带来了机遇，亚当斯等采用微电极实现了活体检测多巴胺、5-羟色胺、去甲肾上腺素等神经递质。DNA芯片技术和蛋白质芯片技术将更加拓展分析化学的研究领域。

第二节　误差和有效数字

在分析化学中，尽管各种分析方法的原理和手段各不相同，但都是通过从研究对象中抽出一部分样品进行实验，以获取关于物质组成、性能的准确信息。由于在实验过程中不可避免地总会或多或少地受到许多未知因素的影响，即使用最好的方法和仪器，由很熟练的分析人员，用足够的细心来操作，实验得到的数据之间仍有或大或小的差异。这就是说，误差是客观存在的，任何一种分析的结果都有不确定度。为了获得准确的信息，就必须对实验得到的数据进行合理的处理，判断其最可能的值是多少，其可靠程度又如何，检查产生误差的原因，采取减小误差的有效措施，从而不断提高分析结果的准确度。数理统计方法就是处理数据的一种科学的方法，使分析质量得以保证。

一、准确度与精密度

1.准确度与误差

分析结果的准确度是指测定结果x与真实值μ之间相符的程度，两者差值越小，则分析结果准确度越高，准确度的高低用误差来衡量。误差又可分为绝对误差和相对误差两种，其表示方法如下：

$$绝对误差 = x - \mu$$

$$相对误差 = \frac{x - u}{\mu} \times 100\%$$

相对误差表示误差在真实值中所占的百分率。例如，用天平称量两物体的质量分别为1.000 1 g和0.100 1 g，假定二者的真实质量分别为1.000 0 g和0.100 0 g，则两个称量结果的绝对误差分别为

$$1.000\,1 - 1.000\,0 = 0.000\,1(g)$$

$$0.100\,1 - 0.100\,0 = 0.000\,1(g)$$

两个称量结果的相对误差分别为：

$$\frac{0.000\,1}{1.000\,0} \times 100\% = 0.01\%$$

$$\frac{0.000\,1}{0.100\,0} \times 100\% = 0.1\%$$

由此可知，绝对误差相等，相对误差不一定相等，上例中两个称量结果的绝对误差相等，但第二个称量结果的相对误差是第一个称量结果的相对误差的10倍。也就是说，同样的绝对误差，当被测量的量较大时，相对误差较小，测定的准确度也就比较高。因此，用相对误差来表示各种情况下测定结果的准确度更为确切。

绝对误差和相对误差都有正值和负值。正值表示分析结果偏高，负值表示分析结果偏低。

在实际工作中，真实值往往是不知道的，因此，无法求得分析结果的准确度，所以常用另一种方法——精密度来表示分析结果的优劣。

2. 精密度与偏差

分析结果的精密度是指多次平行测定结果相互接近的程度。精密度的高低用偏差来衡量。偏差小，表示测定结果的重现性好，即各测定值之间比较接近，精密度高。

3. 准确度与精密度之间的关系

准确度是表示测定结果与真实值相符的程度，而精密度是表示测定结果的重现性。由于真实值是不知道的，因此，常常根据测定结果的精密度来衡量分析结果的好坏，但是精密度高的测定结果，不一定是准确的，两者关系可用图5-1说明。

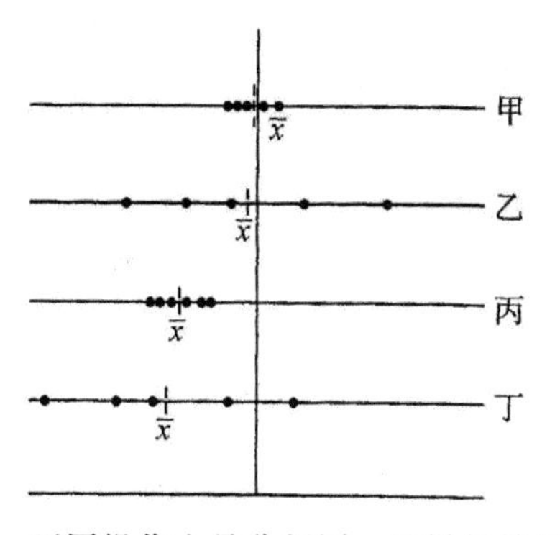

图5-1 不同操作人员分析同一试样的结果

图5-1表示甲、乙、丙、丁四人测定同一试样中某物质含量时所得的结果。由图可见，甲所得结果的准确度和精密度均好，结果可靠；乙的精密度很差，平均值虽然接近真实值，但这是大的正负误差相互抵消的结果，如果乙的结果只取2次或3次测定结果来平均，结果就会与真实值相差很大，因此，这个结果是不可取的；丙的分析结果的精密度虽然很高，但准确度较差；丁的精密度和准确度都很差。由此可见，精密度是保证准确度的先决条件，精密度差，表示所得结果不可靠，但高的精密度也不一定能保证高的准确度。

二、分析测试中的误差

在图5-1的示例中,为什么丙所得结果精密度高而准确度低?为什么四个人所得的平均数据都有或大或小的差别?这是由于分析测试过程中存在着各种各样、性质不同的误差。

误差按其性质可以分为三类:系统误差、随机误差和过失误差。

1. 系统误差

系统误差又称可测误差,它是由于分析测试过程中某些经常发生和比较固定的原因所造成的,它决定测定结果的准确度。它的最重要的性质是具有单向性,即误差的大小及其符号在同一试验中是恒定的,当重复测定时会重复出现,若能发现系统误差产生的原因,就可以设法避免和校正。

系统误差产生的主要原因是:

(1)仪器误差。仪器误差来源于仪器本身不够精确,长期使用造成磨损引起仪器精度下降;仪器未调整到最佳状态;仪器未经校正等。

(2)试剂误差。试剂误差来源于试剂不纯和蒸馏水中含有微量杂质。

(3)方法误差。这种误差是由于分析方法本身不够完善造成的。例如,滴定分析中反应不完全或者有副反应,重量分析中沉淀的溶解、共沉淀等,都会系统地使分析结果偏高或偏低。

(4)主观误差。主观误差是由于操作人员的主观原因造成的。如对终点颜色的判定不同,或者偏浅,或者偏深。又如后一次读数受到前一次读数的影响,希望两次测定获得相同或相近的结果。

2. 随机误差

随机误差是由于在测定过程中一系列有关因素微小的随机波动而形成的具有相互抵偿性的误差。它决定测定结果的精密度。随机误差有时大、有时小、有时正、有时负,随着测定次数的增加,正负误差相互抵偿,误差平均值趋向于零。因此,多次测定平均值比单次测定值的随机误差小。由于随机误差的形成取决于测定过程中的一系列因素,这些是操作者无法严格控制的,因此,随机误差是无法避免的,但分析工作者可以设法将其大大减小,但不可能完全消除。

3. 过失误差

过失误差是指工作中的差错,是由于工作上粗枝大叶,不按操作规程办事等原因造成的。例如器皿不洁净、试液损失、加错砝码、记录及计算错误等,这些都属于不应有的过失，会对分析结果带来严重影响，必须注意避免。为此，在学习过程中必须养成严格遵守操作规程、耐心细致的良好习惯，培养实事求是、严肃认真、一丝不苟的科学态度。若发现错误的测定结果，应予以剔除，不能用于计算平均值。

三、有效数字及其运算规则

1. 有效数字

在分析测试中，为了得到准确的分析结果，不仅要准确地测量，而且要正确地记录数字并计算。因为记录的数字不仅表示数量的大小，而且还反映了测量的精确程度。

有效数字是实际上能测到的数字，即可靠数字加一位可疑数字。例如，用分析天平称取碳酸钠，三次读数为0.356 1、0.356 2、0.356 0，其中0.356是准确的可靠数字，最后一位为可疑数字，因此，有4位有效数字。对有效数字的最后一位可疑数字，通常理解为可能有±1个单位的绝对误差。

例如，下列几组数据的有效数字：

试样质量	0.356 0 g	四位有效数字（分析天平称取）
	0.35 g	二位有效数字（台秤称取）
溶液体积	25.00 mL	四位有效数字（滴定管或移液管量取）
	25 mL	二位有效数字（量筒量取）
标准溶液浓度	0.100 0 $mol \cdot L^{-1}$	四位有效数字
解离常数	$K_a = 1.8 \times 10^{-5}$	二位有效数字

0.100 0 $mol \cdot L^{-1}$中，前面一个“0”只起定位作用，与测量的精度无关，不是有效数字，后面的三个“0”表示该溶液浓度准确到小数点后第三位，第四位可能有±1误差，所以这三个“0”是有效数字。

当需要在某数的末尾加“0”进行定位时，为了避免混淆，最好采用指数形式表示。例如，15.0 g若以毫克为单位，则可表示为1.50×10^4 mg；若表示为15 000 mg，就易被误解为五位有效数字。

2. 有效数字运算规则

（1）在记录测量所得的数据时，数据中只保留一位可疑数字。

（2）在运算中弃去多余数字（即修约数字）时，一律以“四舍六入五成双”为原则，即“四要舍，六要入；五后有数要进一；五后无数看奇偶，五前奇数要进一，五前偶数全舍光”，而不是“四舍五入”。

例如，将下列数据修约为四位有效数字：

0.213 34→0.213 3

0.213 36→0.213 4

0.213 35→0.213 4

0.213 45→0.213 4

注意：在修约数字时，只允许对原测量值一次修约到所需要的位数，不能分次修约。例如，将0.213 346修约为4位有效数字时，不能先修约为0.21335，再修约为0.213 4，而应一次修约为0.213 3。使用计算器计算分析结果时，注意按有效数字的计算规则进行修约。

（3）在加减法中，它们的和或差的有效数字的保留，应以小数点后位数最少的数据为依据，即取决于绝对误差最大的数据，例如，将0.536 2，0.001 4及0.25三数相加，其中0.25为绝对误差最大的数据，所以0.536 2和0.001 4应分别修约为0.54和0.00，三个数值相加的结果也应保留到小数点后第二位，即为0.79。

（4）在乘除法中，所得结果以有效数字位数最少的为依据，即以相对误差最大的数据为依据，弃去过多的位数。运算时，若第一位有效数字等于8或大于8时，则有效数字可多计一位（例如，8.03 mL的有效数字可视作四位）。例如，$5.21 \times 0.200\,0 \times 1.043\,2 = 5.21 \times 0.200 \times 1.04 = 1.09$。

（5）在所有计算式中，π、e的数值，以及分数等系数的有效数字位数，可以认为无限制，即在计算中，需要几位就可以写几位。

（6）在对数计算中，所取对数位数，应与真数的有效数字位数相等，例如，pH = 4.30，$c(H^+) = 5.0 \times 10^{-5}\ mol \cdot L^{-1}$，$K_a^\ominus = 1.8 \times 10^{-5}$，$pK_a^\ominus = 4.74$。

（7）大多数情况下，表示误差时，结果取一位有效数字，最多取两位。

（8）对于含量 > 10% 组分的测定，一般要求分析结果有四位有效数字；对于含量在1%~10% 组分的测定，一般要求有三位有效数字；对于含量 < 1% 组分的测定，一般只要求两位有效数字。

3. 有效数字的运算规则在分析化学测定中的应用

（1）正确记录数据

例如，在万分之一分析天平上称得某物质质量为0.250 0 g，不能记录成0.250 g或0.25 g。在滴定管上读取溶液的体积为24.00 mL，不能记录为24 mL或24.0 mL。

（2）正确选取用量和仪器

若称取的样品质量为2 ~ 3 g，就不需要用万分之一分析天平，用千分之一天平即可。因为千分之一天平已满足称量准度的要求：

$$\frac{\pm 0.001 \times 2}{\pm 2.000} \times 100\% = \pm 0.1\%$$

若称取0.01 g试样，就不能在万分之一分析天平上称取，因为其相对误差为：

$$\frac{\pm 0.000\,1 \times 2}{\pm 0.010\,0} \times 100\% = \pm 2\%$$

不能满足分析要求，而应在十万分之一天平上称量：

$$\frac{\pm 0.000\,01 \times 2}{\pm 0.010\,00} \times 100\% = \pm 0.2\%$$

所以，要根据分析要求正确选取用量和仪器。

(3)正确表示分析结果

例如，分析煤中硫含量时，称样为3.5 g，甲、乙两人各测得2次，甲报的结果为0.042%和0.041%，乙报的结果为0.042 01%和0.041 99%，甲报的结果合理，这是因为：

甲的相对误差为：

$$\frac{\pm 0.001}{0.042} \times 100\% = \pm 2\%$$

乙的相对误差为：

$$\frac{\pm 0.000\,01}{0.042\,00} \times 100\% = \pm 0.02\%$$

称量试样的相对误差为：

$$\frac{\pm 0.1}{3.5} \times 100\% = \pm 3\%$$

甲的相对误差与称量试样的相对误差一致，而乙的相对误差与称量试样的相对误差相差很远，没有意义，所以应采用甲的结果。

四、提高分析结果准确度的方法

从前面误差讨论中可知，在分析测试过程中，不可避免地存在误差，可根据实际情况，选择合适的方法，尽可能地减小分析误差，提高分析结果的准确度。

1.选择合适的分析方法

各种分析方法的准确度和灵敏度不相同，在实际工作中要根据具体情况和要求来选择分析方法。化学分析法中的重量分析和滴定分析，相对于仪器分析而言，准确度高，但灵敏度低，适于高含量组分的测定。仪器分析方法相对于化学分析而言，灵敏度高，但准确度低，适于低含量组分的测定。例如，有一试样铁含量为

40.10%,若用重铬酸钾法滴定铁,其方法的相对误差为0.2%,则铁的含量范围是40.02% ~ 40.18%。若采用分光光度法测定,其方法的相对误差为2%,则铁的含量范围是39.3% ~ 40.9%。很明显,后者的误差大得多。如果试样中铁含量为0.50%,用重铬酸钾法滴定无法进行,也就是说方法的灵敏度达不到。而分光光度法,尽管方法相对误差为2%,但含量低,其分析结果绝对误差低,为0.02 × 0.50% = 0.01%,可能测得的范围为0.49% ~ 0.51%,这样的结果是符合要求的。

2. 用标准样品对照

采用标准样品进行对照,是检验分析方法可靠性的有效方法。

3. 减小测量误差

为了保证分析测试结果的准确度,必须尽量减小测量误差。例如,在滴定分析中,用碳酸钠基准物标定0.2 $mol \cdot L^{-1}$盐酸标准溶液,测量步骤中首先是用分析天平称取碳酸钠的质量,其次是读出盐酸的体积。这就应设法减小称量和滴定的相对误差。

分析天平的一次称量误差为±0.000 1 g,采用递减法称量两次,为使称量时相对误差小于0.1%,称量质量至少应为:

$$试样质量 = \frac{绝对误差}{相对误差} = \frac{2 \times 0.000\,1\ g}{0.1\%} = 0.2\ g$$

滴定管的一次读数误差为±0.1 mL,消耗的体积至少应为:

$$滴定体积 = \frac{2 \times 0.01\ mL}{0.1\%} = 20\ mL$$

所以,在实际工作中,称取碳酸钠基准物质量为0.285 ~ 0.35 g,使滴定体积在30 mL左右,以减小测量误差。

应该指出,不同的分析方法准确度要求不同,应根据具体情况,来控制各测量步骤的误差,使测量的准确度与分析方法的准确度相适应。例如,分光光度法测定微量组分,方法的相对误差为2%,若称取0.5 g试样,试样的称量误差小于$0.5 \times \frac{2}{100} = 0.01(g)$就行了,没有必要像滴定分析法那样强调称准至±0.000 1 g。

4. 增加平行测定次数,减小随机误差

在消除系统误差的前提下,平行测定次数越多,平均值越接近真实值。因此,增加平行测定次数,可减小随机误差,但测定次数过多,工作量加大,随机误差减小不大,故一般分析测试平行做3 ~ 4次即可。

5. 消除测量过程中的系统误差

造成系统误差的原因是多方面的,可根据具体情况采用不同的方法来消除系统误差。检验分析过程中有无系统误差可采用对照试验。对照试验有以下几种类型：

（1）选择组成与试样相近的标准试样进行分析，将测定结果与标准值比较，用t-检验法来判断是否有系统误差。

（2）采用标准方法和所选方法同时测定某一试样，用F-检验法和t-检验法来判断是否有系统误差。

（3）如果对试样的组成不完全清楚，则可以采用"加入回收法"进行对照试验。即取两份等量的试样，向其中一份加入已知量的被测组分，进行平行试验，看看加入的被测组分是否定量回收，以此来判断有无系统误差。

若通过以上对照试验，确认有系统误差存在，则应设法找出产生系统误差的原因，根据具体情况，采用下列方法加以消除。

①做空白试验消除试剂、去离子水带进杂质所造成的系统误差。即在不加试样的情况下，按照试样分析操作步骤和条件进行试验，所得结果称为空白值。从试样测试结果中扣除此空白值。

②校准仪器以消除仪器不准确所引起的系统误差，如对砝码、移液管、滴定管、容量瓶等进行校准。

③采用其他分析方法进行校正。例如，用Fe^{2+}标准溶液滴定钢铁中的铬时，钒和铈一起被滴定，产生正系统误差，可分别选用其他适当的方法测定钒和铈的含量，然后以每1%钒相当0.34%铬和每1%铈相当于0.123%铬进行校正，从而得到铬的正确结果。

第三节　滴定分析法

一、滴定分析概述

滴定分析法是用滴定的方式测定物质含量的方法。通常用于测定常量组分，准确度较高，在一般情况下，测定的误差不高于0.1%，且操作简单、快速，所用仪器简单、价格便宜。因此，滴定分析法是化学分析中很重要的一类方法，具有较高的实用价值。

进行滴定分析时，将被测物质溶液置于锥形瓶（或烧杯）中，将一种已知其准确浓度的溶液即标准溶液由滴定管滴加到待测物质的溶液中，直到所加的试剂与被测物质按化学计量关系反应完全为止；由所消耗的标准溶液的体积和浓度，可计算出被测物质的含量。由于这种测定方法是以测量溶液体积为基础，故又称为容量分析法。

将标准溶液从滴定管滴加到被测物质溶液中的过程，称为“滴定”。当加入的标准溶液（又称“滴定剂”）与被测组分定量反应完全时，我们称反应达到了“化学计量点”。为了确定化学计量点，使恰好在化学计量点时就停止滴定，常加入一种辅助试剂（称为“指示剂”），借助指示剂在化学计量点附近发生颜色改变来指示反应的完全，这一颜色的转变点称为“滴定终点”。因滴定终点与化学计量点不一致造成的误差称为“终点误差”，又叫“滴定误差”。终点误差是滴定分析误差的主要来源之一，其大小取决于化学反应的完全程度和指示剂的选择。另外，也可以采用仪器分析方法来确定滴定终点。

（一）滴定分析法的分类

滴定分析以化学反应为基础，根据所利用的化学反应的不同，滴定分析法可分为四类。

1. 酸碱滴定法

它是一种以质子传递反应为基础的滴定分析法。

一般的酸、碱以及能与酸、碱直接或间接发生质子转移的物质，都可以用酸碱滴定法分析。例如：

强酸（碱）滴定强碱（酸）：$H_3O^+ + OH^- = 2H_2O$

强碱滴定弱酸：$HA + OH^- = A^- + H_2O$

强酸滴定弱碱：$A^- + H_3O^+ = HA + H_2O$

2. 配位滴定法

它是一种以配位反应为基础的滴定分析法。

常用有机配位剂乙二胺四乙酸的二钠盐（EDTA，用 H_2Y^{2-} 表示）作滴定剂，滴定金属离子。例如：

$$Ca^{2+} + H_2Y^{2-} = CaY^{2-} + 2H^+$$

$$Fe^{3+} + H_2Y^{2-} = FeY^- + 2H^+$$

3. 氧化还原滴定法

它是一种以氧化还原反应为基础的滴定分析法。可用氧化剂作滴定剂，如高锰酸钾法、重铬酸钾法、直接碘量法等;也可用还原剂作滴定剂,如间接碘量法。

4.沉淀滴定法

它是一种以沉淀生成反应为基础的滴定分析法。最常用的反应是生成难溶银盐的反应,即“银量法”。

$$Ag^+ + X^- = AgX$$（X^-表示Cl^-、Br^-、I^-、SCN^-）

可测定Ag^+、Cl^-、Br^-、I^-、SCN^-等离子。

(二)滴定分析对滴定反应的要求

适用于滴定分析的反应,应具备以下几个条件:

(1)反应必须按一定的反应方程式进行。即具有确定的化学计量关系,不发生副反应。设待测物A与滴定剂B有如下反应:

$$aA + bB = cC + dD$$

表示A与B按物质的量之比$a:b$的关系反应。在化学计量点时,有$n_A:n_B = a:b$。式中:n_A为已反应的待测物的物质的量;n_B为消耗的滴定剂的物质的量。

(2)反应必须定量地进行完全。通常要求反应程度达到99.9%以上。

(3)反应速度要快。如果反应进行很慢,将无法确定终点,对于速度较慢的反应,可以通过加热、增加反应物浓度、加入催化剂等方法来提高反应速度。

(4)有合适的指示化学计量点的方法。在定量化学分析的滴定中,通常是利用指示剂的颜色变化或溶液体系中某一参数的变化指示化学计量点。这就要求指示剂只能在化学计量点附近发生人眼所能辨别的颜色改变,或者当溶液的某一参数在化学计量点附近发生变化时,能在仪器上明确显示出来。

凡能满足上述要求的反应,都可以采用直接滴定法。

(三)基准物质和标准溶液

滴定分析是一类相对分析方法。在滴定分析中,需要通过标准溶液的浓度和用量来计算待测组分的含量。因此,正确配制和使用标准溶液,准确测定标准溶液的浓度,对于滴定分析的准确度有着重要的意义。

标准溶液的配制有直接法和间接法两种。

1.直接法

准确称取一定量某物质,经溶解后,置于一定体积容量瓶中稀释至刻度,根据物质的质量和溶液的体积,即可计算该标准溶液的准确浓度。可用来直接配制标

准溶液的物质称为基准物质,它必须符合下列要求:

(1)纯度高,杂质含量低于滴定分析法所允许的误差范围,即试剂纯度应在99.9%以上。

(2)物质的组成与化学式相符(包括结晶水)。

(3)性质稳定,例如,不与大气中的组分发生作用,结晶水不易丢失,不易吸水等。

(4)最好有较大的相对分子质量,以减小称量误差。

2. 间接法

很多物质不能直接用来配制标准溶液,如NaOH易吸收空气中的水分和CO_2;一般市售的盐酸含量不准确,易挥发;高锰酸钾、硫代硫酸钠不纯,在空气中不稳定。这些试剂的标准溶液只能用间接法配制。即将其先配制成一种近似于所需浓度的溶液,然后用基准物质测定它的准确浓度。这种操作过程称为“标定”。有时也可以用另一种标准溶液标定,但其准确度不及直接用基准物质标定的好。

常用的基准物质是纯金属或纯化合物,其干燥条件及标定对象见表5-1。

表5-1 常用基准物的干燥条件及应用

基准物质	化学式	干燥条件	标定对象
无水碳酸钠	Na_2CO_3	270 ~ 300 ℃	酸
硼砂	$Na_2B_4O_7 \cdot 10H_2O$	置于有NaCl和蔗糖饱和溶液的密闭容器中	酸
二水合草酸	$H_2C_2O_4 \cdot 2H_2O$	室温,空气干燥	碱、$KMnO_4$
邻苯二甲酸氢钾	$KHC_8H_4O_4$	110 ~ 120 ℃	碱
草酸钠	$Na_2C_2O_4$	130 ℃	$KMnO_4$
锌	Zn	室温干燥器中保存	EDTA
碳酸钙	$CaCO_3$	110 ℃	EDTA
重铬酸钾	$K_2Cr_2O_7$	140 ~ 150 ℃	$Na_2S_2O_3$
氯化钠	NaCl	500 ~ 600 ℃	$AgNO_3$
硝酸银	$AgNO_3$	280 ~ 290 ℃	NaCl

(四)滴定方式

滴定方式可分为以下几种:

(1)直接滴定法。对于能满足滴定分析要求的反应,可用标准溶液直接滴定被测物质。例如,用NaOH标准溶液可直接滴定HCl、HAc等;用$KMnO_4$标准溶液可滴定$C_2O_4^{2-}$等；用EDTA标准溶液可滴定Ca^{2+}、Mg^{2+}、Zn^{2+}等；用$AgNO_3$标准溶液可滴定Cl^-（K_2CrO_4等作指示剂）等。直接滴定法是最常用、基本的滴定方式，简便、快速，引入的误差少。

（2）返滴定法。如果反应较慢（如Al^{3+}与EDTA的配位反应）或反应物不溶于水（如用H_2SO_4测定固体MgO），反应不能立即完成，此时，可先加入定量过量滴定剂，使反应完全，待反应完全后，再加入另一种标准溶液滴定剩余的滴定剂，这种滴定方式称为返滴定法，又称回滴定法或剩余量滴定法。

有时采用返滴定法是由于没有合适的指示剂。如在酸性溶液中用$AgNO_3$滴定Cl^-，缺乏合适的指示剂，可先加一定量过量的$AgNO_3$标准溶液，使Cl^-沉淀完全，再以NH_4SCN标准溶液返滴定过剩的Ag^+，以铁铵钒为指示剂，出现$Fe(SCN)^{2+}$的淡红色即为终点。

（3）置换滴定法。如果滴定剂与待测物质的反应不能直接发生或不按一定反应式进行，或伴有副反应，或缺乏合适指示剂，则可以先用适当试剂与被测物质反应，定量置换出另一种可与滴定剂反应的物质，从而可用滴定剂滴定，这种方法称置换滴定法。例如，$Na_2S_2O_3$与$K_2Cr_2O_7$等强氧化剂反应时，$S_2O_3^{2-}$将部分被氧化成SO_4^{2-}和$S_4O_6^{2-}$，反应没有一定的化学计量关系，因此，不能用$Na_2S_2O_3$直接滴定$K_2Cr_2O_7$。但$Na_2S_2O_3$与I_2之间的反应符合滴定分析的要求，于是，可在酸性$K_2Cr_2O_7$溶液中加入过量KI，产生一定量的I_2，再用$Na_2S_2O_3$标准溶液滴定I_2。

（4）间接滴定法。不能与滴定剂直接反应的物质，有时可以通过另外的化学反应间接进行测定。例如Ca^{2+}不能直接用$KMnO_4$标准溶液滴定，可加入$(NH_4)_2C_2O_4$将其沉淀为CaC_2O_4后，用H_2SO_4溶解，再用$KMnO_4$标准溶液滴定$C_2O_4^{2-}$，从而间接测定Ca^{2+}含量。

二、确定滴定终点的方法

在滴定分析中，确定滴定终点的方法有指示剂法和仪器分析法两类。

（一）指示剂法

根据作用原理，指示剂可分为以下几类。

1. 酸碱指示剂

酸碱指示剂是一类有机弱酸或弱碱，其共轭酸碱对具有不同的结构，因而呈现不同的颜色。当溶液pH改变时，指示剂失去或得到质子，成为碱式或酸式结构，同时引起溶液颜色的改变。

常用酸碱指示剂见表5-2。

表5-2 常用酸碱指示剂

指示剂	pH变色范围	酸色	碱色	pK_a	浓度	用量(10 mL试液所需滴数)
甲基黄	2.9 ~ 4.0	红	黄	3.3	0.1%的90%乙醇溶液	1
甲基橙	3.1 ~ 4.4	红	黄	3.4	0.1%的水溶液	1
溴酚蓝	3.1 ~ 4.6	黄	紫	4.1	0.1%的20%乙醇溶液	1
溴甲酚绿	3.8 ~ 5.4	黄	蓝	4.9	0.1%的20%乙醇溶液	1
甲基红	4.4 ~ 6.2	红	黄	5.2	0.1%的60%乙醇溶液	1
中性红	6.8 ~ 8.0	红	黄橙	7.4	0.1%的60%乙醇溶液	1
酚红	6.7 ~ 8.4	黄	红	8.0	0.1%的20%乙醇溶液	1
酚酞	8.0 ~ 9.6	无	红	9.1	0.1%的60%乙醇溶液	1 ~ 2
百里酚酞	9.4 ~ 10.6	无	蓝	10.0	0.1%的90%乙醇溶液	1 ~ 2

2. 金属指示剂

金属指示剂是一种配位剂，能与某些金属离子形成与其本身颜色显著不同的配合物以指示终点。常用金属指示剂见表5-3。

表5-3 常用金属指示剂

指示剂	用途	注意事项
铬黑T(EBT)	pH=10，测Mg^{2+}、Zn^{2+}、Cd^{2+}、Pb^{2+}、Hg^{2+}、In^{3+}	Fe^{3+}、Co^{2+}、Ni^{2+}、Cu^{2+}、Al^{3+}、Ti^{4+}有封闭作用
二甲酚橙(XO)	pH=1 ~ 2(HNO_3)，测Bi^{3+} pH=2 ~ 3.5(HNO_3)，测Th^{3+} pH=5 ~ 6(六次甲基四胺)，测Cd^{2+}、Co^{2+}、Cu^{2+}、Pb^{2+}、Hg^{2+} pH=5 ~ 6(HAc-NaAc)，测Zn^{2+}、La^{3+}	—
磺基水杨酸	pH=1.5 ~ 3，测Fe^{3+}	磺基水杨酸本身无色，$[FeY]^-$呈黄色
钙指示剂	pH=12 ~ 13，测Ca^{2+}	Fe^{3+}、Co^{2+}、Ni^{2+}、Cu^{2+}、Al^{3+}有封闭作用
PAN	pH=1.9 ~ 2.2，测Cu^{2+}、Bi^{3+}、Cd^{2+}、Hg^{2+}、Pb^{2+}、Zn^{2+}、Fe^{2+}、Ni^{2+}、Mn^{2+}	

3. 氧化还原滴定中的指示剂

氧化还原滴定中的指示剂有以下几类：

(1)自身指示剂。有些滴定剂本身有颜色,其滴定产物无色或颜色很浅。这样,滴定时不必另加指示剂,利用标准溶液本身的颜色变化指示终点。例如,在用 $KMnO_4$ 标准溶液滴定还原性物质时,只要过量的 MnO_4^- 的浓度达到 2×10^{-6} mol·L^{-1},就能显示其粉红色。

(2)特殊指示剂。这种指示剂本身不具有氧化还原性,但能与滴定剂或被滴定物作用产生颜色,从而指示滴定终点。如淀粉遇碘生成蓝色配合物(I_2的浓度可小至 2×10^{-5} mol·L^{-1}),借此蓝色变化的出现或消失,表示终点的到达。在直接碘量法中,用 I_2 作滴定剂,加入淀粉指示剂,终点由无色变到蓝色。在间接碘量法中,用 $Na_2S_2O_3$ 滴定反应中析出的 I_2,接近终点时加入淀粉指示剂,终点时,溶液由蓝色变为无色。接近终点时才加入指示剂是防止 I_2-淀粉配合物吸附部分 I_2,致使终点提前。

(3)氧化还原指示剂。氧化还原指示剂本身是氧化剂或还原剂,其氧化态和还原态具有不同颜色。

滴定体系电位的任何改变,将引起氧化态和还原态浓度比值的改变,从而引起溶液颜色的变化。

表5-4列出了常用的氧化还原指示剂。

表5-4 常用氧化还原指示剂

指示剂	$\varphi_{In}^{\ominus'}\left(c_{H^+} = 1\ \mathrm{mol \cdot L^{-1}}\right) / V$	还原态色	氧化态色
亚甲基蓝	0.53	无	蓝
二苯胺	0.76	无	紫
二苯胺磺酸钠	0.84	无	紫红
邻苯氨基苯甲酸	0.89	无	紫红
邻二氮菲-亚铁	1.06	红	淡蓝
硝基邻二氮菲-亚铁	1.25	紫红	淡蓝

4.沉淀滴定中的指示剂

沉淀滴定中以生成难溶银盐的反应为基础的银量法较有实际意义。

$$Ag^+ + X^- \longrightarrow AgX \downarrow$$

X^-为 Cl^-、Br^-、I^-、SCN^-。

因指示剂的不同,银量法又分为:

(1)摩尔法。摩尔法是以 K_2CrO_4 为指示剂的银量法,根据分步沉淀的原理,在滴定过程中 AgCl 首先沉淀出来。随着滴定的进行,溶液中 Cl^-浓度越来越小,Ag^+浓度相应增大,直至 Ag^+与 CrO_4^{2-} 的浓度乘积超过 Ag_2CrO_4 的溶度积,出现红色 Ag_2CrO_4 沉淀，借此指示滴定终点。

(2)福尔哈德法。福尔哈德法是以铁铵钒[$NH_4Fe(SO_4)_2$]为指示剂的银量法，可用NH_4SCN或KSCN标准溶液直接滴定Ag^+，过量的SCN^-与Fe^{3+}形成红色配合物指示滴定终点。

(3)法扬斯法。法扬斯法是采用吸附指示剂的银量法。吸附指示剂是一类有机染料，其阴离子在溶液中易被带有正电荷胶状沉淀所吸附，并使结构变形而引起颜色变化，指示终点。

常用吸附指示剂见表5-5。

表5-5　常用吸附指示剂

指示剂	待测离子	滴定剂	适用pH范围
荧光黄	Cl^-	Ag^+	7～10
二氯荧光黄	Cl^-	Ag^+	4～10
曙红	Br^-、I^-、SCN^-	Ag^+	2～10
甲基紫	SO_4^{2-}(Ag^+)	Ba^{2+}(Cl^-)	1.5～3.5(酸性)
溴酚蓝	生物碱盐类	Ag^+	弱酸性
二甲基二碘荧光黄	I^-	Ag^+	中性

(二)仪器分析法

用指示剂确定终点简单方便，但不适合在有色溶液或有沉淀的溶液中滴定，用电位滴定、电导滴定、电流滴定、交流示波极谱滴定和光度滴定等仪器分析法确定滴定终点则可克服上述不足，且这些仪器分析法对于酸碱滴定、配位滴定、氧化还原滴定和沉淀滴定均适用。

1. 电位滴定

在被测物质溶液中插入指示电极和参比电极，由于滴定过程中待测离子与滴定剂发生化学反应，离子活度发生变化，引起指示电极电位改变。在化学计量点附近，离子活度的变化可能达到几个数量级，出现电位突跃，由此可确定滴定终点，如图5-2所示。

电位滴定用一个工作电极和一个参比电极时，工作电极是极化电极，一般用旋转铂微电极或滴汞电极，参比电极为去极化电极，在有微小电流通过时，其电极电位要基本不变，故常用大面积的甘汞电极。

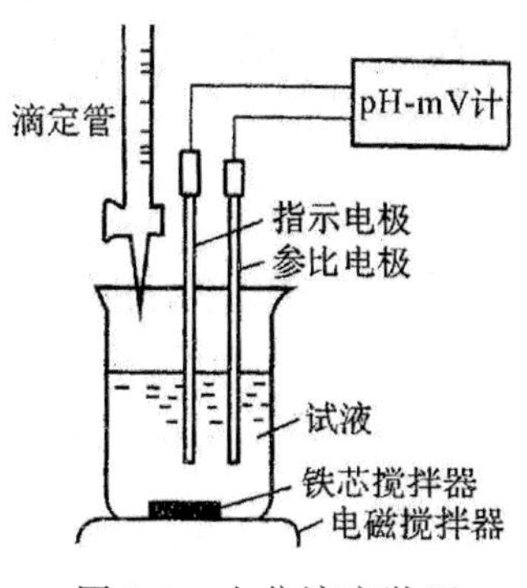

图 5-2 电位滴定装置

2. 交流示波极谱滴定

交流示波极谱滴定是利用交流示波极谱曲线[(dE/dt-f(E))]上切口的出现或消失来指示滴定终点的仪器分析法。交流示波极谱滴定在交流示波极谱滴定仪上进行。

3. 光度滴定

测量光度可用来指示滴定终点。光度滴定须在有滴定池的分光光度计上进行，将普通分光光度计改装，使在光路中可插入滴定容器，便可完成光度滴定。在滴定过程中，滴加一定量的滴定剂后，测定溶液的吸光度，绘制吸光度—滴定剂体积曲线，便可确定滴定终点。例如，用 EDTA 连续滴定 Bi^{3+} 和 Cu^{2+}，745 nm 处 Bi^{3+} 或 EDTA 均无吸收。加入 EDTA 后，Bi^{3+} 与 EDTA 的配合物在此波长也无吸收，因此，在第一个化学计量点以前吸光度没有变化。过了第一个化学计量点，随着 EDTA 的加入，Cu^{2+} 与 EDTA 的配合物形成，该配合物在此波长处有吸收，因而随着 EDTA 的加入，至 Cu^{2+} 完全形成配合物，吸光度达到最大。第二个化学计量点后，继续加入 EDTA，吸光度不发生变化。

三、滴定曲线

在滴定过程中，随着滴定剂的加入，溶液的某种参数[pH、pM、pAg 或 pX（X^- 为 Cl^-、Br^-、I^-、SCN^-）及 φ 等]不断发生变化，若以加入的滴定剂为横坐标，溶液的参数为纵坐标，便可绘制滴定曲线。

对于滴定反应：

$$A + B = C + D$$

设用 0.100 0 mol·L^{-1} A 滴定 20.00 mL 0.100 0 mol·L^{-1} B，当加入 99.9% A 后，再加入一滴滴定剂（0.04 mL），即过量 0.1%，溶液参数将发生突然的改变，这种参数的突

然改变就是滴定突跃,突跃所在的参数范围称为滴定突跃范围。

滴定突跃范围有重要的实际意义:一方面,它是选择指示剂的依据;另一方面,它反映了滴定反应的完全程度,滴定突跃越大,滴定反应越完全,滴定越准确。对于不同类型的滴定,影响滴定突跃范围的因素各不相同。

以下以强碱滴定强酸为例进行简要介绍。

1.滴定曲线的绘制

以0.100 0 mol·L^{-1}强碱NaOH滴定20.00 mL 0.100 0 mol·L^{-1} HCl为例,根据整个滴定过程中溶液有4种不同的组成情况,可分为四个阶段讨论。

滴定开始前:溶液中仅有HCl存在,故溶液的pH取决于HCl溶液的原始浓度。

滴定开始至化学计量点前:随着NaOH的加入,部分HCl被中和,形成HCl+NaCl溶液,因NaCl对溶液的pH无影响,所以可根据溶液中剩余的HCl量来计算pH。

化学计量点时:当加入20.00 mL NaOH时,HCl溶液被完全中和,变成了中性的NaCl水溶液,故溶液的pH由水的解离决定。

化学计量点后:过了化学计量点,再加入NaOH溶液,构成NaOH+NaCl溶液,其pH取决于过量的NaOH,计算方法与强酸溶液中计算[H^+]的方法相类似。

表5-6 用NaOH滴定HCl时溶液pH的变化[c(NaOH) = c(HCl) = 0.100 0 mol·L^{-1}]

加入NaOH体积/mL	滴定分数a	剩余HCl体积/mL	过量NaOH体积/mL	pH
0.00	0.000	20.00	—	1.00
18.00	0.900	2.00	—	2.28
19.80	0.990	0.20	—	3.30
19.98	0.999	0.02	—	4.30
20.00	1.000	0.00	—	7.00
20.02	1.001	—	0.02	9.70
22.00	1.100	—	2.00	10.70

根据表5-6及c(NaOH) = c(HCl) = 1.0 mol·L^{-1},c(NaOH) = c(HCl) = 0.1 mol·L^{-1},c(NaOH) = c(HCl) = 0.01 mol·L^{-1}时的实验数据作图,即可得到相应的滴定曲线(见图5-3)。

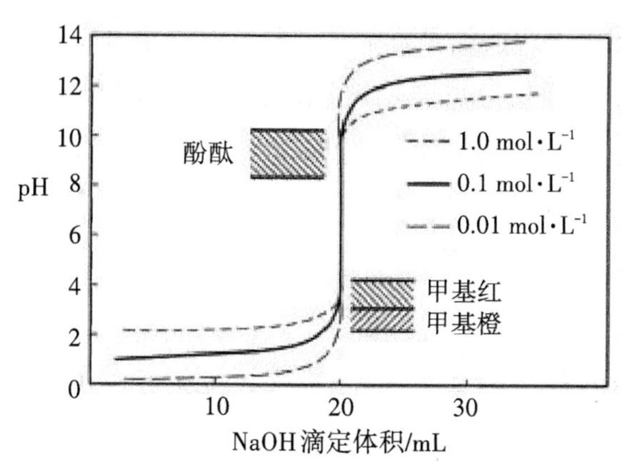

图5-3　NaOH溶液滴定HCl溶液的滴定曲线

2.滴定突跃范围

滴定曲线可以反映出溶液pH的变化方向和其在滴定各个阶段时的变化速度。图5-3展示了曲线自左至右有3个不同的阶段。前段和后段比较平坦，说明溶液的pH变化比较平稳；中段pH变化剧烈，曲线近乎垂直，在化学计量点附近pH有一个突变过程，即为滴定突跃，突跃所在的pH范围称为滴定突跃范围（常用化学计量点前后各0.1%的pH范围表示，上例的突跃范围是4.30～9.70）。理想的情况是指示剂能在反应的化学计量点发生颜色变化从而停止滴定，但这一情况很难实现。实际操作中，指示剂的选择主要以滴定的突跃范围为依据，通常选取变色范围全部或部分处在突跃范围内的指示剂指示滴定终点，以保证指示剂颜色变化时停止滴定，终点误差不会超过±0.1%。在上述滴定中，甲基橙（变色范围：pH为3.1～4.4）和酚酞（变色范围：pH为8.0～10.0）的变色范围均有一部分在滴定的突跃范围内，因此都是该滴定的适当指示剂。除此之外，甲基红、溴百里酚蓝和溴酚蓝等也可用作这类滴定的指示剂。

强酸碱滴定类型的突跃范围与溶液的浓度密切相关。由图5-3可见，当酸碱浓度均增大10倍时，滴定突跃范围将提高2个pH单位；反之，若酸碱浓度减小到原来的1/10，相应的突跃范围将减小2个pH单位。可见，酸碱浓度越高，滴定突跃范围越大；酸碱浓度越低，滴定突跃范围越小。

其他类型的酸碱滴定（如一元弱酸碱、多元弱酸碱的滴定）均可参照一元强酸碱的滴定，根据整个滴定过程中溶液的四种不同组成情况，可分为四个阶段讨论，绘制滴定曲线；根据滴定突跃范围，选择合适的指示剂确定滴定终点；影响滴定突跃范围的因素不仅有酸碱溶液的浓度，被滴定的弱酸或弱碱的强度也会对滴定突跃范围的大小造成显著的影响。

其他三种滴定分析法，如配位滴定、氧化还原滴定和沉淀滴定，均可根据溶液组成的不同，将滴定过程分为四个阶段，根据每个阶段溶液的组成，计算相应的离子浓度或溶液电位。根据滴定进行的程度，以滴定分数作为横坐标，离子浓度或溶液电位作为纵坐标绘制滴定曲线。同样，在滴定的相对误差为±0.1%时对应的离子浓度负对数或电位值即为滴定突跃范围，据此可选择合适的指示剂确定滴定终点。

四、滴定分析的应用

（一）直接滴定法

如前所述，凡能满足滴定分析要求的反应，都可以用于直接滴定。

1. 双指示剂法测定烧碱中 NaOH 和 Na_2CO_3 的含量

NaOH 俗称烧碱，它易吸收空气中 CO_2，使部分 NaOH 变成 Na_2CO_3，形成 NaOH 和 Na_2CO_3 混合物。根据 HCl 滴定碳酸钠时有两个计量点的原理，可在溶液中先加入酚酞指示剂，至第一计量点，NaOH 全部被中和，Na_2CO_3 反应生成 $NaHCO_3$，设此时共用去 HCl 的体积为 V_1（mL）；在同一溶液中加入甲基橙指示剂，继续用 HCl 滴定至溶液由黄色变为橙色，即达第二计量点，此时，$NaHCO_3$ 全部转变为 H_2CO_3（H_2O+CO_2），设消耗的 HCl 为 V_2（mL）；则 Na_2CO_3 消耗的 HCl 体积为 $2V_2$（mL），NaOH 消耗的 HCl 的体积为（V_1-V_2）（mL）。样品中 NaOH 和 Na_2CO_3 的质量分数分别按下式计算：

$$\omega_{NaOH} = \frac{c_{HCl}(V_1 - V_2) \times \frac{40.00}{1\,000}}{m_{样}} \times 100\%$$

$$\omega_{Na_2CO_3} = \frac{c_{HCl} \times 2V_2 \times \frac{106.0}{2\,000}}{m_{样}} \times 100\%$$

在用 HCl 滴定混合碱时，因 Na_2CO_3 的 K_{b_2} 不够大，故第二计量点时，突跃不太明显，且易形成 CO_2 的过饱和溶液，滴定过程中生成的 H_2CO_3 转化成 CO_2 速度较慢，使终点出现过早，故滴定终点附近需剧烈摇动，或者终点前暂停滴定，加热除去 CO_2 再滴定至终点。

2. 乙酰水杨酸（阿司匹林）的测定

乙酰水杨酸是一种解热镇痛药，分子结构中含有羧基，在溶液中可解离出 H^+，故可用标准碱溶液直接滴定。

$$C_6H_4(COOH)(OCOCH_3) + NaOH \longrightarrow C_6H_4(COONa)(OCOCH_3) + H_2O$$

乙酰水杨酸的质量分数可按下式计算：

$$\omega_{C_9H_8O_4} = \frac{c_{NaOH} \times V_{NaOH} \times \frac{180}{1\,000}}{m_{样}} \times 100\%$$

乙酰水杨酸含有酯的结构，为了防止酯在滴定时水解而使结果偏高，滴定时应控制以下条件：

(1)应在中性乙醇溶液中滴定；

(2)滴定时应保持温度在10 ℃以下；

(3)应在不断摇动下稍快地进行滴定，以防止NaOH局部过浓促使水解：

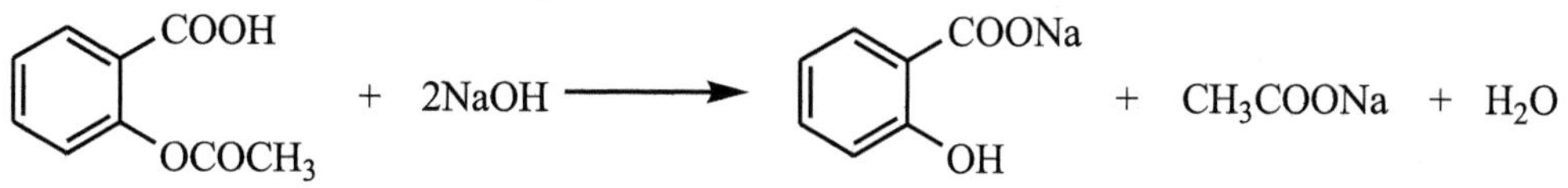

$$C_6H_4(COOH)(OCOCH_3) + 2NaOH \longrightarrow C_6H_4(COONa)(OH) + CH_3COONa + H_2O$$

3. 水的总硬度的测定

硬度是水质的重要指标，水的硬度是指溶解于水中钙盐和镁盐的总量。水中钙、镁的酸式碳酸盐形成的硬度称为暂时硬度；钙、镁的其他盐类(如硫酸盐、氯化物等)形成的硬度称为永久硬度。两种硬度的总和称为总硬度。硬度的单位有以下两种表达方法：

(1)CaO 1 $mg \cdot L^{-1}$或$CaCO_3$ 1 $mg \cdot L^{-1}$。

(2)硬度度数。规定1 L水中含10 mg CaO为1度。

在测定硬度时，可准确调节NH_3-NH_4Cl缓冲液pH到10，以铬黑T为指示剂，用EDTA标准溶液滴至溶液由酒红色变为蓝色即可。金属离子如Fe^{3+}、Co^{2+}、Ni^{2+}、Cu^{2+}、Al^{3+}及高价锰会因封闭现象使指示剂褪色或终点拖长。Na_2S或KCN可掩蔽重金属离子的干扰，盐酸羟胺可使高价铁离子和高价锰离子还原成低价离子而消除其干扰。

4. 葡萄糖酸钙的测定

样品溶于水后，用NaOH调节pH至约12，加入少量钙指示剂，用EDTA滴定至溶液由红色变为纯蓝色即可。

钙盐的EDTA滴定也可用EDTA-Mg-EBT作指示剂：

滴定前：$MgY + Ca^{2+} = CaY + Mg^{2+}$

$$Mg^{2+} + HIn = MgIn + H^+$$

（$K_{CaIn} < K_{MgIn}$，单独用铬黑T作指示剂，会使终点提前到达）

终点：$MgIn + Y = MgY + HIn$

由于在实验中加入的是MgY，滴定至最后仍是MgY，所以它只起了辅助铬黑T指示滴定终点的作用。

5.重铬酸钾测定铁矿石中铁的含量

铁矿石试样用HCl加热分解后，先用$SnCl_2$在热的浓HCl溶液中将大部分Fe(Ⅲ)还原为Fe(Ⅱ)。再以钨酸钠为指示剂，用$TiCl_2$还原剩余的Fe(Ⅲ)（滴加$TiCl_3$至钨蓝出现），多余的$TiCl_3$用$K_2Cr_2O_7$处理（滴至溶液蓝色刚好消失）。然后在K_2SO_4、H_3PO_4混合酸介质中，用二苯胺磺酸钠作指示剂，以$K_2Cr_2O_7$标准溶液滴定：

$$Cr_2O_7^{2-} + 6Fe^{2+} + 14H^+ = 2Cr^{3+} + 6Fe^{3+} + 7H_2O$$

H_3PO_4可与Fe^{3+}形成$[Fe(HPO_4)_2]^-$，一方面利于观察终点颜色，另一方面可使滴定突跃增大，反应更完全。

铁矿石中铁的质量分数为：

$$\omega_{Fe} = \frac{c_{K_2Cr_2O_7}V_{K_2Cr_2O_7} \times 6 \times \frac{56}{1\,000}}{m_{样}} \times 100\%$$

6.直接碘量法测维生素C

碘是一种比较弱的氧化剂，凡电位低于$\varphi^\ominus(I_2/I^-)$的还原性物质，可用I_2标准溶液直接滴定。采用淀粉指示剂，终点时，淀粉与I_2形成蓝色配位化合物。淀粉指示剂在有I^-存在下的弱酸性溶液中显色最灵敏。当pH < 2时，淀粉易水解为糊精，遇I_2显色；pH > 9时，会发生以下副反应而不显色：

$$3I_2 + 6OH^- = IO_3^- + 5I^- + 3H_2O$$

维生素C分子($C_6H_8O_6$)中的烯二醇基具有还原性，能被I_2定量氧化成二酮基：

$$\text{C}_6\text{H}_8\text{O}_6\ (\text{环内酯 }-\text{O}-\text{; } \text{C(=O)}-\text{C(OH)}=\text{C(OH)}-\text{CH}-\text{CH(OH)}-\text{CH}_2\text{OH}) + I_2 \rightleftharpoons \text{C(=O)}-\text{C(=O)}-\text{C(=O)}-\text{CH}-\text{CH(OH)}-\text{CH}_2\text{OH} + 2HI$$

从上式看，碱性条件下更有利于反应向右进行。但维生素C还原性很强，在空气中，尤其是在碱性中很容易被氧化，故在滴定时需加入HAc使溶液保持一定酸性。

维生素C的质量分数是：

$$\omega_{V_C} = \frac{c_{I_2}V_{I_2} \times \frac{176}{1\,000}}{m_{样}} \times 100\%$$

7.摩尔法测人体血清中Cl^-

人体内氯以Cl^-形式存在于细胞外液中，血清中正常值为3.4～3.8 g·L^{-1}，Cl^-常与Na^+共存，故NaCl是细胞外液中的重要电解质。对血清中蛋白滤液进行Cl^-测定，通常采用摩尔法。

8.法杨斯法测盐酸麻黄碱

盐酸麻黄碱（$C_{10}H_{15}ON \cdot HCl$）是用溴酚蓝（HBs）作指示剂进行测定的，滴定反应为

$$\left[C_6H_5-\underset{OH}{\overset{H}{C}}-\underset{CH_3}{\overset{H}{C}}-\underset{H}{\overset{H}{N^+}}-CH_3\right]Cl^- + AgNO_3 \longrightarrow \left[C_6H_5-\underset{OH}{\overset{H}{C}}-\underset{CH_3}{\overset{H}{C}}-\underset{H}{\overset{H}{N^+}}-CH_3\right]NO_3^- + AgCl$$

终点前：$AgCl \cdot Cl^- \cdot Ag^+Bs^-$（黄色）；

终点：$AgCl \cdot Ag^+ \cdot Bs^-$（灰紫）。

（二）返滴定法

1.血浆中HCO_3^-离子浓度的测定

人体血液中约95%以上的CO_2是以HCO_3^-形式存在的，测定该离子浓度可帮助诊断血液中酸碱指标。在血浆中加入过量HCl标准溶液，使其和HCO_3^-离子反应生成CO_2，并使CO_2逸出，然后用酚红为指示剂，用NaOH标准溶液滴定剩余的HCl，根据HCl和NaOH标准溶液的用量，即可按下式计算血浆中HCO_3^-离子的浓度（mol·L^{-1}）：

$$c_{HCO_3^-} = \frac{c_{HCl}V_{HCl} - c_{NaOH}V_{NaOH}}{V_{样}}$$

正常血浆中HCO_3^-浓度为22～28 mmol·L^{-1}。

2.空气中CO含量的测定

滤去CO_2的气体样品经过含五氧化二碘的热管（120～150 ℃），将CO氧化为CO_2，用已知过量的$Ba(OH)_2$标准溶液吸收，将生成的$BaCO_3$沉淀滤掉，然后以酚酞为指示剂，用HCl标准溶液滴定剩余的$Ba(OH)_2$，并计算空气中CO的含量。反应如下：

$$5CO + I_2O_5 \xlongequal{\triangle} 5CO_2 + I_2$$

$$CO_2 + Ba(OH)_2(\text{过量}) \longrightarrow BaCO_3\downarrow + H_2O$$

$$Ba(OH)_2(\text{余}) + 2HCl \longrightarrow BaCl_2 + 2H_2O$$

计算公式为:

$$\rho_{CO} = \frac{\left[c_{Ba(OH)_2}V_{Ba(OH)_2} - \frac{1}{2}(c_{HCl}V_{HCl})\right]\times\frac{28}{1\,000}}{V_{\text{样}}}(g\cdot L^{-1})$$

3. 明矾[$KAl(SO_4)_2\cdot 12H_2O$]的测定

测定明矾的含量,一般都是测定组成中铝的含量,然后换算成明矾的含量。因EDTA与Al^{3+}配位反应速度较慢,需要加过量EDTA并加热煮沸方能反应完全,且Al^{3+}对指示剂有封闭作用,因此要采用返滴定法进行测定。即在试样溶液中加入准确过量的EDTA标准溶液,在$pH\approx 3.5$时,煮沸溶液。再调节$pH=5\sim 6$,然后以二甲酚橙为指示剂,$ZnSO_4$标准溶液回滴剩余的EDTA。反应式为:

$$Al^{3+} + H_2Y^{2-}(\text{过量}) \longrightarrow AlY^-$$

$$Zn^{2+} + H_2Y^{2-}(\text{余}) \longrightarrow ZnY^{2-}$$

需用HAc-NaAc缓冲溶液控制溶液$pH=5\sim6$,因为$pH<4$,配位反应不完全,$pH\geqslant 7$,Al^{3+}会水解,且二甲酚橙指示剂也要求溶液酸度控制在$pH<6.3$。

4. 葡萄糖含量的测定

葡萄糖的测定通常采用旋光法,也可采用回滴定法(间接碘量法)。葡萄糖分子中含有醛基,能在碱性条件下用过量的I_2溶液氧化成羟基,然后用$Na_2S_2O_3$标准溶液回滴剩余的I_2。反应过程为:

$$I_2 + NaOH \longrightarrow NaIO + HI$$

$$CH_2OH(CHOH)_4CHO + NaIO + NaOH \longrightarrow CH_2OH(CHOH)_4COONa + NaI + H_2O$$

剩余的NaIO在碱性溶液中转化成$NaIO_3$和NaI:

$$3NaIO \longrightarrow NaIO_3 + 2NaI$$

溶液经酸化后,又恢复成I_2析出:

$$NaIO_3 + 5NaI + 3H_2SO_4 \longrightarrow 3I_3 + 3Na_2SO_4 + 3H_2O$$

最后用标准$Na_2S_2O_3$溶液滴定反应剩余的I_2:

$$2S_2O_3^{2-} + I_2 \longrightarrow S_4O_6^{2-} + 2I^-$$

（三）置换滴定法

1. 甲醛法测铵盐中的氨

NH_4^+的K_a很小，不能被NaOH直接滴定，可在铵盐溶液中加入甲醛，甲醛本身无酸碱性，但它与铵盐作用生成六次甲基四胺，同时置换出相当量的酸：

$$4NH_4^+ + 6HCHO = (CH_2)_6N_4 + 4H^+ + 6H_2O$$

可用NaOH滴定至酚酞指示剂显红色为终点。

2. EDTA滴定Ag^+（置换出金属离子）

Ag^+与EDTA配合物的稳定性不大，不能用EDTA直接滴定，在Ag^+溶液中加入过量$[Ni(CN)_4]^{2-}$后：

$$2Ag^+ + [Ni(CN)_4]^{2-} = 2[Ag(CN)_2]^- + Ni^{2+}$$

然后在pH = 10的氨性溶液中，以紫脲酸铵为指示剂，用EDTA滴定被置换出来的Ni^{2+}，即可得到Ag^+的含量。

3. EDTA测复杂试样中的Al^{3+}（置换出EDTA）

在复杂试样溶液中，先加入过量EDTA，使Al^{3+}和其他能与EDTA配合的金属离子完全配位；调节溶液pH = 5 ~ 6，以二甲酚橙为指示剂，用Zn^{2+}标准溶液滴定过量的EDTA至终点，然后加入NH_4F，使AlY中的Y^{3-}释放出来，再用标准Zn^{2+}溶液滴定释放出来的Y^{3-}，即可测得Al^{3+}的含量。

4. 漂白粉中有效氯的测定

漂白粉的有效成分是$Ca(ClO)_2$，它与盐酸反应放出氯，具有氧化、漂白和杀菌作用，故称“有效氯”。将漂白粉悬浊液在酸性条件下与过量KI作用，就能析出与有效氯相当的I_2，然后以淀粉作指示剂，用$Na_2S_2O_3$标准溶液滴定。

$$ClO^- + 2H^+ + Cl^- = Cl_2 + H_2O$$

$$Cl_2 + 2I^- = I_2 + 2Cl^-$$

$$I_2 + 2S_2O_3^{2-} = 2I^- + S_4O_6^{2-}$$

（四）间接滴定法

例如，高锰酸钾法测Ca^{2+}：在酸性溶液中，加入适当过量的$(NH_4)_2C_2O_4$溶液，用稀氨水中和至甲基橙呈黄色，使Ca^{2+}完全沉淀为CaC_2O_4，经过滤、洗涤后，将沉淀溶于热的稀H_2SO_4中，然后用$KMnO_4$标准溶液滴定Ca^{2+}，从而间接求得Ca^{2+}的含量。

人体血钙测定即用此法，此法还可测Ba^{2+}、Cd^{2+}等与$C_2O_4^{2-}$定量生成沉淀的离子。

第四节　重量分析法

重量分析通常是通过物理或化学反应将试样中待测组分与其他组分分离，称得待测组分或它的难溶化合物的质量，计算出待测组分在试样中的含量。常用的从试样中分离出待测组分的方法有两种。

(1)挥发法。这种方法适用于挥发性组分的测定。一般是用加热或蒸馏等方法使被测组分转化为挥发性物质逸出，称量后根据试样质量的减少来计算试样中该组分的含量；或用吸收剂吸收组分逸出的气体，根据吸收剂质量的增加来计算该组分的含量。例如，要测定氯化钠试样的含水量，可以用吸湿剂(如高氯酸镁)吸收逸出的水分，根据吸湿剂质量的增加来计算水分的含量。

(2)沉淀法。这种方法是使待测组分生成难溶化合物沉淀下来，然后称量沉淀的质量，根据沉淀的质量算出待测组分的含量。例如，测定试液中SO_4^{2-}含量时，在试液中加入过量Ba^{2+}，得到$BaSO_4$沉淀，经过滤、洗涤、干燥后，称量$BaSO_4$的质量，从而计算试液中SO_4^{2-}的含量。

重量分析法是经典的化学分析法，它通过直接称量得到分析结果，不需要从容量器中引入许多数据，也不需要基准物质做比较。对于高含量组分的测定，重量分析比较准确，一般测定的相对误差不大于0.1%。对高含量的硅、钨、稀土元素等试样的精确分析，至今仍常用重量分析法。但重量分析法的不足之处是操作烦琐、费时，不适于生产中的控制分析；对低含量组分的测定误差较大。

第五节　仪器分析法

一、吸光光度法

基于物质对光的选择性吸收而建立起来的分析方法称为吸光光度法。根据物质对不同波长范围的光的吸收，吸光光度法可分为可见吸光光度法、紫外吸光光度法及红外光谱法。本章重点讨论可见吸光光度法。

（一）概述

1. 光的基本性质

光是电磁波，具有波粒二象性，即波动性和粒子性。其波动性表现为光按波动形式传播，并能产生折射、反射、衍射和干涉等现象。光的波长 λ、频率 v（Hz）与速度 c 之间的关系为：

$$\lambda = \frac{c}{v}$$

式中，光速 $c = 2.997\,9 \times 10^{8}\ \mathrm{m \cdot s^{-1}}$。

其粒子性表现为可以产生光电效应，这表明光是由大量的以光速运动的粒子（称为光子）流所组成。每个光子具有一定的能量，其能量与波长 λ 之间的关系为：

$$E = hv = h\frac{c}{\lambda}$$

式中，h 为普朗克常数，$h = 6.626\,2 \times 10^{-34}\ \mathrm{J \cdot s}$。

不同波长（或频率）的光，其能量不同，波长短的光能量大，波长长的光能量小。如按频率或波长大小顺序排列，即得表 5-7 所示的电磁波谱。

表 5-7　电磁波谱

区域	频率/Hz	波长	跃迁类型	光谱类型
X 射线	$10^{20} \sim 10^{16}$	$10^{-3} \sim 100$ nm	内层电子跃迁	X 射线吸收、发射、衍射、荧光谱、光电子能谱
远紫外	$10^{12} \sim 10^{15}$	$10 \sim 200$ nm	价电子和非键电子跃迁	
紫外	$10^{15} \sim 7.5\times10^{14}$	$200 \sim 400$ nm		远紫外吸收光谱，电子能谱
可见	$7.5\times10^{14} \sim 4.0\times10^{14}$	$400 \sim 750$ nm		紫外–可见吸收和发射光谱
近红外	$4.0\times10^{14} \sim 1.2\times10^{14}$	$0.75 \sim 2.5$ μm	分子振动	近红外吸收光谱
红外	$1.2\times10^{14} \sim 10^{11}$	$2.5 \sim 1\,000$ μm	分子振动	红外吸收光谱
微波	$10^{11} \sim 10^{8}$	$0.1 \sim 100$ cm	分子转动、电子自旋	微波光谱，电子顺磁共振

2. 物质对光的选择性吸收

肉眼可感觉到的光，称为可见光，可见光是电磁波中一个很小的波段，其波长范围为 400 ~ 750 nm。具有同一波长的光称为单色光，由不同波长的光组成的光称为复合光，如白光（日光、白炽电灯光）是由各种颜色的光按一定强度比例混合而成。让白光通过棱镜，由于折射作用可分为红、橙、黄、绿、蓝、靛、紫七种单色光。

不同物质对各种波长光的吸收具有选择性。当白光通过某溶液时，某些波长的光被溶液吸收,而另一些波长的光则透过,溶液的颜色由透射光的波长决定。透射光与吸收光称为互补色光,两种颜色称为互补色,如白光通过NaCl溶液时,全部透过,NaCl溶液无色透明,而$CuSO_4$溶液则吸收白光中的黄光而呈蓝色,$KMnO_4$溶液吸收绿光而呈紫红色。物质颜色与吸收光颜色的互补关系见表5-8。

表5-8 物质颜色与吸收光颜色的互补关系

物质颜色	吸收光		物质颜色	吸收光	
	颜色	波长/nm		颜色	波长/nm
黄绿	紫	400 ~ 450	紫	黄绿	560 ~ 580
黄	蓝	450 ~ 480	蓝	黄	580 ~ 600
橙	绿蓝	480 ~ 490	绿蓝	橙	600 ~ 650
红	蓝绿	490 ~ 500	蓝绿	红	650 ~ 760
紫红	绿	500 ~ 560	—	—	—

3.吸收曲线

当一束平行单色光照射均匀的有色溶液时,光的一部分被吸收,一部分透过,一部分被反射。设入射光强度为I_0,透射光强度为I,吸收光强度为I_a,反射光强度为I_r,则:

$$I_0 = I + I_a + I_r$$

在吸光光度法中,由于采用同质同型的比色皿,反射光强度一致,可以相互抵消。上式可简化为:

$$I_0 = I + I_a$$

入射光强度I_0的减弱仅与溶液对光的吸收程度有关。物质对光的吸收程度可以用吸光度A来表示,即

$$A = \lg\frac{I_0}{I}$$

I越小,I_0 / I越大,则A越大,物质对光的吸收程度越大。当$I_0 = I$,即物质对光没有吸收时,$A = 0$。

若将不同波长的单色光依次通过某浓度一定的有色溶液,测出相应波长下物质对光的吸光度A,以波长λ为横坐标,吸光度A为纵坐标作图即为A-λ吸收曲线。图5-4是不同浓度$KMnO_4$溶液的光吸收曲线。

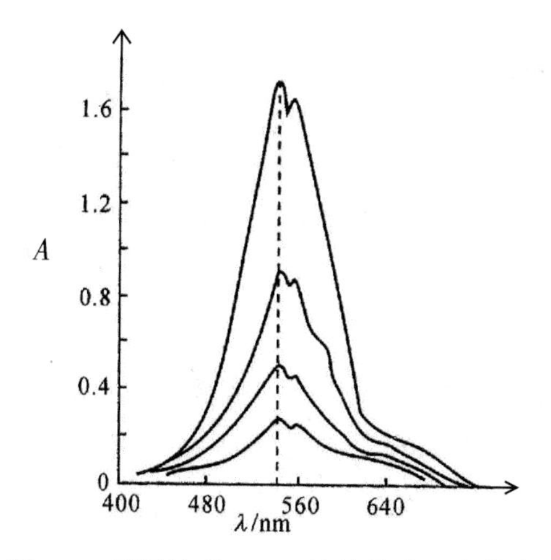

图 5-4　不同浓度$KMnO_4$溶液的光吸收曲线

从吸收曲线可以看出：

（1）$KMnO_4$溶液对不同波长的光的吸收具有选择性。对 525 nm 的绿光吸收最多，此光的波长称为最大吸收波长，用λ_{max}表示，对红光和紫光吸收很少。

（2）不同浓度的$KMnO_4$溶液的吸收曲线，形状相似，最大吸收波长不变，说明物质的吸收曲线是一种特征曲线。

（3）在最大吸收峰附近，吸光度测量的灵敏度最高。这一特征可作为物质定量分析选择入射光波长的依据。

4. 吸光光度法的特点

（1）灵敏度高。一般吸光光度法所测定的下限可达 $10^{-5} \sim 10^{-6}$ mol·L^{-1}，因而有较高的灵敏度，适用于微量组分的分析。

（2）准确度较高。吸光光度法的相对误差为 2% ~ 5%，采用精密的分光光度计测量，相对误差为 1% ~ 2%，其准确度虽不如滴定分析法高，但也满足微量组分测定的准确度要求。而对微量组分的测定，滴定分析法是难以进行的。

（3）简便、快捷。吸光光度法所使用的仪器——分光光度计，操作简单，易于掌握。近年来，由于一些灵敏高、选择性好的显色剂和掩蔽剂不断出现，待测液常可不经分离直接进行吸光度分析，有效简化了测量步骤，提高了分析速度。

（4）应用广泛。几乎所有的无机物和许多有机物都可直接或间接地用吸光光度法进行测定。此外，该法还可用来研究化学反应的机理，以及溶液的化学平衡等理论，如测定配合物的组成，弱酸、弱碱的常数等。由于有机试剂和配位化学的迅速发展及分光光度计性能的提高，吸光光度法已广泛应用于生产和科研部门。

（二）光吸收定律——朗伯-比尔（Lambert-Beer）定律

朗伯-比尔定律是吸光光度法定量分析的理论依据，是由朗伯和比尔分别于1760年和1852年提出的，说明了物质对光的吸收程度与溶液的浓度及液层厚度间的定量关系。

1. 朗伯-比尔定律

当一束平行单色光垂直照射某一均匀溶液时，设溶液浓度为c，液层厚度为b，入射光强度为I_0，透射光强度为I，吸收光强度为I_a。由于吸光光度法中比色皿的质料、厚度均相同，反射光强度可相互抵消，则遵从$I_0 = I_a + I$。

经数学推导可得：

$$A = Kbc$$

上式称为光吸收定律，或朗伯-比尔定律。它表明，当一束平行单色光通过某有色溶液时，溶液的吸光度A与液层厚度b和溶液浓度c的乘积成正比。

在吸光度测量中，也常用透光度T或百分透光度$T\%$表示物质对光的吸收程度和进行有关计算。

$$T = \frac{I}{I_0} \qquad T\% = \frac{I}{I_0}\times 100$$

$$A = \lg\frac{1}{T} = -\lg T = -\lg\frac{T\%}{100} = 2 - \lg T\%$$

2. 吸光系数和摩尔吸光系数

公式$A=Kbc$中，K为常数，它表示物质的吸光能力，与吸光物质的性质、入射光的波长及温度等因素有关，并随浓度c所用单位不同而不同。

当浓度c以$g \cdot L^{-1}$为单位时，此时朗伯-比尔定律表示为：

$$A = abc$$

当浓度c以$mol \cdot L^{-1}$为单位，液层厚度b以cm为单位时，常数K用ε表示，称为摩尔吸光系数，单位为$L \cdot mol^{-1} \cdot cm^{-1}$。此时朗伯-比尔定律表示为：

$$A = \varepsilon bc$$

ε是吸光物质在特定波长下的特征常数，是表征显色反应灵敏度的重要参数。ε越大，表示吸光物质对此波长的光的吸收程度越大，显色反应越灵敏。通常所说的摩尔吸光系数指的是最大吸收波长处的摩尔吸光系数，以ε_{max}表示。一般认为：

$\varepsilon < 10^4$　　显色反应灵敏度低

$10^4 < \varepsilon < 5 \times 10^4$　　属中等灵敏度

$5 \times 10^4 < \varepsilon < 10^5$ 属高等灵敏度

$\varepsilon > 10^5$ 属超高灵敏度

对于微量组分的测定，一般选ε较大的显色反应，以提高测定的灵敏度。

例5-1 一浓度为1.0 $\mu g \cdot mL^{-1}$的Fe^{2+}溶液，以邻二氮菲显色后，在吸收皿厚度为2 cm、波长510 cm处测得吸光度$A = 0.380$，计算：(1)透光度T和百分透光度$T\%$；(2)吸光系数a；(3)摩尔吸光系数ε。

解：(1)$T = 10^{-A}=10^{-0.380} = 0.417$

$$T\% = T \times 100 = 0.417 \times 100 = 41.7$$

(2)$a = \dfrac{A}{bc} = \dfrac{0.380}{2.0 \times 1.0 \times 10^{-3}} = 1.9 \times 10^2\ L \cdot g^{-1} \cdot cm^{-1}$

(3)$\varepsilon = \dfrac{A}{bc} = \dfrac{0.380}{2.0 \times \dfrac{1.0 \times 10^{-3}}{55.85}} = 1.1 \times 10^4\ L \cdot mol^{-1} \cdot cm^{-1}$

吸光光度法也适用于多组分分析。在多组分体系中，如果各种吸光物质之间没有相互作用，这时体系总的吸光度等于各组分吸光度之和，即吸光度具有加和性：

$$A_{总} = A_1 + A_2 + \cdots + A_n = \varepsilon_1 bc_1 + \varepsilon_2 bc_2 + \cdots + \varepsilon_n bc_n$$

式中下标指各吸收组分1，2，…，n。

(三)分光光度计

分光光度计的种类、型号繁多，但从其结构来讲，都是由光源、单色器(分光系统)、吸收池、检测系统四大部分组成。

目前普遍使用的是国产721和722等型号的分光光度计。

721型分光光度计工作波段为360 ~ 800 nm，采用光电管作检测器，灵敏度较高。其结构如图5-5。

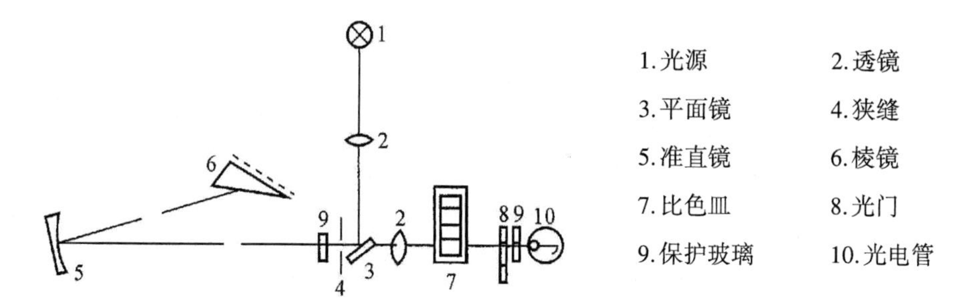

图5-5 721型分光光度计结构示意

由光源发出的白光，由透镜聚光，经过平面镜转角90°，反射至入射狭缝，狭缝正好位于准镜的焦面上，当入射光经准直镜反射后，以一平行光束射向棱镜，色散光经棱镜背面镀铝面反射又依原路线稍偏转一个角度反射回来。再经准直镜反射,通过出光狭缝,经透镜聚光而投射到比色皿上,透射光经光门射到光电管上,所产生光电流经放大后输入检流表,可得出吸光度。

其他品牌或型号的分光光度计很多,其工作原理都基本上与721型分光光度计一致。

(四)吸光光度法的应用

吸光光度法的应用十分广泛,不仅用于微量组分的测定,也可用于高含量组分、多组分的测定及有关化学平衡的研究。

单一组分的测定一般采用标准曲线法和标准比较法。

1. 标准曲线法

将一系列不同浓度的标准溶液、试液在相同条件下显色、定容。在选定的实验条件下用分光光度计分别测出其吸光度,作$A-c$标准曲线,由试液的吸光度A_X从标准曲线上查出其对应的浓度$c(X)$,即可求出待测物质的浓度或质量分数。

2. 标准比较法

将浓度相近的标准溶液$c(S)$和试液$c(X)$,在相同条件下显色、定容,分别测其吸光度A_S和A_X,由朗伯-比尔定律:

$$A_S = \varepsilon_S b_S c(S) \qquad A_X = \varepsilon_X b_X c(X)$$

由于同一物质用同一波长厚度的吸收皿测定,故:

$$\varepsilon_X = \varepsilon_S \qquad b_X = b_S$$

所以$A_S : A_X = c(S) : c(X)$

$$c(X) = \frac{A_X}{A_S} \cdot c(S)$$

即可求出待测试液的含量。

3. 高含量组分的测定——示差法

普通分光光度法一般适用于微量组分的测定,当待测组分含量高时,测得的吸光度值常常超出吸光适宜读数范围、偏离朗伯-比尔定律而引入较大的误差。示差法可以克服这些缺点。

示差法是采用比试液浓度$c(X)$稍低的标准溶液$c(S)$作参比溶液,即$c(X) > c(S)$,调节仪器透光度读数$T\%$为100,然后再测定试液吸光度的方法。该吸光度为试液与参比溶液吸光度之差ΔA,称为相对吸光度A_r,对应的透光度为相对透光度T_r。

若用普通光度法，以空白溶液作参比，测得试液和标准溶液吸光度分别为A_X、A_S，由 Lambert-Beer 定律：

$$A_X = \varepsilon bc(X) \qquad A_S = \varepsilon bc(S)$$

$$A_r = \Delta A = A_X - A_S = \varepsilon b[c(X) - c(S)] = \varepsilon b\Delta c$$

当b一定时，$A_r = \Delta A = K'\Delta c$。

上式表明，相对吸光度A_r，即待测试液吸光度A_S与参比标准溶液吸光度A_S之差ΔA与它们的浓度差Δc成正比，这是示差法的基本原理。

若用上述浓度为$c(S)$的标准溶液作参比，测得一系列标准溶液的相对吸光度A_r，绘制$A_r - \Delta c$工作曲线，再测得试样溶液的相对吸光度A_r，即可从工作曲线上查得相应的$\Delta c(X)$，根据$c(X) = c(S) + \Delta c$，计算出试样中待测组分的浓度。

4. 多组分的分析

由于吸光度具有加和性，应用吸光光度法常有可能在同一溶液中不经分离而测定两个或两个以上的组分。

假定溶液中同时存在两种组分 A 和 B，根据吸收峰相互干扰情况，可分两种情况进行定量测定。

(1)吸收曲线不重叠

在 A 的吸收峰λ_{max}^{A}处 B 没有吸收，在 B 的吸收峰λ_{max}^{B}处 A 没有吸收，则可分别在λ_{max}^{A}，λ_{max}^{B}处用单一物质的定量方法测定组分 A 和 B，而相互无干扰。

(2)吸收曲线相重叠

溶液中的 A，B 两组分彼此相互干扰。这时，可在波长λ_{max}^{A}和λ_{max}^{B}处分别测出 A，B 两组分的总的吸光度A_1和A_2，然后再根据吸光度的加和性列联立方程：

$$A_1 = \varepsilon_1^A bc(A) + \varepsilon_1^B bc(B)$$

$$A_2 = \varepsilon_2^B bc(A) + \varepsilon_2^B bc(B)$$

式中，$c(A)$，$c(B)$分别为 A 和 B 的浓度，

ε_1^A，ε_2^B分别为 A 和 B 在波长λ_{max}^{A}处的摩尔吸光系数，

ε_2^A，ε_2^B分别为 A 和 B 在波长λ_{max}^{B}处的摩尔吸光系数。

ε_1^A，ε_1^B，ε_2^A，ε_2^B可由已知准确浓度的纯组分 A 和纯组分 B 在λ_{max}^{A}，λ_{max}^{B}处的吸光度求得，代入上式解联立方程，即求出 A，B 两组分的含量。

在实际应用中，上述方法常限于 2 ~ 3 个组分的体系，对于更多复杂的多组分体系，可用计算机处理测定结果。

二、电势分析法

（一）电势分析法概述

1.电势分析法的基本原理

电势分析法是电化学分析法中的一种。电化学分析法是根据物质在溶液中的电化学性质及其变化来进行分析的方法，是以电导、电势、电流和电量等电化学参数与被测物质的含量之间的关系作为计量基础而建立起来的仪器分析方法。以测定电池电动势或电池电动势的变化为基础的分析方法称为电势分析法。

（1）测量原理

电势分析法是利用电极电势与溶液中某种离子的活度之间的关系来测定被测物质活度的分析方法。电极电势和物质活度的关系遵从能斯特（Nernst）方程式：

$$\varphi_{M^{n+}/M} = \varphi^{\ominus}_{M^{n+}/M} + \frac{RT}{nF}\ln a_{M^{n+}}$$

式中，$\alpha_{M^{n+}}$为M^{n+}的活度，溶液浓度很低时，可以用M^{n+}的浓度代替活度：

$$\varphi_{M^{n+}/M} = \varphi^{\ominus}_{M^{n+}/M} + \frac{RT}{nF}\ln c(M^{n+})$$

如果测得该电极的电极电势，就可以根据能斯特方程式求出该离子的活度或浓度。

（2）测量方法

由于单个电极电势无法测量，电势分析法是基于测量原电池的电动势来求被测物质的含量。因此，在电势分析法中，必须设计一个原电池，通常选用一个电极电势能随溶液中被测离子活度的改变而变化的电极（称指示电极），和一个在一定条件下电极电势恒定的电极（称参比电极），与待测溶液组成工作电池。参比电极的电势相对恒定，通过测量电池电动势，可计算出待测溶液中离子的活度或浓度。

设电池为：参比电极 ‖ M^{n+} | M。

参比电极可作正极，也可作负极，视两个电极的电势高低而定，则：

$$\begin{aligned} E &= \varphi_{(+)} - \varphi_{(-)} = \varphi_{M^{n+}/M} - \varphi_{参比} \\ &= \varphi^{\ominus}_{M^{n+}/M} + \frac{RT}{nF}\ln a_{M^{n+}} - \varphi_{参比} \\ &= K + \frac{RT}{nF}\ln a_{M^{n+}} \end{aligned}$$

式中,E为电池电动势;$\varphi_{(+)}$为电势较高的正极的电极电势;$\varphi_{(-)}$为电势较低的负极的电极电势;$\varphi_{参比}$为参比电极的电极电势,其值已知。

上式中$\varphi^{\ominus}_{M^{n+}/M}$和$\varphi_{参比}$在温度一定时都是常数,只要测出电池电动势$E$就可求得$a_{M^{n+}}$。这种方法就是直接电势法。

若M^{n+}是被滴定的离子,在滴定过程中,电极电势$\varphi_{M^{n+}/M}$将随$a_{M^{n+}}$变化而变化,E也随之不断变化。在计量点附近,$a_{M^{n+}}$将发生突变,相应的E也有较大的变化,通过测量E的变化就可以确定滴定终点,这种方法就是电势滴定法。

2. 电势分析法的特点

电化学分析法始于19世纪初,近几十年才得到迅速发展。随着现代电子技术的飞速发展,各种电化学传感器和分析仪器、电子计算机的相互结合,出现了自动化和遥控遥测的新技术,使电化学分析法在流动分析、现场监测等应用中发挥日新月异的作用。

电势分析法的基本特点可概括为:

(1)所用仪器结构简单、造价低廉、使用方便,便于现场测定,适宜在各行业中作为常规分析的工具。

(2)分析速度快,灵敏度高。

(3)选择性好,试样用量少,适于微量操作。例如,超微型电极可直接刺入生物体内,测定细胞内原生质的组成,进行活体分析。

(4)待测溶液不需进行复杂处理,可连续测定。

(5)可与计算机联用,易于自动控制,可用于工农业生产流程的远程监测和自动控制,适用于环境保护监测等。

三、现代仪器分析简介

仪器分析是利用物质的物理或物理化学性质进行测定的一系列分析方法。主要包括色谱法、光谱法、电化学分析法以及核磁共振波谱法和质谱法等,仪器分析法一般具有准确、快速、灵敏等特点。

(一)色谱法

1. 色谱法的原理

(1)色谱法。色谱法这个名词是1906年俄国科学家茨威特(Tsvett)首先提出来的。他用石油醚提取了植物色素后，将抽提液倒入一根装有碳酸钙吸附剂的竖直玻璃管中，再加入纯石油醚，任其自由流下，结果在管内形成不同颜色的谱带，这说明抽提液中不同的色素得到了分离，“色谱”一词由此而来。后来这种方法逐渐被用于多种物质的分离，包括无色物质的分离。现在的所谓色谱法，实质是利用不同的物质在不同的两相中具有不同的分配系数，当两相做相对运动时，这些物质在两相中反复多次进行重新分配，从而使得分配系数只有微小差异的组分产生明显的分离效果。

(2)色谱过程。色谱法中一般有两相：固定相和流动相。物质在固定相和流动相之间产生的吸附、脱附、溶解、挥发等过程，统称为分配过程。按其溶解和挥发能力(或吸附和脱附能力)的大小，以一定的比例分配在固定相和流动相之间，溶解度小或吸附能大的组分分配在固定相中较多，流动相中的量较少。反之溶解度大或吸附能力小的组分分配在固定相中的量较少，流动相中的量较多。一定温度下某组分作用于固定相和流动相，在两相之间分配达到平衡时的浓度比，称为该组分的分配系数，用K表示：

$$K=\frac{\text{组分在固定相中的浓度}}{\text{组分在流动相中的浓度}}=\frac{c(\mathrm{S})}{c(\mathrm{M})}$$

一定温度下，不同组分在两相之间的分配系数不同(有时只有微小的差异)，具有较小分配系数的组分，每次分配后在流动相中的浓度较大，因此随流动相移动的速度较快，而K值较大的组分则随流动相移动的速度较慢，从而达到分离。色谱法中最重要的色谱是柱色谱，其固定相装在色谱柱内，流动相由输液或输气系统送入色谱柱，经过色谱分离，K值小的组分先流出色谱柱，K值大的组分后流出色谱柱，从而达到分离的目的。

(3)色谱法中的常用术语：

①色谱图。以组分的浓度为纵坐标，组分的流出时间为横坐标所绘制的曲线称为色谱图。

②基线。当色谱柱无样品组分进入检测器时，检测器响应信号随时间变化的记录。稳定的基线应是一条直线，基线反映了实验条件的稳定情况。

③色谱峰。组分通过检测器时所得的响应信号的大小随时间变化所形成的峰形曲线。在色谱峰中，峰顶点到基线的垂直距离称为峰高，由色谱峰曲线与基线所包围的面积为峰面积，峰高一半处色谱峰的宽度称为半宽度。

④保留时间。试样中各组分在色谱柱中滞留的时间称为保留时间，由于不同组分的分配系数不相同，因此不同组分的保留时间也不相同。

⑤死时间。不被固定相吸附或溶解的物质从进柱到出现浓度最大值时所需的时间。

⑥调整保留时间。扣除了死时间之后的保留时间称为调整保留时间。

(4)色谱法分类。色谱的种类很多,可以从不同的角度进行分类:

①按流动相所处的状态分类:

气相色谱:流动相为气体的色谱法。

液相色谱:流动相为液体的色谱法。

②按固定相的形状分类:

柱色谱:固定相装在柱管内,它包括填充柱色谱和空心毛细管色谱以及填充毛细管色谱。

纸色谱:以滤纸为固定相,样品溶液在其上面展开分离。

薄层色谱:将吸附粉末制成薄层作为固定相,然后用液相展开剂使样品在其上扩散以达分离组分的目的。

③按分离过程的物理化学原理分类:

吸附色谱:利用吸附剂表面对不同组分吸附性能的差别达到分离的目的,包括气-固吸附色谱和液-固吸附色谱。

分配色谱:利用不同组分在两相中具有不同的分配系数进行分离的色谱,包括气-液分配色谱和液-液分配色谱。

离子交换色谱:根据存在于溶液中的离子和固体吸附剂上的离子进行交换的原理进行分离的色谱。

排阻色谱:利用多孔性物质对不同大小的分子排阻作用的差异进行分离的色谱。

(5)色谱法中的定性和定量方法:

①利用保留时间定性。在实验条件一定时,某一组分在某一色谱柱滞留的时间是一定的,即不同的组分具有不同的保留时间,因此,测量保留时间可作定性分析。

②利用比移值定性。在纸色谱和薄层色谱中一般用比移值定性。所谓比移值(Rf)是指在一定时间内组分移动的距离与流动相移动的距离之比。在色谱条件一定时,不同的组分具有不同的比移值。

③利用峰面积定量。在气相色谱或液相色谱法中,一定条件下组分的含量越高,其峰面积越大,因此,可以根据峰面积,运用标准工作直线法进行定量分析。但应该注意的是,由于检测器对不同组分响应的灵敏程度不同,所以相等量的不同物质得出的峰面积不相等,因此,不能直接用峰面积计算物质含量。必须选用一种物

质来做标准，用校正因子把其他物质的峰面积校正成相当于这个标准物质的峰面积，然后再利用这种经过校正的峰面积来计算物质的含量。

色谱法中定性或定量分析的方法还很多，可以参阅其他专著。

2. 气相色谱法

气相色谱法是流动相为气相的柱色谱方法，而固定相可以是固体，也可以是液体，它们分别叫气-固气相色谱和气-液气相色谱。气相色谱法所采用的仪器是气相色谱仪。

(1)气相色谱仪。气相色谱仪主要由五大部分组成：气路系统、进样系统、分离系统、检测器、放大记录数据处理系统。

(2)气相色谱法的基本过程与操作条件。样品配成溶液之后，用微量注射器注入汽化室，样品瞬间被高温汽化成气体。这种样品的气体随载气进入色谱柱，在色谱柱内样品气体中的不同组分被分离，先后流出色谱柱，进入检测器。检测器将样品信号转变成电信号，经放大器后被记录仪以色谱图的方式记录下来。

影响气相色谱分离效能的因素很多，在进行气相色谱分析时应注意控制以下条件：

①载气种类和载气流量。

②气化室温度。

③层析室温度。

④色谱柱种类、直径、长度以及填料，对于填料一般应该注意选择载体和固定液。

⑤检测器种类。

(3)气相色谱法的特点。气相色谱法是一种高效、高速、高灵敏度和应用范围很广的分离分析技术，其特点有：

①选择性高，能够分离性质极为相近的物质。

②效率高，可以在短时间内同时分离和测定极为复杂的混合物。

③灵敏度高，由于使用高灵敏度的检测器，故可以检测 $10^{-11} \sim 10^{-13}$ g的物质。

④分析速度快，一般只要几分钟或几十分钟完成一个分析周期。

⑤消耗样品数量极少。

气相色谱法有很多优点而被广泛应用，但它的局限性也显而易见，就是难以挥发成气体或变成气体时极易分解的物质不能直接用气相色谱法分析。因此，人们又进一步研究发展了液相色谱法。

3.液相色谱法

在柱色谱法中如果流动相为液体，则其色谱法就是液相色谱法。实际上液相色谱法是最早的色谱方法，但由于它的分析速度慢、效率低，所以发展较后来的气相色谱法慢。然而20世纪60年代由于色谱理论和技术的发展，液相色谱法逐渐发展成高效液相色谱法，这使液相色谱法重获新生。

传统液相色谱法的主要问题是流动相流动时受到的阻力较大，柱子的长度受到限制，这样它的分离效能就比较低，而高效液相色谱法则是在一个封闭的流动管道中将流动相的压力增高，使之快速通过阻力很大的色谱柱。由于压力增高，流速增大，所以色谱柱中填料颗粒（载体）的直径可以减小，增大了填料的比表面积，提高了分离效能。

高效液相色谱仪的组成部件有储液器、输液泵（有时包括梯度洗脱装置）、进样器、恒温箱（其内安装预处理柱和分离柱）、分级收集器、检测器、记录仪和数据处理系统。

高效液相色谱的特点有：

①高压。供液压力和进样压力都很大，一般是150 ~ 300 kg / cm^2，最高可达500 kg / cm^2以上。

②高速。流动相流速可达1 ~ 10 mL / min，因此分离速度比经典柱色谱快。

③高灵敏度。高效液相色谱仪上的检测器有紫外吸收检测器、示差折光检测器、电导检测器、荧光检测器等，这些检测器多半是基于光学原理的检测器，灵敏度很高，这样高效液相色谱的进样量可低至0.01 μg。

高效液相色谱的主要优点是不需要将样品汽化，其应用范围远大于气相色谱，在自然界已知的约300万种有机化合物中，只有约15%的低分子量、低沸点、热稳定性好的化合物可用于气相色谱分析，加上可转化成挥发性高、热稳定性好的衍生物也不过20%左右，而其余约占有机物总数80%的化合物几乎都可用液相色谱分析。高效液相色谱还可以作为制备色谱，这在农业和生物技术中特别重要。因此，近20年来，高效液相色谱的发展速度远高于气相色谱。

（二）原子发射光谱法

1.光谱及光谱分析

物质中的原子、分子永远处于运动状态，这种物质的运动可以以辐射或吸收能量的形式即电磁辐射表现出来，所谓光谱就是按照波长顺序排列的电磁辐射。光谱依其形式可以分为线光谱、带光谱和连续光谱。

(1)线光谱。是气态的原子或离子经激发后产生的,称为原子光谱或离子光谱。

(2)带光谱。是气体分子被激发时产生的。

(3)连续光谱。液态和固态物质在高温下激发,发射出具有各种波长的光,称为连续光谱。

微观粒子的各种状态中,能量最低的状态称为基态。当原子获得能量时,它的外层电子跃迁到离核较远的轨道上去,此时原子处于激发态。处于激发态的原子很不稳定,在很短的时间内(10^{-8} ~ 10^{-7}s)电子跃迁回基态或其他比较低的能级上,同时以光的形式释放出一定的能量,产生固定波长的光谱。

2.光谱分析的基本过程

将被分析的试样引入光源中,供给能量,使试样蒸发成气态原子,并将气态原子的外层电子激发至高能态。处于激发态的原子不稳定,跃迁至基态或低能态产生辐射,这种辐射经过摄谱仪进行分光,按波长顺序记录在感光板上得到规则的线条,即光谱图。从光谱图中观察辨认各特征波长谱线可对试样进行定性分析。而根据各特征谱线的强度可以进行定量分析。

3.原子发射光谱分析的基本仪器

(1)光源。光源提供试样蒸发和激发所需的能量,使之产生光谱。分析中最常见的光源有火焰光源、直流电弧、交流电弧、电火花光源以及等离子体光源等。

(2)摄谱仪。摄谱仪是将复合的电磁波分解为按一定次序排列的光谱并用感光板记录的仪器,分为棱镜摄谱仪和光栅摄谱仪。

(3)感光板。感光板是将卤化银的微小晶体均匀地分散在精制的明胶中,并涂布在支持体——玻璃或软片上而成的一种感光材料,用以记录摄谱仪的光学系统分光得到的光谱。

(4)映谱仪。映谱仪又叫光谱投影仪,它的作用是将感光板上的谱线放大约20倍,以便辨认谱线。

(5)测微光度计。其作用是用来测定感光板上所记录的谱线黑度,也称为黑度计。

4.原子发射光谱分析的定性和定量方法

(1)定性方法。根据某元素的一组灵敏谱线是否出现来判别该元素在样品中是否存在。应该注意的是,这里的"有"或"无"等结论不是绝对的,而是相对于分析方法的检出极限而言的。

(2)定量方法。在一定的条件下,某元素的特征谱线的黑度与该元素含量成正比，据此可以进行半定量或定量分析。

5. 原子发射光谱分析的特点

(1)操作简单，分析速度快。发射光谱分析法的最大特点是选择合适的工作条件，减少光谱线的重叠干扰，一次摄谱便可进行多组分定性分析和定量分析。例如，岩石、矿物试样，采用发射光谱分析法可以不经任何处理就能同时对样品中几十种金属进行全分析，并得出半定量结果，这种特性在农业土壤普查过程中也有应用价值。

(2)选择性好。对于一些化学性质相近的元素，如稀土元素，用一般化学分析法难以分别测定它们，而用光谱分析则能较容易地进行各元素的单独分析。

(3)灵敏度较高。在光谱分析中如果直接采用光谱法测定，相对灵敏度可以达到 0.1 ~ 10 mg / kg，绝对灵敏度可以达到 10^{-8} ~ 10^{-9} g。如果预先进行化学富集及物理浓缩，绝对灵敏度可达 1×10^{-11} g。当采用激光显微光谱对试样进行微区分析时，绝对灵敏度可达 1×10^{-12} g。

(4)准确度较高。其相对误差一般为 5% ~ 20%。当组分的含量大于 1% 时，光谱法准确度较差；当含量在 0.1% ~ 1% 时，其准确度近似于化学分析法；当含量在 0.001% ~ 0.1% 或更低时，其准确度优于化学分析法。因此，光谱分析法主要适用于微量及痕量元素的分析。

发射光谱也有一些缺点：首先，它是一种相对的分析方法，一般需要标准样品作为对照，如果找不到标准样品或标准样品的组成与待测样品差距较大，则会给光谱定量分析造成困难。其次，光谱分析法仪器昂贵，使其推广受到限制，而对于某些非金属元素如 S、Te、Se 以及卤素等其灵敏度较低，对于高含量元素的测定其准确度较差。

（三）原子吸收分光光度法

原子吸收光谱是气态原子对同种元素原子辐射的特征光谱能量自吸的现象。原子吸收分光光度法则是基于原子吸收光谱的强弱关系进行定量分析的一种方法。

1. 原子化方法

待测样品中的金属元素往往以化合物的形式存在。如果将样品处理为溶液，则溶液中的待测金属元素是以离子的形式存在，将待测液中的金属元素转变成基态的原子蒸气的过程称为原子化。

(1)火焰原子化。待测样品与燃气、助燃气混合在一起，通过燃烧产生火焰，而使各种形式的试样游离出在原子吸收中起作用的基态原子，这一过程就是火焰原子化。在原子吸收分光光度计中，它是通过火焰原子化器来完成的。火焰原子化器包括把试样溶液变成高度分散状态的雾化器和燃烧器，利用雾化器将试样分散为很小的雾滴，在燃烧器中使雾滴继续接受能量而游离出基态原子。

研究证明，在3 000 K以下的原子蒸气中，基态原子数目实际接近或等于火焰中待测元素原子总数。应该注意，火焰温度对原子化效率的影响，在3 000 K以上，随温度的增高自由原子数可能相对减少，特别是当温度高达足以引起待测元素的原子电离时，将严重影响测定结果。

(2)无火焰原子化。近年来利用电流直接加热石墨或金属以达到高温的原子化技术得到广泛应用。

石墨炉原子化器的主要部件是石墨管，它长约50 mm，直径9 mm，管内径5 mm，在管上打3个孔，孔径为1～2 mm。中间孔用于滴加试液，当对石墨管电加热时，试液在石墨管中干燥、灰化、原子化。由于石墨炉体积小，管内产生的原子化气体浓度很高。因此，石墨炉原子化器比火焰原子化器具有更高的灵敏度。石墨炉的主要缺点是精密度较差，相对标准偏差约为4%～12%。

2. 光源

原子吸收分光光度法的光源要求产生一定强度的待测元素的特征光谱，这种光谱应该是锐线光谱，即光在透光曲线上峰的半宽度非常窄。在原子吸收分光光度计上一般采用空心阴极灯光作为光源。

空心阴极灯由阳极（钨棒）和空心圆柱形阴极组成（图5-6），与待测金属元素同种的元素材料被选为阴极材料或衬在阴极上。制造空心阴极的金属材料必须很纯，这两个电极被密封在一个充入稀有气体并带有石英窗的玻璃管中。当两极间的电压达到一定电势时，便产生辉光放电。由于稀有气体离子的轰击使自由金属原子从阴极溅出，又与稀有气体原子碰撞而激发，放出元素的特征光谱辐射线。灯的发光强度与工作电流有关，增大电流可提高发光强度，但电流过大则会使发射谱线变宽。

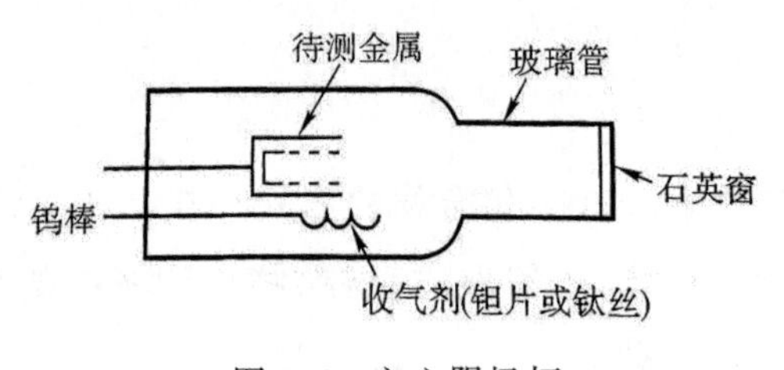

图5-6　空心阴极灯

一种元素的空心阴极灯只能放射出该种元素的特征射线，在原子吸收分析中测量某种金属元素就只能使用该种金属的空心阴极灯，改变被测元素时就必须换灯。目前已研制了多元素空心阴极灯，一灯可测六七种元素以避免换灯的麻烦，减少预热消耗的时间，提高分析速度，但多元素空心阴极灯也存在发射强度较弱、光谱有时不纯等缺点。

3.原子吸收分析法的基本过程和定量分析原理

原子吸收分光光度计主要是由光源、原子化器、分光系统、检测系统组成(图5-7)。

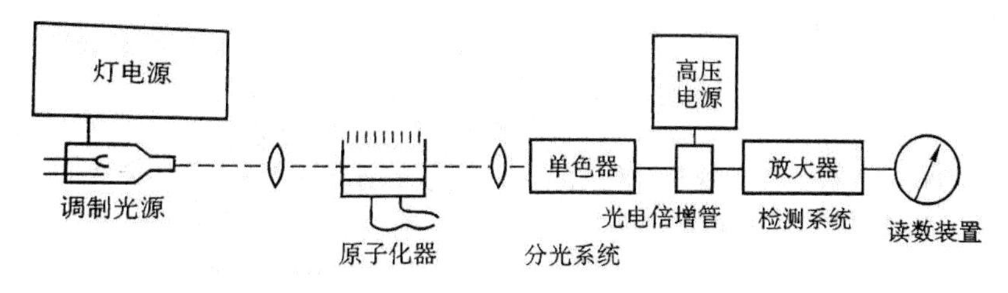

图5-7　单光束交流放大原子吸收分光光度计

由光源发射出的锐线谱线经透镜成一束平行光，该光平行通过原子化器的火焰或石墨炉的石墨管，在这里，基态原子吸收该元素原子锐线辐射而使光源射出辐射的强度降低。通过原子化器的辐射经单色器后射在检测系统中的光电倍增管上，将光信号转变电信号，再经电路系统放大，记录处理。

与分光光度法的基本原理相似，原子吸收与原子浓度的关系也符合朗伯-比尔定律：

$$I = I_0 e^{-KL}$$

式中，I_0是频率为v的光源辐射光强度；I是频率为v的透射光强度；K是原子蒸气对频率为v的光吸收系数，L是火焰的厚度或长度。

进一步的理论研究证明，吸光度A与火焰中待测元素原子的总数N之间有如下关系：

$$A = KbN$$

显然，当b为常数时，A与N为直线关系，可利用在标准条件下作直线的方法进行定量测定。

4.原子吸收分析法的应用

原子吸收光谱法测定金属元素的灵敏度较高，选择性较好，测定手续简便快速。目前原子吸收法已经可测定60～70种元素，其应用范围日益广泛。原子吸收分析法主要应用于冶金方面的黑色金属和有色金属等材料的分析、中间产品和成品分析，地质方面的矿物和岩石分析，建筑材料方面的玻璃、水泥及陶瓷材料分析，燃化方面的石油、塑料、润滑油、药品、化学试剂分析，农业方面的肥料、植物、土壤等分析，在环境监测、医学以及食品加工等方面也有广泛的应用。

（四）荧光分析法

1. 荧光分析法的原理

分子吸收光子后能量升高，从基态跃迁到激发态，当从激发态回到基态时，可能以热或光辐射的形式释放能量。跃迁过程中分子内电子自旋多重性未发生变化时，产生荧光。荧光寿命很短，一般约为 $10^{-8} \sim 10^{-9}$ s。自旋多重性发生改变时，产生磷光，磷光寿命相对较长。荧光可分为原子荧光和分子荧光。

经特定波长的光照之后能发出荧光的物质称为荧光物质。造成荧光物质产生荧光的电磁辐射称为激发光，其波长称为激发波长。荧光物质发射的荧光强度与吸收激发光的强度成正比：

$$F = K(I_0 - I)$$

式中，I_0 是入射光强度；I 是通过厚度为 b 的荧光物质溶液后透射光强度，显然 $I_0 \geqslant I$；K 是比例常数，它的大小取决于荧光物质的量子效率（即发射光子数与吸收光子数之比），它随荧光物质的不同而异。根据朗伯-比尔定律，有

$$\frac{I}{I_0} = e^{-\varepsilon bc}$$

$$F = KI_0(1 - 10^{-\varepsilon bc})$$

式中，ε 是荧光物质对入射光的摩尔吸光系数，c 为荧光物质的浓度。

由于荧光分析中被测物质的浓度一般很小，测定时液层厚度不变，上式可近似写成

$$F = K'c$$

2. 荧光分析的仪器

荧光分光光度计的工作原理与一般分光光度计相似，所不同的是检测器所处的位置，接受荧光信号的仪器或进光窗口处于入射光线路相垂直的方向中（如图 5-8），荧光分析法所使用的比色皿为正方形截面的石英比色皿。

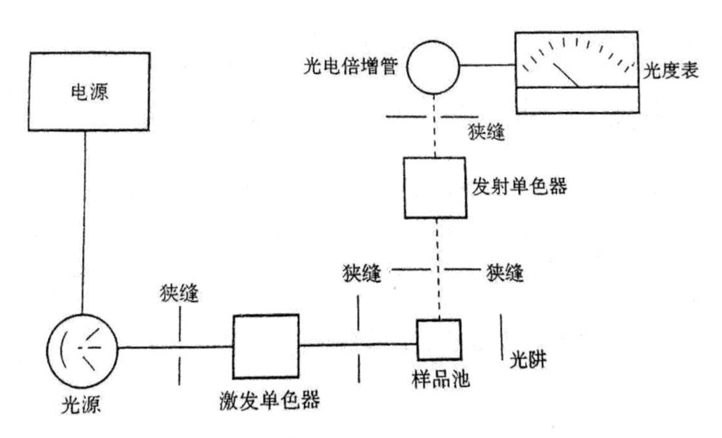

图 5-8　荧光分光光度计示意图

3. 荧光分析条件的研究

（1）研究荧光与荧光体结构的关系以便能把非荧光物质转变为荧光物质，把弱荧光物质转变为强荧光物质。

（2）研究某荧光物质的激发光谱和发射光谱。荧光激发光谱是指通过测量荧光物质的发光通量随激发光波长变化而获得的光谱，它反映了不同波长激发光引起荧光的相对效率。荧光发射光谱是在激发光波长和强度不变条件下，荧光物质所产生的荧光的强度与波长的关系，它可用于鉴别荧光物质，也是荧光分析中确定荧光波长的依据。

（3）溶剂的极性。同种荧光物质在不同的溶剂中，其荧光光谱和荧光强度都不同。因此，应该研究溶剂极性对荧光的影响以确定测定的最佳溶剂。

（4）溶液的 pH。某些荧光物质是弱酸或弱碱，改变 pH 可能使荧光物浓度或形态发生变化，故溶液的 pH 对荧光强度、波长可能有影响。例如，1-萘酸-6-磺酸在 pH 为 6.4 ~ 7.4 时能产生蓝色荧光，而 pH < 6.4 时则无荧光。

（5）温度。在一般情况下升高温度可以加剧荧光分子之间的碰撞，使高能级分子的内能转换加快，以热辐射形式放出能量从而降低荧光强度。

（6）其他因素。在很多情况下，共存物对荧光的产生以及荧光光谱可能有影响，这种影响是多方面的，最主要的是共存物对荧光的熄灭作用。

4. 荧光分析法的特点

荧光分析法的特点是灵敏度高，检出限通常为 10^{-8} g·ml^{-1}，有时可达 10^{-10} g·ml^{-1}，甚至更低，分析速度快，方法简便，用样量少。荧光分析法应用十分广泛，近年来许多新的荧光分析法得到了深入研究和广泛应用，如低温荧光法、固体表面荧光法、同步荧光法、导数荧光法以及偏振荧光法等。在分子水平上研究生物活性物质的结构、功能、酶动力学以及生化作用机理等方面，荧光分析法是有力的工具。

（五）化学发光分析法

化学发光又称为冷光，是由某一化学反应释放的能量激发产物分子或其他共存分子而产生的一种光发射。这类化学反应称为化学发光反应。利用化学发光反应的发光强度与反应物浓度之间的关系来进行分析测定的方法就是化学发光分析法。

1.化学发光反应类型

（1）自身反应能量激发产物分子的化学发光，例如：

$$NO + O_3 \longrightarrow NO_2^* + O_2$$

$$NO_2^* \longrightarrow NO_2 + h\nu$$

（2）激发中间体进行能量传递的化学发光，例如：

$$\text{没食子酸} + O_3 \longrightarrow E: + O_2$$

$$E: \longrightarrow \text{罗丹明 B} \longrightarrow \text{罗丹明 B}^* \longrightarrow \text{罗丹明 B} + h\nu$$

（3）光解化学发光，如：

$$NO_2 + h\nu \longrightarrow NO^* + O$$

$$NO^* \longrightarrow NO + h\nu$$

（4）火焰中的化学发光，如：

$$S + S \longrightarrow S_2 + h\nu$$

（5）相间化学发光，如：

$$NO(g) + O(g) \longrightarrow NO_2(g) + h\nu$$

$$\text{乙醛}(l) + O_3(g) \longrightarrow \text{乙酸}(l) + h\nu$$

化学发光机制比较复杂，在此不予介绍。

2.化学发光分析应用示例

鲁米诺（Luminol）发光反应是典型而著名的发光反应。鲁米诺是一种化学试剂，其结构如下：

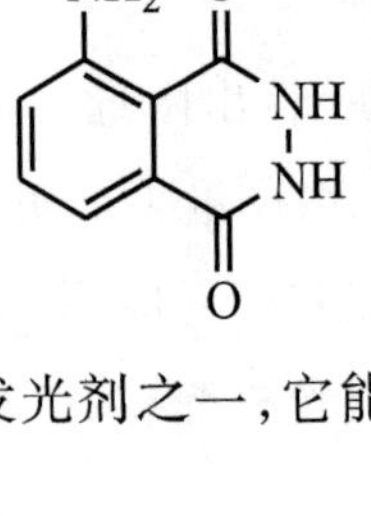

鲁米诺是目前应用最广泛的发光剂之一，它能与很多物质发生发光反应，例如

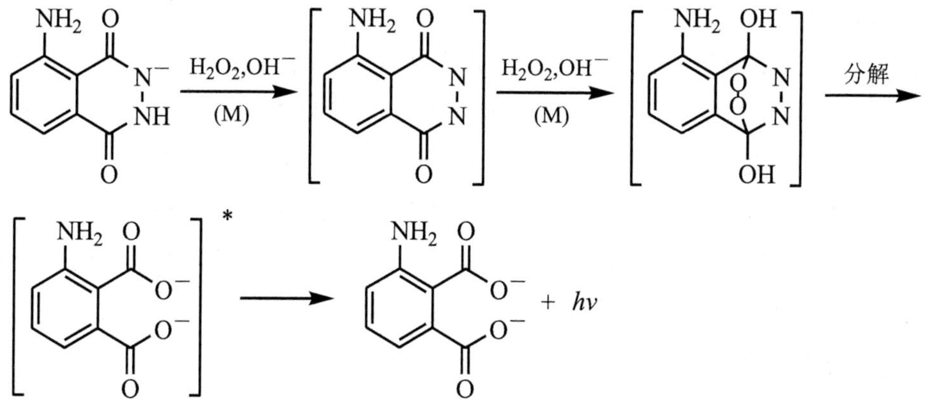

$$\text{鲁米诺} \xrightarrow[\text{(M)}]{H_2O_2,OH^-} [\ \ ] \xrightarrow[\text{(M)}]{H_2O_2,OH^-} [\ \ ] \xrightarrow{\text{分解}} [\ \ ]^* \longrightarrow \text{3-氨基邻苯二甲酸根} + h\nu$$

氧气为鲁米诺发光的氧化剂,Fe(Ⅱ)对此反应有催化作用。在氧气和鲁米诺过量时,化学发光强度与铁浓度成正比,由此进行Fe(Ⅱ)的定量分析。化学发光强度由化学发光分析仪进行测量,为了实现稳定发光以便测量,必须设置一种恒定的流速装置,使发光反应在流动体系中不断进行,这样反应速率恒定,发光强度恒定。这种方法可测定浓度仅为10^{-9} mol·L^{-1}的Fe(Ⅱ)。

3.化学发光分析的特点

化学发光分析是根据一些特殊的化学反应所产生的光辐射来确定物质含量的一种痕量分析方法。因其具有灵敏度高、线性范围宽、所用的仪器价廉等优点而使其在环境监测、食品分析、临床生化检验等各领域中得到广泛应用。但就化学发光分析的发展来看,它仍然存在两个缺点,第一是可供选择的发光体系不多;第二是已经得到广泛应用的发光体系,其选择性和光量子产率较差。目前,高灵敏度的化学发光分析与高专一性的免疫分析及酶法分析相结合而建立起来的化学发光免疫分析和化学发光酶法分析,在临床检验上的应用受到人们的普遍关注。

(六)其他仪器分析方法简介

1.核磁共振波谱法

核磁共振波谱实际上也是一种吸收光谱。在磁场作用下,一些具有磁性的原子核可以发生能级分裂,形成两个或两个以上的核磁能级。这时如将射频区域的电磁辐射与其发生作用,就会产生对射频能的吸收,同时实现核磁能级之间的跃迁,这就是核磁共振。核磁共振波谱法就是由化合物的核磁共振波谱进行结构分析和定量分析的方法。它的分析对象主要是含碳、氢的化合物,利用不同化合物中磁旋核化学环境的差异所造成的化学位移不同来进行定性测定;利用磁旋核相互之间的作用(即耦合作用)来判断氢的数目以及立体结构。

2.质谱分析法

质谱是物质组成的一种分析方式。首先使物质汽化,然后采用一定的手段使物质分子碎裂,形成单电荷离子碎片,各种碎片的混合体在电磁场中被分开,离子碎片按质荷比大小排列得到的谱称为质谱。通过对样品离子的质荷比及其强度测定,可进行物质的结构分析。高分辨质谱可以精确地测定分子量,进而确定分子式。进行质谱分析时要求被测试的样品纯度要高。质谱还可与很多其他分析仪器联用,充分发挥各种测试手段的长处,形成灵敏度高、重现性好的分析手段,如气质联用、等离子体质谱等。

3.红外光谱法

红外光一般是指波长为0.78~1 000 μm电磁辐射,利用物质对红外光的吸收特性来进行分析的方法就是红外光谱法,它广泛地应用于定性、定量和结构分析。定量分析的原理是物质对于某一特定波长的红外光的吸光度遵从朗伯-比尔定律。红外吸收光谱的形状与分子结构及基团有关。不同的分子,由于其分子或官能团的转动或振动能量不同,因而红外吸收峰的位置和强度不同,据此可作定性分析。通过对大量已知结构的化合物分子的红外光谱的研究与比较,人们已经总结出了不同分子中官能团的红外光谱的规律,并从理论上计算出了某些官能团的红外光吸收峰的位置和强度。红外光谱法是官能团分析和结构测定的重要工具。

4.紫外光谱法

紫外光谱法定性、定量分析的原理与红外光谱法相似,所不同的是紫外光谱法是由紫外光辐射引发被测物质电子跃迁。因此,紫外光谱图形给出的是化合物中化学键或分子骨架的信息。分子中的电子从较低能级的轨道被激发到较高能级的轨道上需要吸收紫外光,轨道之间的能级差决定分子所吸收紫外光的波长,由于不同的分子中成键轨道、反键轨道和非键轨道之间能量差不同,同时各种中子效应会进一步影响这种能量差,因此,所造成的紫外吸收光谱的图形会有某种规律。据此人们已经总结并计算出了常见化合物,如饱和烃、芳香烃、含杂原子的化合物等的紫外吸收峰的位置和吸收峰位移的规律,因此,可以进行定性分析,并为分析分子结构提供信息。

另外,X射线衍射分析、光电子能谱分析、等离子光谱分析等多种测试方法已广泛应用。随着科学技术的发展,必将有更多、更新、更灵敏、更快速的分析方法和分析仪器产生。

第六章　化学与社会

人类生活的各个方面，社会发展的各种需要都与化学息息相关。

从人们的衣、食、住、行来看，色彩斑斓的衣料需要经过化学的处理及印染；质地各异的合成纤维同样是化学工业的杰作；化肥和农药的生产及使用使得人类有足够的粮食和丰富的果蔬；加工制造出各种色、香、味俱全的食品，离不开多种食品添加剂，如甜味剂、防腐剂、香料、调味剂和色素等，它们绝大多数是用化学合成方法或用化学分离方法从天然产物中提取出来的；现代建筑所用的水泥、石灰、油漆、玻璃和塑料等材料都是化工产品；现代交通工具不仅需要汽油、煤油、柴油等作动力，还需要各种汽油添加剂、防冻剂，以及机械部分的润滑剂，这些是石油化工的产品；与人类健康息息相关的各种药品，绝大多数也是化学制剂。此外，人们生活中的一些日用品，如洗涤剂、美容品、化妆品等都是化学制剂。可见，我们的衣、食、住、行无不与化学有关，人人都离不开化学制品，可以说我们生活在化学世界里。

从社会发展来看，化学对于现代农业、工业、国防和科学技术现代化都具有重要的作用。化肥、农药、植物生长激素和除草剂等化学产品，不仅可以提高产量，而且也改进了耕作方法。各种性能迥异的金属材料、非金属材料和高分子材料为工业现代化和国防现代化也做出了重大贡献，如用于航天工业的高强度、耐高温、耐辐射的材料，用于计算机的高纯度半导体材料等。目前国际上最关心的几个重大问题——环境的保护、能源的开发和利用、多功能材料的研制、生命过程奥秘的探讨都与化学密切相关。全球气温变暖、臭氧层破坏和酸雨等重大环境问题的解决方法，以及对环境污染情况的监测，都是现今化学所要担负的重要任务。在能源开发和利用方面，化学工作者为人类使用煤和石油曾做出重大贡献，现在又为开发新的能源积极努力。利用太阳能和氢能源的研究工作都是化学科学研究的前沿课题。在工业现代化和国防现代化方面，急需研制各种具特殊性能的新材料，如高温超导体、非线性光学材料和功能性高分子合成材料等。生命过程中充满着各种生物化学反应，当今化学家和生物学家正在通力合作，探索生命现象的奥秘，化学家则要从原子、分子水平上对生命过程做出化学说明。

第一节 化学与环境

一、环境与环境污染

我们每日进行学习、工作、运动、休息等各种活动，与各种活动有关的周围事物，就是我们生活的环境，它是我们赖以生存和发展不可缺少的部分。人类赖以生存的环境由自然环境和社会环境（人工环境）组成。

自然环境是人类进行各种活动所必需的自然条件和自然资源的总称，即阳光、温度、气候、地磁、空气、水、土壤、岩石、动植物、微生物以及地壳的稳定性等自然因素的总和。社会环境是人类在自然环境的基础上，为不断提高物质和精神生活水平，通过长期有计划、有目的的发展，逐步创造和建立起来的一种人工环境。社会环境是人类物质文明和精神文明发展的标志，它随经济和科学技术的发展而不断地变化。社会环境的发展受到自然规律、经济规律和社会发展规律的支配和制约，社会环境也会反过来影响自然环境。社会环境的质量对人类的生活和工作以及社会的进步也有着极大的影响。

自然环境与化学的关系非常密切，化学是影响自然环境的因素之一，而自然环境和资源的保护又离不开化学。

1.环境与生态平衡

自然环境中的各种生物群落和其生存环境之间以及生物群落内不同种群生物之间不停地进行物质交换和能量交换，构成了多种多样的生态系统。生态系统的生物成分可以分为：生产者、消费者和分解者。生产者是吸收、利用太阳能后通过光合作用合成有机物的绿色植物，它们也称自养生物。消费者指依赖于生产者（绿色植物）而生存的异养生物，按营养方式的不同可分为初级消费者（直接以植物为食的食草动物）、次级消费者（以食草动物为食的肉食动物），还可以有三级消费者等，后者均以前者为食。生物与生物之间通过吃与被吃的食物关系形成一条一环扣一环的链条，称为食物链。分解者也属于异养生物，又称为小型消费者。如存在于生物圈中的微生物（细菌、真菌等），它们能分解复杂的动植物遗骸，并释放出为生产者所能重新利用的简单化合物，其作用与生产者相反。分解者在生态系统的循环机制中也不可缺少，若没有分解者，地球上将充斥着已死亡的动植物，而养分元素也被束缚于其中，就不能进行循环了，所以分解者在生态系统的物质循环中也有非常重要的作用。

生态系统中能量流动的渠道是食物链和食物网。生态系统内的食物链是很复杂的。因为自然界中一种生物常常以多种生物为食，所以实际上并不存在单纯直线式的食物链，而是各种食物链纵横交错，形成复杂的、多方向的食物网。能量在生态系统中沿着食物链、食物网，由一个机体转移到另一个机体中。食物链上每一营养级都将从前面一个营养级获得的能量中的一部分用于维持自己的生存和繁衍，然后将剩余的部分传递到下一个营养级。拥有高度智慧的人类则处于食物链的终端。

生态系统最初的能量来自太阳，由绿色植物（生产者）的光合作用将光能转化为化学能而储存于物质之中。消费者以食物的形式接受了生产者传递来的糖类和其中蕴藏的能量，用以构成本身机体的物质和自身活动的能源。最后分解者又将累积于消费者体内的物质回送到循环中。生态系统的这种物质循环是自然界重要的物质循环，推动这个循环的总能量就是太阳能。生态系统中能量的流动和物质的循环是同时进行的。物质作为能量的载体，使能量沿着食物链而逐步转移，成为能流；而能量作为动力，促使物质的循环。两者相互依存而不可分割，共同体现了生态系统的整体功能。

生态系统发展到一定阶段，它的生物种类、各个种群的数量比例及能量和物质的输入、输出等，都处于相对稳定的状态，这种状态称为生态平衡，这是一种动态平衡。生态系统能自动调节并维持自身稳定结构和正常功能，即对某些外来物有一定抵抗和净化能力，但这种自动调节能力有一定的限度，当超过这个限度，就会破坏生态平衡，造成生态失调。

破坏生态平衡的因素有自然因素也有人为因素。自然因素主要指火山爆发、地震、台风、旱涝灾，以及外来天体进入等自然灾害，它们对生态系统的破坏很严重，但常有一定的地域局限性，而且出现的频率一般不高。而人为因素是指人类生产和生活中各种过分、剧烈甚至不正确活动引起的对生态平衡的破坏，这是大量的、长期的，甚至是多方面的对生态平衡的破坏。这种人为因素会使环境质量不断恶化，从而干扰和影响人类的正常生活，对人体健康产生直接、间接或是潜在的不利影响，这就是环境污染。

造成环境污染的人为因素主要可分为物理因素（如噪声、振动、热、光、辐射及放射性等）、生物因素（如微生物、寄生虫等）和化学因素（如有毒的无机物、有机物等）三个方面。其中化学污染物的数量大、来源广、种类多、性质互异，它们在环境中存在的时间和空间位置又各不相同，污染物彼此之间或污染物与其他环境因素之间还有相互作用和迁移转化等。造成环境污染的具体来源，既与工农业生产、能源利用和交通运输有关，又与城市规模的扩大、大规模开采自然资源和盲目大面积地改造自然环境等有关。

2. 环境问题

自人类出现至工业革命前，人类活动对环境的影响并不明显。而工业革命至今不到200年里，特别是近几十年，自然资源和能源的开发速度及规模都是惊人的，不仅将地下的矿藏大量地移至地表，把本来固定在岩石中的元素变成了可进入生态环境和人体的游离形态，而且将大量的工业废物排入大气、水体和土壤环境中，大大加速了化学物质在自然环境中的迁移，而且迅速改变了各圈层中化学物质的组成和数量。更值得注意的是人口剧增对环境造成的冲击。人类为了自身的需要，不断地向大自然索取，从而引发了近年来备受关注的环境问题。

环境问题是人类在生存和发展过程中与周围环境之间相互制约的矛盾。人类的活动一方面创造了美好的环境和舒适的生活条件，另一方面由于认识能力和科学水平的限制以及某些不合理的行为，使人类所处的环境明显恶化，出现环境问题。当今全球重大环境问题很多，现列出几个主要方面。

(1)人口膨胀导致过度开发

世界人口日益快速增长，现今世界人口每年平均净增近1亿人(见表6-1)。为了供养如此大量的人口，已出现冲破自然规律的制约，掠夺性地开发自然资源的问题，从而导致资源耗竭、植被减少、土地沙化、水土流失，出现生态环境恶化现象。

表6-1　世界人口总数

年份	人口总数/亿	年份	人口总数/亿
1830	10	1987	50
1930	20	1999	60
1960	30	2010	70
1975	40	2025	80(估计)

人口膨胀和盲目发展已成为威胁人类生存和发展的两大问题。人类赖以生存的地球，虽然环境资源很丰富，环境容量也很大，但毕竟是有限度的。不断增加的人口数量、盲目地发展生产和消费，必将导致有限的资源短缺和枯竭，加剧环境的污染和恶化，削弱人类未来生存条件的基础，损害环境质量和生活质量，造成生态系统的恶性循环。

（2）能耗过大导致大气污染

随着人类生产的发展、消费水平的提高，人类对能源的需求也在增长。20世纪初，全世界每年消耗的矿物燃料，按标准煤相当量算，尚不足1.5×10^{9}吨，20世纪70年代增至$7\times10^{9}\sim8\times10^{9}$吨，而如今已超过$1.1\times10^{10}$吨。从1950年以来，全球森林已损失过半，并使自然界的CO_2循环失衡。燃烧废气造成的大气污染日益严重。人类不仅面临能源问题，还面临一系列生态环境恶化问题。

（3）淡水匮乏，水质变坏

水是人类赖以生存的珍贵资源。人类的生产和生活用水基本上都是淡水。地球上水的总量据估计为1.4×10^{21} kg，其中海水约占97.3%，淡水仅占2.7%，但大部分淡水是以冰雪形态处在地球南北两极和高山上，还有一部分处在地下深处，可供人类使用的河水、湖水和浅层的地下淡水仅占淡水总储量的0.35%。一方面，随着人口增长、生活需要和工农业生产的发展，人类对淡水的需求量日益增加，人类年用水量已达4万亿立方米，全球有60%的陆地面积淡水供应不足，近20亿人饮用水短缺；另一方面，水源的污染日益严重，符合使用要求的淡水资源日益减少。现有的淡水资源已满足不了人类的需求，人类的发展受淡水资源的制约日益明显，淡水缺乏是全球面临的主要威胁之一。“水源不久将成为继石油危机之后的另一个更为严重的全球性危机”，这是早在1977年联合国就向全世界发出的警告。

（4）垃圾成灾，污染环境

人类生产和生活的废弃物数量，随着工农业的发展和生活水平的提高不断增加，单以生活垃圾人均每日为1 kg计，全世界排放的垃圾每年达2×10^{9}吨。工业生产的废渣和垃圾，其数量不少于生活垃圾。

垃圾种类繁多，成分复杂，堆积在土地上，随着物质的自然扩散及风吹雨淋，其中部分水溶的和悬浮于水中的物质，将进入土壤和部分地下水源；一部分飘逸到大气中，进入居室等人类生活的环境；还有一部分垃圾进入江河湖海，污染水质，许多近海区域，污染物已超过海洋的自净能力，海洋污染日趋严重。

面对日益严重的环境问题，人们已有了高度的认识和重视，也在不断探索解决的途径。解决环境问题，需要全社会各方面的关注和努力，化学在解决环境问题中具有突出的作用，因为化学科学从事物质变化规律的研究。一方面，化学和化工生产为人类奉献物质财富的同时，考虑怎样采取洁净生产的工艺，以减少污染、减少对环境的损害，走可持续发展的道路。另一方面，化学能对环境污染物的特性提供信息，对环境污染程度进行监测，积极探索污染物的转化、处理及综合利用的途径，配合其他学科的技术，对已形成的环境问题加以治理，减少对人类的危害。

3.环境污染

(1)大气污染

大气层包围在地球之外,它是由空气、少量水气、粉尘和其他微量杂质组成的混合物。空气的主要成分按体积比是氮气约占78%,氧气约占21%,稀有气体约占0.939%,二氧化碳约占0.031%,其他气体和杂质约占0.03%,如臭氧、一氧化氮、二氧化氮、水蒸气等。

大气中的水汽主要来自水体、土壤和植物中水分的蒸发,大部分集中在低层大气中,其含量随地区、季节和气象等因素而异。水气是天气现象和大气化学污染现象中的重要角色。大气中的固体悬浮颗粒主要来自工业烟尘、火山喷发和海浪飞逸带出的盐质等。大气中除了悬浮的尘埃之外,还含有一些对人体有害的物质,如一氧化碳(CO)、一氧化氮(NO)、二氧化氮(NO_2)、二氧化硫(SO_2)等,它们被视作大气污染物,现在能监测到的污染物有近百种。

表6-2　大气的污染物

分类	成分
颗粒物	碳粒,飞灰,$CaCO_3$,ZnO,PbO_2,各种重金属尘粒
含硫化合物	SO_2,SO_3,H_2SO_4,H_2S,硫醇等
含氮化合物	NO,NO_2,NH_3等
氧化物	CO,CO_2,过氧化物等
卤化物	HF,HCl等
有机化合物	烃类,甲醛,有机酸,焦油,有机卤化物,酮类,稠环致癌物等

这些污染物有些来自非人为因素,如火山喷发、电闪雷鸣等,但由此产生的只是极少数,更多的空气污染物来自人为因素。下面介绍几种主要的大气污染。

①燃料的燃烧和汽车尾气

燃料的燃烧是造成大气污染的主要原因。人类生活和工业、科学技术的现代化使燃料用量大幅度上升,从而造成大气污染日趋严重。随着交通运输业的发展,大量汽车的尾气也对环境造成了严重污染。另外,石油工业和化学工业等其他工业生产大规模地发展也增加了空气中污染物的种类和数量。在农业方面,各种农药的喷洒造成的大气污染也不可忽视。燃料的燃烧及汽车尾气产生的有害成分主要有CO、NO、NO_2、SO_2、颗粒物等。大气污染对建筑、树木、道路、桥梁及工业设备等都有极大危害,对人体健康的影响也非常明显。

CO是燃料(汽油、柴油、煤炭、天然气及其他有机物等)不完全燃烧的产物,也是汽车尾气的主要成分。CO无色、无臭,当被人体吸入后,极易与血红蛋白结合,使血红蛋白失去携氧能力。CO浓度低时会使人慢性中毒,浓度高时则会导致人窒息死亡。

氮氧化物如NO、NO_2,它们对人体有危害,进入人体后,开始是刺激呼吸器官,然后逐渐侵入肺部,与细胞液中水分结合成亚硝酸及硝酸后产生强烈的刺激与腐蚀作用,引起肺水肿。NO_2的毒性高于NO。氮氧化物还会腐蚀建筑物,并能导致酸雨和光化学烟雾,被列入大气中重要污染物。

硫的氧化物是由燃料中所含的硫经燃烧而形成的。低浓度SO_2的危害主要是刺激上呼吸道,浓度较高时会引起深部组织障碍,浓度更高时会致人呼吸困难和死亡。特别是大气尘粒与SO_2的协同作用对人体健康的危害更大。

直径大于10 μm($1\ \mu m = 10^{-6}\ m$)的颗粒,能依靠自重降落到地面,它们在空气中停留时间短,不易被人吸入,故危害不大。直径小于10 μm的颗粒,在空气中可较长时间飘浮。对人体健康危害性最大的是0.5 ~ 5 μm的颗粒,这种飘尘可直达肺细胞而沉积在肺中,并可进入血液,引起支气管和肺部炎症,最后会导致部分病人得肺心病。

②光化学烟雾

碳氢化合物(C_xH_y)、氮氧化合物等一次污染物在阳光(紫外线)作用下发生光化学反应,产生烟和雾。它是由NO、C_xH_y的氧化,NO_2的分解,O_3、PAN(硝酸过氧化乙酰)等的生成造成的。它对大气造成的严重污染不能轻视。O_3、PAN、醛类对建筑物伤害很大,对人和动物的伤害主要是刺激眼睛、黏膜及气管、肺等器官,引起眼红流泪、头痛、气喘、咳嗽等症状,严重时会危及生命。O_3、PAN等还可造成橡胶制品老化、脆裂,使染料褪色,并损坏油漆涂料、纺织纤维和塑料制品等。在发生光化学烟雾时,大气的能见度会降低很多,对人们的生活以及交通运输带来不便。

要减缓光化学烟雾的产生,要对石油、氮肥、硝酸等化工厂的废气排放严加管理,严禁飞机在航行时排放燃料等,以减少氮氧化物和烃的排放。

③酸雨

正常的未被污染的雨水pH为5.6左右,它由大气中存在的CO_2和纯水之间的平衡决定。$pH < 5.6$的雨水是酸雨。

酸雨的形成主要是由大气中的SO_2、NO、NO_2等酸性化合物造成的,它们可与水生成亚硫酸、硫酸(亚硫酸被氧气氧化生成)、硝酸、亚硝酸和少量有机酸。在燃烧煤时会将煤中的硫氧化为SO_2,汽车尾气中也有NO、NO_2及SO_2。

酸雨对环境有多方面的危害:使水域和土壤酸化,损害农作物和林木的生长,危害渔业生产（pH小于4.8时，鱼类就会消失），腐蚀建筑物、工厂设备和文化古迹，酸雨对人类健康也有较大危害。因此，酸雨会破坏生态平衡，造成很大的经济损失。此外，酸雨可随风飘移而降落到几千千米之外，导致大范围的危害。因此，酸雨已被公认为全球性的重大环境问题之一。

④二氧化碳及温室效应

由于人类活动加剧且频繁，人口激增，化石燃料的用量急剧增长，同时森林面积因乱砍滥伐而急速减少，导致大气中CO_2和各种气体微粒的含量不断增加。据估算，全世界现在每年向大气释放约6×10^9吨（以C计）的CO_2，其中约27.5%被海洋吸收，约27.5%被植物通过光合作用吸收，这样大气中每年约增加2.7×10^9吨（以C计）的CO_2。

太阳辐射能部分地穿透地球大气层中的CO_2和水蒸气等到达地面，使地表温度升高；同时地球也会让热辐射散失到太空。由于地球表面存在含CO_2、水蒸气及其他气体的大气层，它们可吸收长波辐射，仅让很少一部分热辐射散失到太空，这样最终使地球保持相对稳定的气温，这种现象称为温室效应。能较多地吸收太阳热辐射的气体，如H_2O、CH_4及CFCs（氟氯烃，几种氟氯代烷的总称，商品名“氟利昂”）等气体，我们称温室气体。温室效应是地球上生命赖以生存的必要条件，但温室气体增加，则会使地球温度上升，给人类和环境造成破坏，产生灾难性后果。

CO_2的增加，被认为是大气污染物对全球气候产生影响的主要因素。但是温室气体除了CO_2，还有H_2O、CH_4、CFCs等，它们的增加同样会使地球变暖。因此，要防止全球变暖，还应从控制温室气体的排放入手。

温室效应的加剧导致全球变暖，会对气候、生态环境及人类健康等多方面带来影响。地表升温会使更多的冰雪融化，反射回宇宙的阳光减少，极地更加变暖，海平面上升，降雨量也会发生变化，造成干旱或洪涝灾害，并会使植物生长周期变化，变暖的气候条件有利于病毒、细菌和有毒物质的生长，这将引起全球疾病的流行，严重威胁人类健康。为减缓温室效应的加剧，既要设法减少矿物燃料的使用量，开发新能源，又要禁止砍伐森林，特别是要有效地控制人口的增长。

⑤臭氧层空洞

在高空大气层中（约距离地面15～25 km的范围），氧吸收太阳紫外线辐射而生成数量可观的臭氧（O_3）。这个过程是：光子首先将氧分子分解成氧原子，氧原子再与氧分子进一步反应生成臭氧，即

$$O_2 \xrightarrow{h\nu} 2O\,,\ O + O_2 \longrightarrow O_3$$

O_3与O_2属于同素异形体，在通常的温度和压力下，两者都是气体。当O_3的浓度

在大气中达到最大值时，就形成厚度约20 km的臭氧层。臭氧在地平面上是有害的，它会与其他物质反应产生烟雾，并破坏许多其他物质。然而，在高空中臭氧是非常重要的，它能吸收太阳光中的高能紫外线，从而防止紫外线对地球上包括人在内的所有生物造成伤害。

太阳辐射的紫外线分三个波段，各波段的波长范围和性质如下：

400 ~ 320 nm（UV-A）：对生物基本无害，全通过正常的臭氧层；

320 ~ 295 nm（UV-B）：对生物有一定危害，大部分被正常的臭氧层吸收；

295 ~ 100 nm（UV-C）：对生物危害最大，全部被正常的臭氧层吸收。

多年来连续的研究测定结果证实，围绕地球的臭氧层，近几十年来已遭到严重破坏。1994年国际臭氧委员会宣布：1969年以来，全球臭氧总量减少了10%，南极上空臭氧含量下降了70%。这就说明臭氧层已经开始变薄。南极上空已出现了大面积的臭氧层空洞，现在北极上空也发现了正在形成的另一个臭氧层空洞。科学家还发现，空洞并非固定在一个区域内，而是每年在移动，且面积不断扩大。

臭氧层变薄和出现空洞，就意味着有更多紫外线，特别是UV-B和UV-C直射地面，它会降低人体免疫功能，危害呼吸器官和眼睛，增加皮肤癌发病率。过量紫外线还将影响植物生长，增加海洋生物死亡率，甚至造成某些生物种类的灭绝，影响生物链，还会导致温室效应进一步加剧，危害人类生存环境。

臭氧层遭到破坏，被公认的主要原因之一是人类大量使用氟利昂等氯氟烃。氟利昂广泛用于制冷，同时作为工业溶剂、发泡剂、清洗剂、杀虫剂、除臭剂、头发喷雾剂等。由于氯氟烃类化学性质不活泼，在对流层中可到处漂荡而不被破坏，它可一直上升到平流层（即臭氧最丰富的地方）才会发生紫外光解，破坏臭氧层。当然，破坏臭氧层的化学物质并非只有氟利昂，人类生产活动产生的其他微量气体如氮氧化合物（NO、NO_2、N_2O等）、大型喷气机的尾气（含NO、H_2O、自由基等）、火山爆发和核爆炸的烟尘均能到达平流层，它们也会对臭氧层产生破坏作用。

大气化学的研究既揭开了臭氧层空洞之谜，也提出了保护臭氧层的途径。所以在20世纪80年代，世界上一些国家签订了《保护臭氧层维也纳公约》和《关于消耗臭氧层物质的蒙特利尔议定书》，90年代作了修订，其中心思想是限制氯氟烃、溴氟烃、四氯化碳等的生产量、使用量及停用时间。全世界第一次协调一致地采取行动，拯救已受到损耗的臭氧层，保护人类生存环境。

（2）水资源污染

水是生命的源泉，没有水就不可能产生生命，没有水也不能维持生命。水不仅是人体内部各器官的主要成分，也是人体内部进行新陈代谢的介质，人通过水吸收营养成分,又通过水将部分代谢产物排出体外。水是人类赖以生存和生产的重要资源。

随着工农业生产的发展,以及城市人口的不断增加,大量污物的排放,使江河湖海的水质逐年下降,水的污染再加上空气的污染等,使人类赖以生存的环境质量越来越差,这不仅对人类的健康是一种威胁,同时也危及生态系统的平衡。造成水体污染的原因有:第一,城市生活废水和生活垃圾大量增加,其中有许多是人和动物的排泄物,含有病原体和有机物,它们排入江河湖海或堆放地面,直接、间接污染水体;第二,农业生产中大量施用化肥、农药,工业生产中排放大量的废水、烟尘、废渣、废液,这些物质有的未经处理直接排入水体中,有的通过风吹雨淋进入水体,有的通过地下水进入水体;第三,由于过度砍伐森林、放牧开荒,破坏草原植被,雨水直接冲刷土地,夹带大量泥沙、废物,滚滚浊流,进入江河湖海,造成水体污染;第四,用水量增大,有限的淡水资源难以为继,破坏水的正常循环。水资源短缺和水体受到污染是相互加剧影响的两个方面。

①耗氧污染物

这类污染物一般都是些无毒的有机物,如蛋白质、脂肪、纤维素等,它们分解为CO_2和H_2O的过程中需要氧气。

水中溶解的氧通常为5 ~ 10 mg·L^{-1},以维持鱼和水生生物的正常生活和繁殖。当生活污水中含有这类物质时,它们分解要消耗掉氧气,如分解1 mol碳水化合物$C_6H_{10}O_5$需6 mol O_2:

$$C_6H_{10}O_5 + 6O_2 \longrightarrow 6CO_2 + 5H_2O$$

水中的氧减少,有机物会被厌氧微生物分解,即发生腐败现象,同时产生H_2S、NH_3、CH_4等,使水质变臭、鱼类灭绝。耗氧污染物主要来自生活污水和工业废水。

②水体富营养化

水体富营养化状态指的是水中总氮、总磷量超标——总氮含量大于1.5 mg·L^{-1},总磷含量大于0.1 mg·L^{-1}。

生活污水和一些工业废水中常有含磷、氮的物质,施加氮肥和磷肥的农田水中也含有氮和磷。如有些洗涤剂是含氮的化合物,在洗涤剂中加入三聚磷酸盐(如$Na_5P_3O_{10}$)可以强化洗涤效果。N和P并非有害元素,而是植物营养元素,都能促进水的富营养化。含N和P的物质在水体中过量,就会成为水生微生物和藻类的理想"食料",加速它们繁殖生长,结果使水中缺氧,水质恶化,导致鱼类死亡。死亡的水生生物腐烂,又增添了营养成分,更进一步促进水生微生物和藻类的大量繁殖,形成恶性循环,甚至可发生"红潮"或"蓝潮"(由藻类繁殖所引起的水体变色现象)。

这种由于植物营养元素大量排入水体，破坏了水体生态平衡的现象，叫作水体富营养化。它是水体污染的一种形式，而且目前日趋严重。现已知人为磷污染物的70%是由洗涤剂中的磷化合物所形成的。

③海洋污染物

随着石油工业的发展，油类物质对水体的污染也越来越严重。海底石油开发和油轮运输过程都会导致污染。据估计，每年污染海洋的石油多达1 000多万吨，约占世界总产量的0.5%。石油密度较小，在水面上形成油膜，空气中氧气溶解受阻，严重影响了鱼类的生长。每年流入海洋的除石油外，还有剧毒氯联苯约2.5万吨，锌约390万吨，铜约75万吨，铅约30多万吨，汞约5 000吨……海洋污染日趋严重。我国近海渔场已经发现有不同程度的石油及其他化学物质的污染，影响鱼类的生态平衡。

④无机污染物

污染水体的无机污染物主要是酸、碱、盐、重金属离子以及无机悬浮物等。

酸主要来自工业废水及矿山排水，矿山排水中的酸是由硫化矿物（如FeS_2）的氧化作用产生的。碱主要来自碱法造纸的黑液，还有印染、制革、制碱、化纤、化工以及石油工业生产过程中的废水。酸、碱性水体相遇，则可中和生成盐，这也会对水体产生污染。酸性或碱性水体会对农作物的生长产生阻碍和破坏作用，有的甚至会使土壤的性能变坏。酸性水体还会腐蚀水中的设备、船体等。

重金属主要来自工业生产中的废水、废渣、废气，以及采矿和冶炼工业。重金属对人体的危害性很大。它们有的通过饮用水直接进入人体，有的则通过食物链间接进入人体。而且食物链会对环境中的污染物具有富集作用。重金属在人体内积累并超过一定限度时，就会使人产生各种中毒反应，影响人体健康，甚至危及生命。

⑤有机污染物。

有机污染物有的无毒，有的有毒。无毒的如碳水化合物、脂肪、蛋白质等前面已经叙述过，它们为耗氧物质。有毒的如酚、多环芳烃、多氯联苯、有机氯农药、有机磷农药等，它们在水中很难被微生物分解，因此称它们为难降解有机物，它们都具有很大的毒性，一旦进入水体，便能长期存在。开始时，由于水体的稀释作用，一般浓度较小，但通过食物链的富集，可在人体中逐渐积累，最后可能会产生积累性中毒。

有机农药如双对氯苯基三氯乙烷（DDT），很难分解，以致在南极和北极的冰层中都发现了DDT。另外，某些合成洗涤剂如烷基苯磺酸钠（ABS）、多氯联苯（PCB）

等都是有毒物质。

(3)土壤污染

土壤是地球陆地表面的疏松层,是人类和生物繁衍生息的场所,是不可替代的农业资源和重要的生态因素之一。它既可为作物源源不断地提供其生长必需的水分和养料,从而为人类及其他动物提供充足的食物和饲料,又能承受、容纳和转化人类从事各种活动所产生的废弃物(包括污染物),在消除自然界污染的危害方面起着重要作用。

土壤具有一定的自净作用,当污染物进入土壤后会使污染物在数量和形态上发生变化,降低它们的危害性。但进入土壤中的污染物超过土壤的净化能力时,即会引起土壤严重污染。

土壤污染物分无机污染和有机污染两大类。无机污染有重金属汞、镉、铅、铬等和非金属砷、氮、硫、磷、氰等,有机污染物有酚、多环芳烃、联多苯及各种合成农药等。这些污染物质大多由工业上废水、废渣、废气以及农业上施用化肥和农药而带进土壤。

土壤污染的危害主要是对植物生长的影响,如过多的Mn、Cu和磷酸等将会阻碍植物对Fe的吸收,而引起酶作用的减退,并且阻碍了体内的氮素代谢,而造成植物的"缺绿病"。又如土壤中无机砷的量达到12 $\mu g \cdot L^{-1}$时,水稻生长开始受到抑制;达到40 $\mu g \cdot L^{-1}$时,水稻减产50%;达到160 $\mu g \cdot L^{-1}$时,水稻不能生长。土壤中三氯乙醛浓度只要达到1 $\mu g \cdot L^{-1}$时,就会严重阻碍小麦等的生长。

土壤污染物可以通过挥发作用进入大气造成大气污染;通过水的淋溶作用或地表径流作用,进入地下水和地表水影响水生生物生长;还可进入作物(包括籽实部分),最终通过食物链进入人体,给人体健康带来不良的影响。

目前,"白色污染"日益引起人们的关注。白色污染就是饭盒、地膜、方便袋、包装袋等白色难降解的有机物,在地下存在100年之久也不消失,引起土壤污染,影响农业产量。所以现在都要求使用可降解的有机物。

土壤荒漠化目前也是土地危机的重要问题。荒漠化是指包括气候变异和人类活动在内各因素造成的干旱、半干旱和亚湿润干旱地区的土地退化。荒漠化的起因是各种自然因素和人为因素两者综合作用的结果。自然地理条件和气候变异固然是形成荒漠化的必要因素,但其形成荒漠化的过程是缓慢的,而人类活动,如土地的过度放牧、粗放经营、盲目垦荒、水资源的不合理利用、过度砍伐森林等,则大大加速了荒漠化的进程。同时,人口的迅速增长也是导致荒漠化日趋严重的直接原因。

目前，全球荒漠化的面积已达3 600万平方千米，占全球陆地面积的四分之一。世界100多个国家，12亿多人口受到荒漠化的直接威胁，其中还有1.4亿人在短期内有丧失土地的危险。荒漠化每年吞噬近2 100万公顷耕地，使世界每年至少损失450亿美元。随着荒漠化的加速蔓延，人类可耕种的土地日益减少，严重动摇了粮食生产的基础，是近年来世界饥民逐年增加的重要原因之一。

中国是世界上荒漠化危害严重的国家之一。全国荒漠化土地远大于耕地，占总面积的16.3%，全国约有60%的贫困人口集中在荒漠化地区。在中国北方风沙线上有1 300万公顷农田遭受到风沙的危害，每年仅因风蚀荒漠化造成的损失就达45亿元。土壤荒漠化也是产生沙尘暴的原因。保护人类家园，防治土壤荒漠化，目前已成为全球一项重大的发展战略。

(4)固体废弃物污染

固体废弃物就是一般所说的垃圾。垃圾是人类生产中必然产生的遗留废料，或是人类新陈代谢的排泄物和消费品消费后的废弃物品。

城市垃圾指居民的生活垃圾、商业垃圾、市政维护和管理中产生的垃圾，不包括工厂生产排出的工业固体废物。当前城市垃圾问题的两个特点是数量剧增和成分变化。人口剧增、城市人口密度变大，必然导致城市垃圾数量剧增。

堆放的垃圾若不及时清除，必然污染空气，有损环境，且会滋生蚊蝇等害虫，危害人体健康。垃圾对土壤、水体和大气均会造成严重的污染。垃圾中的化学污染物和生物病原体，如致病菌和寄生虫，会污染农田和土壤。人食用受污染土壤上生长的蔬菜、瓜果等就会感染肠道传染病、寄生虫病等疾病。垃圾经过雨水淋沥，流入河流或渗入地下，将使地表水和地下水受到污染。若将垃圾直接倒入江河湖海，会在水面上到处漂浮，不仅有碍观瞻，还会导致生态平衡的破坏。垃圾中有机物的腐败、分解产生恶臭，细颗粒随风飘扬，会污染大气和环境；而焚烧处理时的烟尘也会污染大气。因此，对垃圾若不做及时、正确的处理，对环境的污染是很严重的。随着自然资源不断开发利用、人口的增长以及人均消费水平的提高，世界各国的垃圾以高于其经济增长速度2～3倍的平均速度增长，垃圾已成为现代都市越来越严重的环境问题。

二、化学与环境资源的保护

化学与环境资源的保护关系密切，环境保护离不开化学。化学在环境监测、“三废”处理等方面发挥巨大作用。

1. 环境质量监测

环境质量关系到人类的健康和生活，关系到工农业生产活动的正常进行，关系到生态平衡的正常延续。要保护环境，改善环境质量，必须制定环境质量标准，并对环境质量进行评价。

环境质量监测是环境质量评价(分级)的基础，首先要根据被测对象和评价目标确定监测项目。如对水体质量进行评价时，一般需要测定的项目有三类：①无机物，包括水中总固体浓度、硬度、pH，硝酸盐、铵态氮、磷酸盐、氯化物等的含量；②有机物，包括生化需氧量，化学耗氧量，有机酸、氰化物、洗涤剂等的含量；③重金属，包括铬、镉、铅、汞、砷等的含量。此外还有色度、臭度、透明度、温度、放射性物质浓度、细菌总数、藻类含量及水文条件等许多项目供各种评价目标选择。

常规的大气环境质量评价中受监测的污染物种类一般有5种：颗粒飘尘(PM)、SO_x、NO_x、CO、氧化剂(以O_3为代表)。大气环境质量分为6个级别，见表6-3。

表6-3　大气环境质量级别

级别	环境质量指数E	污染程度
Ⅰ	0 ~ 0.01	清洁
Ⅱ	0.01 ~ 0.1	微污染
Ⅲ	0.1 ~ 1	轻污染
Ⅳ	1 ~ 4.5	中度污染
Ⅴ	4.5 ~ 10	较重污染
Ⅵ	> 10	严重污染

注：E值是由各污染物实际测得值与标准值代入有关公式后得到。

只有对环境的各种组成部分，对污染物的存在形态、分布状态、含量进行分析鉴定，才能了解环境污染状况，研究污染物的存在和转化规律，从而认识、评价、改造和控制环境。

为了了解环境污染状况，消除和控制污染以及研究污染物的存在和转化规律，就需要对污染物的存在形态、含量进行分析鉴定，提供可靠的分析数据。因此，分析化学在环境监测工作中，任务繁重，责任重大，环境分析化学已成为一个具有特色的分支领域。

环境分析化学是研究如何运用现代科学理论和先进实验技术来鉴别和测定环境污染物有关物种的种类、成分与含量以及化学形态的科学，是环境化学的一个重要分支学科，也是环境科学和环境保护的重要基础学科。

2. 三废处理

工业生产中的“三废”（废气、废水、废渣）严重污染环境，但环保治理技术水平不高。我国能源结构中煤炭仍占70%左右，煤烟是对大气污染主要因素之一。

化学工作者在提高环保治理技术水平、保护环境质量中发挥了重要作用。例如，开展环境分析方法和方法标准化的研究，建立高灵敏度、高选择性、快速、自动化程度高的监测方法；开发新材料、新能源，用洁净新工艺（绿色化学工艺）代替经典工艺；在制定污染物向环境排放量标准的同时与其他手段相结合，积极开展处理和利用废物的技术研究，变废为宝。

（1）废气的处理

大气污染物绝大部分是由化石燃料燃烧和工业生产过程产生的，一般可通过下列措施防止或减少污染物的排放。①改革能源结构，积极开发无污染能源（太阳能、地热能、海洋能、风能等），或采用相对低污染能源（天然气、沼气等）；②改进燃煤技术和能源供应办法，逐步采取区域采暖、集中供热的方法，这样既能提高燃烧效率，又能降低有害气体排放量；③采用无污染或低污染的工业生产工艺；④及时清理和合理处置工业、生活和建筑废渣，减少地面扬尘；⑤加强企业管理，注意节约能源和开展资源综合利用，并要减少事故性排放和逸散；⑥植树造林，这是治理大气污染、绿化环境的重要途径。

即使采取上述措施，仍会有污染物排入大气，因此，对各种污染源要进行治理，控制其排放浓度和排放总量，使其不致超过该地区的环境容量。

（2）废水的处理

污染水体的污染物主要来自城市生活污水、工业废水和径流污水。这些污水若不经处理就排入地面水体，会使河流、湖泊受到严重污染。因此，必须先将其输送至污水处理厂进行处理后排放。但这些污水排放量非常大，若全部经污水处理厂处理，投资极大，因此应尽量减少污水的排放量。如在工业生产中尽可能采用无毒原料；若使用有毒原料，则应采用合理的工艺流程和设备，消除逸漏，以减少有毒原料的流失量；重金属废水、放射性废水、无机毒物废水和难以生物降解的有机毒物废水，应与其他量大而污染轻的废水如冷却水等分流；剧毒废水在厂内要进行适当预处理，达到排放标准后才能排入下水道；冷却水等相对清洁的废水，则在厂内简单处理后循环使用。这样既可减少工业废水排放量，减轻污水处理厂的负荷，又可达到废水再利用，节省水资源的目的。

排放到污水处理厂的污水及工业废水，可利用多种分离和转化方法进行无害化处理，其基本方法可分为物理法、化学法、物理化学法和生物法。

废水按水质状况及处理后出水的去向确定其处理程度。废水处理程度可分为一级、二级和三级处理。

一级处理由筛滤、重力沉淀和浮选等物理方法串联组成，主要用以除去废水中大部分粒径在0.1 mm以上的大颗粒物质（固体悬浮物），且减轻废水的腐化程度。经一级处理后的废水一般还达不到排放标准，故通常一级处理作为预处理阶段，以减轻后续处理工序的负荷和提高处理效果。

二级处理是采用生物法（又称微生物法）及某些化学法，用以去除水中的可降解有机物和部分胶体污染物。

自然界中存在大量依靠有机物生存的微生物，它们具有氧化分解有机物的巨大能力。生物法处理废水就是利用微生物的代谢作用，使废水中的有机污染物氧化降解成无害物质的方法。

二级处理中采用的化学法主要是化学絮凝法（或称混凝法）。废水中的某些污染物常以细小悬浮颗粒或胶体颗粒的形式存在，很难用自然沉降法除去。向废水中投加凝聚剂（混凝剂），使细小悬浮颗粒或胶体颗粒聚集成较粗大的颗粒而沉淀，与水分离。常用的凝聚剂有硫酸铝[$Al_2(SO_4)_3$]、明矾（硫酸铝钾）、硫酸亚铁（$FeSO_4$）、硫酸铁[$Fe_2(SO_4)_3$]、三氯化铁（$FeCl_3$）等无机凝聚剂和多种有机聚合物（高分子）凝聚剂。

经过二级处理后的水一般可达到农灌标准和废水排放标准。但水中还存留一定量的悬浮物、生物不能分解的有机物、溶解性无机物和氮、磷等藻类增殖营养物，并含有病毒和细菌，因而还不能满足较高要求的排放标准，也不能直接用作自来水。要作为某些工业用水和地下水的补给水，则需要继续对水进行三级处理。

三级处理可采用化学法（化学沉淀法、氧化还原法等）、物理化学法（吸附、离子交换、萃取、电渗析、反渗透法等），这是用以除去某些特定污染的一种“深度处理”方法。化学法就是通过化学反应改变废水中污染物的化学性质或物理性质，或者利用某些化学物质作沉淀剂，与废水中的污染物（主要是重金属离子）进行化学反应，生成难溶于水的沉淀析出，从废水中分离出去。

化学氧化法常用来处理工业废水，特别适宜处理难以生物降解的有机物，如大部分农药、染料、酚、氰化物，以及引起色度、臭味的物质。常用的氧化剂有氯类（液态氯、次氯酸钠、漂白粉等）和氧类（空气、臭氧、过氧化氢、高锰酸钾等）。

化学还原法主要用于处理含有汞、铬等重金属离子的废水。例如，用废铁屑、废铜屑、废锌粒等比较汞活泼的金属作还原剂处理含汞废水，将上述金属放在过滤装置中，当废水流过金属滤器时，废水中的Hg^{2+}即被还原为金属汞。

物理化学法是指运用物理和化学的综合作用使废水得到净化的方法。常用的有吹脱、吸附、萃取、离子交换、电解等方法,有时也归类于化学方法。

(3)废渣的处理

垃圾不是完全不可以利用的,通过各种加工处理方法可以把垃圾转化为有用的物质或能量,所以人们把垃圾看成一种资源。面对垃圾资源与日俱增、自然资源日渐枯竭的严峻现实,人类已开始自觉和不自觉地投入垃圾处理技术的研究。许多国家根据本国的垃圾有机成分含量高的特点,用垃圾生产高能燃料、复合肥料,制造沼气和用来发电,并将沼气最终用于城市管道燃气、汽车燃料、工业燃料。当前全球垃圾资源开发处理现状主要特点为:①发达国家垃圾资源开发处理量远高于发展中国家;②垃圾处理技术在发达国家以卫生填埋为主,而在发展中国家以堆肥为主;③垃圾资源开发处理系列化和垃圾资源综合利用多元化已成为全球垃圾处理和综合回收利用的新趋势。

在采用各种合理方法处理垃圾的同时,更有价值的是对垃圾进行回收,这种回收包括材料和能源的回收。其中材料回收主要是根据垃圾的物理性能,研究和发展机械化、自动化分选垃圾技术。如利用磁吸法回收废铁,利用振动弹跳法分选软、硬物质,利用旋风分离法分离密度不同的物质等。随着可燃性垃圾不断增加,不少国家把它作为能源资源。一般可以通过三种途径利用:①作为辅助燃料代替低硫煤使用;②在焚化炉内焚化,利用其热能生产蒸汽和发电;③高温干馏产生气体和残渣,气体可作燃料,残渣冷却后形成玻璃体,可作原料利用。这种方法比高温焚化垃圾产生可供利用的能源更多,回收的材料更多,也不污染空气。因此,目前人们在开展科学合理使用填埋法和焚烧法的同时,积极研究无害化、长期受益的良性循环轨道的垃圾处理方法。

三、绿色化学

目前人类正面临有史以来最严重的环境危机,由于人口数量急剧增加,资源消耗日益扩大,人均耕地、淡水和矿产等资源占有量逐渐减少,人口与资源的矛盾越来越尖锐,人类的物质生活随着工业化而不断改善的同时,大量排放的生活污染物和工农业污染物使人类的生存环境日益恶化。

当代全球十大环境问题:(1)大气污染;(2)臭氧层破坏;(3)全球变暖;(4)海洋污染;(5)淡水资源紧张和污染;(6)土地退化和沙漠化;(7)森林锐减;(8)生物多样性减少;(9)环境公害;(10)有毒化学品和危险废物。它们都直接地或间接地与化学物质污染有关。因此，从根本上治理环境污染问题的必由之路是大力发展绿色化学。

化学工业能否洁净地生产化学品？化学研究能否处处为人类社会的安全持续发展着想？当前人类的生活能不能不排放或少排放垃圾废物？这些都是绿色化学面对的问题。绿色化学是人类面对社会安全持续发展要求下应运而生的新兴化学分支学科。绿色化学以化学反应和过程的“原子经济性”为基本原则，要求在获取新物质的化学反应中充分利用参与反应的每种原料原子，实现“零排放”。生产有利于环境保护、社区安全和人身健康的环境“友好”产品。绿色化学化工的目标是寻求充分利用原材料和能源，且在各个环节都洁净和无污染的反应途径和工艺技术。对生产过程来说，绿色化学包括节约原材料和能源，淘汰有毒原材料，在排放废物之前减少废物的数量和毒性；对产品来说，绿色化学旨在去除从原料加工到产品最后处置全过程的不利影响。从传统化学到绿色化学的转变可以看作是化学从“粗放型”向“集约型”的革命转变。绿色化学是环境友好技术或清洁技术的基础，它更看重化学的基础研究。传统化学有许多环境友好的反应，但对于传统化学中那些破坏环境的化学反应，绿色化学将寻找环境友好的反应来代替它们。

1.绿色化学的发展方向

从绿色化学的目标来看，有两个方面必须重视：一是开发以“原子经济性”为基本原则的新化学反应过程；另一个是对现有化学工业改造以消除污染。

(1)研究新的化学反应过程。在原子经济性和可持续发展的基础上研究合成化学和催化的基础问题，即绿色合成和绿色催化问题。例如，不用剧毒的氢氰酸、氨和甲醛为原料，而从无毒无害的二乙醇胺出发，开始催化脱氢生产氨基二乙酸钠。再如，用二氧化碳代替对生态环境有害的氟氯烃作苯乙烯塑料的发泡剂。

(2)传统化学过程的绿色化学改造。这是一个很大的领域，例如，在烯烃烷基化反应生产乙苯和异丙苯过程中，需要用酸催化反应，过去用液体酸HF作催化剂，而现在可以用固体酸分子筛作催化剂，并配合固定床烷基化工艺，解决了环境污染问题。在异氰酸酯的生产过程中，过去一直用剧毒的光气为原料，而现在可以用二氧化碳和氨催化合成异氰酸酯，成为环境友好的化学工艺。

(3)能源中的绿色化学问题。在我国能源结构中，煤是主要能源。由于煤中硫含量高和燃烧的不完全，产生二氧化硫和烟尘，造成大气污染，进而产生酸雨造成生态环境的严重破坏。因此，研究和开发洁净煤技术成为当务之急。在这方面应该重视研究催化剂燃烧技术、等离子除硫除尘、生物化学除硫等新技术。

(4)能源再生和循环利用技术研究。自然界的资源有限，因此，人类生产的各种化学品能否回收、再生和循环使用，也是绿色化学研究的一个领域。世界的塑料年产量已达1亿吨，大部分来自石油产品。而这1亿吨中约有5%使用后就会作为废弃物排放，如包装袋、地膜、饭盒等，造成大家熟知的“白色污染”，一方面造成严重环境问题，另一方面造成石油资源的严重浪费。解决问题的办法，一是降低塑料制品的使用量，二是回收再生再利用，三是再生产其他产品或裂解制燃油或作发电燃料。

（5）综合利用的绿色生化过程。如用现代生物技术造纸、煤的脱硫等。在一切可能的化学反应中利用酶催化剂，使化学反应在低能量温和条件下进行，把化学反应纳入生态循环链，既免除了污染，又节约了资源和能源，这是绿色化学的远期理想。

2. 绿色化学的12条基本原则

根据前面所讨论的诸多问题，可以给绿色化学归纳出12条基本原则：

（1）从源头上制止污染，而不是在末端治理污染；

（2）合成方法应具有“原子经济性”，即尽量使参加过程的原子都进入最终产物；

（3）在合成方法中尽量不使用和不产生对人类健康和环境有毒有害的物质；

（4）设计具有高使用效益、低环境毒性的化学产品；

（5）尽量不用溶剂等辅助物质，不得已时使用无毒害的物质；

（6）生产过程应该在温和的条件（低温低压）下进行，而且能耗应最低；

（7）尽量采用可再生的原料，特别是用生物质代替石油和煤等矿物原料；

（8）尽量减少副产品；

（9）使用高选择性的催化剂；

（10）化学产品在使用完后应能降解成无害的物质并能进入自然生态循环；

（11）发展适时分析技术以便监控有害物质的形成；

（12）选择参加化学过程的物质，尽量减少发生意外事故的风险。

目前，绿色化学在化学合成的原子经济性、环境友好化学反应、研制对环境无害的新材料和用计算机辅助绿色化学设计等几个方面，已经取得一些进展，但是这些研究只能减轻环境压力，难以完全达到可持续发展的要求。事实上，人类社会的可持续发展与自然生态循环应协调一致，它要求从根本上改变人类的物质生活方式，重新回到生态系统的框架之内。要求人类重视农业可持续发展，使人类需要的生活物质都尽可能来源于生物质（植物质和动物质）的转化，尽量不用矿物原料，用酶类为催化剂，使转化反应在温和条件和低能耗下进行。

第二节 化学与材料

材料科学是以物理学、化学、技术科学以及相关理论作为基础而发展起来的,最具有多学科互相渗透的特色。虽然工程上对材料或器件的要求重点在它们的宏观物性及其技术参数,但要使材料具备这些特定的物性,就必须对物质的内在组成、结构与物性之间的定性和定量关系进行深入研究和掌握。因此,物理学和化学就构成了材料科学的基础。近年来又进一步发展起来的材料物理学和材料化学两门新兴边缘学科,使物理学和化学这两门基础科学更直接介入了材料科学。

化学参与材料科学是理所当然和责无旁贷的。作为一门基础科学,化学不仅为人类认识世界提供手段,而且也是创新知识、创造新物质和改造客观世界的学科。化学家对于物质的内部结构和成键的复杂性有着深刻的理解,而且还掌握精湛的化学反应实验技术,所以化学家在探索和开发有新组成、新结构和新功能的材料方面,以及在材料的复合、集成、改性、加工等方面,都发挥着无可替代的作用。化学家所研究的一百多种化学元素和无限数目的化合物就是各门各类材料可以扎根繁育的肥沃土壤和生命源泉。

一、材料科学的发展过程

从古到今,如果按材料发展水平来看,大致可以分为五个时代。

(1)第一代,天然材料

在原始社会,由于生产技术水平低下,人类使用的材料只能是大自然的现成恩赐,取之于动物、植物和矿物,如兽皮、甲骨、羽毛、木材、泥土等。四五十万年以前的北京猿人处于旧石器时代,他们群居洞穴,以狩猎为生,使用的工具是石器和骨器。这些工具制造粗糙,用途尚未分化。到了新石器时代,人们逐渐掌握了从地层选采适用石料的技术,对石料的选择、切割、磨制、钻孔、雕刻等工序,已有一定的要求。考古发现,新石器时代的先民已能制作较为锐利的磨制石器了。

(2)第二代,烧炼材料

烧炼材料是烧结材料和冶炼材料的总称。随着生产技术的进步,人类发展到能用天然黏土烧制陶瓷和砖瓦,后又制出玻璃和水泥,这些都属于烧结材料。从各种天然矿石提炼铜、铁以及其他金属,则都属于冶炼材料。

材料发展史的第一次重大突破，就是人类用黏土烧制成容器。在长期的生产实践中，人们先认识了黏土的可塑性，它们一经火烧，就会坚硬耐水。之后，慢慢地逐步实践出烧制陶器技术，使陶器很快成为先民们生活和生产的必需品。这也是人类最早从事的化学工艺。在中国，陶器制作至少有1万年的历史，古埃及、印度、波斯和希腊，在他们的新石器时代，也都有制陶工艺。

人们从烧陶工艺中掌握了高温技术，并把它应用于冶炼铜矿石、铁矿石等而发现了冶金技术。人们开始用金属代替石器和陶器，实现了一次生产工具的革命，也是材料的一次革命。于是，在人类历史上继新石器时代之后，相继出现了陶器时代、青铜器时代和铁器时代。青铜器时代大约起始于公元前4000年。我国的商、周和战国时期是使用青铜器的鼎盛时代。

人类最早使用的铁，是“天外来客”陨铁。在中国、埃及等古文明国家发现的最早铁器，大都是用陨铁加工制成的。虽然铁矿石在自然界分布较广，但由于铁的熔点比铜高，冶铁技术难度大，所以冶铁技术发明比冶青铜技术晚。公元前2000年左右，亚洲人和小亚细亚的赫梯人首先掌握了冶铁技术，开始使用铁器工具，比欧洲早了1 800多年。从此人类的生产力发展到了一个新的水平，进入了铁器时代。

在实践冶金过程中，人类发现有些陶器在更高温度下部分熔化，变得更加致密坚硬，改善了陶器的多孔性和透水性缺点，得到了瓷器。从陶器发展到瓷器，是陶瓷发展史上的一次飞跃。我国的瓷器大约起始于魏、晋、南北朝时期，继而在宋、元时代发展到很高水平。

(3)第三代，合成材料

随着有机化学的发展，在20世纪初出现了化工合成产品，其中有合成塑料、合成纤维、合成橡胶等，并广泛应用于生产和生活之中。

合成聚合物材料的工业发展是从1907年一个小型酚醛树脂厂的建立开始的。1927年热塑性聚氯乙烯塑料的生产实现了商品化。1930年左右建立了聚合物概念，从1940年到1957年先后研制成功了合成橡胶(丁苯橡胶、丁腈橡胶、氯丁橡胶等)、合成纤维(尼龙-66、聚酯纤维等)、聚丙烯腈、用齐格勒-纳塔催化剂合成的聚合物(低压聚乙烯、聚丙烯、聚四氟乙烯等)、维尼纶等。聚合物材料工业的发展大致经历了新型塑料合成纤维的深入研究(1950—1970年)；工程塑料、聚合物合金、功能聚合材料工业化和应用(1970—1980年)；分子设计和高性能、高功能聚合物的合成(1980—1990年)等几个进展时期。

(4)第四代，特殊设计材料

随着高新技术的发展，对材料提出了更高的要求，前三代那样单一性的材料已经难以满足需要,于是一些科技工作者开始研究用新的物理和化学方法,根据实际需要去设计特殊性能的材料。近代出现的金属陶瓷、铝塑薄膜等复合材料就属于这一类新材料。

人类自古以来就会使用简单的方法制造复合材料。例如,在黏土浆中加入稻草、在灰泥中加入马鬃、在热石膏中加入纸浆等,制造复合材料。公元前5000年在中东人们已懂得用沥青把芦苇粘起来造船。在古代令人瞩目的复合材料是中国的漆器。漆器最早出现在距今4 000年前的夏代,它是用丝、麻等天然纤维作增强材料(胎体),用中国大漆做黏结剂而制成的最古老的复合材料。

历经几千年的发展,从古代复合材料发展到近代复合材料,已经是脱胎换骨、焕然一新。先进复合材料的出现,进一步推动了航天航空等高新技术的发展。所以先进复合材料的制造被认为是当代科学技术中的重大关键技术。

(5)第五代,智能材料

智能材料是指近三四十年来研究发展的一些新型功能材料,它们能够随着环境和时间的变化而改变自身的性能和形状,以适应客观功能需要,好像它们具有智能一样。现在研究成功的记忆合金就属于这一类材料。

智能材料的研制是21世纪的尖端技术,现在已成为材料科学的一个重要前沿领域。有关智能材料的研究和发展,受到科技界的极大关注。

二、材料的分类

若按用途分类,可将材料分为结构材料和功能材料两大类。结构材料主要是利用材料的力学和理化性质,广泛应用于机械制造、工程建设、交通运输和能源等各个工业部门。功能材料则利用材料的热、光、电、磁等性能,用于电子、激光、通讯、能源和生物工程等许多高新技术领域。功能材料的最新发展是智能材料,它具有环境判断功能、自我修复功能和时间轴功能,人们称智能材料是21世纪的材料。

若按材料的成分和特性分类,可分为金属材料、陶瓷材料(无机非金属材料)、高分子材料和复合材料。

金属材料又分为黑色金属材料和有色金属材料。黑色金属通常包括铁、锰、铬以及它们的合金,是应用最广的金属结构材料。除黑色金属以外的其他各种金属及其合金都称为有色金属。纯金属的强度较低,工业上用的金属材料大多是由两种或两种以上金属经高温熔融后冷却得到的合金。例如,由铜和锡组成的青铜,铝、铜和镁组成的合金。合金的性能一般都优于纯金属。为了发展航空、火箭、宇航、舰艇、能源等新兴工业，需要研制具有特殊性能的金属结构材料，因此，金属材料发展的重点是研制新型金属材料。

陶瓷材料是人类应用最早的材料。传统的陶瓷材料是以硅和铝的氧化物为主的硅酸盐材料，新近发展起来的特种陶瓷或称精细陶瓷，成分扩展到纯的氧化物、碳化物、氮化物和硅化物等，因此可称为无机非金属材料。

高分子材料是一类合成材料，主要有塑料、合成纤维和合成橡胶，此外还有涂料的胶粘剂等，发展速度较快，已取代了部分金属材料。合成具有特殊性能的功能高分子材料是高分子材料的发展方向。

复合材料是由金属材料、陶瓷材料和高分子材料复合组成。复合材料的强度、刚度和耐腐蚀等性能比单一材料更为优越，是一类具有广阔发展前景的新型材料。

也可把材料分为传统材料和新型材料。传统材料是指生产工艺已经成熟，并已投入工业生产的材料。新型材料是指新发展或正在发展的具有特殊功能的材料，如高温超导材料、工程陶瓷、功能高分子材料等。这些新型材料的特殊点是：

（1）新型材料是根据社会的需要，在人们已经掌握了物质及其变化规律的基础上进行设计、研究、试验、合成生产出来的合成材料。新型材料具有特殊的性能，能满足尖端技术的设备制造需要。例如，能在接近极限条件下使用超高温、极低压、耐腐蚀、耐摩擦等材料。

（2）新型材料的研制是多学科综合研究的成果。它要求以先进科学技术为基础，往往涉及物理、化学、冶金等多个学科。如果没有各种学科最新研究成果的支持，新型材料的设计和研制是不可能的。

（3）新型材料从设计到生产，需要专门的、复杂的设备和技术，它自身形成了一个独特的领域，称为新生材料技术。

三、化学在材料科学中的作用

所谓材料是指人类用于制造物品的化学物质。目前传统材料有几十万种，而新合成的材料每年大约以5%的速度在增加。各种材料主要来源于化学制造和化学开发，所以在整个材料科学体系中，化学科学占有特别重要的地位。因此，可以毫不夸张地说，化学是材料发展的源泉，也可以说，材料科学的发展为化学研究拓展了更大更新的领域。材料化学家索斯曼（R.S. Sosman）在展望化学科学在材料科学中的作用时指出：“化学家的首要任务是发现新物质……”按现代的说法，材料科学家的任务有3个：制备、表征和性能测试。显然，材料的制备和了解制备的科学必然是在表征或性能测试之前首先面临的任务。材料科学的发展历史表明，当一种全新的材料在原子或分子水平上被合成出来之后，真正巨大的进展就常常随之而来。20世纪中叶，高分子的合成导致非金属材料工业的建立；无机固体造孔合成技术的进步，促成一系列分子筛催化材料的开发，使石油加工和石化工业得到革命性的发展；近年来，纳米态物质和簇状物的合成与组装技术的开发将会极大程度地促进高新技术材料与产业的发展。

在过去很长一段时间内，材料研究是在固体物理、晶体学、无机化学、高分子化学以及冶金、陶瓷和化工等领域中分别进行的，相互之间缺少联系，并未形成统一的科学体系。传统的材料研究是以经验和技术为基础，新材料的研制主要依靠配方、筛选和性能测试。科学技术的发展对材料提出了许多新的要求，沿用传统方法已经不能制出具有独特性能的新型材料。在这种背景下，人们开始重视对材料的基础研究。随着研究的深入和微观分析手段的进步，逐渐揭示出许多材料行为的微观机制，从而奠定了统一的材料科学基础。化学与材料科学保持着相互依存、相互促进的关系。材料化学的工作范围主要是材料的组成设计、化学合成、制造和开发；材料组成与性能关系的基础理论研究；材料的化学改性、化学检验和性能测试等，化学在材料科学的发展中起着无可替代的作用。

在新材料尤其是功能材料的发展中，存在着大量的化学和物理问题。如金属转向合金、半导体掺杂、等离子喷涂等，都会超出纯物理的范围，物质超导性研究的情况也是如此，如果研究的材料仅限于金属，则课题可能完全属于物理学的范围。然而近年来液氮区高温超导的突破，恰恰是由于发现了钇、钡、铜复合氧化物之类的超导材料才得以实现。这类材料的合成与性质研究都是化学家而非物理学家所熟悉的。任何新材料的获得，都离不开化学。仍以超导研究来讲，物理学家关注的是超导现象和超导理论，材料科学家重视超导体性能的测试，而化学家的任务是这些新材料的合成，进而研究材料的组成、结构和超导性之间的关系。合成新材料是发展科学的先导，新材料的合成技术水平已经成为一个国家材料科学发达与否的标志。

材料科学的广泛和深入发展，促进了材料化学学科的形成与发展。材料化学是以涉及化学、物理学和材料学互相渗透的多学科交叉的广大研究领域为特征的。材料化学的研究内容一般包括：采用常规化学技术以及新技术和新工艺，包括超高压、超高温、强辐射、冲击波、超高真空、无重力以及其他极端条件下进行反应，合成新物质和新材料。用现代的研究方法，如电子显微镜、电子（离子）探针、光电子能谱、X射线结构分析、隧道扫描显微镜、热分析等手段来研究物质的组成、结构（分子结构、晶体结构、显微结构）与性质和性能的关系。在这些研究中，广泛应用相平衡、亚稳态和物质结构等理论所提供的工具和理论手段。材料化学所涉及的材料，是那些用新的或先进的制造技术，把金属、无机物或有机物原料单独加工或组合在一起，所产生的具有新性质、新功能、新用途的材料。在影响和决定材料性质的诸多因素中，决定性因素无疑是材料的结构。材料科学家应该找出设计和改造材料的着力点。因此，从这里也不难看出化学在材料科学中的重要地位。

四、金属材料

金属材料的发展有悠久的历史，人类在很早以前就懂得用铜和铜合金，后来发展到铁和铁合金。工业革命后钢铁的大规模发展和应用，使金属在材料中占了绝对优势，并积累了一整套相当成熟的生产技术。第二次世界大战后，随着合成高分子材料、无机非金属材料的主料和各种复合材料的发展，金属材料被部分取代，但在发展中国家，金属材料仍然占有材料工业的主导地位，如中国年产钢铁已近10亿吨，约占世界总产量的一半。此外，金属材料自身还在不断更新，浇铸、加工和熟处理等方面不断出现新工艺，新型的金属材料如高温合金、形状记忆合金、贮氢合金、永磁合金、非晶态合金等相继问世。

1. 钢铁

钢铁是铁和碳的合金，其特点是强度高、价格便宜、应用广泛。钢铁约占金属材料产量的90%，是世界上产量最大的金属材料。钢铁中含碳量大于2.0%的叫生铁，小于0.02%的叫纯铁，在这两者之间称为钢。钢中含碳量小于0.25%的称低碳钢，介于0.25% ~ 0.60%的称中碳钢，大于0.60%的称高碳钢。

所谓炼钢，其实质是控制生铁中的含碳量达到钢的要求，同时除去危害钢的性能的一些杂质，如S、P等。若想得到特殊性能的合金钢，当然还要加入一些其他金属。

钢铁的性能既与化学组成有关，也与钢铁中金属间隙结构有关。在炼钢过程中通过改变化学组成、调节和控制钢中的相组成及分布，可以获得人们所需要的钢材。

根据人们需要可以制备不同性能的合金钢，合金钢品种繁多，性能各异。如不锈钢，钢中加入一定量的铬，可提高钢的抗腐蚀性，不生锈；锰钢，钢中加入一定量的锰，可提高钢的硬度。

2. 合金材料

合金是由一种金属与另一种或几种其他金属或非金属熔合在一起形成的具有金属特性的物质。

（1）轻质合金

轻质合金是以轻金属为主要成分的合金材料。常用的轻金属是镁、铝、钛及锂、铍等。

①铝合金。纯铝的机械性能差，导电性较好，大量用于电气工业，在铝中加入少量其他合金元素，其机械性能可以大大改善。铝合金密度小、强度高，是轻型结构材料。

硬铝制品的强度和钢相近，而质量仅为钢的1/4左右，因此，在飞机、汽车等制造方面获得了广泛的应用。但硬铝的耐腐蚀性较差，在海水中易发生晶间腐蚀，不宜用于造船工业。

②铝锂合金。若把锂掺入铝中，就可产生铝锂合金。由于锂的密度比铝还低（$0.535\ g \cdot cm^{-3}$），如果加入1%锂，可使合金密度下降3%，这种铝锂合金比一般铝合金强度提高20% ~ 24%，刚度提高19% ~ 30%，相对密度降低到2.5 ~ 2.6。用它制造飞机，可使飞机质量减轻15% ~ 20%，并能降低能耗和提高飞机性能。

③钛合金。1970年美国制造的一架超音速飞机，速度高达$3\ 200\ km \cdot h^{-1}$，成为轰动一时的新闻。这架飞机大量使用了钛合金作为结构材料。目前，钛合金在飞机结构材料中已占有较大的比重，故有“航空金属”之称。

钛合金比铝合金密度大，但强度高，几乎是铝合金的5倍。经热处理，它的强度可与高强度钢媲美，但密度仅为钢的57%。如用钛合金制造汽车车身，其重量仅为钢车身的一半。含13%钒、11%铬、4%铝的钛合金的强度是一般结构钢的4倍。因此，钛合金是优良的飞机结构材料。

钛和钛合金的抗腐蚀性很好。高级合金钢在$HCl\text{–}HNO_3$中一年剥蚀10 mm，而钛仅被剥蚀0.5 mm。钢在310 ℃便失去特性，而钛合金的工作温度范围可宽达-200 ~ 500 ℃，在250 ℃下仍保持着较高的冲击韧性。如赛车的速度超过音速时，车身后部的温度可超过300 ℃，此时铝合金材料的强度就会下降，而钛合金材料能在450 ℃下长期使用。首辆超音速赛车的后部车身就是用钛板加工的，速度可达$1\ 260\ km \cdot h^{-1}$。

被称作“第三金属”的钛及其合金由于其质轻、高强、抗蚀、耐气候变化等性质而成为十分有发展前途的新型轻金属材料。

(2)记忆合金

记忆合金是20世纪60年代初出现的一种新型金属材料,它具有“记忆”自己形状的本领,在航天工业、医学和人类生活中具有十分广泛的发展前景。如果某种合金在一定外力作用下使其几何形态(形状和体积)发生改变,而当加热到某一温度时,它又能够完全恢复到变形前的几何形态,这种现象称为形状记忆效应。具有形状记忆效应的合金叫形状记忆合金,简称记忆合金。

记忆合金的这种在某一种温度下能发生形状变化的特性,是由于这类合金存在着一对可逆转变的晶体结构的缘故。例如,含Ti、Ni各50%的记忆合金,有菱形和立方结构,低于这一转变温度时,则向相反方向转变。晶体结构类型的改变导致了材料形状的改变。

用记忆合金制成的因温度变化而胀缩的弹簧,可用于暖房、玻璃房顶窗户的启闭:气温高时,弹簧伸长,气窗打开,使之通风;气温低时,弹簧收缩,气窗关闭。

(3)贮氢合金

氢是21世纪要开发的新能源之一。氢若作为常规能源必须解决氢气的输送问题。传统上氢采用气态或液态贮存,前者在高压下把氢气压入钢瓶,后者在-253 ℃低温下将氢气液化,然后灌入钢瓶,但运送笨重的钢瓶很不方便。

贮氢合金是利用金属或合金与氢形成氢化物而把氢贮存起来。金属结构中存在许多四面体和八面体空隙,可以容纳半径较小的氢原子。在贮氢合金中,一个金属原子能与2个、3个甚至更多的氢原子结合,生成金属氢化物。但不是每一种贮氢合金都能作为贮氢材料,具有实用价值的贮氢材料要求贮氢量大。金属氢化物既容易形成,稍稍加热又容易分解,室温下吸、放氢的速度快,使用寿命长且成本低。

随着石油资源逐渐枯竭,氢能源终将代替汽油、柴油,并一劳永逸消除燃烧汽油、柴油产生的污染。贮氢合金的用途不限于氢的贮存和运输,它在氢的回收、分离、净化及氢的同位素的吸收和分离等其他方面也有具体的应用。

五、无机非金属材料

1. 玻璃

玻璃是一种透明的非晶体物质,它没有固定的熔点。制造普通玻璃的主要原料是纯碱、石灰石和硅石。把原料按比例混合破碎,加热熔炼就制成玻璃。用不同原料,可以制得具有各种不同性能、不同用途的玻璃。表6-4列出了几种玻璃的主要成分、特征及用途。

表6-4 几种玻璃的主要成分、特征及用途

种类	主要成分	特征	用途
钠玻璃	Na_2O、CaO、SiO_2	熔点低	窗玻璃、玻璃瓶等日常用品
化学玻璃	K_2O、CaO、SiO_2、B_2O_3	抗酸碱腐蚀	化学仪器
铅玻璃	K_2O、PbO、SiO_2	折光性强	光学仪器
真空管玻璃	K_2O、PbO、B_2O_3、SiO_2 及微量 TiO_2、As_2O_3	在高温下保持较大电阻	真空管

在熔制玻璃时,加入金属氧化物或盐类,可制成各种颜色的玻璃。例如,加入 Co_2O_3 呈蓝色;加入 MnO_2 呈紫色;加入 SnO_2 和 CaF_2 呈乳白色。普通玻璃常带浅绿色,这是原料中混有二价铁化合物的缘故。

2. 水泥

通常的水泥为硅酸盐水泥,是由黏土和石灰调匀,放入旋转窑中,于1 500 °C以上温度煅烧成熔炉块,再混入少量石膏,磨粉后制成的。当水泥与适量水调和时,先有可塑性,然后硬度和强度加强,最后变成坚固的固体,这一过程称为硬化。在硬化过程中,水泥与水主要形成多种化合物:氢氧化钙、含水的铝酸钙、硅酸钙和铁酸钙。

除硅酸盐水泥外,还有适应各种不同用途的水泥,如高铝水泥和耐酸水泥。

3. 陶瓷材料

陶瓷材料可分为传统陶瓷材料和精细陶瓷材料,前者主要成分是各种氧化物,后者的成分除了氧化物外,还有氮化物、硅化物和硼化物等。传统陶瓷是将层状结构的硅酸盐(黏土)与适量水做成一定形状的坯体,经低温干燥,高温烧结,低温处理和冷却,最终生成以 $3Al_2O_3 \cdot 2SiO_2$ 为主要成分的坚硬固体。而新型陶瓷则是采用人工合成的高纯度无机化合物为原料,在严格控制条件下成型、烧结或做其他处理而制成具有微细结晶组织的无机材料。精细陶瓷也称新型陶瓷,可分为结构陶瓷和功能陶瓷两类。结构陶瓷具有高硬度、高强度、耐磨、耐腐蚀、耐高温和润滑性好等特点,用作机械结构零部件;功能陶瓷具有声、光、电、磁、热特性及化学、生物功能等特点。

(1)结构陶瓷材料

目前已经使用的结构陶瓷材料共有如下四种。

①氧化铝陶瓷。氧化铝(俗称刚玉)最稳定晶型是 α-Al_2O_3。经烧结,致密的氧

化铝陶瓷具有硬度大、耐高温(1 980 ℃)、耐骤冷急热、耐氧化、机械强度高、绝缘性高等优点,是使用最早的结构陶瓷,用作机械零部件、工具、刃具、喷砂用的喷嘴、火箭用导流罩及化工泵用密封环等。若加少量MgO、Y_2O_3,经特殊烧结可成微晶氧化铝陶瓷。这种陶瓷透光性强,可用作高压钠灯管等透明部件。氧化铝陶瓷的缺点是脆性大。

②氮化硅陶瓷。氮化硅硬度为9,是最坚硬的材料之一。它的导热性好而且膨胀系数小,可经低温、高温、急冷、急热反复多次而不开裂。因此,可用作高温轴承、炼钢用铁水流量计、输送铝液的电磁泵管道等。用它制作的燃气轮机,效率可提高30%,并可减轻自重,已用于发电站、无人驾驶飞机等;用它制成的切削刀具可加工淬火钢、冷硬铸铁等。

③氧化锆陶瓷。以ZrO_2为主体的增韧陶瓷具有很高的强度和韧度,能抗铁锤的敲击,可达高度韧度合金钢的水平,故有人称之为陶瓷钢。如在ZrO_2中加入CaO、Y_2O_3、MgO或CeO_2等氧化物则可制得十分重要的耐火材料。

④碳化硅陶瓷。SiC(俗称金刚砂)熔点高(2 450 ℃)、硬度大(9.2),是重要的工业磨料。SiC具有优良的热稳定性和化学稳定性,热膨胀系数小,耐高温性能是陶瓷中最好的。因此最适合用于高温、耐磨和耐蚀环境。现已用作火箭喷嘴、燃气轮机的叶片、轴承、热电偶保护管、各种泵的密封圈、高温热交换器材和耐蚀耐磨的零件等。

(2)功能陶瓷材料

功能陶瓷材料是以特定的性能或通过各种物理因素(如光、电、磁)作用而显示出独特功能的材料,它可制成各种功能元件。也有些功能陶瓷对于声、光、热及各种气氛显示出优良的敏感特性,即每当外界条件变化时都会引起这类陶瓷本身某些性质的改变。测量这些性质的变化,就可"感知"外界变化,这类材料被称为敏感材料。目前已制成了温度传感材料、湿度传感材料;压力和振动传感材料等一些精细陶瓷的应用实例见表6-5。

表6-5　某些精细陶瓷的应用实例

材料	特性	应用领域	用途	代表物质
电子材料	压电性	点火元件、压电滤波器、表面波器件、压电变压器、压电振动器	引燃器、钟表、超声波、手术刀	$Pb(Zr,Ti)O_3$、$LiNbO_3$、水晶
	半导体	热敏电阻、非线性半导体、气体吸附半导体	温度计、加热器、太阳电池、气体传感器	Fe-Co-Mn-Si-O $BaTiO_3$ $CdS-Cu_2S$

续 表

材料	特性	应用领域	用途	代表物质
	导电性	超导体、快离子导体	导电材料、固体电解质	$YBa_2Cu_3O_{7-x}$、Na-β-Al_2O_3、α-AgI
	绝缘体	绝缘体	集成电路衬底	Al_2O_3、$MgAl_2O_4$
磁性材料	磁性	硬质磁性体	铁氧体磁体	$(Ba,Sr)O\cdot 6Fe_2O_3$
		软质磁性体	存储元件	$(Zn,M)Fe_3O_4$ (M=Mo,Co,Ni,Mg等)
超硬材料	耐磨损性	—	轴承	Al_2O_3、B_4C
	切削性	—	车刀	Al_2O_3、Si_3N_4
光学材料	荧光性	激光二极管、发光二极管	全息摄影光通讯、计量测试	GaP、GaAs、GaAsP
	透光性	透明导电体	透明电极	SnO_2，In_2O_3
	透光偏光性	透光压电体	压电瓷器件	$(Pb,La)(Zr,Ti)O_3$
	导光性	—	通讯光缆	玻璃纤维

①智能陶瓷。目前结构陶瓷和功能陶瓷正向着更高阶段，即智能陶瓷的方向发展。所谓智能陶瓷是指有很多特殊的功能，能像有生命物质（譬如人的五官）那样感知客观世界，也能能动地对外做功、发射声波、辐射电磁波和热能、促进化学反应和改变颜色。

目前智能陶瓷已有广泛应用。如智能医疗系统已能自动调节血液成分和心脏起搏；智能机翼可根据气流强度和飞机运行速度自动改变机翼形状，以利于飞机平稳和节约燃料；智能厕所可根据尿素含量自动发出警告；智能房间可自动改变窗户的颜色以适应气候的变化，调节室内的光线和温度，改善工作人员的活动环境；等等。

②生物陶瓷。人体器官和组织由于种种原因需要修复或再造时，选用的材料要求生物相容性好，对肌肤无免疫排异反应；血液相容性好，无溶血、凝血反应；不会引起代谢作用异常现象；对人体无毒，不会致癌。目前已发展起来的生物合金、生物高分子和生物陶瓷基本上能满足这些要求。人类利用这些材料制造了许多人工器官，在临床上得到了广泛的应用。但是这类人工器官一旦植入体内，要经受体内复杂的生理环境的长期考验。例如，不锈钢在常温下是非常稳定的材料，但把它做成人工关节植入体内，三五年后便会出现腐蚀斑，并且还会有微量金属离子析出，这是生物合金的缺点。有机高分子材料做成的人工器官易老化，相比之下，生物陶

瓷是惰性材料，耐腐蚀，更适合植入体内。

氧化铝陶瓷做成的假牙与天然牙齿十分接近，它还可以做成人工关节用于很多部位，如膝关节、肘关节、肩关节、指关节、腕关节、髋关节等。ZrO_2陶瓷的强度、断裂韧性和耐磨性比氧化铝陶瓷好，也可以用以制牙根、骨和股关节等。羟基磷灰石[$Ca_{10}(PO_4)_6(OH)_2$]是骨的组织的主要成分，人工合成的骨的生物相容性非常好，可用于颌骨、耳听骨修复和人工牙种植等。目前发现用熔融法制得的生物玻璃，如$CaO-Na_2O-SiO_2-P_2O_5$，具有与骨骼键合的能力。生物玻璃在和骨结合时，先植入体表面形成富硅凝胶，然后转化成磷灰石晶体，这时在结合面形成有机和无机的复合层，保持很高的结合强度。

③透明陶瓷。一般陶瓷是不透明的，但光学陶瓷像玻璃一样透明，故称透明陶瓷。一般陶瓷不透明的原因是其内部存在有杂质和气孔，能吸收光，光学陶瓷令光产生散射，所以就不透明了。因此，如果选用高纯原料，并通过工艺手段排除气孔就可能获得透明陶瓷。早期就是采用这样的办法得到透明的氧化铝陶瓷，后来陆续研究出如烧结白刚玉、氧化镁、氧化铍、氧化钇、氧化钇-二氧化锆等多种氧化物系列透明陶瓷，近期又研制出非氧化物透明陶瓷，如砷化镓、硫化锌、硒化锌、氟化镁、氟化钙等。

这些透明陶瓷不仅有优异的光学性能，而且耐高温，一般它们的熔点都在2 000 ℃以上。如氧化钍-氧化钇透明陶瓷的熔点高达3 100 ℃，比普通硼酸盐玻璃高1 500 ℃。透明陶瓷的重要用途是制造高压钠灯，它的发光效率比高压汞灯提高一倍，使用寿命达可2万小时，是使用寿命最长的高效电光源。高压钠灯的工作温度高达1 200 ℃，且压力大、腐蚀性强，选用氧化铝透明陶瓷为材料成功制造出了高压钠灯。透明陶瓷的透明度、强度、硬度都高于普通玻璃，它们耐磨损、耐划伤，用透明陶瓷可制造防弹汽车、坦克的观察窗，轰炸机的轰炸瞄准器和高级防护眼镜等。

④纳米陶瓷。从陶瓷材料发展的历史来看，经历了三次飞跃：由陶瓷进入瓷器是第一次飞跃。由传统陶瓷发展到精细陶瓷是第二次飞跃，在此期间，不论是原材料，还是制备工艺、产品性能和应用都有长足的进展和提高，然而陶瓷材料的致命弱点——脆性问题——没有得到根本解决。精细陶瓷粉体的颗粒较大，属微米级（10^{-6} m），有人用新的制备方法把陶瓷粉体的颗粒加工到纳米级（10^{-9} m），用这种所谓的超细微粉体粒子来制造陶瓷材料，得到新一代纳米陶瓷，这是陶瓷材料的第三次飞跃。纳米陶瓷具有延性，有的出现超塑性。如室温下合成的TiO_2陶瓷，可以弯曲，其塑性变形高达100%，韧性极好，因此，人们寄希望于发展纳米技术去解决陶瓷材料的脆性问题。纳米陶瓷被称为21世纪陶瓷。

六、高分子合成材料

高分子合成材料具有很多优异的性能，如质轻、比强度大、耐腐蚀性能好、电绝缘性能好、易加工等。高分子合成材料的使用大大减少了天然材料如木材、天然橡胶、棉花、皮革等的用量。高分子合成材料已经渗入生产、科研等经济技术领域和人们日常生活的各个方面。在建材、化工、通讯、运输、农业、轻纺、医药以及国防、宇航、计算技术尖端科学领域，都广泛使用了高分子合成材料，它的重要性与日俱增，使用量也日益增大。1976年，高分子合成材料的世界产量按体积计算已超过金属材料的世界产量。2000年，按质量计算也赶上了金属材料。下面简单介绍三类主要的高分子合成材料：塑料、合成纤维和合成橡胶。

1. 塑料

塑料是在一定的温度和压力下可塑制成型的高分子材料。高分子合成材料具有热塑性和热固性，因而塑料可分为热塑性塑料和热固性塑料。热塑性塑料大都是线型高分子，热固性塑料为体型高分子。

若将塑料按性能和用途来分类，可分为通用塑料、工程塑料、特种塑料和增强塑料。

通用塑料产量大、用途广、价格低，其中聚乙烯、聚氯乙烯、聚丙烯和聚苯乙烯约占全部塑料产量的80%，尤以聚乙烯的产量最大。

(1)聚乙烯塑料。乙烯单体在不同反应条件下发生加成聚合反应可得到不同性能的聚乙烯。若选择0.2～1.5 MPa低压聚合，用齐格勒-纳塔(Ziegler-Natta)催化剂，得到的产品为低压聚乙烯。低压聚乙烯是线型高分子，排列比较规整、紧密，易于结晶，因此，结晶度、强度、刚性、熔点都比较高，适合做强度、硬度要求较高的塑料制品，如桶、瓶、管、棒等。若在150 MPa高压下用自由基引发加成聚合反应，得到的是高压聚乙烯，它是支链化程度较高的合成高分子，使分子排列的规整性和紧密程度受到影响，因此，结晶度、密度降低，所以高压聚乙烯又称为低密度聚乙烯。低密度聚乙烯性软，熔点也低，适合做食品包装袋、奶瓶等软塑料制品。

(2)工程塑料。工程塑料是可作为工程材料和代替金属用的塑料，要求有优良的机械性能、耐热性和尺寸稳定性，主要有聚甲醛、聚酰胺、聚碳酸酯、ABS塑料(丙烯腈、丁二烯、苯乙烯三种单体的三元共聚物)等。如聚甲醛的力学、机械性能与铜、锌相似，用它做汽车上的轴承，使用寿命比金属长一倍，它还可做其他零件。又如聚碳酸酯，它不但可代替某些金属，还可代替玻璃、木材和合金等，做各种仪器的外壳、自行车车架、飞机的挡风玻璃和高级家具等。

(3)特种塑料。特种塑料是指在高温、高腐蚀或高辐射等特殊条件下使用的塑料，它们主要用在尖端技术设备上。例如，聚四氟乙烯具有优异的绝缘性能，抗腐蚀性特别好，能耐高温和低温，可在-200 ~ 250 ℃范围内长期使用，在宇航、冷冻、化工、电器、医疗器械等工业生产中都有广泛的应用。

2. 合成纤维

纤维分为天然纤维和化学纤维两大类。棉、麻、丝、毛属于天然纤维。化学纤维又可分为人造纤维和合成纤维。人造纤维是以天然高分子纤维素或蛋白质为原料，经过化学改性而制成的，如粘胶纤维（人造棉）、醋酸纤维（人造丝）、再生蛋白质纤维等。

合成纤维是由合成高分子为原料，通过拉丝工艺获得的纤维。合成纤维的品种很多，最重要的品种是聚酯（涤纶）、聚酰胺（尼龙、锦纶）、聚丙烯腈（腈纶），它们占世界合成纤维总产量的90%以上。此外还有聚乙烯醇缩甲醛（维纶）、聚丙烯（丙纶）、聚氯乙烯（氯纶）等，见表6-6。

表6-6　一些合成纤维的性能

名称	化学组成	相对密度	耐晒性	耐酸性	耐碱性	耐蛀性	耐霉性
涤纶	聚对苯二甲酸二乙酯	1.38	优	优	优	优	优
尼龙	聚酰胺	1.14	差	良	优	优	优
腈纶	聚丙烯腈	1.14 ~ 1.17	优	优	优	优	优
维纶	聚乙烯醇	1.26 ~ 1.3	良	良	优	良	良
氯纶	聚氯乙烯	1.39	良	优	优	优	优
丙纶	聚丙烯	0.91	差	优	优	优	优

(1)聚酯纤维。商品名涤纶，又叫的确良。主要用于织衣料，也可做运输带、轮胎帘子布、过滤布、缆绳、渔网等。涤纶织物牢固、易洗、易干，做成的衣服外形挺括，抗皱性好。

(2)聚酰胺纤维。商品名尼龙，也叫锦纶。最常见的是尼龙-6和尼龙-66。尼龙主要用于制作渔网、降落伞、宇航飞行服、丝袜及针织内衣等。尼龙织物的特点是强度大、弹性好、耐磨性好。

3. 合成橡胶

橡胶分天然橡胶和合成橡胶。天然橡胶来自热带和亚热带。

通过对天然橡胶的化学成分进行分析，发现它的基本组成是异戊二烯。于是启发人们用异二戊烯作为单体进行聚合反应得到合成橡胶，称为异戊橡胶。异戊橡胶的结构与性能基本上与天然橡胶相同。由于当时异戊二烯只能从松节油中获得，原料来源受到限制，而丁二烯则来源丰富，因此，人们以丁二烯为原料开发了一系列合成橡胶，如顺丁橡胶、丁苯橡胶、丁腈橡胶和氯丁橡胶等。

随着石油化学工业的发展，从油田气、炼厂气经过高温裂解和分离提纯，可以得到乙烯、丙烯、丁烯、异丁烯、丁烷、戊烯、异戊烯等各种气体，它们是制造合成橡胶的好原料。

世界橡胶产量中，天然橡胶仅占15%左右，其余都是合成橡胶。合成橡胶品种很多，性能各异，在许多场合可以代替甚至超过天然橡胶。合成橡胶可分为通用橡胶和特种橡胶。通用橡胶用量很大，例如丁苯橡胶占合成橡胶产量的60%；其次是顺丁橡胶，占15%；此外还有异戊橡胶、氯丁橡胶、丁钠橡胶、乙丙橡胶、丁基橡胶等，它们都属于通用橡胶，见表6-7。

表6-7　一些合成橡胶的特点和用途

名称	特点和用途
天然橡胶	弹性好，做轮胎、胶管、胶鞋、胶粘剂等
顺丁橡胶	弹性很好，耐磨，做飞机轮胎等
丁苯橡胶	耐磨，价格低，产量大，做外胎、地板、鞋等
氯丁橡胶	耐油，不燃，耐老化，可制耐油制品、运输带、胶粘剂等
丁腈橡胶	耐油，耐酸碱，做油封垫圈、胶管、印刷棍等

特种橡胶是在特殊条件下使用的橡胶，它们有特殊的性质，如耐高温、耐低温、耐油、耐化学腐蚀和具有高弹性等。硅橡胶是以硅氧原子取代主链中的碳原子形成的一种特殊橡胶，它柔软、光滑，适宜做医用制品，能耐高温，可承受高温消毒而不变形。若将氟原子引入硅橡胶中，则可制得氟硅橡胶，它是一种高弹性材料。

七、新型高分子材料

在合成高分子的主链或支链上接上带有某种功能的官能团，使高分子具有特殊的功能，满足光、电、磁、化学、生物、医学等方面的功能要求，这类高分子统称为功能高分子。功能高分子材料发展已有20多年历史，它可以制作各种质轻柔顺的纤维或薄膜，在许多领域中得到了成功的应用，它将成为分子材料中很有发展前途的一个分支。已知的功能高分子的品种和分类如下：

（1）导电高分子。高分子具有绝缘性，这是由它的结构所决定的。20世纪70年代人们合成了聚乙炔，发现它有导电性能。若将碘掺杂到聚乙炔中，导电率会大幅度提高。之后，人们又发现了聚吡咯、聚噻唑、聚噻吩、聚苯硫醚等都具有导电性，导电高分子材料引起人们的重视。用导电塑料做成的塑料电池已进入市场，硬币大小的电池，一个电极是金属锂，另一个电极是聚苯胺导电塑料，电池可多次重复充电使用，工作寿命长。

（2）医用高分子。高分子材料在医学上的应用已有40多年历史。由于某些合成高分子与人体器官组织的天然高分子有着极其相似的化学结构和物理性能，因此，用高分子材料做成的人工器官具有很好的生物相容性，不会让人体产生排斥和其他作用。

（3）可降解高分子。塑料制品已进入千家万户，垃圾中废弃的塑料也越来越多。由于这类合成高分子非常稳定，耐酸耐碱，不蛀不霉，把它们埋入地下，即使百年也不会腐烂。因此，废弃的塑料已经成为严重的公害，人们大声疾呼要消除“白色污染”。如果包装食品的塑料袋和泡沫塑料饭盒用可降解高分子材料来做，那废弃的塑料将在一定的条件下自行分解。

合成高分子的主链结合得十分牢固，要使其降解必须设法破坏、削弱主链的结合。目前已提出生物降解、化学降解和光照降解三种方法，并合成了生物降解塑料、化学降解塑料和光照降解塑料，这类可降解高分子将在解决环境污染方面起到重要的作用。

（4）高吸水性高分子。号称“尿不湿”的纸尿片已进入市场，婴儿用上它整夜不必换尿片。这种用高吸水性高分子做成的纸尿片，即使吸入1 000 mL水，依然滴水不漏，干爽通气。有的高吸水性高分子可吸收超过自重几倍甚至上千倍的水，体积虽然膨胀，但加压却挤不出水来。高吸水性高分子是一种很好的保鲜包装材料，也适宜做人造皮肤的材料。有人建议利用高吸水性高分子来防止土地沙漠化。

八、复合材料

把合成高分子材料与金属材料和无机非金属材料通过复合工艺组成的新材料称为复合材料。它能改善或克服各种单一材料的缺点，如克服金属材料易腐蚀，合成高分子材料易老化、不耐高温，陶瓷材料易碎裂等缺点，成为一种性能更优异的新型材料。例如，由玻璃纤维与聚酯类树脂复合而成的材料称为玻璃钢，它具有强度高、质量轻、耐腐蚀、抗冲击、绝缘性好等优点，广泛用于飞机、汽车、船舶、建筑和家具等行业。又如碳纤维与环氧树脂或聚酰亚胺等热固性树脂复合而成的碳纤维复合材料，具有强度高、耐高温低温的特点，可用于制造航天飞行器外壳或作为火箭喷管的耐腐材料，也可作为新一代运动器材的材料，如制网球拍、高尔夫球球杆、滑雪杖、撑杆、弓箭等。

第三节　化学与能源

能源是指可以提供能量的自然资源，是国民经济发展和人类生活所必需的重要物质基础。目前，能源、材料、信息被称为现代社会繁荣和发展的三大支柱，已成为人类文明进步的先决条件。每一种新能源的发现和利用，都把人类支配自然的能力提高到一个新的水平；能源科学技术的每一次重大突破，都引起一场生产技术的革命。

化学在能源开发和利用方面扮演着重要角色，无论是煤的充分燃烧和洁净技术，还是核反应的控制利用，无论是新型绿色化学电源的研制，还是生物能源的开发，都离不开化学这一基础学科的参与。可以说，能源科学发展的每一个重要环节都与化学息息相关。

一、全球能源结构和发展趋势

煤炭、天然气、地热、水能等是自然界现成存在的，不必改变其基本形态就可直接利用的能源，常被称为一次能源。二次能源则是由一次能源经过加工或转化成另一种形态的能源产品，如电力、焦炭、汽油、柴油、煤气等。通常人们把目前技术上比较成熟并已大规模生产和广泛利用的能源称为常规能源，如煤炭、天然气、核裂变燃料、水能等。其中煤炭、石油、天然气等矿产，由于是古代生物遗骸经埋藏地下多年转化而成的可燃矿物，因此也称为矿物能源。与常规能源相对应，把以新技术为基础，刚开始利用或正在开发研究的能源称为新能源，如太阳能、核聚变能、风能、氢能、生物能等。

有些能源是不会随本身的能量转换或者人类的利用而日益减少的能源，它们具有天然的自我恢复能力，如水能、太阳能、风能、生物质能等，因此又被称为可再生能源；而非再生能源正好相反，它们越用越少，不能再生，如矿物燃料、核裂（聚）变燃料等。另外，从能源消费后是否造成环境污染的角度出发，能源又可分为污染型能源(如煤矿炭、石油等)和清洁型能源(如水能、氢能、太阳能等)。

1. 地球上可供利用的能源

从历史上看,世界能源结构经历了三次大的转变。18世纪60年代,英国的产业革命促使全世界的能源结构发生了第一次大的转变,这是因为蒸汽机的推广、冶金工业的蓬勃兴起以及铁路和航运的发达,无一不需要大量的煤炭。以1920年为例,煤炭在当时的世界商品能源构成中占到87%。第二次世界大战以后,世界能源结构发生了第二次大的转变,几乎所有工业化国家都转向石油和天然气。一方面,同煤炭相比,石油和天然气热值高,加工、转化、运输、储存和使用方便,效率高,而且是理想的化工原料;另一方面,迅速提高的社会和政府部门的环境保护意识也推动了这一转变。1950年,世界石油能源消费已近5亿吨。能源结构从单一的煤炭转向石油和天然气,标志着能源结构的进步,对社会经济的发展起到了重要作用。在20世纪五六十年代,许多国家正是依靠充足的石油供应,实现了经济的高速增长。

以矿物燃料为主体的能源系统对全球环境污染严重,说明原有的能源体系不可能长久地维持下去。目前,在世界一次能源结构中,石油占39.9%,天然气占23.6%,煤炭占26.2%,水电和核电占10.1%。从近几年的发展趋势看,煤炭的比例在不断下降,而石油、天然气、水电和核电都将有不同程度的增长。按现在的统计数据来推算,如果煤炭和石油的消费量按平均每年3%的速度递增,那么可以预计再过100多年它们就将消耗殆尽。因此,20世纪末,世界能源开始了第三次大转变,即从石油、天然气为主的能源系统转向以核能、风能、太阳能等可再生能源为基础的可持续发展的能源系统。

2. 中国能源消费现状及特点

在能源消费总量中,煤占70% ~ 80%,因此煤是我国的主要能源。近年来,煤所占的比重有所下降,天然气的比重保持在2%左右。目前我国正在实施的"西气东输",加快了对天然气的开发利用,天然气在能源构成中的比例将逐年增加。另外,以三峡大坝为代表的诸多水电、以秦山核电站二期工程为代表的核电等,也将使我国的这类无污染能源在能源结构中有较大的增长。

总的来看,我国能源有以下特点:

(1)资源总量丰富,但人均不足。我国是世界第三大能源生产国和第二大能源消费国,但人均占有量远低于世界水平。

(2)能源消费结构不合理。电能消费比例低,非商品生物能源消费比例高,一次性商品能源消费中原煤消费比例高。

(3)能源消费系数高,效率低。主要表现为生产耗能高。我国主要耗能产品的单位产品能耗比国际先进水平高30%以上。能源系统的总效率低下，还不到发达国家的1/2。从单位GDP能源消费看，我国的能源效率也处于较低的水平。

(4)环境形势严峻。我国一次能源以煤为主，严重污染环境。

(5)我国地域广阔，蕴藏着丰富的可再生资源，而这有利于多元化能源的开发利用。

我国能源的现状和特点由国内生产力水平决定，国情决定了我国能源产业结构的发展战略是：以煤炭为基础，以电力为中心，积极开发石油、天然气，适当发展核电，因地制宜开发新能源和可再生能源，走优质、高效、低耗的能源可持续发展之路。

二、化学在能源开发利用方面的贡献

1. 化学在煤、石油和天然气开发利用方面的贡献

煤、石油和天然气作为主要的常规能源，为人类文明做出了重要贡献。在这三大能源的开发利用方面，化学发挥了十分重要的作用。无论是煤的高效、洁净燃烧技术还是天然气的化学转化技术，都与化学密切相关。石油化工从炼油开始到每一种分子量较小的烃类化合物(如汽油、煤油、柴油、乙烯、丙烯等)的生产均离不开催化技术，化学家研制的催化剂已成为石油化工的核心技术。

(1)煤的高效、清洁燃烧及化学转化

煤由可燃质、灰分及水分组成，其可燃质中的主要化学元素为碳、氢、氧、氮、硫；灰分的成分为各种矿物质，如SiO_2、Al_2O_3、Fe_2O_3、CaO、MgO、K_2O、Na_2O等。

直接利用煤作燃料，当煤燃烧时，其中的S、N分别变成了SO_2和NO_x，当大量的废气排放到大气中，就会造成酸雨，从而严重污染环境。因此，如何实现粉煤的高效、清洁燃烧是一个非常重要而实际的课题。为了尽可能减少燃煤所产生的二氧化硫，常常需进行必要的预处理，如在粉煤中加入石灰石作脱硫剂，当煤在锅炉中燃烧时，其产生的热量会使石灰石分解成氧化钙，氧化钙则易于和二氧化硫反应生成比较稳定的硫酸钙，从而达到脱硫的目的。我国非常重视煤炭洁净技术的开发利用，限制直接燃烧原料煤，在烟气脱硫、循环流化床锅炉、低NO_x燃烧技术和火电厂粉煤灰综合利用等方面都取得了较大成绩。

除了直接燃烧以外，还可以通过化学转化使烟煤转化为洁净的燃料，使煤分解生成固态的焦炭、液态的煤焦油和气态的焦炉气。随着加热温度的不同，产品的数量和质量都不同，有低温(500 ~ 600 ℃)、中温(750 ~ 800 ℃)和高温(1 000 ~

1 100 ℃)干馏之分。中温湿法的主要产品是城市煤气。煤经过焦化加工,可使其中各种成分都能得到有效利用,而且用煤气燃料要比直接燃烧煤干净得多。

液化煤炭也叫人造石油,是将煤加热裂解,使大分子变小,然后在催化剂的作用下加氢(450 ~ 480 ℃,12 MPa ~ 30 MPa),从而得到多种燃料油。除了这种直接液化,还可以进行间接液化,即把煤气化得到的CO和H_2等气体小分子,在一定温度、压力和金属催化剂的作用下合成各种烷烃、烯烃和含氧化合物。

让煤在氧气不足的情况下进行部分氧化,可使煤中的有机物转化为可燃气体,再经管道输送到车间、实验室、厨房等,也可以作为原料气体送进反应塔,这就是煤的气化。例如,将空气通过装有灼热焦炭(将煤隔绝空气加热而成)的塔柱,则焦炭氧化放出的大量热可使焦炭温度上升到1 500 ℃左右;然后切断空气,将水蒸气通过焦炭,即可生成占总体积86%的CO和H_2,这就是通常所说的水煤气。

如果将纯氧和水蒸气在加压下通过灼热的煤,可使煤中的苯酚等挥发出来,并生成一种气体燃料混合物,约含40% H_2、15% CO、15% CH_4、30% CO_2,称之为合成气。此法不但可直接用煤而不用焦炭,且可进行连续生产,合成气可作天然气的代用品,其完全燃烧所产生的热量约为甲烷的三分之一。

(2)石油开发利用中的催化技术

石油是埋藏在地下深处的棕黑色黏稠液体混合物,未经处理的石油叫原油。原油必须经过处理后才能使用,处理的方法主要有分馏、裂化、重整、精制等。涉及原油处理的工业称为石油化工工业。

在石油化工中,通常采用化学中的分馏技术对沸点不同的化合物进行分离。在30 ~ 180 ℃沸点范围内收集的C_5 ~ C_6馏分是工业常用溶剂,这个馏分的产品也叫溶剂油;在40℃ ~ 180℃沸点范围内收集的C_6 ~ C_{10}馏分,是需要量很大的汽油馏分,按其中各种烃组成的不同又可分为航空汽油、车用汽油、溶剂汽油等;提高蒸馏温度,依次可以获得煤油(C_{10} ~ C_{16})和柴油(C_{16} ~ C_{20})。在350 ℃以上的各馏分则属固体油部分,碳原子数在18 ~ 40之间,其中有润滑油、凡士林、石蜡、沥青等。

在石油化工中,催化裂解和催化重整是两种经常用到的提炼方法。前者可以使碳原子数较多的碳氢化合物裂解成各种小分子的乙烯、丙烯、丁烯等化工原料,还能获得品质很好的汽油。催化重整则是在一定的温度和压力下,将汽油中的直链烃在催化剂表面进行结构的“重新调整”,使之转化为带支链的烷烃异构体,从而有效地提高汽油的品质;与此同时还可以得到一部分芳香烃,这是在原油中含量很少,只靠从煤焦油中提取,不能满足生产需要的化工原料。

分馏和裂解所得的汽油、煤油、柴油中都有少量含N或含S的杂环有机物,在燃烧过程中会生成NO_x及SO_2等酸性氧化物污染空气。但在一定的温度和压力下，采用催化剂可使H_2和这些杂环有机物发生反应，生成NH_3或H_2S而将其分离出来，从而使留在油品中的只是碳氢化合物。这种提高油品的质量的过程称为加氢精制。显然，在整个炼油过程中，无论是裂解、重整还是加氢精制，都离不开高效的催化剂。催化剂已成为石油化工的核心技术。

(3)天然气的开发利用

天然气的主要成分是甲烷，也有少量的乙烷和丙烷。天然气是一种优质能源，和前面提到的城市煤气相比，它不含有毒的CO，燃烧产物是CO_2和H_2O，燃烧热值很高，为了避免燃煤所产生的严重污染，天然气将成为未来发电的首选燃料，天然气的需求量将不断增加。有专家预测，到2040年，天然气将超过石油和煤炭成为世界"第一能源"，我国的"西气东输"工程就是要将西部储存丰富的天然气通过管道送到东部地区，为东部许多大城市提供源源不断的优质能源。

除了直接作为燃料以外，天然气还可以通过化学转化成为重要的化工原料和其他形式的能源。如何对甲烷进行有效的化学转化，并且要和石油化工产品相竞争，一直是化学家急于攻克的难题。目前，化学家已经提出了几种天然气转化的途径，其中之一是直接化学转化，即可以将甲烷在不同的催化剂作用和不同的反应条件下，直接转化为烯烃、甲醇和二甲醚等；另一种途径就是进行间接转化，即通过水蒸气或二氧化碳催化重整转化为合成气，反应方程式分别为：

$$CH_4 + H_2O \longrightarrow CO + 3H_2$$

$$CH_4 + CO_2 \longrightarrow 2CO + 2H_2$$

然后利用合成气中的CO和H_2再合成其他有用的化工产品，如合成汽油、柴油等烃类化合物。

将CH_4、CO、CO_2、CH_3OH等分子转化为多元碳分子的过程大多涉及催化过程，因此，该过程已成为催化研究的一个重要领域。

2.化学对和平利用核能的贡献

19世纪末20世纪初，从放射性到核裂变等一系列重大的发现，证明了原子核是可以发生变化的。意大利科学家费米(Fermi)在实验中，用中子轰击较重的原子核使之发生了分裂，成为较轻的原子核，这就是核裂变反应。德国科学家迈特纳(Meitner)根据铀核裂变后的质量亏损和爱因斯坦的质能关系式，计算出了1 g铀完全裂变可释放出8×10^7 J的能量，相当于250万吨优质煤完全燃烧或2万吨左右的TNT炸药所放出的能量。这使原子核内蕴藏巨大的能量的秘密被彻底地揭开了，从此人类走向了核能的开发利用之路。今天人类已经掌握了控制核裂变的方法，利用核能发电来造福自身。

现在，核反应堆中是以浓缩的铀-235(^{235}U)为裂变材料。然而，地球上的^{235}U储量十分有限，那么是否有比核裂变提供更多能量的反应呢？人类从太阳那里找到了答案，这就是核聚变反应。它是由两个或多个轻原子合成一个较重原子的过程，也称热核聚变反应。如：

$$^{2}_{1}H + ^{6}_{3}Li = 2^{4}_{2}He$$

$$^{2}_{1}H + ^{2}_{1}H = ^{4}_{2}He$$

据计算，后一反应每克氘($^{2}_{1}H$)聚变可以释放7×10^{8} J的能量。根据海水中的氘储量推算，它们可供人类使用几亿年，如果能将可控聚变反应用于发电，那么人类将不再为能源问题所困扰。

目前世界上投入实际应用的核反应堆都属于热中子反应堆。热中子反应堆的主要缺点是核燃料的利用率很低，在开采、精炼出来的铀中，包含U-234、U-235、U-238三种同位素，其中U-238不能直接用作核裂变燃料，只有U-235才能在热中子堆内裂变，其中约99%都将作为贫铀(其中含U-235约0.2%，其余99%以上都是U-238)积压起来。

现在人们研制了将U-238转变为Pu-239的技术，其核反应是：

$$^{238}_{92}U + ^{1}_{0}n \longrightarrow ^{239}_{94}Pu + 2^{0}_{-1}e$$

Pu-239能进行核裂变反应。也就是说，在反应堆里，每个U-235或Pu-239裂变时放出的中子，除维持裂变反应外，还有少量可以使难裂变的U-238转变为易裂变的Pu-239，这种反应堆称为快中子增殖堆，简称快堆。快堆在消耗裂变燃料以产生核能的同时，还能生成相当于消耗量1.2 ~ 1.6倍的裂变燃料。因此，快堆的最大优点是可以充分利用U-238。在今后几十年中克服了工艺上的困难以及提高经济性之后，快堆会逐渐取代热堆，成为21世纪核能利用的主力堆型。

3. 化学为开发新能源再立新功

研究和开发清洁而又用之不竭的新能源将是21世纪能源发展的首要任务。在此领域化学作为基础的和中心的学科，将会起到十分重要的作用。

(1)生物质能源

生物质能包括植物及加工品和粪肥等，是人类最早利用的能源，植物每年储存的能量相当于全球能源消耗量的几十倍。由于光合作用，各类植物不同程度地含有葡萄糖、油、淀粉和木质素等。生物质能除了可再生和储量大之外，发展生物质能本身就意味着扩大地球的绿化面积，而这样做不仅有利于改善环境，调节气温，还可以减少污染。

利用生物质能的传统方式是直接燃烧法。当生物质燃料时，上述分子储存的能量直接放出，与此同时，二氧化碳又被重新放到大气中，此法对于生物质能的利用效率很低，且污染环境，因此，必须改变传统的用能方式，利用生物质能的转化技术提高能源利用率。目前，利用生物质能源主要有以下几种方式：

①用甘蔗、甜菜和玉米等制取甲醇、乙醇，用作汽车燃料。

②从“石油植物”中提取石油。世界之大，无奇不有，在植物乐园中也存在着石油资源，如巴西的橡胶树、美国的黄鼠草等。这些植物利用光合作用生成的类似石油的物质，经简单加工即可制成汽油和柴油，种植这些植物无异于种植石油。

③利用废木屑、农业废料及城市垃圾制造燃料油。首先，让生物废料如细木屑通过一个反应器——热解装置，变换成初级气化物，通过沸石催化剂，此时约有60%转变成石油，同时还会生成一定量的木炭和CO、CO_2及水蒸气等气体。

④利用人畜粪便、工农业有机废物或海藻等生产沼气。沼气是生物质在厌氧条件下通过微生物分解而生成的一种可燃性气体，其主要组分为甲烷（约占55% ~ 65%）和二氧化碳（约占35% ~ 45%）。沼气是一种高效、廉价、清洁的能源。

（2）氢能源

氢能是一种理想的、极有前途的二次能源。氢能有许多优点：氢的原料是水，资源不受限制；氢燃烧时反应速率快，热值高；燃烧的产物是水，无污染，是最干净的燃料。氢能是最理想的“绿色能源”。这种能源的开发利用有三个关键技术需解决：一是如何制氢，二是如何储氢，三是燃料电池。

目前工业上制取氢的方法主要是水煤气法和电解水法。由于这两种方法都要消耗能量，还是离不开矿物燃料，所以不理想。随着对太阳能开发利用的不断深入，科学家们已开始用阳光分解水来制取氢气。通过光电解水制取氢气的关键技术在于解决催化剂问题，一旦找到了非常有效的催化剂，那么，通过电解水来制取氢气，就将成为日常生活中一件极为平常的事情。

氢气密度小，不利于贮存。若将氢气液化，则需耗费很大能量，且容器需绝热，很不安全，因此，很难在一般的动力设备上推广使用。于是人们设想：如果能像海绵吸水那样将氢吸收起来并长期贮存，等到需要时再将氢释放出来，就可以解决氢的贮存、运输和使用问题了。但要实现这个过程需要有一种特殊功能的材料，即贮氢材料。科学家已经找到了这种材料（见本章第二节的“合金材料”）。目前正在研究的是如何进一步提高这些材料的贮氢性能，使其成为既安全、方便，又经济的贮氢工具。

液态的氢既可以用作汽车、飞机的燃料，也可以用作火箭、导弹的燃料。1976年，美国研制成功了世界上第一辆以氢气为动力的汽车，我国则于1980年成功研制出国内第一辆氢能汽车。美国发射的“阿波罗”宇宙飞船以及我国用来发射人造卫星的“长征”运载火箭，都是用液态氢作燃料的。

三、人类呼唤清洁能源

为了减缓或消除大气污染和温室效应给环境造成的危害，维护国民经济的健康持续发展，人们期待着对“清洁能源”的开发与应用。所谓清洁能源是指那些在使用后不会给环境带来有害废料产物的能源。现在在考虑之中的清洁能源有如下几类。

1. 天然气

天然气的主要成分是甲烷（CH_4），属于低碳燃料。天然气中的杂质含量比较低，杂质也容易脱除，所以人类在还不能开发出非碳燃料之前，利用天然气代替煤炭和石油作为常规燃料，是一种缓解大气污染和温室效应的权宜手段。我国的天然气资源丰富，全国天然气总储量达3.84×10^{13} m^3，所以开发利用天然气资源，改变我国能源结构，大有可为。

2. 太阳能

太阳能是取之不尽、用之不竭的最清洁的可再生能源。在我国日照时间长而少雨的西北地区，包括西藏、甘肃、宁夏等省区，有丰富的太阳能资源，可以建设太阳灶、高温太阳炉、太阳能取暖设施、太阳能电站等。

3. 水力能源

水力能源也属于清洁的可再生能源，我国是世界上水力能源最丰富的国家。据粗略估计，我国的水力能源蕴藏量可达到7×10^8 kW，居世界第一位，其中可开发资源约为4×10^8 kW，主要集中在我国的大西南和大西北地区。目前已开发的资源还不到10%。21世纪，我国西部水力发电能源开发面临大好机遇，长江上游、金沙江、大渡河、黄河、乌江、雅砻江、澜沧江等水电基地已逐步开发，我国的水力能源建设已进入大发展时期。

4. 风力能源——发展最快的能源技术

风力能源技术是当今世界发展最快的技术，目前全球已经开发了7×10^6 kW以上的风能。风力发电的潜力巨大，与其他常规能源或化石能源相比，具有强大的竞争力，全世界现已有多个国家进行了风能开发，包括巴西、中国、丹麦、德国、西班牙、英国和印度等。

我国从20世纪80年代起，就十分重视为边远地区农、牧、渔民提供家用电源，现在大概已有15万台的微型或小型发电机组在运行。我国的内蒙古地区现安装了12万台小型风力发电机，每台功率为100 kW，给人们的电视机、洗衣机和其他现代化家用电器供电。

5. 地热能源——第五大能源

在地球内部，存在着高温相态。一般认为，在陆地上，每向地球深处钻进1 km，地层温度增加25 ℃。地幔温度为400 ~ 500 ℃。地心温度估计在2 000 ~ 10 000 ℃。地球的热能有多种来源，最可能的来源是地下的钾、铀、钍等元素放射性衰变所产生的能量。根据计算，1 g花岗岩中含有的钾、铀、钍元素每秒产生1×10^{-12} J的热量。地球的花岗岩厚度可达10 km以上，可见释放的能量将会有多大！

地球的一些活动过程如火山活动和造山运动，会使地球热能局部富集，达到可供人类开发利用的程度，这便构成了地热资源。“地热资源”包括地热过程的全部产物，如天然热水、蒸汽、卤水等，和由上述过程的副产物——与地热流体相伴生的、具有较高价值的矿物质。

如果在地层下有了岩浆侵入型热源、储热层和盖层三个条件，就会形成地热田。地热田有热水田、温蒸汽地热田、蒸汽田等。目前世界上已开发的都是水热型地热田。我国东半部处于环太平洋带上，西南大部分地区位于欧亚板块境内剧烈碰撞构造带内，有强烈的岩浆、热液、断裂、地壳沉陷拱升、褶皱等地质构造活动。

我国从20世纪70年代中期开始开发地热能源。经过几十年的努力，对各种类型的地热能源进行了系统研究和评价，取得了突破性的进展。初步查明我国地热能源可采含量相当于4 626.5亿吨标准煤，其中新生代盆地可开采地热的面积达6.02×10^5 km^2，可采储量相当于1 871.6亿吨煤。在裂隙地热源中有高温水热系统187个（热储温度高于150 ℃），初步估计发电潜力为674.4 kW。我国已掌握了从低温到高温的地热发电技术。从“六五”到“九五”的三个五年计划期间，我国地热和石油工程专家共完成了15项大型有关开发地热能的科学研究课题。与开发地热资源配套的温室装置、换热器材、耐高温防腐蚀钢材、潜水电泵，以及测试仪器仪表的生产厂家都相继诞生，为地热开发产业化、利用技术系列化奠定了基础。

6. 潮汐能源

利用潮汐能发电也属清洁能源，但利用范围有限，只限于沿海地区。

我国现有8座潮汐电站在运行，总装机容量1.1×10^4 kW。最大的是浙江江夏电站，装机容量3 200 kW。

7. 原子核能

核电是清洁能源之一，没有污染物排放，管理得当，也不会有放射性泄漏。

1991年12月，我国自行设计的第一座秦山核电站并网发电，1994年大亚湾核电站投产运行。继秦山、大亚湾核电站之后，“九五”期间我国又有4个核电项目投入建设，并已陆续建成投产。

8. 氢能源

氢是自然界普遍存在的化学元素，氢气的燃烧热为 $1.2\times10^5\ kJ\cdot kg^{-1}$，是汽油热值的3倍。氢气燃烧生成水，不会造成污染。氢气与氧气的混合物会爆炸，氢气通过燃料电池可以发电。氢气的这些性质，决定了它的用途：

(1)通过地下管网通入千家万户，作为常规气体燃料；

(2)作为内燃机的燃料，代替汽油和柴油；

(3)作为燃料电池，建立大小电站发电。

所以，氢是未来最理想的综合性清洁能源。

第四节　化学与生命

大自然中一切物质都是由化学元素组成的，人体也不例外。各种化学元素在人体中具有不同的功能。人体通过呼吸、饮水和进食进行物质交换和能量交换，达到某种动态平衡。所以，生命过程就是生物体发生的各种物质转化以及能量转化的总结果。在生命过程中，化学元素和营养物质则通过食物链循环转化，再通过微生物分解返回环境。一个活的机体必须有储存和传递信息、繁衍后代、对内调节和对外适应、合理而有效地利用环境的物质与能量等功能。从分子水平看，这些功能正是许多有机生物活性分子之间的有组织的化学反应的表现。在这些反应中，一种反应的产物成了另一种反应的起点。生命是以一套在细胞内外发生的为整体生物所调控的动态化学过程为基础，当这些过程停止时，生命就停止。在研究生物体的物质基础和生命活动基本规律的领域里，化学不仅提供方法和材料，而且在提供理论、观点、技术等方面发挥着重要作用。

一、生命起源于化学

地球上最早的生命是怎样形成的？现在认为地球是由无生命阶段慢慢演化为

有生命阶段的。

1953年,美国化学家米勒(Miller)模拟原始地球上大气成分,用H_2、CH_4、NH_3和水蒸气等,通过加热和火花放电,合成了氨基酸。随后,人们通过模拟地球原始条件的实验又合成了生命体中重要生物高分子,如嘌呤、嘧啶、核糖、脱氧核糖、核苷酸、脂肪酸等。我国在世界上首次人工合成了牛胰岛素(1965年)和酵母丙氨酸转移核糖核酸(1981年)。蛋白质和核酸的形成是从无生命到有生命的转折点。

生命的化学过程包括四个阶段:

(1)从无机小分子物质生成有机小分子物质;

(2)从有机小分子物质形成有机高分子物质;

(3)从有机高分子物质组成多分子体系;

(4)从多分子体系演变成原始生命。

原始生命是最简单的生命形态,它至少要能进行新陈代谢和自我繁殖才能生存和繁衍。生命的进化可以理解为生命与环境长期相互作用的结果,是通过量变到质变而实现的。

地球上的生命经历了一个相当漫长的从低级向高级,从无到有的发展进化过程。地球本身经历了元素的进化(由宇宙中最丰富的元素通过核反应合成新的元素,以构成星体本身)、分子的进化(由原子间的反应生成分子,由分子间的反应生成更复杂的分子)和生物的进化(由最原始的细胞进化为人)。

二、生物体中的化学元素和主要功能

1.生物体中的化学元素

存在于生物体(植物和动物)内的元素大致可分为:

(1)必需元素,也称生命元素,按其在体内的含量不同,又分为常量元素和微量元素;

(2)非必需元素;

(3)有毒(有害)元素。

必需元素是指下列几类元素:

(1)生命过程的某一环节(一个或一组反应)需要该元素的参与,即该元素存在于所有健康的组织中;

(2)生物体具有主动摄入并调节其体内分布和水平的元素;

(3)存在于生物体内生物活性化合物中的有关元素;

(4)缺乏该元素时会引起生理变化，当补充后即能恢复。

细胞作为所有生命机体的基本结构单位，所必需的化学元素分为三类：①生物有机分子中存在的元素，如碳、氢、氧、氮、磷和硫；②所有细胞需要的元素，如氯、钠、钾、镁、钙、锰、铁、钴、铜、锌等；③某种细胞所需要的元素，如氟、硅、钒、铬、镍、硒、钼、锡、碘等。在生物体中，第一类元素占很大比例，它们组成生物体中的蛋白质、糖类、脂肪、核酸等有机物，是生命的基础物质。第二类中的氯、钠、钾、镁、钙等元素在生物体中也有一定比例，它们通常以离子形式在生物体内移动。它们和第一类元素统称为宏量元素或常量元素，在人体中，这些宏量元素的总和占人体总重的99.95%以上。其他元素在生物体中的含量较低，但它们在生物体中的作用也非常重要，往往是生命过程中在生理、生化作用上具有重要功能的酸、激素等物质的关键组分。这些元素在生物体中的含量一般低于0.015%，称为痕量元素或(超)微量元素。

在生物体中除上述必需的生命元素外，还含有20多种元素，如锂、铷、铯、铍、钡、铝、锑、铋、铌等，它们对生物功能的影响尚不清楚。随着科学技术的发展和微量元素测定方法的成熟，还会有生命元素及其作用不断被人们所认识。另外，还有一些对生命体有显著毒害作用的元素，如镉、铅、汞等，称为有害元素或有毒元素。在现代社会，由于工业污染的日趋严重，人体中有害元素含量激增，严重地威胁人类的健康和其他生物体的生存。

2. 生命元素的功能

在生命物质中，除碳、氢、氧和氮参与各种有机化合物外，其他生命元素各具有一定的化学形态和功能，表6-8中归纳了主要生命元素及其功能。

这些元素在生物体内所起到的生理和生化作用，主要有以下几个方面：

(1)结构材料。无机元素中Ca、P构成硬组织，C、H、O、N、S构成有机大分子，如多糖、蛋白质等。

(2)运载作用。人对某些元素和物质的吸收、输送以及它们在体内的传递等物质和能量的代谢过程往往不是简单的扩散或渗透过程，而需要有载体。金属离子或它们所形成的一些配合物在这个过程中担负重要作用。如含有Fe^{2+}的血红蛋白对O_2和CO_2的运载作用等。

(3)组成金属酶或作为酶的激活剂。人体中约有四分之一的酶的活性与金属离子有关。有一些酶必须有金属离子存在时才能被激活以发挥它的催化功能。

(4)调节体液的物理、化学特性。体液主要是由水和溶解于其中的电解质所组成。为保证体内正常的生理、生化活动和功能，需要维持体液中水、电解质平衡和酸碱平衡等，存在于体液中的Na^+、K^+、Cl^-等发挥了重要作用。

表6-8　主要生命元素及其功能

元素	符号	功能
氢	H	水和有机化合物的组成成分
硼	B	植物生长必需
碳	C	有机化合物的组成成分
氮	N	有机化合物的组成成分
氧	O	水和有机化合物的组成成分
氟	F	鼠的生长因子,人骨骼的成长所必需
钠	Na	细胞外的阳离子,Na^+
镁	Mg	酶的激活,叶绿素构成,骨骼的成分
硅	Si	在骨骼、软骨形成的初期所必需
磷	P	含在ATP等之中,为生物合成与能量代谢所必需
硫	S	蛋白质的组分,组成铁硫蛋白
氯	Cl	细胞外的阴离子,Cl^-
钾	K	细胞外的阳离子,K^+
钙	Ca	骨骼、牙齿的主要成分,神经传递和肌肉收缩所必需
钒	V	鼠和绿藻生长因子,促进牙齿的矿化
铬	Cr	促进葡萄糖的利用,与胰岛素的作用机制有关
锰	Mn	酶的激活,光合作用中水光解所必需
铁	Fe	最主要的过渡金属,组成血红蛋白、细胞色素、铁硫蛋白等
钴	Co	红细胞形成所必需的维生素B_{12}的组分
铜	Cu	铜蛋白的组分,铁的吸收和利用
锌	Zn	许多酶的活性中心,胰岛素组分
硒	Se	与肝功能肌肉代谢有关
钼	Mo	黄素氧化酶、醛氧化酶、固氮酶所必需
锡	Sn	鼠发育必需
碘	I	甲状腺素的成分

(5)"信使"作用。生物体需要不断地协调机体内种种生物过程,这就要求有各种传递信息的"信使"。如Ca^{2+}能激活多种酶,起到传递生命信息的"信使"作用。

法国科学家在研究了锰元素对植物生长的影响后指出:植物缺少某种必需的元

素时，就不能存活；当该元素适量时，植物就能茁壮成长；过量时，又是有毒的。这一规律不仅适用于植物，而且也适用于所有的动物和人，被称为最适营养浓度定律。必需微量元素浓度和生物功能的相关性可用图6-1表示。

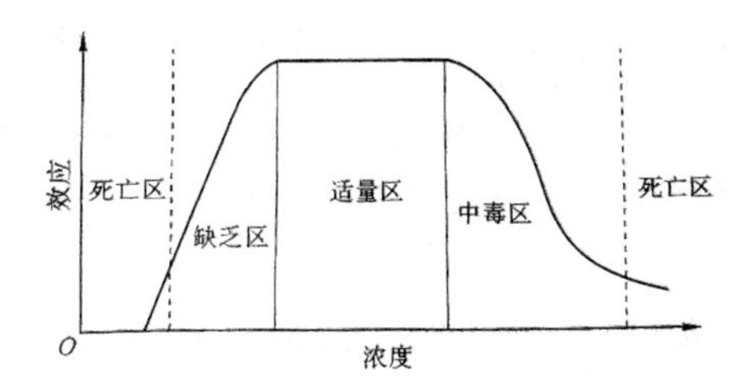

图6-1　必需微量元素浓度和生物功能的相关性

当这种必需元素的浓度为零时，生物体不生长或死亡。浓度低时，生长得不好。随着浓度的增加，其生理效应逐步变好。曲线的中部或高台部分表示这种元素处于适量状态，此时生理效应最佳。当元素的浓度超过了动物所能拒绝或排泄的能力时，这种元素就成为对机体有毒的元素。在曲线直线下降处，这种元素则是致死的浓度。

由此可见，当人体中任何一种必需的痕量元素缺乏时，人便处于生理上的不正常状态；过量时，则不论该元素在适量时对于生命多么重要，也会对人体产生毒害，使人处于病态，严重时会有致命的危险。如人体中硒元素含量低于0.000 01%时，会导致肝坏死和白肌病，若高于0.001%时，则使人中毒、致癌。表6-9中列出了人体中必需元素缺乏和过量时所引起的疾病。

表6-9　人体中必需元素缺乏和过量时所引起的疾病

元素	缺乏时引起的疾病	过量时引起的疾病
As	脾脏肿大、头发生长不良	胃痛、惊厥、甲状腺肿
I	甲状腺机能减退、甲状腺肿	甲状腺功能亢进
Ca	骨骼畸形、手足抽搐	动脉粥样硬化、白内障、胆结石
Mg	惊厥	麻木
Fe	贫血	血色沉着症
Cu	贫血、白癜风、冠心病	肝硬化、神经错乱
Zn	侏儒、贫血、性腺机能减退	锌烟热
Co	恶性贫血	心力衰竭、红细胞增多症
Mn	性腺机能障碍、骨骼畸形、不孕、死胎	运动失调
Cr	动脉粥样硬化、糖尿病	癌症

三、人类健康与化学

健康长寿是人类的共同愿望。许多资料证明,危害人类健康的疾病都与体内某些元素平衡的失调有关。因此,了解生命元素的功能,并正确理解饮食、营养与健康的关系,树立平衡营养观念,通过食物链方法补充和调节体内元素的平衡,有益于预防疾病,增强体质,保持身体健康。

1.营养与健康

世界卫生组织给予健康的定义是:“一个人只有在躯体健康、心理健康、社会适应良好和道德健康四个方面健全,才是健康的人。”这里的躯体健康一般指人体生理上的健康。改善营养是增强民众体质的物质基础,人民的营养状况是衡量一个国家经济和科学发达程度的标志。

食品不仅为人体提供必要的营养素,满足人体营养需要,而且食品中的某些成分还具有调节人体新陈代谢,增强体质,促进康复等作用。人体从外界获取食物满足自身生理需要的过程称为营养,其中包括摄取、消化、吸收和体内利用等。营养素是保证人体生长、发育、繁衍和维持健康生活的物质,目前已知有40～45种人体必需的营养素,其中最主要的有糖类(或称碳水化合物)、脂肪、蛋白质、水、矿物质(无机盐)、维生素等六类物质。人们从食品中摄取这些营养素。

(1)糖类

包括葡萄糖、果糖、乳糖、淀粉、纤维素等,它们是人体重要的能源和碳源。糖分解时释放能量,供生命活动需要,糖代谢的中间产物又可以转变成其他含碳化合物如氨基酸、脂肪酸、核苷等。糖的磷酸衍生物可以生成DNA、RNA、ATP等重要的生物活性物质。植物光合作用产生的糖类是动物的重要营养来源,动物体自身没有产生这些糖类的机能。

(2)脂肪

脂肪具有重要的生物功能,它是构成生物膜的重要物质,几乎细胞所含有的磷脂都集中在生物膜中。类脂物质,主要是油脂,是肌体代谢所需燃料的贮存形式和运输形式。人们吃的动物油脂(如猪油、牛油、羊油、鱼肝油、奶油等),植物油(如豆油、菜油、花生油、芝麻油、棉籽油等)和工业、医药上用的蓖麻油和麻仁油等都属于类脂物质。动物腹腔的脂肪组织、肝组织、神经组织和植物中油料的种子中的脂质含量都很高。

脂肪酸是生物的重要能源。它可在动物的脂肪组织、植物的种子和果实中大量储藏。

最普通的脂肪就是烹调用的油脂，如猪油、豆油、菜籽油、花生油、麻油和肥肉等。每种食物都含有或多或少的脂肪。脂肪的主要功用是供给人类生活所需的能量及促进脂溶性维生素的吸收。

脂肪是营养素之一，但同时，人类的一些疾病如动脉粥样硬化、脂肪肝等都与脂类代谢紊乱有关。

(3)蛋白质

它的营养价值决定于所含的氨基酸种量和数量。凡含有各种必需氨基酸的蛋白质，能维持生命的正常生长的蛋白质(在其他营养素适当情况下)称为完全蛋白质；缺少一种或一种以上必需氨基酸的蛋白质称为不完全蛋白质。蛋白质是构成机体组织(特别是肌肉)的重要成分，日常食用的豆腐、大豆、瘦肉、鱼、蛋白、奶等都含较多的蛋白质。人们膳食中的蛋白质有很大一部分从米、麦等粮食中得来。大豆是我国最经济的蛋白质，氨基酸种类齐全。因此，大豆是完全蛋白，营养价值相当高。如果利用蛋白质的互补作用，则其生理价值还可增高，例如加入少量鸡蛋蛋白，可提高大豆蛋白的生理价值。需要注意的是，蛋白质的生理价值也可受其他因素的影响，如可破坏氨基酸的烹调方法及影响消化、吸收的因素都可使蛋白质的生理价值降低。

人体内如果蛋白质供应不足，会导致生长发育迟缓，体重减轻，容易疲劳，对传染病抵抗力下降，病后不易恢复健康，甚至贫血，发生营养不良性水肿等疾病。

19世纪的化学家和生物学家们在不断研究食物的营养性能中发现蛋白质是最基本而必不可少的，只要维持蛋白质的供给，肌体就能存活。身体不能从糖类和脂肪制造蛋白质，因为糖类和脂肪中没有氮。然而蛋白质所提供的物质却能制造出必需的糖类和脂肪。蛋白质是我们日常膳食中氮的主要来源。

人类究竟需要什么样的蛋白质呢？通过对大鼠食物中氨基酸组成的系统研究，发现动物体不可缺少的10种氨基酸分别是：赖氨酸、色氨酸、组氨酸、蛋氨酶、苯丙氨酸、亮氨酸、异亮氨酸、苏氨酸、缬氨酸和精氨酸。如果这些氨基酸的供给充足，大鼠便能制造出其他氨基酸，如甘氨酸、脯氨酸、天冬氨酸等。人类的必需氨基酸只有8种，上述的精氨酸和组氨酸并非是人类必需的。

(4)维生素

它是维持正常生命过程所必需的一部分，需要量虽很少，但对维持健康十分重要，缺少它就会引起某些特定疾病。有些生物体可自行合成一部分维生素，但大多数需由食物供给。维生素不能供给机体热能，也不能作为构成组织的物质，其主要功能是通过作为辅酶的成分调节机体代谢。长期缺乏任何一种维生素都会导致某种营养不良症及相应的疾病。

人类的保健、儿童的发育都需要维生素。人类每日必须从膳食中(或维生素制剂中)摄取一定数量的各种维生素,见表6-10。表中给出了人类每日最低维生素需要量,老年人需要摄取较多的B族维生素和维生素C,对维生素D需要很少。需要视力集中的人如射手、领航人员、精细机器制造工人,一般需要摄取较多的维生素A;对暗适应力低的病人和眼角膜干燥的病人,同样需要较多的维生素A;膳食中糖类比例较大和食欲不好的人及神经疾患的病人需要较多的维生素B_1;化工厂和高温车间工人需要较多的维生素C。

各种维生素的摄入量虽然应该充足,但并非越多越好,过量的维生素A、D和烟酰胺都有毒性。例如,维生素D摄入过量会引起乏力、疲劳、恶心、头痛、腹泻等,还可以使血胆固醇量增加,妨碍心血管功能。过量维生素D之所以产生毒性,主要是因为它不易排泄。维生素C、B_1、B_2、B_6等虽然无毒性,但超过机体所能利用和储存的量即由尿和其他体液排泄出体外。这再一次证明,生命体对任何营养的需求都是有限度的。

表6-10 维生素及其功能

名称	每日最低需要量	来源	功能	维生素缺乏的症状
水溶性的维生素B_1(硫胺)	1.5 mg	各种谷物,豆,动物的肝、脑、心、肾	形成与柠檬酸循环有关的酶	脚气病,心力衰竭,精神失常
维生素B_2(核黄素)	1 ~ 2 mg	牛奶,鸡蛋,肝,酵母,阔叶蔬菜	电子传递的辅酶	皮肤皲裂,视觉失常
维生素B_6(吡哆醇)	1 ~ 2 mg	各种谷物,豆,猪肉,动物内脏	氨基酸和脂肪酸代谢的辅酶	幼儿惊厥,成人皮肤病
维生素B_{12}(氰钴胺)	2 ~ 5 mg	动物的肝、肾、脑,由肠内细菌合成	合成核蛋白	恶性贫血
抗癞皮病维生素(烟酸)	17 ~ 20 mg	酵母,精瘦肉,动物的肝,各种谷物	NAD, NADP, 氨转移中的辅酶	糙皮病,皮损伤,腹泻,痴呆
维生素C(抗坏血酸)	75 mg	柑橘属水果,绿色蔬菜	使结缔组织和碳水化合物代谢保持正常	坏血病,牙龈出血,牙齿松动,关节肿大
叶酸	0.1 ~ 0.5 mg	酵母,动物内脏	形成辅酶A(CoA)的一部分	运动神经元失调,消化不良,心血管功能紊乱

续　表

名称	每日最低需要量	来源	功能	维生素缺乏的症状
泛酸	8 ~ 10 mg	酵母，动物的肝、肾，蛋黄	—	—
维生素 H（生物素）	0.15~0.3 mg	动物肝脏，蛋清，干豌豆和利马豆，由肠内细菌合成	合成蛋白的固定，氨基转移	皮肤病
脂溶性的维生素 A（A_1 为松香油）（A_2 为脱氢松香油）	5 000 IU（1 IU = 0.3 μg的松香油）	绿色和黄色蔬菜及水果，鳕鱼肝油	形成视色素，使上皮结构保持正常	夜盲，皮损伤，眼病（过量——维生素 A 中毒，极度过敏，皮损伤，骨脱钙，脑压增加）
维生素 D（D_2 为骨化醇）（D_3 为胆钙化醇）	400 IU（1 IU = 0.025 mg的胆钙化醇）	鱼油、肝、皮肤中由太阳光激活的前维生素	使从肠吸收的 Ca^{2+} 增加；对牙和骨的形成很重要	佝偻病（骨发育不良，每日超过 2 000 IU 使幼儿生长缓慢）
维生素 E（生育酚）	10 ~ 40 mg，决定于多不饱和脂肪的吸收	绿色阔叶蔬菜	保持红细胞的抗溶血能力	增加红细胞的脆性
维生素 K（K_2 为叶绿酯）	不知	由肠内细菌产生	促成肝内凝血醇原的合成	丧失凝结作用

注：IU 表示国际单位；1 个国际单位维生素 A = 0.344 5 μg 醋酸维生素 A = 0.6 μg（γ）β-胡萝卜素；1 个国际单位维生素 D = 0.025 μg 晶体维生素 D。

（5）无机盐

它又称矿物质，人体及动物所需的矿物质元素有 K、Na、Ca、Fe、Mg、Cu、Mn、Co、P、Cl、I、F、Se 等，它们是构成骨、齿和体液（血液、淋巴）的重要成分。体内许多生理作用也靠无机盐来维持。

膳食中长期缺乏某些无机盐会出现营养不良症状。食物中缺铁，血液的血红蛋白就变得不足，经血运送到各部位的氧气就变少，这种情况称为缺铁性贫血。这种病人因血红蛋白的缺乏而面色苍白，因氧的缺乏而倦怠。钙是骨骼的主要成分，缺钙会得佝偻病和龋齿。

人类在长期进化过程中，不断地寻找和选择食物以改善膳食，使人体对营养的需要和膳食之间建立了平衡关系。一旦这种关系失调，即膳食不能适应人体的需要，就会对人体健康带来不利的影响，甚至导致某种营养性疾病。由于新陈代谢，人体每天都有一定数量的无机盐从各种途径排出体外，因此有必要通过膳食给予补充。无机盐在食物中分布很广，满足机体需要。从实用营养观点看，比较容易缺乏的无机盐元素有钙、铁和碘。人们认识到体质强弱、智力高低、免疫能力优劣以及人体衰老的迟早、癌症的形成等都与营养质量、各种营养素之间的配比有一定的关系。合理的营养可以防治多种疾病。营养学家主张用食物来满足对营养的需求。营养学家承认有科学实验依据的保健品，实验依据不只是含量测定，而必须有生物效应试验和人体应用观察，要有充足的数据说明服用剂量能达到预期效果，当然还必须有可靠的卫生质量保证。但是营养学家提倡的仍然是合理膳食，合理膳食是营养之本。

合理膳食就是要树立平衡营养观念。所谓平衡营养，就是指通过食物补充人体所需要的热能和营养素，以满足人体正常生理需要，并且多种营养之间比例要适当，以利于营养素的吸收利用。营养素的种类很多，它们可以互相补充，互相制约，共同调理。在我们的日常食物中，没有一种食物能满足人们所需要的一切营养，必须吃多样化的食物，来满足多种营养素的供给。某种营养素摄入过多或过少，都会造成营养失调，使营养素互相补充、互相制约的作用被破坏，以致身体内平衡被打乱，造成机体失调，从而诱发多种疾病。很多专家与学者的共识是：营养紊乱和营养过剩已成为危及生命的诱因。全营养、高营养，也必然引起某种营养素摄入过多，一方面造成浪费，另一方面又会影响机体对真正缺乏的营养素的吸收和利用。因此，应树立科学的营养观念——平衡营养观念，指导人们合理膳食，正确补充营养素。

人体对营养的需要是多方面的，营养平衡就是要按人体不同需要，科学地搭配蛋白质、脂肪、维生素、矿物质、纤维素等各种营养成分。例如，人体既需要动物蛋白，也需要植物蛋白。人们摄取的大多数氮正是来源于吃的植物蛋白和动物蛋白。大量研究表明，机体的衰老受各种因素影响，而其中饮食是一项很重要的因素。可以说，人类健康长寿最关键的因素之一是维系人体内几十种元素的平衡。若体内平衡失调，就会导致患某种疾病，而治疗疾病就是补充和调节人体元素平衡。人体内元素平衡有两层含义：一是某种元素在人体内含量要适宜；二是人体内各种元素之间要有一个合适比例。这样才能协调工作，才会有益于健康。

人们认为，多样化的膳食就是获得各种适量营养的最好办法。随着人们对必需营养素及其相互关系知识的了解，对有效利用食物资源、科学加工食品、合理调配膳食和充分发挥营养效能等，提供了科学基础。多样化的膳食既是获得各种适量基本营养素的最好方法，同时也是避免食品中有毒物质达到有害剂量的有效方法。

表6-11列出了科学界公认的人体必需的14种微量元素功能与平衡失调症，这

对预防疾病、维护健康意义重大。

表6-11　人体必需微量元素功能与平衡失调症

元素	人体含量/g	地壳含量/mg·kg^{-1}	海水含量/mg·kg^{-1}	日需量/mg	主要生理功能	缺乏症	过量症
Fe	4.2	50 000	0.003 4	12	造血，组成血红蛋白和含铁酶，传递电子和氧，维持器官功能	贫血，免疫力低，头痛，口腔炎，易感冒，肝癌	影响胰腺和性腺，心衰，糖尿病，肝硬化
F	2.6	700	1.3	1	长牙骨，防龋齿，促生长，参与氧化还原反应和钙磷代谢	龋齿，骨质疏松，贫血	氟斑牙，氟骨症，骨质增生
Zn	2.3	65	0.001	15	激活200多种酶参与核酶和能量代谢，促进性机能正常，抗菌，消炎	侏儒症，溃疡，炎症，不育，白发，白内障，肝硬化	胃肠炎，前列腺肥大，贫血，高血压，冠心病
Sr	0.32	450	8	1.9	长骨骼，维持血管功能和通透性，合成黏多糖，维持组织弹性	骨疏松，搐搦症，白发，龋齿	关节痛，大骨节病，贫血，肌肉萎缩
Se	0.2	0.09	0.004	0.05	组酶，抑制自由基，解毒	心血管病，克山病，大骨节病，癌，关节炎，心肌病	硒土病，心肾功能障碍，腹泻，脱发
Cu	0.1	50	0.01	3	造血，合成酶和血红蛋白，增强防御功能	贫血，心血管损伤，冠心病，脑障碍，溃肠，关节炎	黄疸肝炎，肝硬化，胃肠炎，癌
I	0.03	0.3	0.06	1.14	组成甲状腺和多种酶，调节能量，加速生长	甲状腺肿大，心悸，动脉硬化	甲状腺肿
Mn	0.02	1 000	0.001	8	组酶，激活剂，增强蛋白质代谢，合成维生素，防癌	软骨，营养不良，神经紊乱，肝癌，生殖功能受抑	无力，帕金森症，心肌梗死

续 表

元素	人体含量/g	地壳含量/mg·kg^{-1}	海水含量/mg·kg^{-1}	日需量/mg	主要生理功能	缺乏症	过量症
V	0.018	110	0.005	1.5	刺激骨髓造血,降低血糖,促生长,参与胆固醇和脂质及辅酶代谢	胆固醇高,生殖功能低下,贫血,心肌无力,骨异常	结膜炎,鼻咽炎,心肾受损
Sn	0.017	200	0.003	3	促进蛋白质和核酸反应,促生长,催化氧化还原反应	抑制生长	贫血,胃肠炎
Ni	0.01	58	0.002	0.3	参与细胞激素和色素的代谢,生血,激活酶,形成辅酶	肝硬化,尿毒,肾衰,脂肪肝和磷脂质代谢异常	鼻咽癌,皮肤炎,白血病,骨癌,肺癌
Cr	小于0.006	200	0.002	0.1	发挥胰岛素作用,调节胆固醇、糖和脂质代谢,防止血管硬化	糖尿病,心血管病,高血压,胆石,胰岛素功能失常	伤肝肾,鼻中隔穿孔,肺癌
Mo	小于0.005	1	0.014	0.2	组成氧化还原酶,催化尿酸,抗铜贮铁,维持动脉弹性	心血管病,克山癌,食道癌,肾结石,龋齿	睾丸萎缩,性欲减退,脱毛,软骨贫血,腹泻
Co	小于0.003	24	0.000 1	0.000 1	造血,心血管的生长和代谢,促进核酸和蛋白质合成	心血管病,贫血,脊髓炎,气喘,青光眼	心肌病变,心力衰竭,高血脂,癌

2. 药物设计与健康

化学理论的进展对于整个化学学科的影响,集中表现在分子设计的思想贯穿于整个学科。化学研究的主线是合成、性能与结构三者关系的研究。传统的研究主要依靠实验,通过筛选和测试来发现新的化合物及其新的性能,从而得出新的合成方法。随着科学技术的发展,人们已经可以进行分子设计。分子设计的思想,就是从所需要的性能出发,设计出具有这种性能的结构,然后再设法合成得到产物。分子设计的基础除了与计算机密切相关的因子分析、多因素优化、模式识别、数据库技术、图像显示技术外,主要就是定量的结构与性能的关系。有机化学和无机化学中已形成了许多分子设计方法,集中表现在催化剂设计、材料设计、生物活性物质设计和药物设计等方面。

人工设计与合成新的药物是现代医药的基石,早期发现的药物多是偶然的、经验性的,且来源于自然界。如柠檬能使水手避免因缺乏蔬菜、水果而引起的坏血病,导致了维生素C的发现;金鸡纳树皮能治疟疾使人们发现了奎宁,从而衍生出一系列合成药物如氯喹等;鸦片有镇痛作用使人们发现了吗啡,并衍生出一系列新的合成镇痛药。时至今日,由于生物学家、医学家的努力,人们对很多疾病的体内过程和体内各种受体和酶的了解逐步深入;又由于计算机辅助药物分子设计的进步,药物化学家在设计和合成药物分子的研究工作中,逐渐由经验方式向半经验或理论指导方式演变,使其更具有针对性。国际上,化学合成药物的研究大致有两种类型:①创制新颖的化学结构类型——突破性新药的研究开发;②已知药物的结构改造——延伸性新药的研究开发,即在不侵犯别人专利的情况下,对新出现的、很成功的突破性新药进行结构改造,寻找作用机制相同或相似,并在治疗上具有某些优点的新体系。显然,药物设计及其合成是很宽广的研究领域。

正由于高效药物的广泛存在和药政法规的日趋严格,要找到一个比原有药物更具特点的新药的难度极高。一种合成新药的整个研究开发周期一般为8~10年,长的达12~15年。近年来,为了减少新药设计的盲目性和提高命中率,合理的药物设计方法备受关注。近20年来,随着物理有机化学和量子生物化学的发展,精密分析测试仪器的出现,电子计算机的广泛应用,药物定量构效关系(QSAR)的研究方法,即通过较少数的化合物,建立一个系列化合物构效关系的数学模型,用以指导新药设计、预测其生物活性,并推导药物作用的机理,已取得一定进展。

我国幅员辽阔,植物资源丰富,又有几千年利用中草药防治疾病的经验,在以中草药为原料,分离有效成分,进而合成有效药物方面已取得了很多成果,但我们发明创造的新药在我国目前生产的临床应用药物品种中所占比例还很小,主要原因在于新药研究需要高额的投资和多学科的配合。我们坚信,只要坚持研究,有效地利用我国的资源和天然药物化学人才优势,坚持新药开发研究中各专业人才的密切协作,坚持将几千年积累的经验与新科学技术相结合,一定会不断研制出具有优良疗效的新型药物,在医药发展史上开创新篇章。

附　录

附录一　常见物质的热力学数据（298.15 K，100 kPa）

物质	$\Delta_f H_m^\ominus$/kJ·mol^{-1}	$\Delta_f G_m^\ominus$/kJ·mol^{-1}	$S_m^\ominus$/J·mol^{-1}·K^{-1}
Ag(s)	0	0	42.6
Ag^+(aq)	105.4	76.98	72.8
AgCl(s)	−127.1	−110.0	96.2
AgBr(s)	−100	−97.1	107.0
AgI(s)	−61.9	−66.1	116.0
$AgNO_3$(s)	−124.4	−33.5	141.0
Ag_2O(s)	−31.0	−11.2	121.0
Al(s)	0	0	28.3
Al_2O_3(s)	−1 676.0	−1 582.0	50.9
Au(s)	0	0	47.3
B(s)	0	0	5.85
Ba(s)	0	0	62.8
Ba^{2+}(aq)	−537.6	−560.7	9.6
BaO(s)	−553.5	−525.1	70.4
$BaCO_3$(s)	−1 216.0	−1 138.0	112.0
$BaSO_4$(s)	−1 473.0	−1 362.0	132.0
Br_2(g)	30.91	3.14	245.4
Br_2(l)	0	0	152.2
Br^-(aq)	−121	−104.0	82.4

续表

物质	$\Delta_f H_m^\ominus$/kJ·mol^{-1}	$\Delta_f G_m^\ominus$/kJ·mol^{-1}	$S_m^\ominus$/J·mol^{-1}·K^{-1}
HBr(g)	−36.4	−53.6	198.7
C(s,金刚石)	1.9	2.9	2.4
C(s,石墨)	0	0	5.73
CO(g)	−110.5	−137.2	197.6
CO_2(g)	−393.5	−394.4	213.6
Ca(s)	0	0	41.4
Ca^{2+}(aq)	−542.7	−553.5	−53.1
CaO(s)	−635.1	−604.2	39.7
$CaCO_3$(s,方解石)	−1 206.9	−1 128.8	92.9
$CaSO_4$(s)	−1 434.1	−1 321.9	107.0
Cl_2(g)	0	0	223.0
Cl^-(aq)	−167.2	−131.3	56.5
HCl(g)	−92.5	−95.4	186.6
Co(s)	0	0	30.0
$CoCl_2$(s)	−312.5	−270.0	109.2
Cu(s)	0	0	33.0
Cu^+(aq)	71.5	50.2	41.0
Cu^{2+}(aq)	64.77	65.5	−99.6
Cu_2O(s)	−169.0	−146.0	93.3
CuO(s)	−157.0	−130.0	42.7
$CuSO_4$(s)	−771.5	−661.9	109.0
$CuSO_4·5H_2O$(s)	−2 321.0	−1 880.0	300.0
F_2(g)	0	0	202.7
F^-(aq)	−333.0	−279.0	−14.0
HF(g)	−271.0	−273.0	174.0
Fe(s)	0	0	27.3
Fe^{2+}(aq)	−89.1	−78.6	−138.0
Fe^{3+}(aq)	−48.5	−4.6	−316.0

续 表

物质	$\Delta_f H_m^\ominus$/kJ·mol^{-1}	$\Delta_f G_m^\ominus$/kJ·mol^{-1}	$S_m^\ominus$/J·mol^{-1}·K^{-1}
Fe_2O_3(s)	−824.0	−742.2	87.4
Fe_3O_4(s)	−1 118.0	−1 015.0	146.0
$Fe(OH)_3$(s)	−823.0	−696.6	107.0
H_2(g)	0	0	130.0
H^+(aq)	0	0	0
H_2O(g)	−241.8	−228.6	188.7
H_2O(l)	−285.8	−237.2	69.91
H_2O_2(l)	−187.8	−120.4	109.6
OH^-(aq)	−230.0	−157.3	−10.8
Hg(l)	0	0	76.1
I_2(s)	0	0	116.0
I_2(g)	62.4	19.4	261.0
I^-(aq)	−55.19	−51.59	111.0
HI(g)	26.5	1.72	207.0
K(s)	0	0	64.6
K^+(aq)	−252.4	−283.0	102.0
KCl(s)	−436.8	−409.2	82.59
Mg(s)	0	0	32.7
Mg^{2+}(aq)	−466.9	−454.8	−138.0
$MgCl_2$(s)	−641.3	−591.8	89.62
MgO(s)	−601.7	−569.4	26.9
$MgCO_3$(s)	−1 096.0	−1 012.0	65.7
Mn(s)	0	0	32.0
Mn^{2+}(aq)	−220.7	−228.0	−73.6
MnO_2(s)	−520.1	−465.3	53.1
N_2(g)	0	0	192
NH_3(g)	−46.1	−16.5	192.3
NH_4Cl(s)	−315.0	−203.0	94.6

续　表

物质	$\Delta_f H_m^\ominus$/kJ·mol^{-1}	$\Delta_f G_m^\ominus$/kJ·mol^{-1}	$S_m^\ominus$/J·mol^{-1}·K^{-1}
NH_4NO_3(s)	-366.0	-184.0	151.0
NO(g)	90.4	86.6	210.0
NO_2(g)	33.2	51.5	240.0
N_2O_4(g)	9.2	97.8	304.0
HNO_3(l)	-174.0	-80.8	156.0
Na(s)	0	0	51.2
Na^+(aq)	-240.0	-262.0	59.0
NaCl(s)	-327.5	-248.2	72.1
Na_2CO_3(s)	-1 130.7	-1 044.5	135.0
$NaHCO_3$(s)	-950.8	-851.0	102.0
$NaNO_2$(s)	-358.7	-284.6	104.0
$NaNO_3$(s)	-467.9	-367.1	116.5
Na_2O(s)	-414.0	-375.5	75.1
Na_2O_2(s)	-510.9	-447.7	93.3
NaOH(s)	-425.6	-379.5	64.5
O_2(g)	0	0	205.0
O_3(g)	143.0	163.0	238.8
P(s,白)	0	0	41.1
PCl_3(g)	-287.0	-268.0	311.7
PCl_5(g)	-398.9	-324.6	353.0
S(s,斜方)	0	0	31.8
S^{2-}(aq)	33.1	85.8	-14.6
H_2S(g)	-20.6	-33.6	206.0
SO_2(g)	-296.8	-300.2	248.0
SO_3(g)	-395.7	-371.1	256.6
SO_3^{2-}(aq)	-635.5	-486.6	-29.0
SO_4^{2-}(aq)	-909.3	-744.6	20.0
SiO_2(s,石英)	-910.9	-856.7	41.8

续 表

物质	$\Delta_f H_m^{\ominus}$/kJ·mol^{-1}	$\Delta_f G_m^{\ominus}$/kJ·mol^{-1}	$S_m^{\ominus}$/J·mol^{-1}·K^{-1}
Sn(s,白)	0	0	51.6
Sn(s,灰)	−2.1	0.1	44.1
Zn(s)	0	0	41.6
Zn^{2+}(aq)	−153.9	−147.0	−112.0
ZnO(s)	−348.3	−318.3	43.6
ZnS(s,闪锌矿)	−206.0	−210.3	57.7

附录二　弱酸（碱）在水中的解离常数（298.15 K）

弱酸(碱)	分子式	K_a	pK_a
碳酸	H_2CO_3	$4.2\times10^{-7}(K_{a_1})$ $5.6\times10^{-11}(K_{a_2})$	6.38 10.28
氢氰酸	HCN	$6.2\times10^{-10}(K_{a_1})$	9.21
氢氟酸	HF	$6.6\times10^{-4}(K_{a_1})$	3.18
亚硝酸	HNO_2	$5.1\times10^{-4}(K_{a_1})$	3.29
磷酸	H_3PO_4	$7.6\times10^{-3}(K_{a_1})$ $6.3\times10^{-8}(K_{a_2})$ $4.4\times10^{-13}(K_{a_3})$	2.12 7.20 12.36
亚磷酸	H_3PO_3	$5.0\times10^{-2}(K_{a_1})$ $2.5\times10^{-7}(K_{a_2})$	1.30 6.60
氢硫酸	H_2S	$1.3\times10^{-7}(K_{a_1})$ $7.1\times10^{-15}(K_{a_2})$	6.88 14.15
硫酸	HSO_4^-	$1.0\times10^{-2}(K_{a_2})$	1.99
亚硫酸	H_2SO_3	$1.3\times10^{-2}(K_{a_1})$ $6.3\times10^{-8}(K_{a_2})$	1.90 7.20
偏硅酸	H_2SiO_3	$1.7\times10^{-10}(K_{a_1})$ $1.6\times10^{-12}(K_{a_2})$	9.77 11.8
甲酸	HCOOH	$1.8\times10^{-4}(K_{a_1})$	3.74
乙酸(醋酸)	CH_3COOH(HAc)	$1.76\times10^{-5}(K_{a_1})$	4.75
苯甲酸	C_6H_5COOH	$6.2\times10^{-5}(K_{a_1})$	4.21
草酸	$H_2C_2O_4$	$5.9\times10^{-2}(K_{a_1})$ $6.4\times10^{-5}(K_{a_2})$	1.22 4.19
苯酚	C_6H_5OH	$1.1\times10^{-10}(K_{a_1})$	9.95
氨水(弱碱)	$NH_3\cdot H_2O$	$1.76\times10^{-5}(K_b)$	4.75(pK_b)

附录三　常见难溶电解质的溶度积常数（298.15 K）

难溶电解质		K_{sp}	难溶电解质		K_{sp}
氯化物	AgCl	1.56×10^{-10}	碳酸盐	Ag_2CO_3	8.1×10^{-12}
	$PbCl_2$	1.6×10^{-5}		$BaCO_3$	8.1×10^{-9}
溴化物	AgBr	7.7×10^{-13}		$CaCO_3$	8.7×10^{-10}
碘化物	AgI	1.5×10^{-16}		$MgCO_3$	2.6×10^{-5}
	PbI_2	1.39×10^{-8}		$PbCO_3$	3.3×10^{-14}
硫酸盐	Ag_2SO_4	1.6×10^{-5}	氢氧化物	AgOH	1.52×10^{-8}
	$BaSO_4$	1.08×10^{-10}		$Al(OH)_3$	1.3×10^{-33}
	$CaSO_4$	2.45×10^{-5}		$Ca(OH)_2$	5.5×10^{-6}
	$PbSO_4$	1.06×10^{-8}		$Cr(OH)_3$	6×10^{-31}
硫化物	Ag_2S	1.6×10^{-49}		$Cu(OH)_2$	5.6×10^{-20}
	CuS	8.5×10^{-45}		$Fe(OH)_2$	1.64×10^{-14}
	FeS	3.7×10^{-19}		$Fe(OH)_3$	1.1×10^{-36}
	HgS	4×10^{-53}		$Mg(OH)_2$	1.2×10^{-11}
	MnS	1.4×10^{-15}		$Mn(OH)_2$	4.0×10^{-14}
	PbS	3.4×10^{-28}		$Pb(OH)_2$	1.6×10^{-17}
	ZnS	1.2×10^{-23}		$Zn(OH)_2$	1.2×10^{-17}
铬酸盐	Ag_2CrO_4	9×10^{-12}			
	$BaCrO_4$	1.6×10^{-10}			
	$PbCrO_4$	1.77×10^{-14}			

附录四 常见配合物的稳定常数（298.15 K）

配合物	$K_{稳}$	$\lg K_{稳}$	配合物	$K_{稳}$	$\lg K_{稳}$
$[AgCl_2]^-$	1.74×10^5	5.24	$[Co(NH_3)_6]^{2+}$	2.46×10^4	4.39
$[CuCl_4]^{2-}$	4.17×10^5	5.62	$[Co(NH_3)_6]^{3+}$	2.29×10^{35}	35.36
$[HgCl_4]^{2-}$	1.59×10^{14}	14.2	$[Cu(NH_3)_4]^{2+}$	1.38×10^{12}	12.14
$[Ag(CN)_2]^-$	1.3×10^{21}	21.1	$[Ni(NH_3)_6]^{2+}$	1.02×10^8	8.01
$[Cu(CN)_4]^{3-}$	5×10^{30}	30.7	$[Zn(NH_3)_4]^{2+}$	5.0×10^8	8.71
$[Fe(CN)_6]^{4-}$	1.0×10^{24}	24.0	$[AlF_6]^{3-}$	6.9×10^{19}	19.84
$[Fe(CN)_6]^{3-}$	1.0×10^{31}	31.0	$[Zn(OH)_4]^{2-}$	1.4×10^{15}	15.15
$[Hg(CN)_4]^{2-}$	3.24×10^{41}	41.51	$[HgI_4]^{2-}$	3.47×10^{20}	20.54
$[Ni(CN)_4]^{2-}$	1.0×10^{22}	22.0	$[Fe(SCN)_2]^+$	2.29×10^3	3.36
$[Zn(CN)_4]^{2-}$	5.75×10^{16}	16.76	$[Fe(C_2O_4)_3]^{4-}$	1.66×10^5	5.22
$[Ag(NH_3)_2]^+$	1.62×10^7	7.21	$[Fe(C_2O_4)_3]^{3-}$	1.59×10^{20}	20.20

附录五 标准电极电势（298.15 K）

1.酸性溶液

电极反应	$\varphi^{\ominus}$/V	电极反应	$\varphi^{\ominus}$/V
$Ag^{+} + e^{-} \rightleftharpoons Ag$	0.799 6	$HClO_2 + 3H^{+} + 4e^{-} \rightleftharpoons Cl^{-} + 2H_2O$	1.57
$AgBr + e^{-} \rightleftharpoons Ag + Br^{-}$	0.071 33	$ClO_3^{-} + 3H^{+} + 2e^{-} \rightleftharpoons HClO_2 + H_2O$	1.214
$AgCl + e^{-} \rightleftharpoons Ag + Cl^{-}$	0.222 3	$2ClO_3^{-} + 12H^{+} + 10e^{-} \rightleftharpoons Cl_2 + 6H_2O$	1.47
$AgI + e^{-} \rightleftharpoons Ag + I^{-}$	−0.152	$ClO_3^{-} + 6H^{+} + 6e^{-} \rightleftharpoons Cl^{-} + 3H_2O$	1.451
$Ag_2S + 2H^{+} + 2e^{-} \rightleftharpoons 2Ag + H_2S$	−0.036 6	$ClO_4^{-} + 2H^{+} + 2e^{-} \rightleftharpoons ClO_3^{-} + H_2O$	1.189
$Ag_2SO_4 + 2e^{-} \rightleftharpoons 2Ag + SO_4^{2-}$	0.654	$2ClO_4^{-} + 16H^{+} + 14e^{-} \rightleftharpoons Cl_2 + 8H_2O$	1.39
$Al^{3+} + 3e^{-} \rightleftharpoons Al$	−1.662	$ClO_4^{-} + 8H^{+} + 8e^{-} \rightleftharpoons Cl^{-} + 4H_2O$	1.389
$AlF_6^{3-} + 3e^{-} \rightleftharpoons 3Al + 6F^{-}$	−2.069	$Co^{3+} + 3e^{-} \rightleftharpoons Co$	−0.28
$H_3AsO_4 + 2H^{+} + 2e^{-} \rightleftharpoons H_3AsO_3 + H_2O$	0.56	$Co^{3+} + e^{-} \rightleftharpoons Co^{2+}$	1.83
$Au^{3+} + 3e^{-} \rightleftharpoons Au$	1.498	$Cr^{2+} + 2e^{-} \rightleftharpoons Cr$	−0.913
$AuCl_4^{-} + 3e^{-} \rightleftharpoons Au + 4Cl^{-}$	1.002	$Cr^{3+} + e^{-} \rightleftharpoons Cr^{2+}$	−0.407
$Ba^{2+} + 2e^{-} \rightleftharpoons Ba$	−2.912	$Cr^{3+} + 3e^{-} \rightleftharpoons Cr$	−0.744
$Be^{2+} + 2e^{-} \rightleftharpoons Be$	−1.847	$Cr_2O_7^{2-} + 14H^{+} + 6e^{-} \rightleftharpoons 2Cr^{3+} + 7H_2O$	1.33
$Br_2(aq) + 2e^{-} \rightleftharpoons 2Br^{-}$	1.087 3	$Cu^{+} + e^{-} \rightleftharpoons Cu$	0.521
$HBrO + H^{+} + 2e^{-} \rightleftharpoons Br^{-} + H_2O$	1.33	$Cu^{2+} + e^{-} \rightleftharpoons Cu^{+}$	0.153
$2HBrO + 2H^{+} + 2e^{-} \rightleftharpoons Br_2(l) + 2H_2O$	1.596	$Cu^{2+} + 2e^{-} \rightleftharpoons Cu$	0.337
$2BrO_3^{-} + 12H^{+} + 10e^{-} \rightleftharpoons Br_2 + 6H_2O$	1.482	$CuCl + e^{-} \rightleftharpoons Cu + Cl^{-}$	0.124
$BrO_3^{-} + 6H^{+} + 6e^{-} \rightleftharpoons Br^{-} + 3H_2O$	1.423	$F_2 + 2e^{-} \rightleftharpoons 2F^{-}$	2.866
$Ca^{2+} + 2e^{-} \rightleftharpoons Ca$	−2.868	$Fe^{2+} + 2e^{-} \rightleftharpoons Fe$	−0.440
$Cd^{2+} + 2e^{-} \rightleftharpoons Cd$	−0.403	$Fe^{3+} + 3e^{-} \rightleftharpoons Fe$	−0.036 3
$Cl_2(g) + 2e^{-} \rightleftharpoons 2Cl^{-}$	1.358	$Fe^{3+} + e^{-} \rightleftharpoons Fe^{2+}$	0.771
$2HClO + 2H^{+} + 2e^{-} \rightleftharpoons Cl_2 + 2H_2O$	1.611	$FeO_4^{2-} + 8H^{+} + 3e^{-} \rightleftharpoons Fe^{3+} + 4H_2O$	2.20
$HClO + H^{+} + 2e^{-} \rightleftharpoons Cl^{-} + H_2O$	1.482	$2H^{+} + 2e^{-} \rightleftharpoons H_2$	0.000
$HClO_2 + 2H^{+} + 2e^{-} \rightleftharpoons HClO + H_2O$	1.645	$H_2 + 2e^{-} \rightleftharpoons 2H^{-}$	−2.23
$2HClO_2 + 6H^{+} + 6e^{-} \rightleftharpoons Cl_2 + 4H_2O$	1.628	$H_2O_2 + 2H^{+} + 2e^{-} \rightleftharpoons 2H_2O$	1.776

续 表

电极反应	$\varphi^\ominus$/V	电极反应	$\varphi^\ominus$/V
$Hg^{2+} + 2e^- \rightleftharpoons Hg$	0.851	$NiO_2 + 4H^+ + 2e^- \rightleftharpoons Ni^{2+} + 2H_2O$	1.678
$2Hg^{2+} + 2e^- \rightleftharpoons Hg_2^{2+}$	0.92	$O_2 + 2H^+ + 2e^- \rightleftharpoons 2H_2O_2$	0.695
$Hg_2^{2+} + 2e^- \rightleftharpoons 2Hg$	0.797	$O_2 + 4H^+ + 4e^- \rightleftharpoons 2H_2O$	1.229
$Hg_2Br_2 + 2e^- \rightleftharpoons 2Hg + 2Br^-$	0.139	$O_3 + 2H^+ + 2e^- \rightleftharpoons O_2 + H_2O$	2.076
$Hg_2Cl_2 + 2e^- \rightleftharpoons 2Hg + 2Cl^-$	0.268	$H_3PO_4 + 2H^+ + 2e^- \rightleftharpoons H_3PO_3 + H_2O$	−0.276
$Hg_2I_2 + 2e^- \rightleftharpoons 2Hg + 2I^-$	−0.040 5	$Pb^{2+} + 2e^- \rightleftharpoons Pb$	−0.126 2
$Hg_2SO_4 + 2e^- \rightleftharpoons 2Hg + SO_4^{2-}$	0.612 5	$PbBr_2 + 2e^- \rightleftharpoons Pb + 2Br^-$	−0.284
$I_2 + 2e^- \rightleftharpoons 2I^-$	0.535 5	$PbCl_2 + 2e^- \rightleftharpoons Pb + 2Cl^-$	−0.267 5
$H_5IO_6 + H^+ + 2e^- \rightleftharpoons IO_3^- + 3H_2O$	1.601	$PbF_2 + 2e^- \rightleftharpoons Pb + 2F^-$	−0.344 4
$IO_3^- + 6H^+ + 6e^- \rightleftharpoons I^- + 3H_2O$	1.085	$PbI_2 + 2e^- \rightleftharpoons Pb + 2I^-$	−0.365
$2IO_3^- + 12H^+ + 10e^- \rightleftharpoons I_2 + 6H_2O$	1.195	$PbO_2 + 4H^+ + 2e^- \rightleftharpoons Pb^{2+} + 2H_2O$	1.455
$K^+ + e^- \rightleftharpoons K$	−2.93	$PbO_2 + SO_4^{2-} + 4H^+ + 2e^- \rightleftharpoons PbSO_4 + 2H_2O$	1.695
$La^{3+} + 3e^- \rightleftharpoons La$	−2.52	$PbSO_4 + 2e^- \rightleftharpoons Pb + SO_4^{2-}$	−0.358 8
$Li^+ + e^- \rightleftharpoons Li$	−3.04	$Pd^{2+} + 2e^- \rightleftharpoons Pd$	0.951
$Mg^{2+} + 2e^- \rightleftharpoons Mg$	−2.372	$Pt^{2+} + 2e^- \rightleftharpoons Pt$	1.118
$Mn^{2+} + 2e^- \rightleftharpoons Mn$	−1.185	$Rb^+ + e^- \rightleftharpoons Rb$	−2.98
$Mn^{3+} + e^- \rightleftharpoons Mn^{2+}$	1.51	$S + 2H^+ + 2e^- \rightleftharpoons 2H_2S(aq)$	0.142
$MnO_2 + 4H^+ + 2e^- \rightleftharpoons Mn^{2+} + 2H_2O$	1.224	$S_2O_8^{2-} + 2e^- \rightleftharpoons 2SO_4^{2-}$	2.01
$MnO_4^- + e^- \rightleftharpoons MnO_4^{2-}$	0.558	$H_2SO_3 + 4H^+ + 4e^- \rightleftharpoons S + 3H_2O$	0.449
$MnO_4^- + 4H^+ + 3e^- \rightleftharpoons MnO_2 + 2H_2O$	1.68	$SO_4^{2-}+4H^++2e^- \rightleftharpoons H_2SO_3+H_2O$	0.172
$MnO_4^- + 8H^+ + 5e^- \rightleftharpoons Mn^{2+} + 4H_2O$	1.507	$Se + 2H^+ + 2e^- \rightleftharpoons 2H_2Se(aq)$	−0.399
$Mo^{3+} + 3e^- \rightleftharpoons Mo$	−0.20	$H_2SeO_3 + 4H^+ + 4e^- \rightleftharpoons Se + 3H_2O$	0.74
$3N_2 + 2H^+ + 2e^- \rightleftharpoons 2NH_3(aq)$	−3.09	$SeO_4^{2-} + 4H^+ + 2e^- \rightleftharpoons H_2SeO_3 + H_2O$	1.151
$HNO_2 + H^+ + e^- \rightleftharpoons NO + H_2O$	0.983	$Sn^{2+} + 2e^- \rightleftharpoons Sn$	−0.137 5
$NO_3^- + 3H^+ + 2e^- \rightleftharpoons HNO_2 + H_2O$	0.934	$Sn^{4+} + 2e^- \rightleftharpoons Sn^{2+}$	0.151
$NO_3^- + 4H^+ + 3e^- \rightleftharpoons NO + 2H_2O$	0.957	$Sr^{2+} + 2e^- \rightleftharpoons Sr$	−2.89
$Na^+ + e^- \rightleftharpoons Na$	−2.71	$Te + 2H^+ + 2e^- \rightleftharpoons H_2Te$	−0.793
$Ni^{2+} + 2e^- \rightleftharpoons Ni$	−0.257	$Ti^{2+} + 2e^- \rightleftharpoons Ti$	−1.63

续 表

电极反应	$\varphi^\ominus$/V	电极反应	$\varphi^\ominus$/V
$Ti^{3+} + e^- \rightleftharpoons Ti^{2+}$	-0.368	$V^{3+} + e^- \rightleftharpoons V^{2+}$	-0.255
$Tl^+ + e^- \rightleftharpoons Tl$	-0.336	$Zn^{2+} + 2e^- \rightleftharpoons Zn$	-0.761 8
$V^{2+} + 2e^- \rightleftharpoons V$	-1.175		

2.碱性溶液

电极反应	$\varphi^\ominus$/V	电极反应	$\varphi^\ominus$/V
$[Ag(CN)_2]^- + e^- \rightleftharpoons Ag + 2CN^-$	-0.301	$Cu(OH)_2 + 2e^- \rightleftharpoons Cu + 2OH^-$	-0.222
$Ag_2O + H_2O + 2e^- \rightleftharpoons 2Ag + 2OH^-$	0.342	$[Fe(CN)_6]^{3-} + e^- \rightleftharpoons [Fe(CN)_6]^{4-}$	0.358
$Ag_2S + 2e^- \rightleftharpoons 2Ag + S^{2-}$	-0.691	$Fe(OH)_3 + e^- \rightleftharpoons Fe(OH)_2 + OH^-$	-0.56
$Ba(OH)_2 + 2e^- \rightleftharpoons Ba + 2OH^-$	-2.99	$2H_2O + 2e^- \rightleftharpoons H_2 + 2OH^-$	-0.827 7
$BrO^- + H_2O + 2e^- \rightleftharpoons Br^- + 2OH^-$	0.761	$Hg_2O + H_2O + 2e^- \rightleftharpoons 2Hg + 2OH^-$	0.123
$BrO_3^- + 3H_2O + 6e^- \rightleftharpoons Br^- + 6OH^-$	0.61	$HgO + H_2O + 2e^- \rightleftharpoons Hg + 2OH^-$	0.097 7
$Ca(OH)_2 + 2e^- \rightleftharpoons Ca + 2OH^-$	-3.02	$IO^- + H_2O + 2e^- \rightleftharpoons I^- + 2OH^-$	0.485
$ClO^- + H_2O + 2e^- \rightleftharpoons Cl^- + 2OH^-$	0.81	$IO_3^- + 2H_2O + 4e^- \rightleftharpoons ClO^- + 4OH^-$	0.15
$ClO_2^- + H_2O + 2e^- \rightleftharpoons ClO^- + 2OH^-$	0.66	$IO_3^- + 3H_2O + 6e^- \rightleftharpoons I^- + 6OH^-$	0.26
$ClO_2^- + 2H_2O + 4e^- \rightleftharpoons Cl^- + 4OH^-$	0.76	$La(OH)_3 + 3e^- \rightleftharpoons La + 3OH^-$	-2.90
$ClO_3^- + H_2O + 2e^- \rightleftharpoons ClO_2^- + 2OH^-$	0.33	$Mg(OH)_2 + 2e^- \rightleftharpoons Mg + 2OH^-$	-2.690
$ClO_3^- + 3H_2O + 6e^- \rightleftharpoons Cl^- + 6OH^-$	0.62	$MnO_4^- + H_2O + 3e^- \rightleftharpoons MnO_2 + 4OH^-$	0.595
$ClO_4^- + H_2O + 2e^- \rightleftharpoons ClO_3^- + 2OH^-$	0.36	$MnO_4^{2-} + H_2O + 2e^- \rightleftharpoons MnO_2 + 4OH^-$	0.60
$[Co(NH_3)_6]^{3+} + e^- \rightleftharpoons [Co(NH_3)_6]^{2+}$	0.108	$Mn(OH)_2 + 2e^- \rightleftharpoons Mn + 2OH^-$	-1.56
$Co(OH)_2 + 2e^- \rightleftharpoons Co + 2OH^-$	-0.73	$Mn(OH)_3 + e^- \rightleftharpoons Mn(OH)_2 + OH^-$	0.15
$Co(OH)_3 + e^- \rightleftharpoons Co(OH)_2 + OH^-$	0.17	$NO_2^- + H_2O + e^- \rightleftharpoons NO + 2OH^-$	-0.46
$CrO_2^- + 2H_2O + 3e^- \rightleftharpoons Cr + 4OH^-$	-1.2	$NO_3^- + H_2O + 2e^- \rightleftharpoons NO_2^- + 2OH^-$	0.010
$CrO_4^{2-} + 4H_2O + 3e^- \rightleftharpoons Cr(OH)_3 + 5OH^-$	-0.13	$Ni(OH)_2 + 2e^- \rightleftharpoons Ni + 2OH^-$	-0.72
$Cr(OH)_3 + 3e^- \rightleftharpoons Cr + 3OH^-$	-1.48	$NiO_2 + 2H_2O + 2e^- \rightleftharpoons Ni(OH)_2 + 2OH^-$	-0.490
$Cu^{2+} + 2CN^- + e^- \rightleftharpoons [Cu(CN)_2]^-$	1.103	$O_2 + 2H_2O + 4e^- \rightleftharpoons 4OH^-$	0.401
$[Cu(CN)_2]^- + e^- \rightleftharpoons Cu + 2CN^-$	-0.429	$O_3 + H_2O + 2e^- \rightleftharpoons O_2 + 2OH^-$	1.24
$Cu_2O + H_2O + 2e^- \rightleftharpoons 2Cu + 2OH^-$	-0.360		

附录六　元素原子共价半径（pm）

ⅠA	ⅡA	ⅢB	ⅣB	ⅤB	ⅥB	ⅦB	Ⅷ			ⅠB	ⅡB	ⅢA	ⅣA	ⅤA	ⅥA	ⅦA	0
H 37.1																	He 54
Li 133.6	Be 90											B 79.5	C 77.2	N 54.9	O 66	F 64	Ne 71
Na 153.9	Mg 136											Al 118	Si 112.6	P 94.7	S 104	Cl 99.4	Ar 98
K 196.2	Ca 174	Sc 144	Ti 132	V 122	Cr 118	Mn 117	Fe 117	Co 116	Ni 115	Cu 117	Zn 125	Ga 126	Ge 122	As 120	Se 117	Br 114.2	Kr 112
Rb 216	Sr 191	Y 162	Zr 145	Nb 134	Mo 130	Tc 127	Ru 125	Rh 125	Pd 128	Ag 134	Cd 148	In 144	Sn 141	Sb 140	Te 137	I 133.3	Xe 131
Cs 235	Ba 198	La 169	Hf 144	Ta 134	W 130	Re 128	Os 126	Ir 127	Pt 130	Au 134	Hg 149	Tl 148	Pb 147	Bi 146	Po 146	At （145）	Rn —

Ce 165	Pr 165	Nd 164	Pm 163	Sm 162	Eu 185	Gd 161	Tb 159	Dy 159	Ho 158	Er 157	Tm 156	Yb —	Lu 156
Th 165	Pa —	U 142	Np —	Pu —	Am —	Cm —	Bk —	Cf —	Es —	Fm —	Md —	No —	Lr —

附录七　元素的第一电离能（$kJ \cdot mol^{-1}$）

ⅠA	ⅡA	ⅢB	ⅣB	ⅤB	ⅥB	ⅦB	Ⅷ			ⅠB	ⅡB	ⅢA	ⅣA	ⅤA	ⅥA	ⅦA	0
H 1 312																	He 2 372.3
Li 520.3	Be 899.5											B 800.6	C 1 086.4	N 1 402.3	O 1 314	F 1 681	Ne 2 080.7
Na 495.8	Mg 737.7											Al 577.6	Si 786.5	P 1 101.8	S 999	Cl 1 251.1	Ar 1 520.5
K 418.9	Ca 589.8	Sc 631	Ti 658	V 650	Cr 652.8	Mn 717.4	Fe 759.4	Co 758	Ni 736.7	Cu 745.5	Zn 906.4	Ga 578.8	Ge 762.2	As 944	Se 940.9	Br 1 139.9	Kr 1 350.7
Rb 403.0	Sr 549.3	Y 616	Zr 660	Nb 664	Mo 685	Tc 702	Ru 711	Rh 720	Pd 805	Ag 731	Cd 867.1	In 558.3	Sn 708.6	Sb 831.6	Te 869.3	I 1 008.4	Xe 1 170.4
Cs 375.7	Ba 502	La 538.1	Hf 654	Ta 761	W 770	Re 760	Os 840	Ir 880	Pt 870	Au 890	Hg 1 007.1	Tl 589.3	Pb 725.5	Bi 703.3	Po 812	At 912	Rn 1 037.0

Ce 528	Pr 523	Nd 530	Pm 536	Sm 543	Eu 547	Gd 592	Tb 564	Dy 572	Ho 581	Er 589	Tm 596.7	Yb 603.4	Lu 523.5
Th 590	Pa 570	U 590	Np 600	Pu 585	Am 578	Cm 581	Bk 601	Cf 608	Es 619	Fm 627	Md 635	No 642	Lr —

附录八 元素的第一电子亲合能（$kJ \cdot mol^{-1}$）

ⅠA	ⅡA	ⅢB	ⅣB	ⅤB	ⅥB	ⅦB	Ⅷ			ⅠB	ⅡB	ⅢA	ⅣA	ⅤA	ⅥA	ⅦA	0
H 72.9																	He <0
Li 59.8	Be —											B 23	C 122	N <0	O 141	F 322	Ne <0
Na 52.9	Mg —											Al 44	Si 120	P 74	S 200.4	Cl 348.7	Ar <0
K 48.4	Ca —	Sc —	Ti —	V —	Cr 63	Mn —	Fe —	Co —	Ni —	Cu —	Zn —	Ga 36	Ge 116	As 77	Se 195	Br 324.5	Kr <0
Rb 46.9	Sr —	Y —	Zr —	Nb —	Mo 96	Tc —	Ru —	Rh —	Pd —	Ag —	Cd 126	In 34	Sn 121	Sb 101	Te 190.1	I 295	Xe <0
Cs 45.5	Ba —	La —	Hf —	Ta 80	W 50	Re 15	Os —	Ir —	Pt 205.3	Au 222.7	Hg —	Tl 50	Pb 100	Bi 100	Po —	At —	Rn —

附录九　元素的电负性

ⅠA																	0
H 2.1	ⅡA											ⅢA	ⅣA	ⅤA	ⅥA	ⅦA	He
Li 1.0	Be 1.5											B 2.0	C 2.5	N 3.0	O 3.5	F 4.0	Ne
Na 0.9	Mg 1.2	ⅢB	ⅣB	ⅤB	ⅥB	ⅦB	Ⅷ			ⅠB	ⅡB	Al 1.5	Si 1.8	P 2.1	S 2.5	Cl 3.0	Ar
K 0.8	Ca 1.0	Sc 1.3	Ti 1.5	V 1.6	Cr 1.6	Mn 1.5	Fe 1.8	Co 1.9	Ni 1.9	Cu 1.9	Zn 1.6	Ga 1.6	Ge 1.8	As 2.0	Se 2.4	Br 2.8	Kr
Rb 0.8	Sr 1.0	Y 1.2	Zr 1.4	Nb 1.6	Mo 1.8	Tc 1.9	Ru 2.2	Rh 2.2	Pd 2.2	Ag 1.9	Cd 1.7	In 1.7	Sn 1.8	Sb 1.9	Te 2.1	I 2.5	Xe
Cs 0.7	Ba 0.9	La —	Hf 1.3	Ta 1.5	W 1.7	Re 1.9	Os 2.2	Ir 2.2	Pt 2.2	Au 2.4	Hg 1.9	Tl 1.8	Pb 1.9	Bi 1.9	Po 2.0	At 2.2	Rn

附录十　常见离子半径（pm）

离子	半径	离子	半径	离子	半径
H^+	208	Au^+	137	Cu^{2+}	72
F^-	136	Tl^+	140	B^{3+}	20
Cl^-	181	Be^{2+}	31	Al^{3+}	50
Br^-	195	Mg^{2+}	65	Sc^{3+}	81
I^-	216	Ca^{2+}	99	Y^{3+}	93
O^{2-}	140	Sr^{2+}	113	La^{3+}	115
S^{2-}	184	Ba^{2+}	135	Ga^{3+}	62
Se^{2-}	198	Ra^{2+}	140	In^{3+}	81
Te^{2-}	221	Zn^{2+}	74	Tl^{3+}	95
Li^+	60	Cd^{2+}	97	Fe^{3+}	64
Na^+	95	Hg^{2+}	110	Cr^{3+}	63
K^+	133	Pb^{2+}	121	C^{4+}	15
Rb^+	148	Mn^{2+}	80	Si^{4+}	41
Cs^+	169	Fe^{2+}	76	Ti^{4+}	68
Cu^+	96	Co^{2+}	74	Zr^{4+}	80
Ag^+	126	Ni^{2+}	69	Sn^{4+}	71